光機能性有機・高分子材料における新たな息吹

Novel Approaches to Photofunctional Molecular and Polymeric Materials

監修：市村國宏

Supervisor : Kunihiro Ichimura

シーエムシー出版

まえがき

1984年に，シーエムシー出版から発刊された『光機能性高分子材料の合成と応用』を監修する機会があった。これは，それまで多用されていた感光性樹脂あるいは感光性高分子という用語を機能性という切り口から俯瞰する最初の試みであった。1988年には，具体的な応用例に焦点を絞った続編『新・光機能性高分子材料の応用』，ついで，1996年には，波動および粒子としての光の二重性を意識した『光機能性高分子材料の新展開』が出版された。2002年には，ナノテクノロジーをベースとし有機材料に重きを置いた『光機能性有機・高分子材料の新局面』が刊行され，2008年には，『光機能性高分子材料の新たな潮流：最新技術とその展望』として基礎・応用両面からの斬新な研究開発動向がまとめられた。

これらの書籍を読み直すと，フォトリソグラフィー，光デジタル記録，液晶部材，UV硬化をはじめ，その折々の産業基盤技術に組み込まれた材料やプロセス技術が取り上げられおり，高度成長期以降のわが国における先導的産業の盛衰が浮き彫りとなる。たとえば，半導体，太陽電池，家電，表示装置などである。とりわけ，消費者に直結する製品産業の衰退は著しい。しかし，最終製品の生産地が変動しても，部材や生産プロセス装置などの要素技術が劇的に変わることはない。この意味で，時代が要請する部材としての光機能性材料には，たゆまぬ深化および進化が求められる。

一方，学術研究に関する統計学的な国際比較において，およそ2000年代中頃以降，わが国のレベルダウンが際立っていると指摘されている。物質科学分野も例外ではない。その誘因についてさまざまな指摘がなされているが，産業技術を支える基盤を個別具体的に，かつ，前向きに知ることがきわめて重要である。こうした問題意識のもとに，本書では大学ならびに公的研究機関で取り組まれている光機能性有機・高分子材料に関する研究を取り上げている。この膨大な研究分野のカバーすることには容量的に制約があるが，研究者間での啓発を促すとともに，産業界における部材開発におけるヒントとなることを期待している。

2019年4月

市村國宏

執筆者一覧（執筆順）

市 村 國 宏　東京工業大学名誉教授

秋 山 陽 久　(国研)産業技術総合研究所　機能化学研究部門　主任研究員

齊 藤 尚 平　京都大学　大学院理学研究科　准教授

則 包 恭 央　(国研)産業技術総合研究所　電子光技術研究部門
分子集積デバイスグループ　研究グループ長

松 澤 洋 子　(国研)産業技術総合研究所　機能化学研究部門
スマート材料グループ　研究グループ長

小 畠 誠 也　大阪市立大学　大学院工学研究科　教授

持 田 智 行　神戸大学　大学院理学研究科　化学専攻　教授

宇 部 　 達　中央大学　研究開発機構　准教授

池 田 富 樹　中央大学　研究開発機構　教授；中国科学院理化技術研究所　教授

佐々木 健 夫　東京理科大学　理学部第二部　化学科　教授

田 口 　 諒　東京工業大学　科学技術創成研究院　化学生命科学研究所

赤 松 範 久　東京工業大学　科学技術創成研究院　化学生命科学研究所　助教

宍 戸 　 厚　東京工業大学　科学技術創成研究院　化学生命科学研究所　教授

古 海 誓 一　東京理科大学大学院　理学研究科　化学専攻　准教授

川 口 　 茜　東京理科大学大学院　理学研究科　化学専攻　修士課程　一年

青 木 瑠 璃　東京理科大学大学院　理学研究科　化学専攻　修士課程　一年

古 川 真 実　東京理科大学大学院　理学研究科　化学専攻　修士課程　一年

早 田 健一郎　東京理科大学大学院　理学研究科　化学専攻　修士課程　一年

府 川 将 司　東京理科大学大学院　理学研究科　化学専攻　修士課程　二年

吉 田 絵 里　豊橋技術科学大学　大学院工学研究科　環境・生命工学系　准教授

工 藤 宏 人　関西大学　化学生命工学部　化学・物質工学科　教授

青 木 健 一　東京理科大学　理学部第二部　化学科／東京理科大学大学院
理学研究科　准教授

中 野 英 之　室蘭工業大学　大学院工学研究科　教授

生 方 　 俊　横浜国立大学　大学院工学研究院　准教授

長 井 圭 治　東京工業大学　化学生命科学研究所　准教授

永 野 修 作　名古屋大学　ベンチャービジネスラボラトリー／大学院工学研究科
有機・高分子化学専攻　准教授

原　　光生　名古屋大学　大学院工学研究科　有機・高分子化学専攻　助教
関　　隆広　名古屋大学　大学院工学研究科　有機・高分子化学専攻　教授
髙島義徳　大阪大学　高等共創研究院／大学院理学研究科　教授
大崎基史　大阪大学　大学院理学研究科　特任講師
原田　明　大阪大学　産業科学研究所　特任教授
北山雄己哉　神戸大学大学院　工学研究科　応用化学専攻　助教
高田健司　北陸先端科学技術大学院大学　先端科学技術研究科
マテリアルサイエンス系　環境・エネルギー領域　特任助教
金子達雄　北陸先端科学技術大学院大学　先端科学技術研究科
マテリアルサイエンス系　環境・エネルギー領域　教授
川月喜弘　兵庫県立大学　工学研究科　応用化学専攻　教授
近藤瑞穂　兵庫県立大学　工学研究科　応用化学専攻　助教
森本正和　立教大学　理学部化学科　教授
入江正浩　立教大学　未来分子研究センター　副センター長
武藤克也　青山学院大学　理工学部　化学・生命科学科　助教
阿部二朗　青山学院大学　理工学部　化学・生命科学科　教授
桑折道済　千葉大学　大学院工学研究院　准教授
舘　　秀樹　(地独)大阪産業技術研究所　和泉センター　高分子機能材料研究部
有機高分子材料研究室　研究室長
陶山寛志　大阪府立大学　高等教育推進機構　准教授
松川公洋　京都工芸繊維大学　新素材イノベーションラボ　特任教授
有光晃二　東京理科大学　理工学部　先端化学科　教授
岡村晴之　大阪府立大学　大学院工学研究科　物質・化学系専攻　応用化学分野
准教授
齊藤　梓　山形大学大学院　理工学研究科　博士研究員
川上　勝　山形大学大学院　有機材料システム研究推進本部　准教授
古川英光　山形大学大学院　理工学研究科　教授
中川　勝　東北大学　多元物質科学研究所　光機能材料化学研究分野　教授

目　　次

【第１編　序論】

第１章　光機能性有機・高分子材料を概観する　市村國宏

【第２編　光機能性高分子材料】

第１章　脱着可能な光硬化接着剤　秋山陽久

第２章　光剥離可能な液晶分子接着　齊藤尚平

第３章　有機結晶の光誘起相変化による動的挙動　則包恭央

第4章　ナノ炭素材料の光反応性分散制御剤　松澤洋子

第5章　ジアリールエテン分子結晶のアクチュエーター機能　小畠誠也

第6章　光機能性を示す金属錯体系イオン液体　持田智行

【第3編　液晶材料と光機能】

第1章　光応答性液晶高分子アクチュエーター　宇部　達，池田富樹

第2章　フォトリフラクティブ強誘電性液晶　佐々木健夫

第3章　光応答性架橋液晶高分子フィルムのソフトメカニクス

田口　諒，赤松範久，宍戸　厚

第4章　セルロースを原料とするコレステリック液晶

古海誓一，川口　茜，青木瑠璃，古川真実，早田健一郎，府川将司

【第4編　均一構造オリゴマー・ポリマーと光機能化】

第1章　ニトロキシルラジカルを用いる光リビング重合　吉田絵里

第2章　ラダー型環状オリゴマーNoriaの合成と特性，およびその応用　工藤宏人

第3章　デンドリマーを骨格母体とするフォトポリマー材料　青木健一

第4章　アモルファス分子材料の光機能発現　中野英之

第5章　ビスアントラセン薄膜の光誘起表面レリーフ　生方　俊

第6章　有機半導体を用いる可視光光触媒　　長井圭治

【第5編　超薄膜とホストゲスト】

第1章　液晶ブロック共重合体薄膜におけるミクロ相分離構造の動的光配向制御　　永野修作

第2章　光反応を利用したメソ構造ハイブリッド材料の動的制御　　原　光生，関　隆広

第3章　シクロデキストリンとフォトクロミック分子による光応答性高分子マテリアル　　髙島義徳，大﨑基史，原田　明

【第6編 光機能性ポリマー】

第1章 界面光反応を利用する機能性高分子微粒子の創製と特性

北山雄己哉

第2章 光機能化された桂皮酸系バイオポリマー

高田健司，金子達雄

第3章 シンナメート系ポリマーの光配向と物質移動

川月喜弘，近藤瑞穂

第4章 光反応性材料の UV-Vis 高次微分スペクトルによる解析

市村國宏

【第7編 クロミック材料】

第1章 光スイッチ機能をもつ蛍光分子の設計と合成 森本正和，入江正浩

第2章 高速フォトクロミック分子を基盤とする高次複合光応答

武藤克也，阿部二朗

第3章 メカノクロミック色素とそれを用いるポリマー薄膜の特性

近藤瑞穂，川月喜弘

第4章 ポリドーパミンからなるバイオミメティック構造色材料

桑折道済

【第8編 応用展開】

第1章 光分解性架橋剤を用いる剥離性粘着剤 舘 秀樹，陶山寛志

第2章 光チオールエン反応による有機無機ハイブリッド材料 松川公洋

第3章 光塩基発生剤の開発とUV硬化への応用 有光晃二

第4章 深紫外線を用いる光硬化樹脂 岡村晴之

第5章　光重合による3Dゲルプリンター　　齊藤　梓，川上　勝，古川英光

第6章　ナノインプリントリソグラフィにおける光機能材料　　中川　勝

第1章　光機能性有機・高分子材料を概観する

市村國宏*

1　はじめに

分子設計に基づいてはじめて世に出たポリビニルシンナメートの発明を契機とし，フォトリソグラフィーという革新的な産業技術の躍進がはじまった。ついで，1960年代後半から1970年代にかけて一連のフォトレジストが開発され，感光性高分子という研究分野が確立された[1)]。この狭義での感光性高分子は，光照射による高分子の不溶化あるいは可溶化に基づくパターニング材料である。光機能性高分子という用語が，誰によっていつ頃から使われはじめたのかは定かではないが，感光性高分子の発展を背景とし，光照射による溶解性変化だけでなく，さまざまな高分子の物性変化に焦点を当てた基礎研究が光機能性高分子という新たな材料系に収斂され，多彩な応用技術に結びついてきた。

光機能性高分子を取り上げた最初の成書は，シーエムシー出版から出版された1984年の『光機能性高分子材料の合成と応用』であろう[2)]。その後，1988年[3)]，1996年[4)]，2002年[5)]および2008年[6)]に続編として同社より発行された。筆者はこれらを編集・監修する機会をいただいたが，これらを読み直してみると，第一線の研究者によってそれぞれの時代背景のもとに，興味深いテーマが深堀されていると実感する。斬新な材料系の提案とともに，現在の身近な製品に活用されている材料あるいは手法は少なくない。参考までに，35年前に出版された最初の成書[2)]の章立てを表1に示す。

上記した5冊の成書では，新たな素材に焦点を当てつつ，企業研究者の協力を得て実用性が意識されている。本シリーズの第6版に相当する本書では，官学での研究者によるテーマに限定されている。わが国の学術レベルが21世紀初め頃をピークとし，それ以降，材料科学を含めて下降の一途をたどっているとの統計学的指摘が背景にある[7)]。そこで，大学や公的研究機関で取り組まれている研究に焦点を当て，材料科学の各論として，光機能性有機・高分子材料の基礎的な研究を知ることを意図している。この研究領域は広範であり，また，筆者の能力の限界とともに成書としての容量制約もあって，取り上げられていないテーマが多々ある。こうした制約はあるが，それぞれの萌芽的な成果が新たな展開につながることを期待したい。

*　Kunihiro Ichimura　東京工業大学名誉教授

表1 『光機能性高分子の合成と応用（1984.10）』目次

＜合成・加工編＞	
第1章	光カチオン重合とその展開（角岡正弘，田中誠）
第2章	光を用いた機能性高分子の合成（三山創）
第3章	高分子材料の光化学的表面改質（中山博之）
第4章	エキシマーレーザーによる高分子材料の加工（村原正隆）
＜応用編＞	
第5章	光画像形成と高分子（山岡亜夫）
第6章	光ディスク用有機材料（藤森長径，三浦明）
第7章	ホログラム記録と高分子（市村国宏）
第8章	高分子増感剤（西久保忠臣）
第9章	高分子光触媒（金子正夫）
第10章	光応答性高分子（入江正浩）
第11章	光スイッチ機能高分子（吉野勝美）
第12章	非線形光学有機材料（中西八郎，松田宏雄，岡田修司）
第13章	生体触媒の光固定化（市村国宏）
第14章	光クロマトグラフィー（石原一彦）
第15章	歯科用光機能高分子（門磨義則，増原英一）
第16章	光機能性高分子の将来（村上茂三，佐村秀夫，秋谷健男）

2 光機能性有機・高分子材料とは

本シリーズでの初期の題名には光機能性高分子材料という用語が使われているが，2002年以降には，「光機能性有機・高分子材料」が用いられている。さまざまな低分子化合物の光機能性に着眼した研究が顕著となった背景がある。

ここで，1988年に考察した結果に基づいて[8)]，光機能性有機・高分子材料を俯瞰する。光機能性有機・高分子材料は，表2に見るように，光のかかわり方がエネルギー変換によるか，あるいは，波長変換を伴わない光学特性に基づくかで2つに大別できる。光エネルギー変換はさらに2つに分類され，入力が光の場合と出力が光の場合とがある。前者の中で，入射光によって化学変化が起こる例が狭義の感光性高分子であり，可逆的な光反応の場合には光応答性材料と呼ばれる。蛍光などの発光材料や非線形光学材料は光の波長変換を伴う。光エネルギーが電気特性に変換される例が光導電性材料であり，有機太陽電池である。レーザービームのように超高密度の光が効率よく熱変換されるとき，ヒートモード光記録材料が得られる。一方，光エネルギーが無輻射失活で失われるのが色材であり，可逆的光反応が起こるとフォトクロミック材料になる。一方，他のエネルギーが光エネルギーに変換される化学発光，エレクトロクロミズム，サーモクロミズム，ピエゾピエゾクロミズム，ソルバートクロミズムなども含めて，これらの色変化を伴う材料はクロミック材料と総称される[9)]。筆者がクロミック高分子と題する一文を書いたのは1982年だが[10)]，1989年にシーエムシー出版からクロミック材料に関する成書を監修する機会をいただいた[9a)]。なお，1991年にChromic Phenomenaと題するBamfordの著書が出版されたが[9b)]，そ

表2　光機能性有機・高分子材料の分類

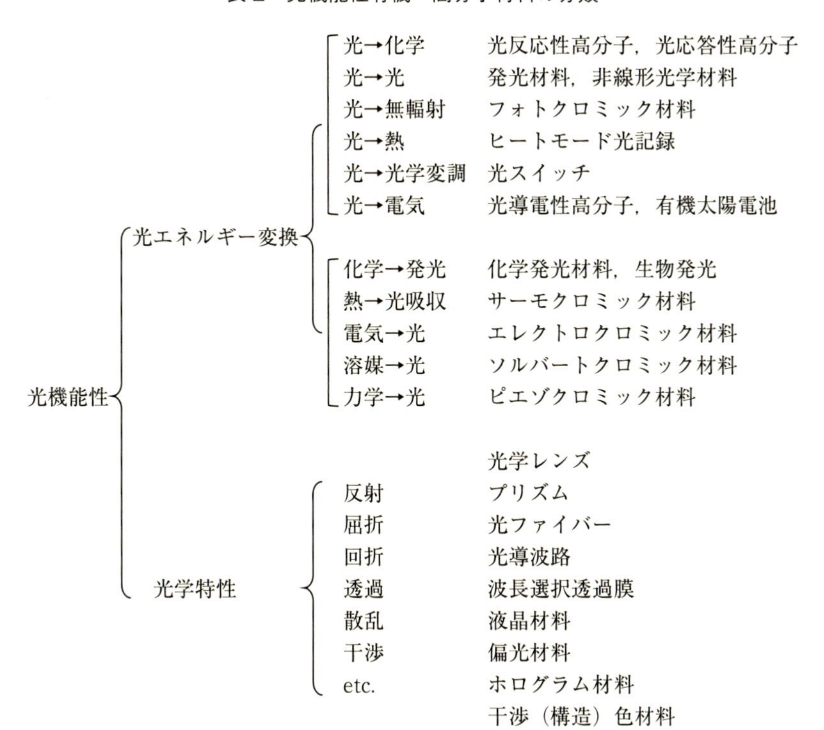

れに先立って出版元であるイギリス化学会からその出版についてコメントを求められた経緯がある。この曖昧な用語は日本発といっていい。

入射光の波長は変わらずに，表2に例示するさまざまな光学特性を変調する有機・高分子材料がある。こうした有機・高分子系光学材料はあまりに多岐にわたり，それらを列挙することは筆者の限界を越えるので，数例を挙げるにとどめる。

このように俯瞰すると，エネルギー変換に基づく材料系では，産業分野でキーマテリアルとして大きく発展している場合と萌芽的なレベルにとどまっている場合とがあることに気づく。前者の代表例として，光化学反応によって溶解性や硬度が臨界的に変化する感光性高分子を取り上げる。図1に示すように，感光性高分子の展開は産業技術での要請を背景に，1970年代以降著しく発展した。応用形態によって，その技術内容をフォトリソグラフィー，UV硬化およびナノインプリントの3つの分野に大別する[11]。古典的な重クロム酸塩・タンパク質に端を発したフォトリソグラフィー用パターン形成材料は，ポリビニルシンナメートの発明を契機としてキノンジアジド系ポジ型レジストなどの開発を促し，さらに，化学増幅型フォトレジストの開発によって，感光性高分子の重要性，多様性はゆるぎないものとなった。

一方，光ラジカル重合による液体から固体への変化に基づくUV硬化は，UV硬化インクの提案を嚆矢とし，溶剤を含むコーティングからの脱VOC（揮発性有機化合物）をエンジンとして

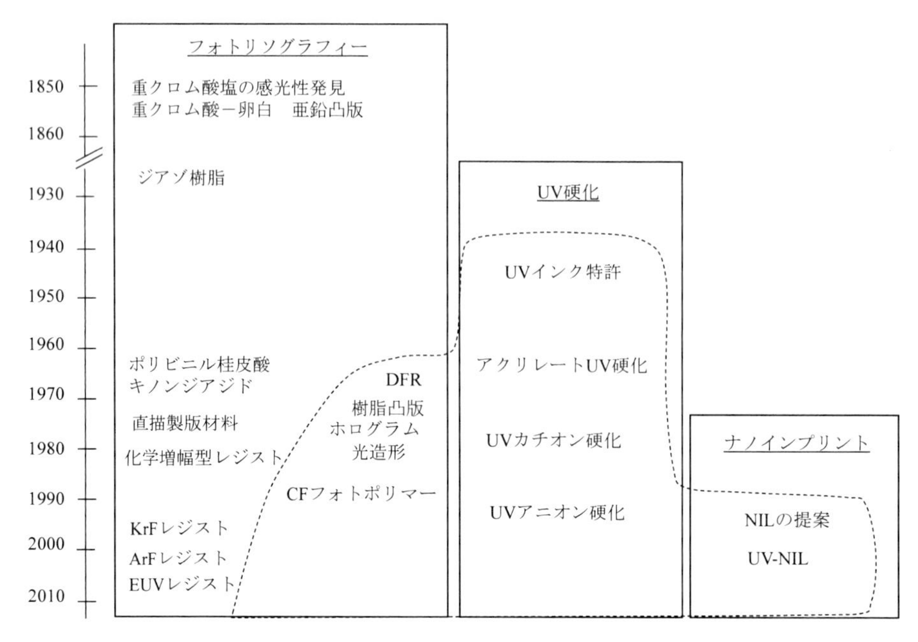

図１　感光性高分子の発展分野と主たる材料と利用形態
点線はUV 硬化の活用分野を示す[4)]

1960年代以降にラジカル重合性UV硬化技術が展開され，これに，光カチオン重合系UV硬化が加わり，近年ではアニオンUV硬化が関心を集めている。UV硬化は多様な産業分野で活用されているが，1960年代から1970年代にかけて，光パターン形成材料としてのドライフィルムレジスト（DFR）や印刷製版材料が出現し，エレクトロニクスや印刷などの産業分野に革命をもたらした。さらに，UV硬化技術はナノインプリントなどへと新たな展開を見せている。

電気→光での変換に基づくエレクトロクロミック材料は有機ELデバイスのキーマテリアルであるし，光学特性に基づく機能材料としての液晶は液晶表示デバイスの必須材料である。前者は表示デバイスおよび照明の産業技術，後者は液晶表示デバイスを中心とする液晶産業というべき領域内にそれぞれ位置し，材料科学としてのたゆまぬ深化が営まれている。また，UV硬化材料も同様に，産業基盤技術として広範にわたって活用されている。したがって，こうした材料は，光機能性有機・高分子材料の成書に取り上げるには，あまりに範囲が広すぎる。ただし，これらの産業技術分野に適合する新規な材料や手法が開発される場合には，光機能性有機・高分子材料としての特記事項となる。

3　材料の多様性と機能発現

機能発現を要素分解することは，光機能性有機・高分子材料の全体像を把握するうえでの一助となる。材料機能は，分子レベルでの化学構造およびその変化だけでなく，組成配合や材料の形

表3　光反応性有機・高分子材料の構造と機能発現

光化学反応 ×	媒体構造 ×	材料特性 ×	利用形態
不可逆的	非晶質	光学特性	液体
	液晶	吸収　発光　散乱	固体
	結晶	屈折　反射　旋光性，etc.	フィルム
可逆的	単分子膜		粒子
	多層膜	電気・磁気特性	繊維
	相分離	導電性　光導電性	柱状構造
	ミセル	膜電位，etc.	複合化
	ベシクル		超薄膜
	包接	化学特性	多層膜
	延伸配向	イオン解離　キレート形成	etc.
	etc.	触媒能　酵素活性	
		膜透過，etc.	
		バルク特性	
		溶解性　粘度　密度	
		相転移　濡れ性　硬度	
		体積　ヤング率，etc.	

表4　物質・材料における高次構造の階層性

次元	媒体の例	光学特性の例
0次元	溶液　非晶質固体	吸収　発光　屈折
1次元	包接　ミセル　相分離	光散乱
2次元	延伸配向膜　液晶　単分子膜	複屈折　二色性
3次元	結晶　多層膜　コレステリック液晶	旋光性　円二色性　波長多重
4次元	超分子構造体	

態との相乗効果として発現する。こうした観点から，光反応性材料を因数分解した例を表3にまとめる[8)]。ここでは，機能発現の要素を光化学反応の可逆性の有無，光化学反応が起こる媒体構造，機能発現をもたらす材料特性，および，利用される際の材料形態に分解している。

感光性高分子は不可逆的な光化学反応をトリガーとするが，光応答性材料では可逆的光化学反応が活用される。光化学反応が起こる場は多彩なために，光による同一の分子構造変化であっても，アウトプットとしての機能発現は多士済々である。ここに光機能材料研究の妙味がある。したがって，光機能性有機・高分子材料研究は，既知の光化学反応を取り込む媒体構造の選択がカギとなる。たとえば，アゾベンゼンの光異性化反応が取り込まれる多種多様な材料を想定すれば，その状況を容易に思い浮かべることができる。そして，当該媒体構造からなる材料の特性変化としてのアウトプットが光機能となる。その光機能が発揮される材料形態も，表3のように多彩である。

筆者が体験した組み合わせの妙を一例として記す。1985年からフォトクロミズムおよび光化学ホールバーニングを原理とする光メモリに関する国家プロジェクトを立ち上げる機会があった。そのテーマの一つとして，キラルアゾベンゼンを液晶にドープし，その光異性化によるキラルネマチック相変化に基づく光書き換え可能な液晶素子を検討した。UV照射によって鮮明な偏光パターンが得られたが，低分子液晶の流動性によるパターン崩れが課題となった。また，光応答性液晶の液滴を分散したポリマー膜では，解像性の劣化は不可避であった。こうした苦闘の時期に，ポリイミドラビング液晶配向膜の発明者である松尾誠氏との対話をきっかけとして，基板表面にアゾベンゼン単分子膜を設けることを着想した。これが1987年の液晶光配向の発見につながり，さらに，直線偏光照射や斜め光照射による光配向原理に結びついた[12]。アゾベンゼンと液晶の組み合わせという意味では同じだが，アゾベンゼンの存在状態を変えることによって光誘起液晶相変化の様相は劇的に変化した。

表4は，媒体構造を秩序性という観点から整理した結果である。厳密性に欠けていることを承知のうえで，0次元から4次元に便宜的に区分している。表3と同様に頭の体操をすることは一興であろう。

4　有機・高分子材料研究の背景

図2は，学術分野での革新が有機・高分子材料の不連続な進展を促してきた様相を表す。天然高分子は衣食住での不可欠な材料として活用されてきたが，経験的知識あるいは偶発的知見による化学的処理が施され，変性セルロースやゴムなどとして新たな機能が付与された材料へ進化し

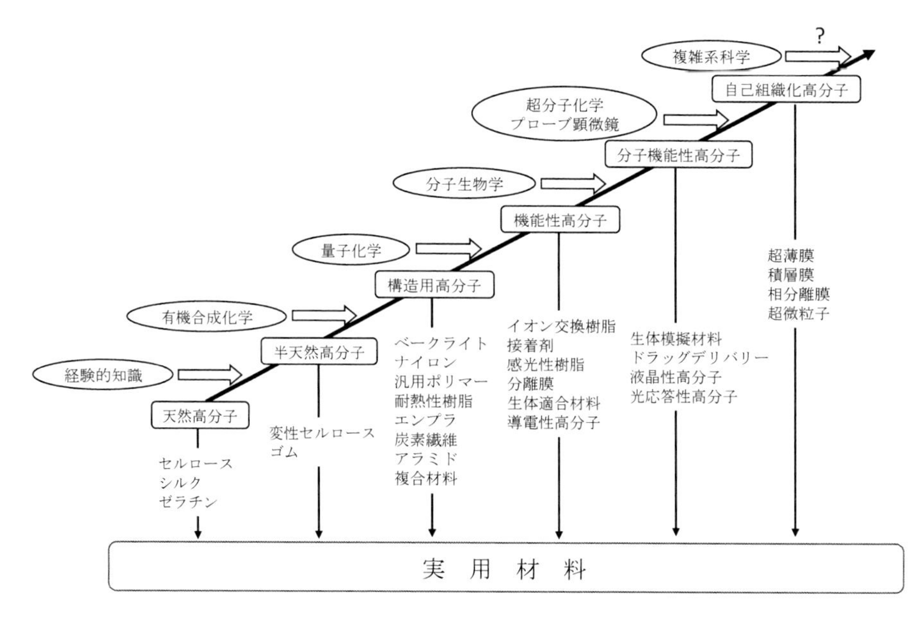

図2　有機・高分子材料の科学と技術を支える学術的進展

た。これを合目的手法へと変革したのが有機合成化学であり，合成高分子科学の確立をもたらすとともに，多種多様な汎用性ポリマーの開発を促した。ついで，量子化学は合成ポリマーのさらなる高度化をもたらし，その結果として生み出されたのが多彩な機能性ポリマーだと考える。つぎのステップアップの駆動力として，分子生物学を挙げたい。たとえば，多重水素結合形成による二重らせん構造の発見は，有機化学および高分子科学にたずさわる研究者に衝撃的な影響を与えた。その結果として生み出された研究対象の一例が分子機能性ポリマーだと考える。この研究領域のさらなる展開に寄与したのが超分子化学であり，さらには，プローブ顕微鏡である。後者によって有機・高分子材料が分子レベルで可視化され，超分子化学の概念とともに自己組織化高分子をも含むマテリアルナノサイエンスとしての有機・高分子材料の開花を促した。

このような展開を反映し，材料化学関連の新たな学術誌が創刊されてきた。*Chem. Mater.* および J. *Mater. Chem.* はそれぞれ 1989 年，1991 年に創刊されたが，それ以前の学術誌には有機化学，高分子科学，界面科学などの個別的学術領域が冠されており，学際的な括りである材料化学に特化した二誌の創刊はまさにパラダイムシフトであった。ついで，1993 年に *Supramol. Sci.* が，2001 年にはナノサイエンス学術誌の一例である *Nano Lett.* がそれぞれ創刊された。因みに，図２に示す有機・高分子材料の時系列変化に対応させると，後二者の創刊時期は，分子機能性高分子や自己組織化高分子への展開時期に対応する。

以上の考察に基づき，３つの事柄を指摘する。第一は，中国や韓国などにおける 21 世紀突入前後からの躍進についてである[2)]。その背景には，1990 年代中頃での上記した材料化学におけるブレークスルーがある。その時点ですべての国々の研究者は同じスタートラインに立ち，それまでの学術的蓄積に依存することなくヨーイドンで競争が始まった。それ以前の成功体験にこだわると，速いテンポで展開される研究に追随できないように見える。

第二に，図２での展開ベクトルが右上がりとなっていることである。これは，研究領域の展開とともに実用材料との隔たりが増大していることに対応する。光機能性有機・高分子材料が萌芽的レベルにとどまっている例が多いのは，図２での発展ベクトルに沿った新たな学術的な概念に基づくがゆえに，産業界から理解もしくは共感が得られにくいと推量される。学術レベルでの研究成果を企業側にどのように伝えるかが極めて重要となっている。

第三に，わが国でのエレクトロニクスやシリコン系太陽電池関連の産業衰退に追随し，FPD（Flat Panel Display）産業が相次いでアジア諸国の後塵を拝するに至り，光機能性有機・高分子材料にかかわる学術研究は少なからぬ負の影響を受けている。統計的裏付けに乏しいが，企業側による産学共同研究のパートナーが海外の大学へシフトするなど，我が国の学術研究にボディーブローとして効いているのではなかろうか。

以上は，1984 年から 2008 年までに出版された５冊の光機能性有機・高分子材料に関する成書の読後感でもある。改めて，本書掲載の研究成果が広く喧伝されることの重要性を痛感する。

5　下学上達

30才半ば頃の個人的体験だが，大手化学メーカーで新規事業を確立されたリーダーとの対話で，強い印象を受けた言葉がある。企業での研究開発は基礎研究テーマの宝の山であり，それらを横目に見ながら製品化へ邁進した，という趣旨であった。その後，さまざまな企業での実用化研究をお手伝いする機会があったが，少なくとも材料科学領域では，まさにその通りだと痛感する。研究開発では基礎に立ち返るべき演習問題がとても多い一方で，新規な現象に遭遇する幸運もあるからである。つまり，産学共同研究は基礎から実用化へという片流れではなく，基礎研究の芽生えの絶好のチャンスである。筆者はこの状況を「下学上達」という言葉で表現している。この言葉は，「手近な基本から学んで順に高く深い段階に進む（新潮国語辞典）」，との意味を持つ。基礎か応用か，という二者択一ではなく，両者間での相互作用の結果として新たな基礎研究が生み出される。こうした下学上達という観点から，産官学共同研究を見直すことを提案したい。

最後に，「役に立つ」研究には3つのタイプがあることを記す。その第一は，研究者に広く受け入れられ，引用される研究である。第二は，産業技術として受け入れられる研究である。第三は，専門外である不特定多数の人々によって“面白い”と言われる研究であり，文化あるいは教養の糧となる。こうした観点から，本書における多くの研究成果がさらに展開されることを期待する。

文　　献

1) 永松，乾，『感光性高分子』，講談社サイエンティフィク（1977）
2) 監修市村，『光機能性有機・高分子の合成と応用』，シーエムシー出版（1984）
3) a）監修市村，『光機能と高分子材料の応用』，シーエムシー出版（1988）；b）『光機能高分子の開発（普及版）』，同社（2000）
4) 監修市村，『光機能と高分子材料の新展開』，シーエムシー出版（1996）；『光機能と高分子材料（普及版）』，同社（2003）
5) 監修市村，『光機能性有機・高分子材料の新局面』，シーエムシー出版（2002）；『光機能性有機・高分子材料（普及版）』，同社（2007）
6) 監修市村，『光機能性高分子材料の新たな潮流―最新技術とその展望』，シーエムシー出版（2008）
7) a）科学技術・学術政策研究所，科学技術指標2016，科学技術・学術政策研究所 調査資料，251（2016）；b）伊神，科学，**87**（8），744（2017）
8) 文献3，pp.3-16
9) a）監修市村，『クロミック材料の開発』，シーエムシー出版（1989）；b）P. Bamford, “*Chromic Phenomena-Technological Applications of Colour Chemistry*,” The Royal

Society of Chemistry (2001)；c)『クロミック材料の開発（普及版)』, シーエムシー出版 (2000)
10) 市村,「NK MOOK 12. 先端技術を支える新素材百科」, 日刊工業新聞社（1982), 108
11) 市村,『UV 硬化の基礎と実践』, 米田出版（2010)
12) 市村,『液晶の光配向』, 米田出版（2007)

第１章　脱着可能な光硬化接着剤

秋山陽久*

1　はじめに

光硬化性接着剤は，電子材料向けや歯科用などで広く使われている。基本的には強固に，すぐに接合するという機能が重要となっている。一方で，光硬化型に限らないが，省資源化や負荷低減の観点から，易解体や易修復性接着剤の実現が期待されている。すなわち，接着したのちに，後で外せるという機能をもつ接着剤が求められている。特に，リワーク性の実現には，接着と脱着が，繰り返し行えることが必要である。今回は，このリワーク性のある光硬化型の接着剤について紹介する。接着という現象は，接着剤が液体の状態で被着体間を埋めてその後に硬化（固化）することで発現されるので，完全にリワークできる接着剤を実現するためには，再液化・再固化が可能な新たな材料があればよいということになる。液体や固体といった状態の可逆的な変化は，通常は熱によって行われ，その転移温度は物質に固有のものとなっている。一つのアプローチとしては，この転移温度を光で操作するという方法がある。具体的には，光異性化反応を示す分子を使った相転移材料を利用するものであり，これについて解説する。この方法では，硬化後の接着強度は，材料の物理的な相互作用に基づく凝集力に依存することになるため限界がある。より強固な接着のためには，化学的な結合をつくり硬化するような系が必要である。これを実現した可逆的な光二量化反応を起こす分子を使った材料系についても解説する。

2　光反応の選択

光で状態変化を起こすことを，光相転移と呼んでいるが，ここでの光の意味には２通りある。一つは，光エネルギーを熱源として用いて局所的に加熱するというものである。CDやブルーレイなどの光記録ではこちらが用いられている。もう一つは光を光反応のトリガーとして用い，光反応性分子の分子構造変化によって転移温度そのものを変化させるというものである。このような光異性化を示す化合物として，アゾベンゼンがある。アゾベンゼンの室温で取りうる異性体は2つで，それは，最安定状態のトランス体と準安定構造のシス体である。それぞれの状態で異なる転移温度を持つので，液体と固体の相転移温度が室温を跨いで変化するようにすれば，室温で液体と固体の転移が可能となる。もう一方の架橋反応系には可逆的な光二量化を起こすアントラセンを用いることができる。アントラセンの光二量体は適切な条件であればほぼ100％熱解離反

*　Haruhisa Akiyama　（国研）産業技術総合研究所　機能化学研究部門　主任研究員

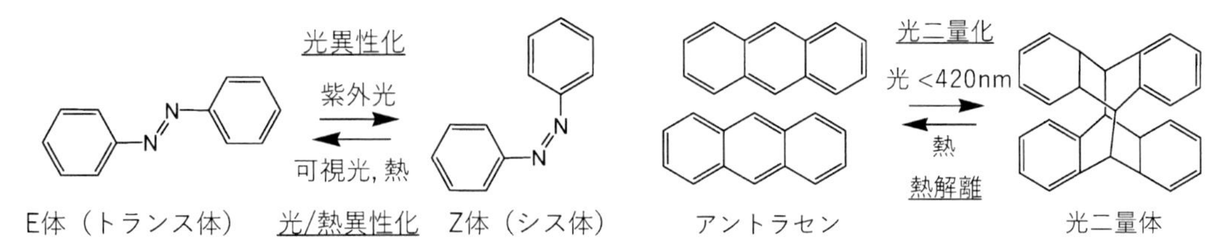

図1　アゾベンゼンの光異性化反応とアントラセンの光二量化反応

応（逆反応）を示すためである[6)]。アゾベンゼン系の光相転移と同様に，アントラセンの2量化を用いた光相転移とこれを利用した接着はすでに報告されているが，2量化反応を使えば分子の結合がおこるので架橋構造にすることができる。したがって液状の多官能アントラセン化合物を設計できれば，光二量化によって液体から硬化させ，熱逆反応で元の液体に戻せることになる。これらの材料を接着剤として利用する場合は，液体かフィルム形状での提供が理想的である。

3　アゾベンゼン系の高分子材料

当初は，アゾベンゼン系の分子性化合物を用いて光可逆接着剤としての性能の検討を行っていた（図2）[3,7)]。分子量分布を持たない純物質であるため，分子構造と相転移の関係を明らかにするのに適していた。アゾ系材料の最大の問題は，アゾ色素の強い光吸収にある。アゾベンゼンは，光照射によって，トランス体→シス体とシス体→トランス体の双方の反応が起こって異性体比が徐々に変化していき，二つの反応速度がバランスしたところで光定常状態になって一定の異性体比に落ち着く。このときの異性体比は，光照射の波長によって変わってくるが，シス体の吸収が少ない単色性の高い紫外光を照射することで，反応がトランス体→シス体に偏り，高いシス体比の状態が実現できる（～95%）。ところが，紫外域の波長におけるトランス体の吸収は，非常につよく（吸光係数で20000-40000），この波長の光は奥まで透過しないという問題がある。このため，薄膜（ミクロンオーダー）においては液体への相転移が可能であるが，厚膜では表面近傍のみが変化するだけで全体を液化させることができない。これまで，こういった材料の室温の液体固体の光相転移が議論されてこなかった原因の一つと思われる。粉末状の塊を光で融解するとは困難であることから，これらの材料を接着剤として用いる場合は工夫が必要で，薄いフィルム型で提供することが理想である。ところが，分子性材料は自立フィルムとしての特性がよくないので，接着剤として利用を考えた場合は，高分子系の材料の方が有望となる。光で液体固体相転移を示す高分子材料として，アゾベンゼン基を側鎖にもつ液晶性高分子がある[8)]。アクリル系の主鎖構造をもち，長鎖のアルキル基を介してアゾベンゼン基を側鎖にもつ高分子化合物である。適切な構造を選べば，熱的に最安定なトランス構造では，側鎖のアゾベンゼン同士が凝集して会合体をつくり固体状体が安定化される。すなわちガラス転移温度もしくは融点が室温以上になる。一方のシス体では会合構造がとりにくく，液体状態体が安定化される。図3に示すように長

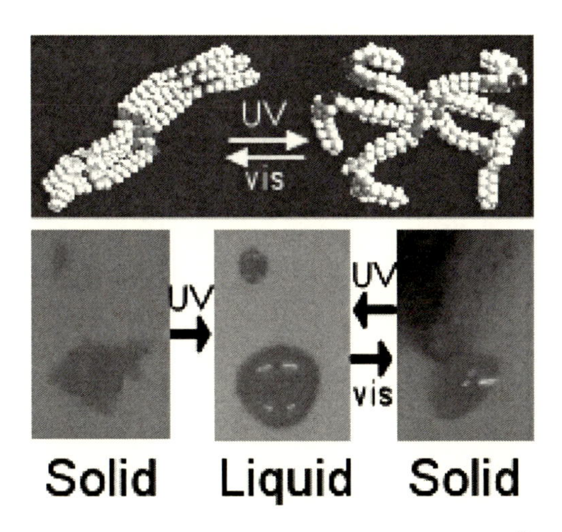

図2　アゾベンゼン系分子性材料の光相転移挙動[3)]

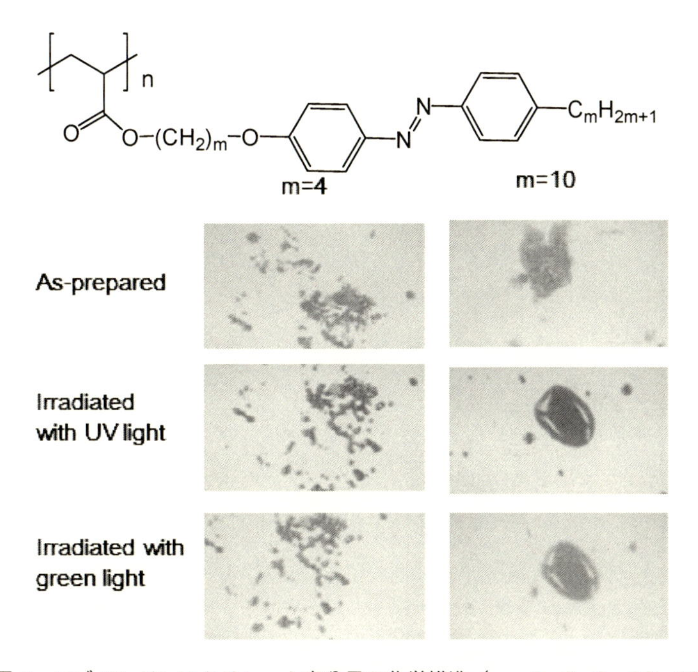

図3　アゾベンゼンアクリレート高分子の化学構造（m＝4，6，8，10，12）
紫外光（365 nm）を 20 mw cm^{-2} にて 2 h 照射した場合の，可視光（520 nm）
を 15 mW cm^{-2} 20 分照射した場合の様子（m＝4 と 10 の化合物の例）[1)]。

鎖のアルキルがある場合は，より流動性の高い，もしくは柔らかい状態になり，アルキル鎖が短くなる（m＝4）と液化がおきなくなるという傾向がある。このような化学構造をもつ高分子は実は以前より知られており[9)]，アゾベゼンがトランス体の時とシス体の時では転移温度が異なることが予想はされていた。しかし，アゾベンゼンのシス体の状態は，熱的には準安定で熱分析の途中で徐々にトランス体に戻ってしまうためにシス体の正確な転移温度の測定は困難であった。これも室温での液体固体の光相転移について明確に議論されてこなかった理由の一つと思われる。アルキル鎖長の依存性については，ラジカル重合によって合成された高分子を用いている[8a]。接着剤として利用した場合，その接着強度が分子量分布や末端基構造に影響されることを考慮しなければならない。フリーラジカル重合では，これらの制御は困難で，実際に図3の化合物においては，接着強度のばらつきが大きいことがわかっていた。

4　高分子構造の制御

構造の制御された高分子化合物を得るためにリビングラジカル反応による重合が行われている。アゾベンゼンを側鎖にもつメタクリルモノマーのリビングラジカル重合についてもすでに知られていたが[10]，アゾベンゼンを含有するアクリルモノマーについては，当時報告例がなかった。アクリル系ではリビングラジカル重合が阻害される傾向がつよいためと考えられる。実際にアトムトランスファーラジカル重合による合成を試みたところ，メタクリレートで重合する条件では，アクリレートは重合しなかった。そこで重合時の溶液のモノマー濃度を二倍以上に上げて重合をおこなったところ重合体を得ることに成功した[4]。開始剤とモノマーの比率により分子量の制御が可能であったことから，リビング重合が進行していることが確認されている。得られたアクリレートで作成したバルクのフィルムの吸収スペクトルにおいて，アゾベンゼン同士のH会合（並行に並んだ構造）による短波長シフトが観測されている。またX線回折や光学顕微鏡，熱分析の結果からも，やはりアゾベンゼンが平行に会合したスメクッチクAおよびスメクチックB相をとることがわかり，吸収スペクトルの結果を支持している。一方でメタクリレートのフィルムではアゾベンゼン部位の吸収は短波長から長波長側にわたってブロードニングをおこしており，傾いて会合する成分が含まれることが示唆されている。実際に，メタクリレートは，各種の分析の結果アゾベンゼン部位が傾いたスメクチックCや高次のスメクチックIもしくはF相をとることがわかっている。これらの違いは主鎖の立体的な混み合い，自由度に基づく違いであると推測される。1 Hzで行った動的粘弾性試験では，熱溶融時の貯蔵および損失弾性率とも，メタクリレートの方が大きな値をとっている。また，この違いは後述するように脱着性能にも影

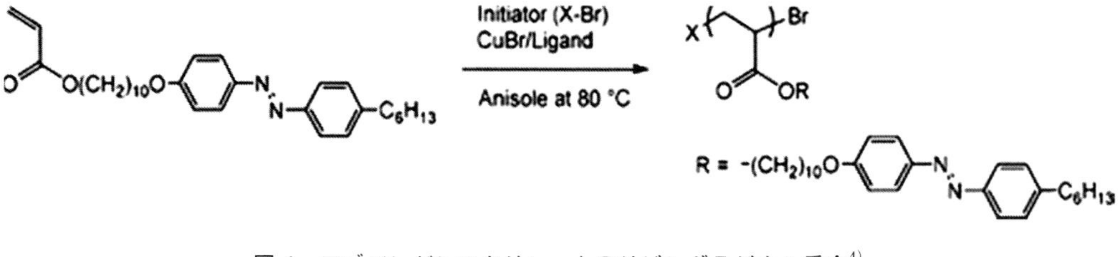

図4　アゾベンゼンアクリレートのリビングラジカル重合[4]

響する。得られたポリマーでガラス二枚を溶融接着して，引っ張りせん断接着強度を測定すると1.5–2.5 MPaであったが，紫外光を照射することにより接着剤が軟化して，低負荷（0.2 MPa以下）で脱着が可能になる。このときに残留する接着強度は，同じ分子量のポリマーで比較するとメタクリレートの方が大きい。残留強度の違いは光相転移により液状化した化合物（シス体が優勢な状態）の粘度の違いであると考えられる。この材料での光液化状態の粘度は，光照射では厚膜の液化が難しいので実測は困難であったが，接着剤の試験においてはこのように違いが見られる。面白いことにガラス転移温度には大きな違いなく，むしろ，同じ側鎖の構造でもアクリレートの方が高い場合がある。通常のアルキルエステル系のアクリレートポリマーのガラス転移温度は，同じ側鎖のメタクリル系ポリマーより低いので，通常とは異なる挙動である。これは，アゾベンゼン側鎖の強い会合力によって，熱的な特性が影響されているのだと思われる。またいずれのポリマーについても軟化した接着層に可視光を照射すると，再固化して再接着が可能である。光固化させた場合は，接着強度が3.5 MPaを超えるものもある。

5　共重合体

アゾベンゼンを側鎖にもつホモポリマーは成膜が可能であるが，硬くもろい膜となり，自立した薄膜とすることは困難であった。またホモポリマーでは上述の強い光吸収の問題がある。そこで共重合体の構造を検討した。フィルム特性を付与するために，ガラス転移温度の低いアクリルモノマーとアゾベンゼン含有モノマーの共重合を行った。ガラス転移温度の低いポリマーを与え

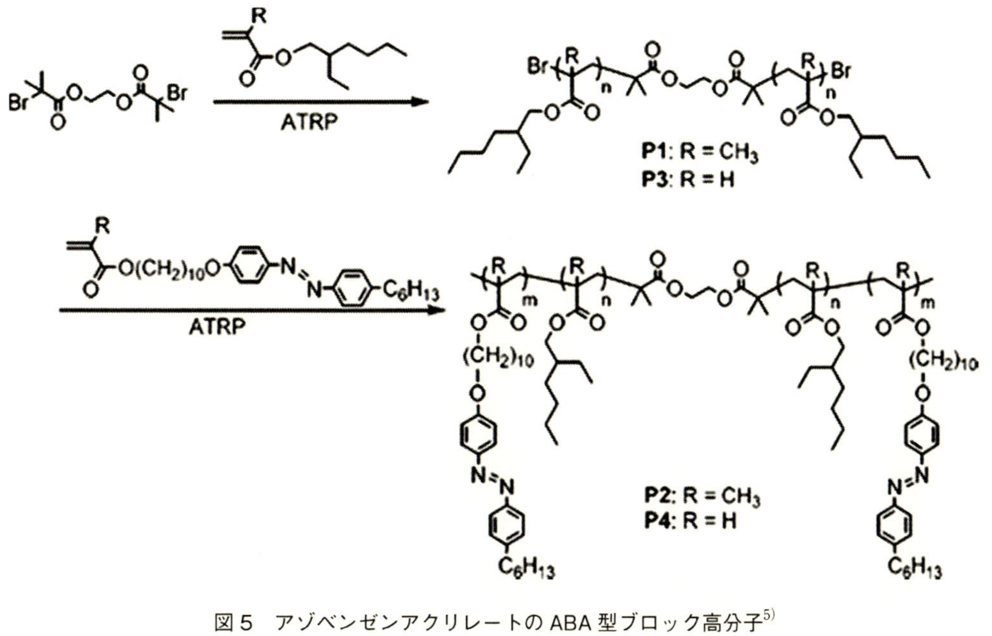

図５　アゾベンゼンアクリレートのABA型ブロック高分子[5)]

図6　アゾベンゼン含有 ABA 型ブロック高分子からなる薄膜

るモノマーとしてエチルヘキシルアクリレートを選択して，A がアゾベンゼンモノマー，B がエチルヘキシルアクリレートの ABA 型のブロック共重合体を ATRP 法により合成した（図5)。熱分析から，アゾベンゼンのホモポリマーと類似の温度で相転移を示すことがわかり，A の重合部位と B の重合部位がそれぞれでドメインをつくっていることが示唆されている。ブロックポリマー化によって，相分離構造の形成により A の部分の会合が可能になり，固体が安定化されたと考えられる。また柔軟なドメインの導入により，割れにくく自立した薄膜とすることができるようになった（図6)。この樹脂でガラス二枚を接着して，接着せん断強度を測定すると，アクリルで 1.5 MPa でメタクリルでは 2 MPa となる。アクリル系のポリマーで接着したガラスに紫外光照射すると，接着層が液状化して接着強度としては観測されないほどの力で脱着できるようになる。一方でメタクリレート系のポリマーでは軟化するが，流動性に乏しく，引っ張りせん断接着試験で 0.2 MPa の単位面積あたりの応力が観測される。どちらも可視光を照射することで，はじめの接着強度を回復する。

6　架橋性樹脂

さらなる接着強度の向上を図るために，光架橋系の接着剤について検討した[2]。光反応性部位として用いたのはアントラセン誘導体で上述のように可逆的な光二量化反応を起こすことが知られている。したがって 3 官能以上のアントランセン化合物であれば分子間の光二量化反応によって，架橋構造を形成することができる。この多官能のアントラセン化合物が，液体となるように設計することが重要である。材料の合成は，水酸基を 6 つもつソルビトールを出発原料にもちいて，長鎖のアルキルを介して末端にアントラセンカルボン酸 6 つをエステル結合で導入している。アントラセンの置換位置によって，液状と結晶固体の化合物が得られている。2-アントランセンカルボン酸誘導体は結晶性の固体相を示し，1-および 9-アントラセンカルボン酸の誘導体は液体であった（図7)。液体のアントランセン誘導体の DSC の測定からは，ガラス転移温度がおよそ 10 度付近に見られ，室温（25 度付近）では液体であることが確認された。ただし，これらの化合物は粘度が高く，室温での塗布性能に劣る。そのため可塑剤（ジブチルフタレート）を

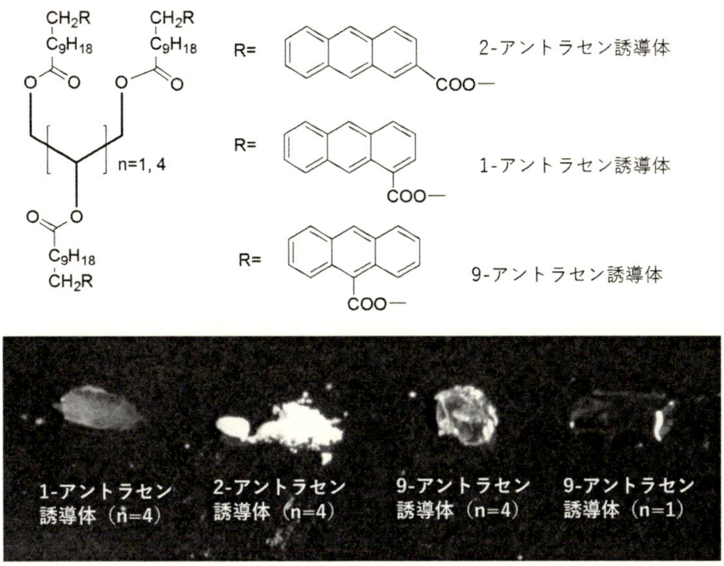

図7　多官能アントラセン化合物

25%程度まで混入することにより，流動性を確保した。不揮発性の可塑剤を添加しても，光照射によって硬化することが確かめられている。一方でグリセロールを出発原料とした9-アントラセンの3官能の化合物では，ガラス転移温度がより低い－10℃であった。ヘキサ置換体と比べて室温付近で十分な流動性を持っているため，可塑剤なしでそのまま被着体に塗布することができる。アゾベンゼン系高分子では最安定状態が固体であることから液体での提供は困難であったが，今回は，液体状態から硬化する材料であるため，液体での提供が可能である。2枚のカバーガラスの間に挟みこんだきわめて薄い試料での吸収スペクトルは，300-400 nmの領域でアントラセンに特有の典型的な振動構造を示した。420 nmの光照射によって光二量化反応が引き起こされ，アントラセンの吸収は減少する。最終的には光二量化は85%まで進む（15%のアントラセンの吸収が残る）。ヘキサアントラセン化合物については，40%のアントラセン基が光照射後に未反応のままで残る。これは三官能性化合物の反応性がより高いことを示している。光硬化後に基板から剥離して得られた膜は，アセトン，クロロホルム，トルエンなどの一般的な溶媒には不溶であることから，架橋膜であることが確認された。光反応により失われたアントラセンの吸収は120℃の加熱では回復しないが，150℃以上に加熱することにより回復する。いいかえれば，硬化した樹脂は120度の加熱に耐えうる。光硬化と熱融解を行うと，それに伴ってアントラセンの吸収スペクトルの消失と復元が起こる。この変化は，少なくとも5回は繰り返すことができる。この化合物を2枚のガラス基板の間に挟んで光硬化させると，ガラスはしっかりと接着される。例えば，厚さ1 mmの石英ガラス板を使用した場合，1.0 cm四方の接着面積で，ガラス基板は，引張試験によって破壊される。150度以上に加熱して冷却すると接着剤層は液体に戻っており，

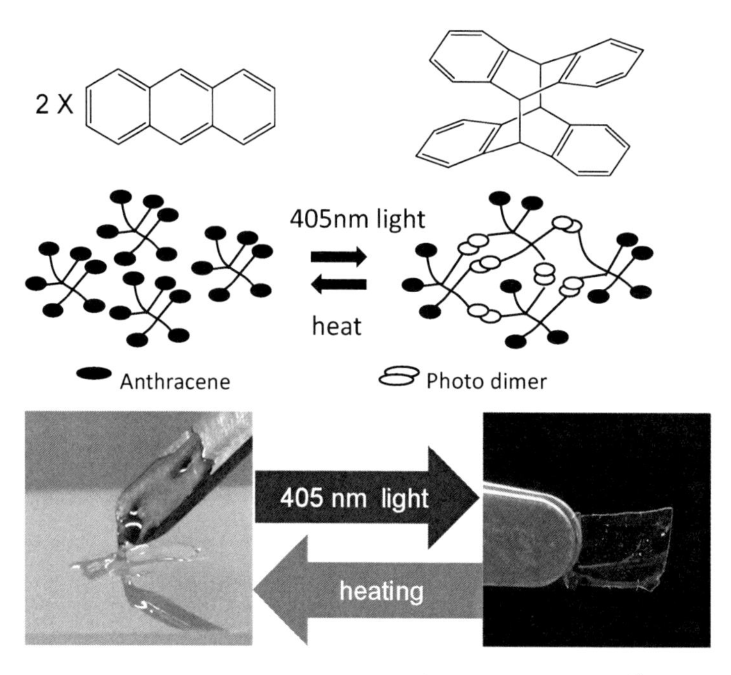

図8　アントラセン6量体の硬化と液化の繰り返しの挙動[2)]

この状態では応力なしで解離することができるようになる（<0.05 MPa）。アントラセンの誘導体は，420 nm 付近の光で硬化することからもわかるとおり，この領域にわずかな吸収があり黄色く呈色しているが，硬化（2量化）により，吸収が減少するために，無色に近い色合いになる。実用上は硬化時にほぼ無色透明である点も利点である（図8）。

7　まとめ

光異性化を利用した液体固体光相転移を示す高分子を合成し，これらを用いることで可逆接着的が可能となった。高分子の構造をブロック共重合体とすることでフィルム型の接着剤として利用できるようになった。光架橋系では，適切な分子構造を選ぶことで液体と架橋樹脂の可逆的な変化が可能となり，繰り返しの接着と脱着が可能となった。

文　献

1) Yamamoto, T.；Norikane, Y.；Akiyama, H., Photochemical liquefaction and softening in molecular materials, polymers, and related compounds. *Polym. J.*, **50** (8), 551-562

(2018)

2) Akiyama, H. ; Okuyama, Y. ; Fukata, T. ; Kihara, H., Reversible Photocuring of Liquid Hexa-Anthracene Compounds for Adhesive Applications. *Journal of Adhesion*, **94** (10), 799-813 (2018)

3) Akiyama, H. ; Yoshida, M., Photochemically Reversible Liquefaction and Solidification of Single Compounds Based on a Sugar Alcohol Scaffold with Multi Azo-Arms. *Advanced Materials*, **24** (17), 2353-2356 (2012)

4) Ito, S. ; Yamashita, A. ; Akiyama, H. ; Kihara, H. ; Yoshida, M., Azobenzene-Based (Meth)acrylates : Controlled Radical Polymerization, Photoresponsive Solid-Liquid Phase Transition Behavior, and Application to Reworkable Adhesives. *Macromolecules*, **51** (9), 3243-3253 (2018)

5) Ito, S. ; Akiyama, H. ; Sekizawa, R. ; Mori, M. ; Yoshida, M. ; Kihara, H., Light-Induced Reworkable Adhesives Based on ABA-type Triblock Copolymers with Azopolymer Termini. *Acs Applied Materials & Interfaces*, **10** (38), 32649-32658 (2018)

6) Saito, S. ; Nobusue, S. ; Tsuzaka, E. ; Yuan, C. X. ; Mori, C. ; Hara, M. ; Seki, T. ; Camacho, C. ; Irle, S. ; Yamaguchi, S., Light-melt adhesive based on dynamic carbon frameworks in a columnar liquid-crystal phase. *Nature Communications*, **7** (2016)

7) (a) Akiyama, H. ; Kanazawa, S. ; Okuyama, Y. ; Yoshida, M. ; Kihara, H. ; Nagai, H. ; Norikane, Y. ; Azumi, R., Photochemically Reversible Liquefaction and Solidification of Multiazobenzene Sugar-Alcohol Derivatives and Application to Reworkable Adhesives. *Acs Applied Materials & Interfaces*, **6** (10), 7933-7941 (2014) ; (b) Akiyama, H. ; Kanazawa, S. ; Yoshida, M. ; Kihara, H. ; Nagai, H. ; Norikane, Y. ; Azumi, R., Photochemical Liquid-Solid Transitions in Multi-dye Compounds. *Molecular Crystals and Liquid Crystals*, **604** (1), 64-70 (2014)

8) (a) Akiyama, H. ; Fukata, T. ; Yamashita, A. ; Yoshida, M. ; Kihara, H., Reworkable adhesives composed of photoresponsive azobenzene polymer for glass substrates. *Journal of Adhesion*, **93** (10), 823-830 (2017) ; (b) Zhou, H. W. ; Xue, C. G. ; Weis, P. ; Suzuki, Y. ; Huang, S. L. ; Koynov, K. ; Auernhammer, G. K. ; Berger, R. ; Butt, H. J. ; Wu, S., Photoswitching of glass transition temperatures of azobenzene-containing polymers induces reversible solid-to-liquid transitions. *Nat. Chem.*, **9** (2), 145-151 (2017)

9) (a) Ichimura, K., Photoalignment of liquid-crystal systems. *Chem. Rev.*, **100** (5), 1847-1873 (2000) ; (b) Shibaev, V. ; Bobrovsky, A. ; Boiko, N., Photoactive liquid crystalline polymer systems with light-controllable structure and optical properties. *Progress in Polymer Science*, **28** (5), 729-836 (2003) ; (c) Shibaev, V. P. ; Bobrovsky, A. Y., Liquid crystalline polymers : development trends and photocontrollable materials. *Russ. Chem. Rev.*, **86** (11), 1024-1072 (2017) ; (d) Kim, S. ; Ogata, T. ; Kurihara, S., Azobenzene-containing polymers for photonic crystal materials. *Polym. J.*, **49** (5), 407-412 (2017) ; (e) Natansohn, A. ; Rochon, P., Photoinduced motions in azo-containing polymers. *Chem. Rev.*, **102** (11), 4139-4175 (2002)

10) (a)Seki, T., New strategies and implications for the photoalignment of liquid crystalline polymers. *Polym. J.*, **46** (11), 751-768 (2014) ; (b)Seki, T., Light-directed alignment, surface morphing and related processes : recent trends. *J. Mater. Chem. C*, **4** (34), 7895-7910 (2016)

第2章　光剥離可能な液晶分子接着

齊藤尚平*

概要

熱で剥がせるホットメルト接着材料は産業的に広く用いられているが，高温では接着力を失ってしまうため使用に制約がある。今回，独自に設計した光応答性の分子骨格 FLAP を凝集力の高いカラムナー液晶として材料化することで，光で剥がせる機能と高温でも接着を維持する機能を両立する「ライトメルト接着材料」を開発した[1~5)]。

1　はじめに　～光応答材料を利用した接着剥離～

光照射による相転移現象は，光を当てると形を変えるアゾベンゼン分子などを含む材料において，光学特性の制御や機械的運動の誘起を可能にすることから注目を浴びてきた[6~10)]。また，光照射で流動体が固まる光硬化樹脂は，接着・コーティング・封止などの用途で産業的に幅広く応用されている。この中には，光硬化によって剥離を誘起するダイシングテープ（半導体用のシリコンウェハーを切削加工する際に仮固定するためのテープ）も含まれる[11)]。一方で，「かたい物質が光で流動化する」という現象の報告は比較的新しく[12,13)]，光で剥がせる機能性接着材料としての用途が期待されている[14,15)]。また近年，光照射で高分子鎖や超分子鎖が切断されることにより接着力の低下を引き起こす機能材料が報告されるようになり[16~18)]，活発に研究が進んでいる。本稿では筆者の研究を中心に，光融解現象を示すカラムナー液晶を光剥離接着材料へと応用した例について紹介する。

2　光で剥がせる接着材料に求められる要件

はじめに筆者は複数の企業研究者と相談して「光で剥がせる接着材料」の機能要件を整理した。それが以下の3点である。

① 高温環境下でも 1 MPa 以上の接着力を保つ

② 光照射によって大幅に接着力が低下する

③ 数秒以内に光剥離を起こす

特に，1つめに挙げた耐熱接着性を備えることができれば，既に産業的に普及しているホット

---

* Shohei Saito　京都大学　大学院理学研究科　准教授

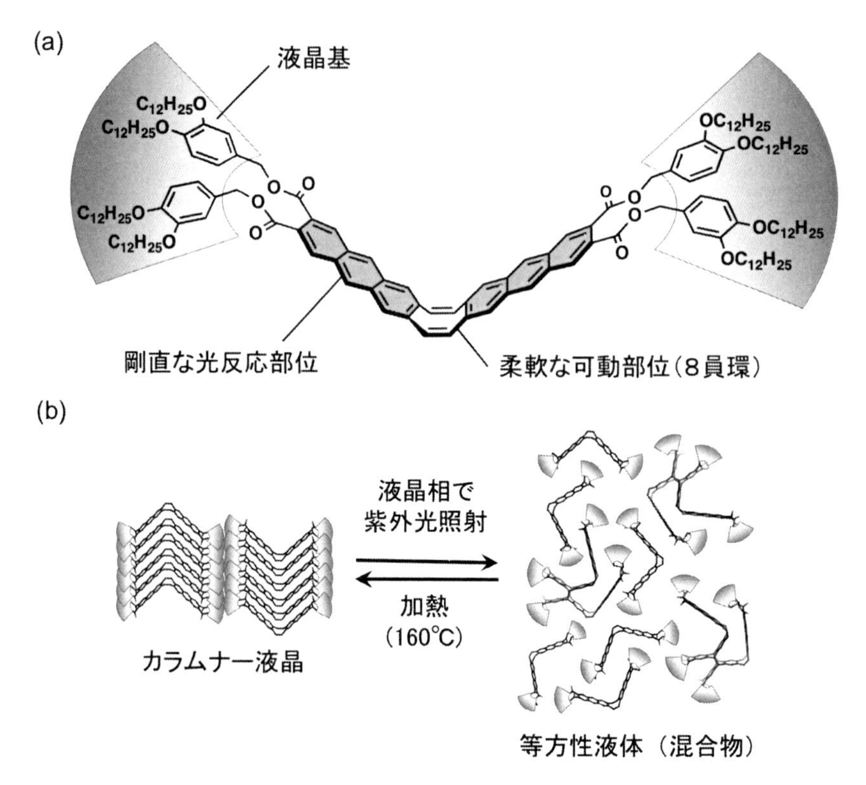

図1
(a)ライトメルト液晶接着材料の分子構造。長い炭素鎖を含む液晶基は化合物の液晶状態を引き出す部位，アントラセン骨格は光反応を起こす部位，中央の屈曲箇所は光を当てたときの分子の動きを可能にする部位。V字型の分子構造は液晶材料の高い自己凝集力を引き出している（図3参照）
(b)光照射によるカラムナー液晶相の崩壊

メルト接着材料（加熱すると融解する高分子材料）が使用できない高温環境でも使えるため，用途によっては実用上の優位性が生まれる。

筆者は，剛直なπ共役骨格と柔軟なπ共役骨格をハイブリッドさせて両者の長所を活用するという分子設計指針に基づいて，独自の光機能性分子を合成し，一連の分子群をまとめて FLAP（FLexible and Aromatic Photofunctional systems）と呼んでいる[3~5]。

今回，このFLAP骨格を基盤としてカラムナー液晶という自己凝集力の高い材料へと発展させることで，上記の困難な諸要件①高温環境での接着力の維持②光照射による接着力の大幅低下③迅速な剥離をすべて満たす新しい機能材料を開発し，「ライトメルト接着材料」と名付けた（図1）[1,2]。

開発したライトメルト接着材料を2枚のガラス板に挟んで接着性能を評価したところ，①室温では1.6 MPa（メガパスカル：1 MPaは1 cm^2の面積あたり約10 kgの重りをつり下げる接着力），100℃の高温でも1.2 MPaという高い接着力を示す一方で，②紫外光を当てると液化に伴っ

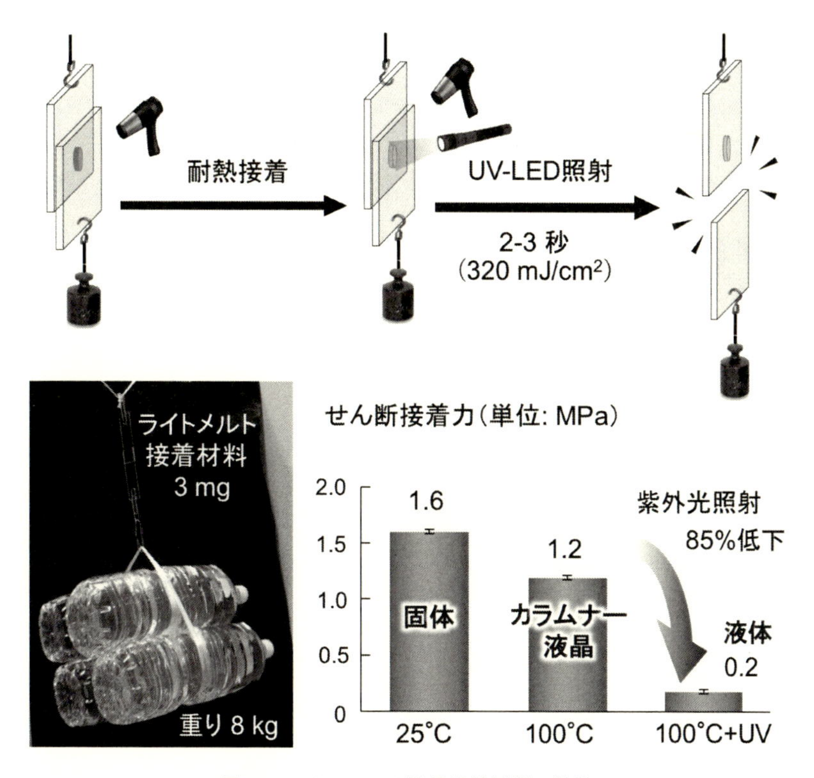

図2　ライトメルト液晶接着材料の性能
高温環境における強い接着，紫外光照射による迅速な剥離，せん断接着力の大幅な減少が達成された

て接着力は85%低下し，③一般的なLED光源で紫外光を照射すると，わずか数秒間（320 mJ/cm^{2}という少ない光量）で剥がすことができた（図2）。さらに，④160℃で加熱処理することにより再び接着力を取り戻すリワーク性に優れ（接着作業のやり直しが可能），⑤接着状態と非接着状態を蛍光色の違いで見分けることのできる発光機能を備えている。これらの優れた材料機能はすべて，分子の骨格構造に由来して発現している。以下では，特に①～③の材料機能につながった分子構造の特徴について紹介する。

3　強く接着する機能

一般に高い接着力を実現するには，接着したい部材と接着材料の界面における相互作用（Adhesion force）と，接着材料そのものの自己凝集力（Cohesive force）の両方を強くする必要がある（図3a）。界面の相互作用が弱ければ試験片は界面から剥がれ，接着材料の凝集力が弱ければ接着材料の内部で破壊が起こってしまう（凝集破壊）。ガラス板と接着材料を用いた今回の接着試験片では，ガラス表面の加工状態（親水加工または疎水加工）によらず，同じせん断接着

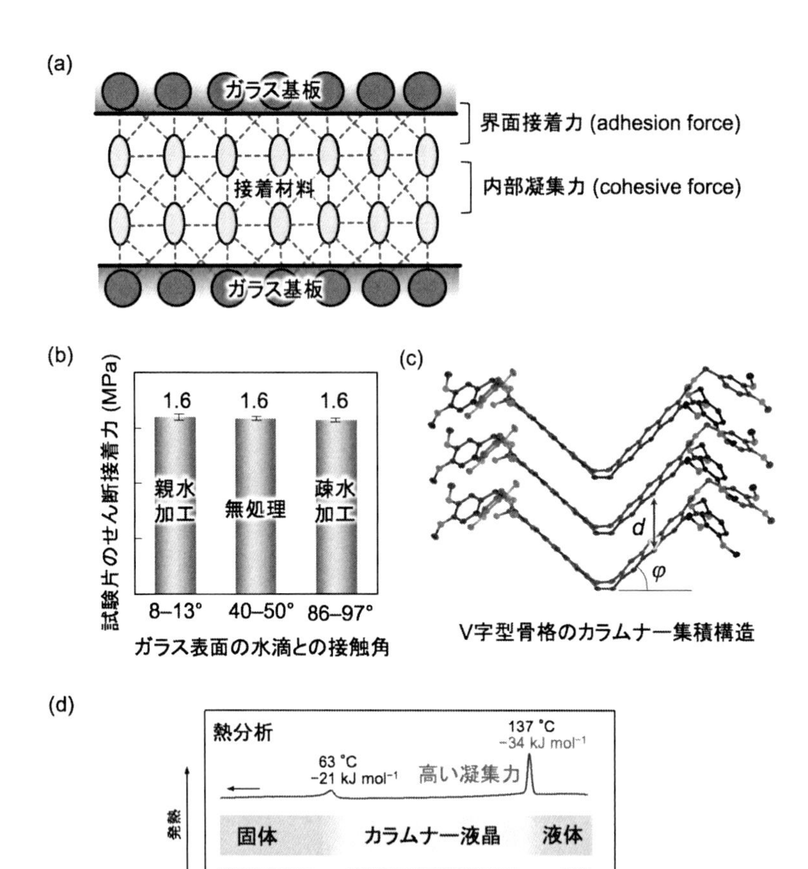

図3

(a)界面接着力と内部凝集力

(b)ガラス基板表面の親水性を変えても，ライトメルト接着材料試験片のせん断接着力は変わらなかった

(c)V字型FLAP分子骨格の単結晶X線構造解析。液晶基を取り除いた化合物を新たに合成することで得られた

(d)ライトメルト液晶接着材料の示差走査熱分析。カラムナー液晶と等方性液体との間で観測された大きな相転移エンタルピー変化

力を示した（図3b）。このことから，試験片の接着力を決定しているのは，ガラスと接着材料の界面における相互作用ではなく，接着材料そのものの凝集力であることがわかった。すなわち，高い自己凝集力をもつ材料を開発したことが，仮固定に充分な接着力の実現につながった。

この「高い自己凝集力」を引き出したのが，集積しやすいV字型の分子構造である。このV字型の分子骨格は，両腕の剛直なπ共役部位（アントラセン）が両方ともπスタッキングに関与するため非常に強く分子間相互作用してカラム状に集積する（図3c）。実際，ライトメルト接着材料の熱分析を行ったところ，カラムナー液晶相（70-135℃）とより高温の等方性液体の相の間のエンタルピー変化 $\Delta H = 34$ kJ/mol は，これまで報告された多くの液晶化合物と比較しても大きい値であり，特に水素結合を伴わないものではトップレベルである[19]。このことは本液晶材料の自己凝集力の高さを物語っている（図3d）。一般に液晶というと，ディスプレイに使われているような流動性の高い材料が想像されるが，開発したカラムナー液晶材料は強い分子間相互作用のため流動性が低く，2枚のガラス板を強く固定できる。また，分子設計により液晶状態を示す温度を高温領域に調整することで，耐熱接着を実現している。

4　光で溶ける機能

高分子材料では，光を当てるとさまざまなメカニズムで接着が弱くなるものが報告されている。この中には，紫外光を当てると分子が網目のように重合し，材料が硬化することで剥離を誘起するダイシングテープも含まれる。これに対し，同じ形の小さい分子を集めて並べた液晶材料では，形の異なる不純物を少し混ぜるだけで，秩序だった分子の集積構造が自発的に崩れ，ばらばらになって液化する現象が知られている[6]。特に，光を当てると形を変えるアゾベンゼン分子などを液晶化することで，光照射によって形の異なる分子（不純物）を液晶内部で生み出し，光で液化する材料を作ることができる。このような機能性液晶は，これまで光で情報を記録するメモリー材料などへの展開が注目されてきたが，一方で，液晶本来の柔らかい性質のため，接着材料としての展開は最近まで注目されていなかった。

開発したライトメルト接着材料は，液晶でありながら，高い自己凝集力を保持している。このカラムナー液晶が紫外光で融解するメカニズムを，以下のように推定した。まず，液晶状態を示す温度範囲で紫外光を当てるとV字型の分子が光励起状態（S_1）でコンフォメーション変化して平面型になる（図4a）[3~5]。ここで，光2量化する相手となる分子がすぐ近くにいない場合は単独で緑色の蛍光を発してそのまま基底状態（S_0）へと戻るが，隣の分子が反応できる位置にいる場合にはこれと結合することで，2量体を形成する（図4b）。こうして生成する一部の2量体は，秩序だった集積には不向きな形をしているため不純物として働き，V字型分子の集積構造を壊す（図4c）。これにより，接着力の強いカラムナー液晶が崩れ，液体となった混合物は大幅に接着力が下がる（図4d）。また，光2量体は160℃程度に加熱すると徐々に元の単量体に戻るため接着機能が復元する。

前述のメカニズムは，以下の実験事実より推定した。

1）光2量化反応では，結合をつくる炭素-炭素間距離（図3cの距離 d）が4.2 Å以下でなければ起こらないことが知られているが[20]，FLAP骨格のV字型集積構造ではその距離が4.7 Åと長く，実際に固体状態では光融解は見られなかった（液晶相でなければ光応答しなかった）。

2）液晶温度における接着フィルムの蛍光スペクトル測定で，光励起状態（S_1）におけるコン

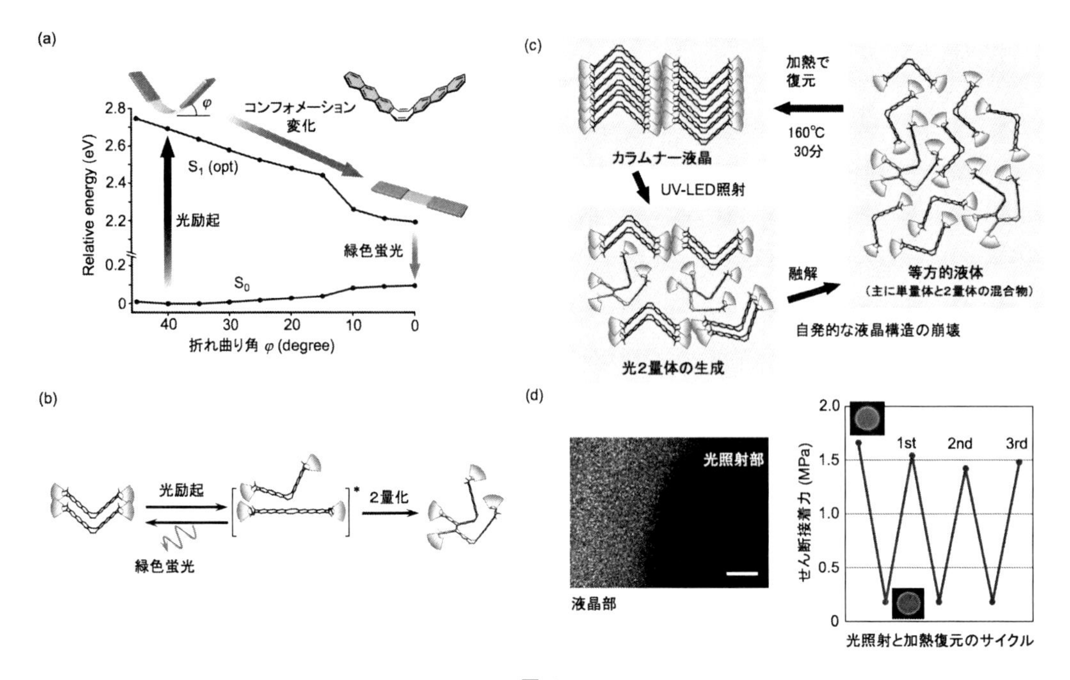

図4

(a)最低一重項励起状態（S_1）におけるFLAP骨格のエネルギーダイアグラム。S_1でV字型から平面型へとコンフォメーション変化を起こす

(b)FLAP骨格の光２量化メカニズム。コンフォメーション変化によって結合を形成する反応点間の距離dが縮まると光２量化が進行する

(c)V字型の骨格がカラムナー集積している液晶の内部で光２量体が生成すると，光２量体分子の形が集積に適さないので液晶相が崩壊し，強い凝集力が失われて混合物として液化が進行する

(d)偏光顕微鏡で観察したカラムナー液晶相。紫外光を照射した部分が等方性液体（混合物）へと変化する（左)。光照射による接着力の低下と，加熱（160℃）による接着力の復元（右）

フォメーション変化が起こっていることを示す，平面型由来の緑色発光帯が観測された。

3)　光照射後の液体混合物をサイズ排除カラムクロマトグラフィーにかけると，未反応の単量体が多く残っていた。

4)　液体混合物から単離した光2量体の ^{1}H および ^{13}C NMR の解析から，対称性の低い構造が支持された。

5)　液晶薄膜の時間分解電子線回折測定，時間分解IR測定および分子動力学計算によって，同様の光応答カラムナー液晶における直接的な構造解析を行ったところ，液晶中でコンフォメーション変化する光励起分子周辺のピコ秒ダイナミクスを追跡することができた[21]。

これらの実験結果から，バルク材料としては流動性が低く凝集力の高いカラムナー液晶の内部でもFLAP分子のコンフォメーション変化が許容されており，この動きが光2量化反応の進行の鍵となっていることがわかる。また，光2量化で分子量が倍になるにもかかわらず固体アモルファスへの相転移が起こらず液体へと融解するのは，2量体の構造が秩序集積に適さないことが

効いていると考えられる。

5　迅速に剥がれる機能

「光で溶ける材料」を仮固定用の接着材料として製造工程の流れの中で使うには，一般的な光照射装置を用いてすぐに剥がせる必要がある。そのためには，少ない光量で剥離が起こることが望まれる。開発したライトメルト接着材料を2枚のガラス板に挟んで接着し，ドライヤーで温め

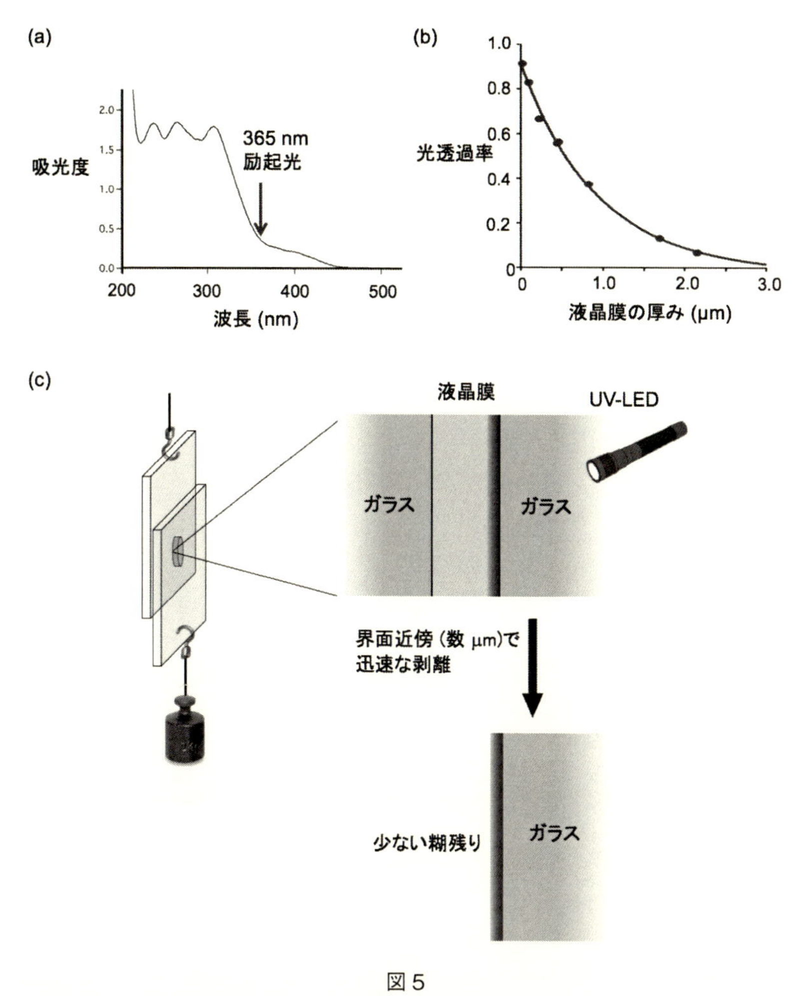

図5
(a)ライトメルト接着材料からなる薄膜の光吸収スペクトル
(b)365 nm の励起光を薄膜にあてた際の透過率と膜厚の関係。励起光は界面から3 μm の深さまでにほぼ全て吸収されている
(c)界面近傍のおける光融解と剥離。剥離後の糊残りは数 μm の厚みとなり，汎用有機溶媒で容易に洗い流せる

た状態で紫外光のLEDで光照射すると，わずか数秒間（光量にして320 mJ/cm^2）で剥がすことができた。この光量は，一般的な光硬化樹脂を硬化させるのに必要な光量よりも少なく，比較的応答性が良い。この迅速剥離の実現には，以下のメカニズムが作用している。

1）素反応である光2量化反応がきわめて速い（4-200 ns）[22]

2）すべての分子が反応しなくても，不純物である2量体の生成により自発的に液晶構造が壊れて液化が進行する

3）ガラスと接しているほんのわずかな材料の界面さえ溶けてしまえば，剥離が起こる

実際に，紫外光がライトメルト接着材料の膜の内部に到達する深さはガラスとの界面からわずか数マイクロメートルの範囲のみであり，膜の厚みによらず約320 mJ/cm^{2}の光量で剥がせることが確認できた。また，これらの実験から，ライトメルト接着材料はごく少量の使用でも膜厚を気にせず光剥離が実現でき，光を当てた透明部材には剥離後に接着材料がわずかしか残らないことが示された（図5）。

6 さいごに

ライトメルト接着材料の開発は，近年になって注目され始めた「光液化材料を用いた仮固定接着」という科学技術を大きく前進させるものである。特に，耐熱接着と迅速な光剥離という2つの機能を両立させるための，鍵となる分子論的な設計指針やカラムナー液晶の新しい活用法を示したことは，学術的にも産業的にも意義のある成果といえる。今後，透明なものの接着用途としてライトメルト接着材料が広く利用されることを期待し，現在研究を続けている。

謝辞

本研究は，現・京都大学エネルギー理工学研究所 信末俊平助教，名古屋大学大学院理学研究科 津坂英里さん，袁春雪博士（現・同済大学 助教），森千草さん，山口茂弘教授，Cristopher Camacho博士（現・コスタリカ大学 講師），Stephan Irle教授（現・Oak Ridge National Laboratory教授）および名古屋大学大学院工学研究科 原光生助教，関隆広教授と共同で行ったものです。また本研究は，JST さきがけ「分子技術と新機能創出」JPMJPR12K5（総括：加藤隆史 東京大学教授），科研費 新学術領域「高次複合光応答分子システムの開拓と学理の構築」JP17H05258（領域代表：宮坂博 大阪大学教授），科研費 若手研究（A）JP15H05482の支援を受けて行われました。この場を借りて御礼申し上げます。

文　　献

1) S. Saito, S. Nobusue, E. Tsuzaka, C. Yuan, C. Mori, M. Hara, T. Seki, C. Camacho, S. Irle, S. Yamaguchi, *Nature Commun.* **7**, 12094 (2016)
2) 齊藤尚平, 山口茂弘, 渡辺淳, 小谷真央：特開 2015-157769
3) C. Yuan, S. Saito, C. Camacho, S. Irle, I. Hisaki, S. Yamaguchi, *J. Am. Chem. Soc.* **135**, 8842 (2013)
4) C. Yuan, S. Saito, C. Camacho, T. Kowalczyk, S. Irle, S. Yamaguchi, *Chem. Eur. J.* **20**, 2193 (2014)
5) R. Kotani, H. Sotome, H. Okajima, S. Yokoyama, Y. Nakaike, A. Kashiwagi, C. Mori, Y. Nakada, S. Yamaguchi, A. Osuka, A. Sakamoto, H. Miyasaka, S. Saito, *J. Mater. Chem. C* **5**, 5248 (2017)
6) H. Yu, T. Ikeda, *Adv. Mater.* **23**, 2149 (2011)
7) M. Irie, T. Fukaminato, K. Matsuda, S. Kobatake, *Chem. Rev.* **114**, 12174 (2014)
8) W. R. Browne, B. L. Feringa, *Nature Nanotech.* **1**, 25 (2006)
9) T. Seki, *Polymer Journal* **46**, 751 (2014)
10) A. Priimagi, C. J. Barrett, A. Shishido, *J. Mater. Chem. C* **2**, 7155 (2014)
11) K. Ebe, H. Seno, K. Horigome, *J. Appl. Polym. Sci.* **90**, 436 (2003)
12) K. Uchida, N. Izumi, S. Sukata, Y. Kojima, S. Nakamura, M. Irie, *Angew. Chem. Int. Ed.* **45**, 6470 (2006)
13) Y. Norikane, Y. Hirai, M. Yoshida, *Chem. Commun.* **47**, 1770 (2011)
14) H. Akiyama, M. Yoshida : *Adv. Mater.* **24**, 2353 (2012)
15) H. Akiyama, S. Kanazawa, Y. Okuyama, M. Yoshida, H. Kihara, H. Nagai, Y. Norikane, R. Azumi, *ACS Appl. Mater. Interfaces* **6**, 7933 (2014)
16) E. Sato, K. Taniguchi, T. Inui, K. Yamanishi, H. Horibe, A. Matsumoto, *J. Photopolym. Sci. Technol.* **27**, 531 (2014)
17) C. Heinzmann, S. Coulibaly, A. Roulin, G. L. Fiore, C. Weder, *ACS Appl. Mater. Interfaces* **6**, 4713 (2014)
18) A. M. Asadirad, S. Boutault, Z. Erno, N. R. Branda, *J. Am. Chem. Soc.* **136**, 3024 (2014)
19) W. E. Acree, Jr., J. S. Chickos, *J. Phys. Chem. Ref. Data* **35**, 1051, (2006)
20) R. Bhola, P. Payamyar, D. J. Murray, B. Kumar, A. J. Teator, M. U. Schmidt, S. M. Hammer, A. Saha, J. Sakamoto, A. D. Schlüter, B. T. King, *J. Am. Chem. Soc.* **135**, 14134 (2013)
21) M. Hada, S. Saito, S. Tanaka, R. Sato, M. Yoshimura, K. Mouri, K. Matsuo, S. Yamaguchi, M. Hara, Y. Hayashi, F. Röhricht, R. Herges, Y. Shigeta, K. Onda, R. J. D. Miller, *submitted*
22) M. Okuda, K. Katayama, *J. Phys. Chem. A* **112**, 4545 (2008)

第3章　有機結晶の光誘起相変化による動的挙動

則包恭央*

1　はじめに

物質や物体の「動き」は，基礎科学的および応用工学的視点双方から注目され高い関心を集めている。自然界ではその長い進化の中で，化学種の運搬や筋肉などの生命活動に必須の分子機械を発達させてきた。そこで培われた生体分子の驚くべき動的機能が明らかになるにつれ，それらを模倣した外部刺激に応答もしくは自発的に動く人工分子系が様々な形態で提案されている[1~10]。これら動きを発揮する人工分子系は，大きさは分子サイズからセンチメートル程度まで幅広く，併進，回転，変形など多様な動きを示す。動きを発現させるためにはエネルギーを供給する必要があるが，化学エネルギー，熱エネルギー，電気エネルギー，光エネルギーなどが用いられている。

光は，対象物質に非接触で簡便に多量のエネルギーを供給することが可能であり，かつ物質・物体の動きのトリガーや動きの方向性を制御することが可能な極めて便利な道具と言える。例えば，光ピンセットは集光したレーザー光によって生じる電場勾配を利用して微小物体を捕捉し移動させることができる[11]。この方法によってマイクロメートルからナノスケールの粒子や細胞を正確に運搬・配置することができる。しかし，特殊な装置を必要とすることに加え，多くの物体を同時に動かすことが困難である。一方で，光エネルギーによって物質や物体が自発的に動く系が数多く知られており，光熱効果，光触媒反応，光分解反応，およびフォトクロミック反応を利用したものが多く提案されている[2]。これらにおいては，光活性物質が光を吸収し，それぞれの光物理化学過程を経たのち運動エネルギーに変換される。それらの動きが生じる原理として，一般的に照射光や生成物の分布の非対称性が利用されている。

このように，光エネルギーが動的エネルギーに直接変換可能であることから，ナノマシン，分子機械，アクティブマター，ソフトロボティクス等の研究において近年注目され，人工的な動きを発揮する物質および材料の研究が多様なアプローチで発展しつつある。そのような状況の中で，単純な物質の結晶における動的挙動も着目され，光照射に伴う光反応や熱膨張によるひずみに起因する結晶の屈曲，膨張，ジャンプ等の特異的な動きが知られている[12,13]。ここでは結晶中でのアゾベンゼンの光異性化反応によって固体と液体の間を可逆的に相変化する現象（光誘起固液相転移）と，それが引き起こす動的現象について述べる。動的現象として，固体表面上および

＊　Yasuo Norikane　(国研)産業技術総合研究所　電子光技術研究部門
分子集積デバイスグループ　研究グループ長

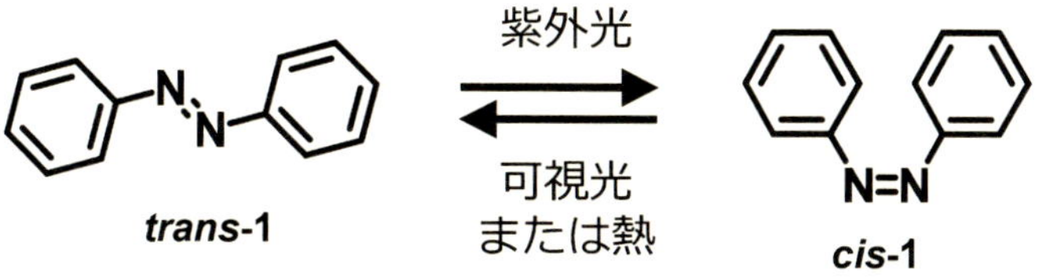

紫外光
trans-1　cis-1
可視光
または熱

図1　アゾベンゼン（1）の光異性化反応

水面上での結晶移動，高分子と複合化による屈曲挙動について紹介する。固液相転移を伴わないアゾベンゼンの動的挙動や，アゾベンゼン以外の有機結晶の動的挙動については文献12)，13)を参照されたい。

2　アゾベンゼンの光異性化反応

アゾベンゼン（1）は，トランス体とシス体の幾何異性体が存在するが，光照射によってこれらの異性体の間で異性化することが知られている（図1）。一般的に，紫外光（例えば365 nmや313 nm）の照射によってシス体が優勢に，一方で可視光（例えば436 nm）の照射によってトランス体が優勢になる。また，シス体は2つのベンゼン環同士の立体反発によって準安定であり，暗所に放置することによってもトランス体へと戻る。アゾベンゼンは合成化学的に誘導体の合成が容易であり，また光化学的な繰り返し安定性や熱安定性に優れることから，光学特性や生体分子などの特性を制御する多様な光スイッチング分子が設計されている[14,15]。アゾベンゼン自体がメソゲンとして振舞うため，液晶の光相転移，光配向制御，表面レリーフ形成などの物質移動といった特徴的な物性を示す[16,17]。

アゾベンゼンの光異性化は，溶液中や液晶中に分散した場合については，分子運動が比較的許容されるため容易に光異性化することが知られている。しかし，アゾベンゼンは異性化に伴う分子構造変化が大きいため，異性化反応自体が周囲の環境（媒体や分子構造）の影響を大きく受けることが知られている。例えば，ポリマー中に分散した場合，異性化効率は自由体積の影響を受ける[18,19]。また，アゾベンゼンのトランス体の結晶中では，シス体への光異性化が起こらないと考えられていた[20]が，近年の研究結果から結晶表面で起こることが示唆されている[21,22]。一方，かさ高い置換基[23,24]や，環状構造による束縛[25]といった分子構造にも影響を受け，光異性化の量子収率および熱異性化速度（シス体の寿命）が変化する。

3　アゾベンゼンの異性化に伴う光誘起固液相転移

3.1　環状化合物

上述のように，単純な無置換のアゾベンゼンは結晶中で光異性化はほとんど起こらない。例え

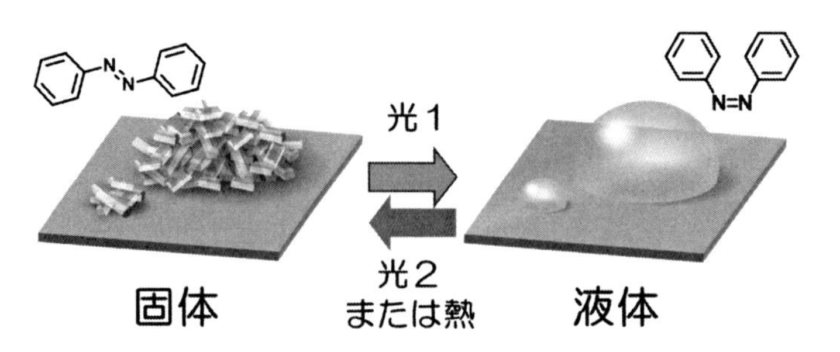

図２　光誘起固液相転移の概念図

ば，すりつぶしたアゾベンゼンの結晶は，光照射前後では赤外吸収スペクトルに変化が無かったことから，結晶相中ではトランス体からシス体への光異性化は起こらないと報告された[20]。一方で分子デザインによって結晶中での光反応性は劇的に向上し，光照射によって結晶から液体への相転移を起こすことが可能になる（光誘起固液相転移）。図２に固体から液体への相変化の概念図を示す。このような固液間の光相転移が可能になれば，様々なスマートマテリアルへの展開が考えられる。すなわち，通常では熱過程（加熱や冷却）でしか相転移を起こすことができなかったことが，温度を変化させることなく相転移が可能になる。

結晶から液体への光相転移は，化合物２において最初に報告された[26~28]。この化合物は，アゾベンゼンが環状に連結した分子骨格を持ち，長鎖アルキル基を有することが特徴である。化合物２は融点が100℃であり，100℃から120℃の間では液晶相を示す。この化合物に室温で紫外光（365 nm）を照射したところ，液化が観測される。この光物性は無置換のアゾベンゼンと比較すると非常に対照的である。すなわち，化合物２の融点が100℃とアゾベンゼンの68℃[20]よりも高いにもかかわらず，化合物２は非常に良好な光応答性を示す。上記の液化現象を吸収スペクトルやXRDで追跡したところ，この現象は光異性化によって引き起こされていることがわかった。

光で溶ける現象を分子レベルで理解するため，化合物２の単結晶構造解析を行った[28]。その結果，低温では良好にパッキングしていた長鎖アルキル基が240 K付近から乱れが生じ始め，293 Kではアルキル末端が大きくディスオーダーした。その一方で，分子の中心に位置する環状アゾベンゼン骨格の構造の乱れは比較的小さい。また，結晶中のパッキングに着目すると，ディスオーダーしたアルキル鎖と，乱れの少ないアゾベンゼン部位が交互に積み重なった結晶構造を取る。アゾベンゼンはπ-π相互作用によって一次元的に連なっているが，構造の乱れたアルキル鎖がアゾベンゼンの異性化のために十分な自由体積を提供しているものと考えられる。

3.2　棒状化合物

上記で述べた環状化合物は，その合成が困難であることと，複雑な分子構造により，構造と光反応性についての系統的な検討が困難であった。そこで，単純な棒状のアゾベンゼン誘導体でも同様な光誘起固液相転移を起こすことが可能かどうかについて検討した。その結果，化合物3-

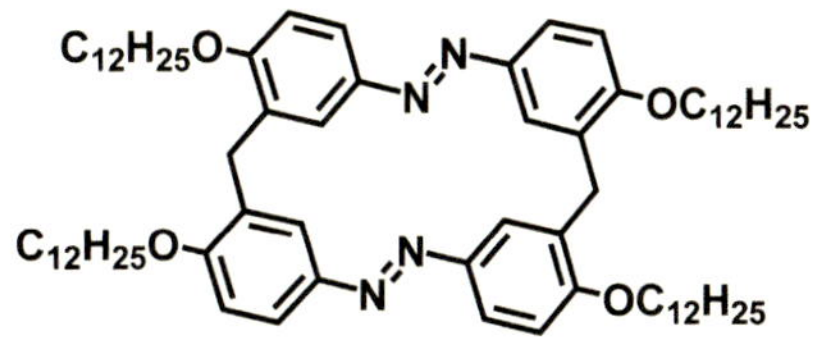

2

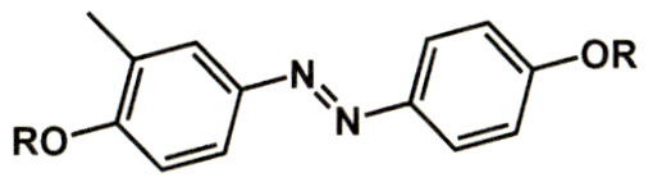

3-Cn　R = C_nH_{2n+1}

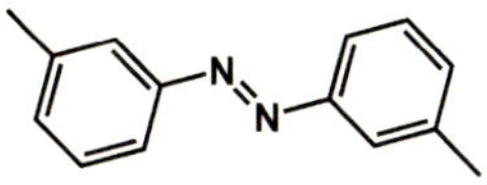

4

図3　化合物2，3-Cn，4の化学構造式

Cnの系統について非常に興味深い結果が得られた[29]。この化合物は，アゾベンゼンの4位と4'位にアルコキシル基を持ち，3位にメチル基を持つ。この3位のメチル基が分子設計の鍵であることが分かった。すなわち，3位にメチル基を持たないアゾベンゼンや，3位と3'位の両方にそれぞれメチル基を導入したアゾベンゼンは，光誘起固液相転移を示さない。つまり，この単純な分子デザインによって劇的に光応答性が変化する。例えば，アルキル鎖長が6の化合物（3-C6）は紫外光照射によって良好な光誘起固液相転移を示すが，液化した状態の粘度は460 mPa•sであり，この状態は室温暗所で約1時間程度保持可能である。また，液化した状態の融点は－6℃であり，初期状態（トランス体）の融点が87℃であることと非常に対照的である。この3位へのメチル基を導入した分子デザインの詳細を検討するため，4位と4'位のアルキル鎖長の効果について炭素数1～18について検討したところ，炭素数が6～10の化合物について，相対的に速い光誘起固液相転移を示すことが分かった[30]。

ここで，光誘起固液相転移における照射光の熱の効果について述べる。光照射時には，光励起された分子が基底状態に失活する際に励起エネルギーが熱に変換されるため，試料の温度上昇は避けられない。実際に，上記3-Cn系の結晶粉末に200 mW cm^{-2}の強度の紫外光を照射したところ，3 K程度の温度上昇が観測される[29]。しかし，この温度上昇は試料を融点まで加熱融解するには十分ではない。さらに，3-C6の結晶粉末に紫外光を様々な強度（5-408 mW cm^{-2}）で照射したところ，光誘起固液相転移は光強度に依存することなく，同じフォトン数で起こることが示された[30]。つまり，熱の効果は，この光相転移の主な要因ではなく，アゾベンゼンの光異性化そのものが駆動力になっていると言える。

光誘起固液相転移は，顕微鏡観察[26,27,29]，X線回折[27,28]，および分光学的[30]に観察可能ではあるが，相転移自体が結晶表面から進行する[28]ため，相転移に要する時間は，照射光強度と試料の厚さに大きく依存する。試料表面で液化した化合物が試料を覆い，照射光を吸収するため試料の深部ほど光応答性が低くなる傾向にある。

光照射によって結晶（固体）と液体の間で相転移を起こすという光誘起固液相転移のコンセプトは，固体光化学の分野だけでなく，高分子やソフトマテリアル分野に波及しつつあり，既に様々なスマート材料への応用可能性について原理実証の報告がなされている。例えば，フォトレジスト[29]，可逆接着剤[30~32]，ガス貯蔵材料[33]，光蓄熱材料[34]，自己修復材料[35]，および生分解性高分子の寿命制御[36]に関する報告がされている。さらに，本稿の本題である動的な挙動という，研究開始当初には予想していなかった分野へと大きく発展しつつある。

4　動的挙動

4.1　固体表面上での結晶移動[37]

4.1.1　移動現象の発見

ここでは，固体表面上での結晶移動現象について，その発見に至った過程を含めて述べる。光誘起固液相転移の研究においては，通常の実験では，試料に対して紫外光と可視光の照射はそれぞれ別々に行っており，同時に照射することはなかった。しかし，別の実験目的で，顕微鏡下で3,3'-ジメチルアゾベンゼン（**4**）の小さな結晶に同時に2つの光を異なる方向から照射した（図4a，b）。そこで驚いたことに，顕微鏡視野内の多数の微結晶がそれぞれほぼ同じ方向に向かって移動した（図4c-h）[37]。結晶は，紫外光から遠ざかる方向に動き，結晶の外形は大きく変化する一方で，結晶の異方性を保ちながら移動した。しかも，ここで強調すべき点は，光源にはレーザーや特殊な光学系を必要とせず，LEDや水銀灯をサンプル全体に照射するだけで移動現象が起こることである。しかも，本系での固体基板表面には特殊な化学的な処理[38~40]，表面特性の勾配[41]やラチェット構造[42]などを必要としないことが極めて特徴的である。

4.1.2　結晶移動現象の特徴

カバーガラス上に載せた化合物**4**の微小な結晶（約20～30 μm）に，図4に示すように紫外光（365 nm）と可視光（465 nm）を同時に異なる方向から照射すると結晶が移動する。ここで，紫外光と可視光はそれぞれトランス体→シス体，シス体→トランス体の光異性化を優勢的に起こす。さらに結晶相においては，紫外光と可視光は，液化と固化を誘起する。図4から分かるように，**4**の結晶は紫外光の光源から遠ざかり，同時に可視光の光源のある方向に移動する。また，結晶の形態は，単結晶，多結晶，変形した結晶などいずれの場合でも移動現象は観測される。しかし，結晶の移動速度は結晶によって大きく異なり，平均を取ると約1.5 μm min^{-1} 程度である。

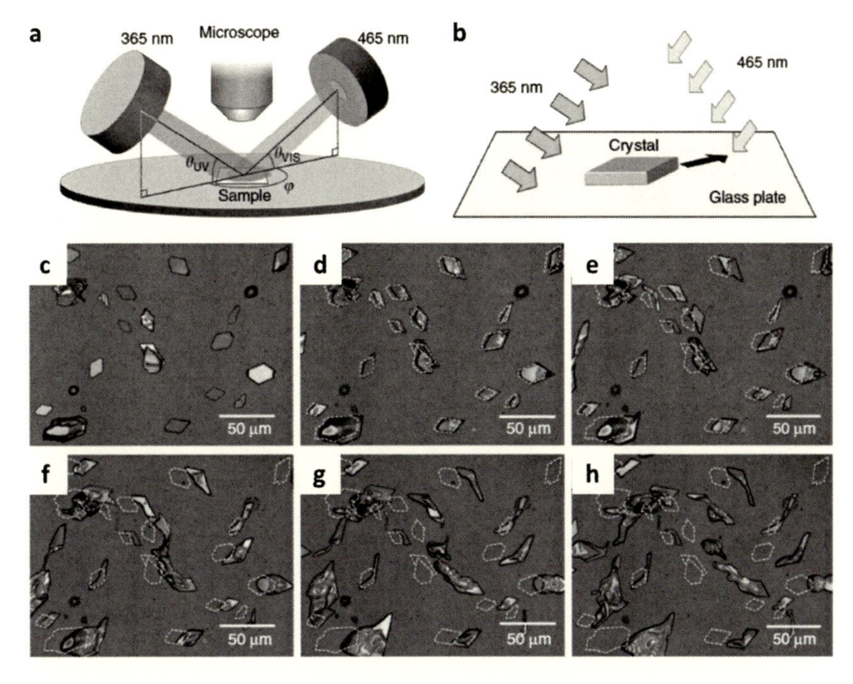

図4　固体表面上での結晶移動

a）光照射実験の模式図，b）結晶が移動する様子の模式図，c-h）化合物4の結晶への光照射時の顕微鏡写真（順に照射時間0，3，6，10，15，20分）

一方で，過冷却状態の4の液滴や，光照射によって完全に液化した液滴は光照射によっても移動しないことから，移動現象を起こすためには固体状態の寄与が極めて重要であることが分かる。

そこで結晶移動に要する条件を最適化するために，光強度依存性を観察した。ここでは，光源の位置は図4aにおいて，$\theta_{UV}=\theta_{VIS}=45°$，$\phi=180°$の条件において検討した。結晶によってその移動速度が異なるので多数の結晶について観測しその平均を求めた。その結果，図5aに示す結果になった。このグラフから明らかなように，可視光と紫外光のバランスが重要であることが分かる。例えば紫外光の強度が可視光よりも相対的に強過ぎる場合，結晶は溶けてしまい移動しない（図5aの右奥の破線領域）。一方で，紫外光の強度が相対的に弱過ぎる場合，結晶はその形態を維持する一方で全く動かない（図5aの左前の破線領域）。上記実験から，結晶移動に適する照射光強度は，紫外光と可視光がそれぞれ200，50～60 mW cm^{-2}であり，その際の平均移動速度は2.0 μm min^{-1}であった。

一方で，照射光の角度依存性について，紫外光と可視光の強度をそれぞれ200，60 mW cm^{-2}で固定した状態で，θ_{UV}が25～45°，θ_{VIS}が20-45°について移動速度を観測した。その結果，移動速度は可視光よりも紫外光の角度に依存し，またθ_{UV}が大きいほど速度が増加する（図6）。

結晶移動に伴い結晶の形状は大きく変形する。例えば，図7に示す単結晶をひし形の長軸方向と平行な方向から光照射したところ，結晶の前端だけを見ると結晶が成長しているように見え，

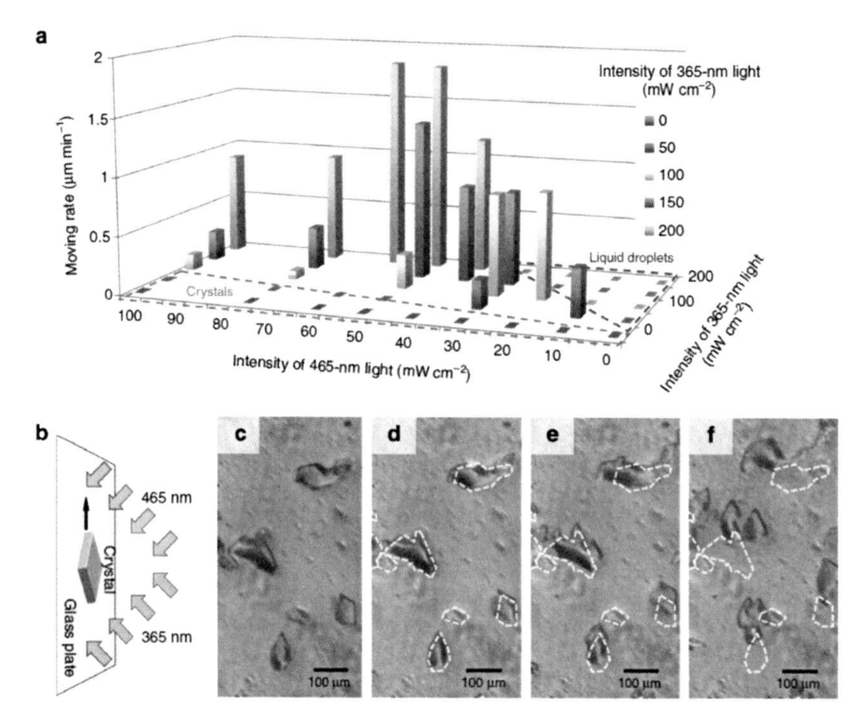

図５　a）結晶移動現象の光強度依存性，b）垂直方向の結晶移動の模式図，c-f）化合物４の垂直方向の結晶移動の顕微鏡写真（順に照射時間０，2.5，10分）

一方で後端は収縮しているように見える。一方で，長軸方向とは直交方向から光照射したところ，結晶の長軸方向に延びるように結晶形状が変化した。形状変化をするものの，結晶の角の角度が約56°と124°に保たれていることが非常に興味深い。共焦点レーザー顕微鏡で結晶の形状について観察すると，移動に伴い結晶が薄くなっており，特に結晶前端で顕著であった。一方で，偏光顕微鏡で結晶移動を観察すると，結晶の光学的な配向は変化しないことが分かる。

驚くべきことに，この結晶移動現象は，垂直に立てたガラス板でも観測され，結晶が垂直方向に上ることが分かった（図5b, c）。この結果から，この結晶移動現象は重力からの影響が少なく，結晶とガラス表面との吸着力が重要であると考えられる。

4.1.3　結晶移動のメカニズム

上記結晶移動のメカニズムについては，未解明である部分が多いが，二つの光源によって非平衡な場が作り出されていると考えられる。光源は，試料全体をほぼ均一に照射しており，光源の距離は顕微鏡の視野のスケールよりも十分に大きいことから，少なくとも顕微鏡の視野内においては照射光の強度は一様であると推定される。照射条件下の結晶表面（上面）では，光による融解と結晶化が同時に起こっており，つまり固・液相間で平衡状態が成立していると考えられる。一方で結晶の端面に着目すると，結晶面の向きによって，紫外光と可視光の強度比が結晶上面とはわずかに異なる。その結果，結晶の前端と後端で平衡状態がそれぞれ反対方向にずれ，融解と

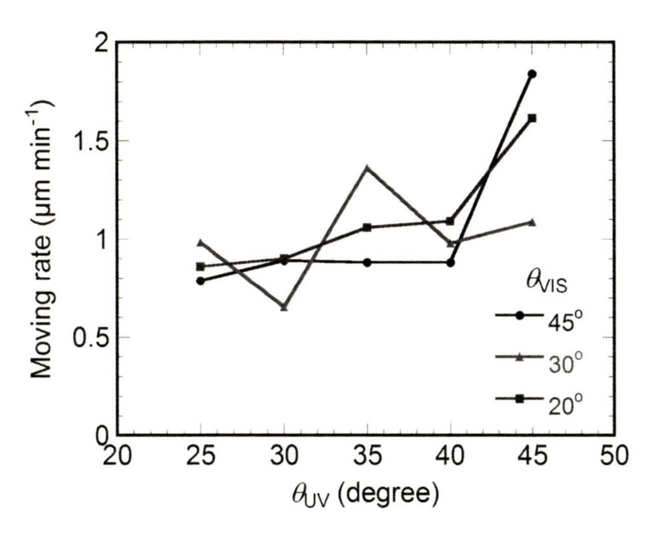

図6　結晶移動現象の照射光の角度依存性

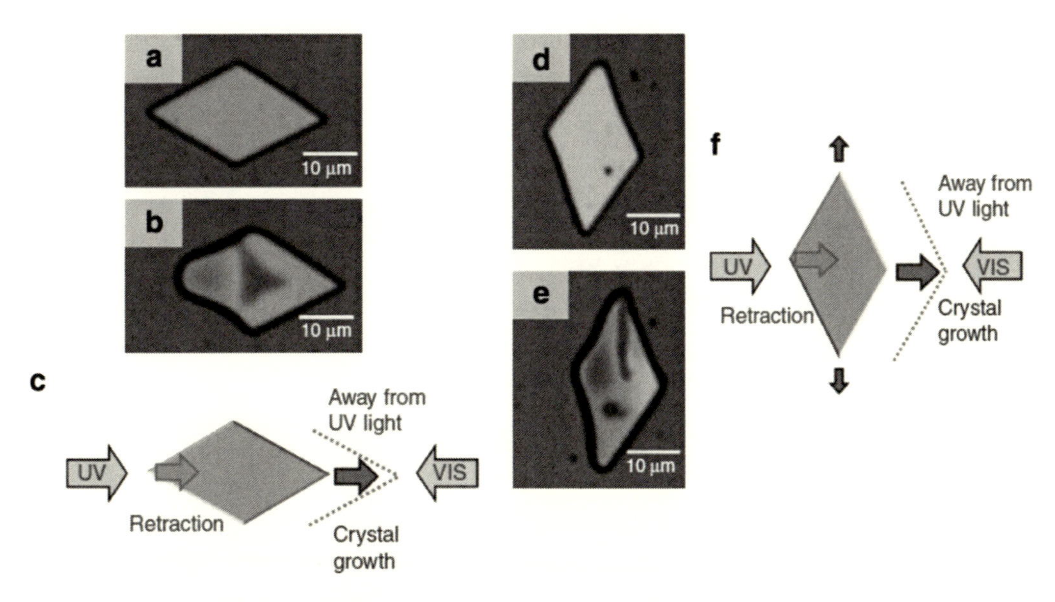

図7　化合物4の単結晶の結晶移動，a-c）結晶の長軸方向と照射光が平行の場合，d-f）垂直の場合

結晶化がそれぞれの結晶端で起こると考えられる。ここで，ガラス表面に吸着したまま結晶が成長する必要があり，ガラス面と結晶の間に液体が存在して結晶が浮遊している状態であると結晶が移動困難になると考えられる。実際に，ガラス面側から光照射を行っても，結晶形態に変化がみられるものの移動現象は観察されない。

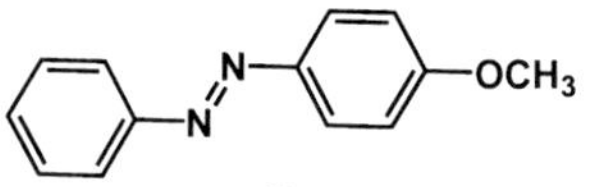

図８　化合物 5，6，7 の化学構造式

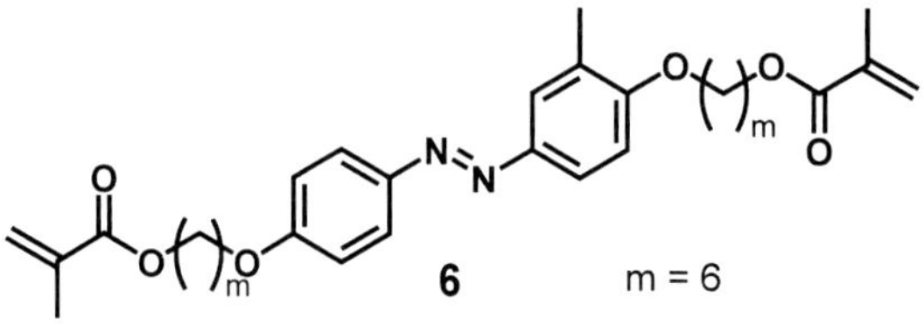

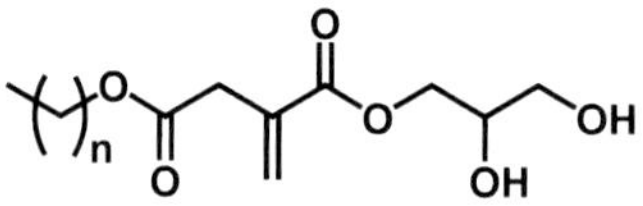

4. 1. 4　アゾベンゼンにおける結晶移動現象

上記で述べた **4** における結晶移動現象の一般性を実証するために，置換基を持たないアゾベンゼン（**1**）について検討を行った。室温においては，光照射に対して **1** の結晶は全く移動しなかった。しかし，温度を 50℃にしたところ結晶移動が観測された。この結果は，結晶移動現象が光誘起固液相転移と大きく関係していることを示している。なぜなら，**1** は光誘起固液相転移を室温で示さないが，50℃では観測されるからである。以上のことから，光誘起固液相転移を示す分子系を使用すると，同様の結晶移動現象を示すことが期待される。

4. 2　水面上での結晶移動

4-メトキシアゾベンゼン（**5**）は効率が低いながらも光誘起固液相転移を示す。この結晶片を水面に浮かべ紫外光（365 nm）を照射すると，光源から遠ざかる方向に水面を動き始める（図 9）[43]。多くの結晶について光照射を行い観察すると，直線運動だけでなく，曲がった移動，回転，分割などの動きを示す。ここで興味深いことに，光照射を停止しても数分間は結晶の動きが観測されることであり，これは移動現象が照射による熱によるものではないことを示している。光照射によって生じたシス体は液体状態であり，初期状態のトランス体よりも水に対する溶解性は高く，この生成物の溶解過程が結晶の移動に関与していると考えられる。この原理を応用して，**5** を含侵させたろ紙を用いて光応答性の船を作製した。このろ紙片に紫外光を照射すると，約 5 cm s^{-1} の速度で進み，可視光を照射することにより減速させることも可能である。

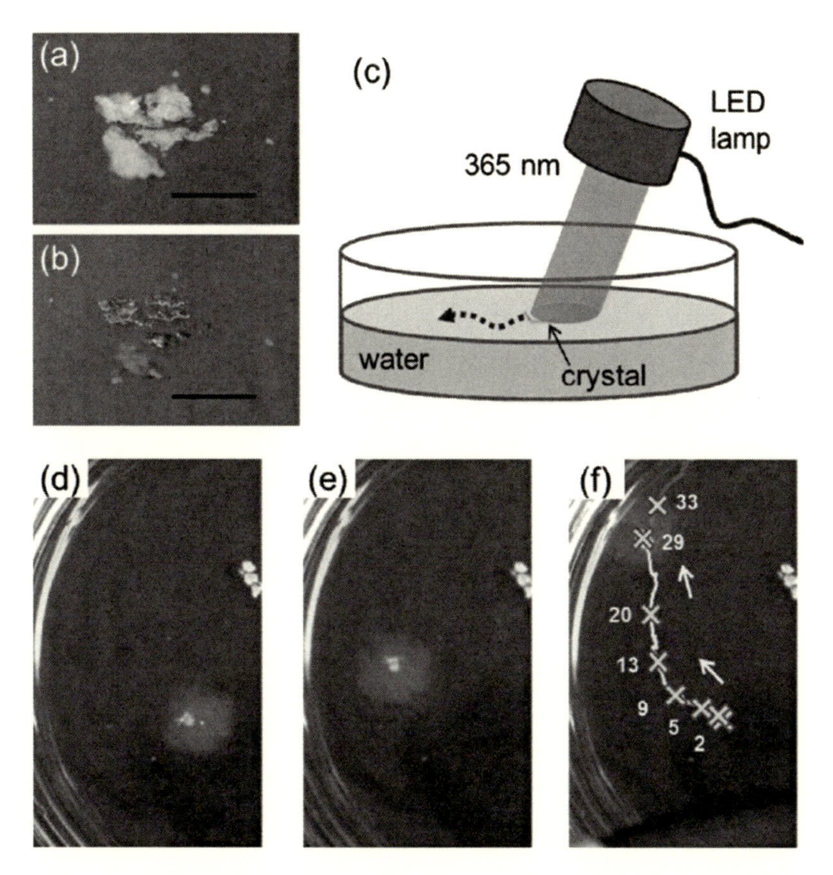

図9　a, b) 光照射前後の化合物5の結晶粉末, c) 水面上の結晶移動の実験模式図, d-f) 結晶移動の様子のスナップショット, f) 結晶移動の軌跡。x は1秒毎の結晶の位置, 数字は初期の位置からの距離 (mm) を示す

4.3　高分子材料との複合化による屈曲運動

既に述べたように, アゾベンゼンの3位にメチル基を置換することで, 光誘起固液相転移の光応答性が劇的に向上する。この分子デザインを活用し, 高分子化合物の光応答性モノマー[44]や, 高分子薄膜に塗布した材料[45]について, それぞれにおいて光屈曲について報告されているので, それぞれについて述べる。

光重合性置換基を有するモノマー**6**は, 結晶から液体への光誘起固液相転移を起こす。一方で, 3位のメチル基を持たないモノマーは光相転移を起こさない。ここでも3位のメチル基が結晶での光反応性に大きく寄与していることが分かる。このモノマー**6**とイタコン酸誘導体のモノマー**7**の共重合体による自立性のフィルムを作製したところ, 高分子エラストマーが得られ, そのガラス転移温度は紫外光照射によって29℃から16℃に低下し, 一方で可視光照射または暗所で元に戻った。さらに, このフィルムはフォトメカニカル挙動を示し, 照射光（紫外光）の光源方向に屈曲し, 可視光の照射によって元の状態に戻った（図10)。また, 3.3～45 mW cm^{-2} 程

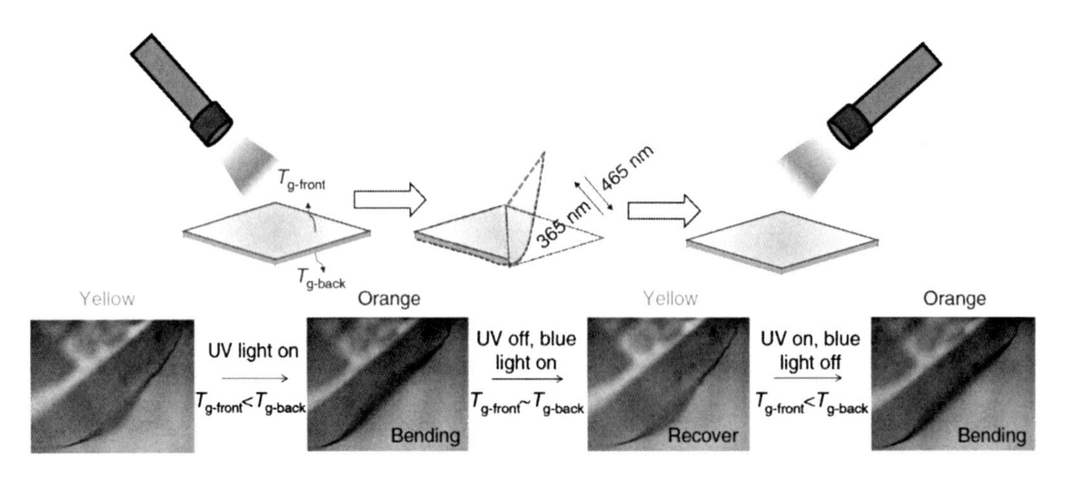

図10　化合物６と７の共重合体エラストマーのフォトメカニカル挙動

度の比較的低い光強度で 0.4～2 mm s^{-1} の速度で屈曲する[44]。

興味深いことに，共重合体でなくてもアゾベンゼン誘導体を市販の高分子フィルム（ラップフィルムに用いられている低密度ポリエチレン（LDPE））に塗布するだけでメカニカル挙動を示すことが報告されている[45]。ここで用いられたアゾベンゼン誘導体は，3位にエチル基を有する化合物で，この化合物も光誘起固液相転移を示す。この化合物のテトラヒドロフラン溶液をLDPE フィルムに塗布し，ラビング処理した後に熱アニールを施す。このフィルムは紫外光に対して可逆的な屈曲挙動を示した。ラビングプロセスによって生じた溝に沿ってアゾベンゼンの分子が配向しており，光誘起固液相転移によって高分子フィルム内に収縮力が発生していると考えられている。

5　おわりに

光応答性分子の結晶が起こす相転移によって起こる動的な挙動について述べた。アゾベンゼンの光異性化を用いた光誘起固液相転移は，ここで述べた動的挙動以外にも，アゾベンゼンの可逆性から再利用可能なスマート材料としての利用も注目されている。

固体基板上での結晶移動現象は，その機構について未解明な点が多い。これまでの物質移動は液体中や固液界面での研究が中心である中で，固体と空気の界面での物質移動を示した極めて稀な例である。今後は機構の解明と，この原理を発展させたより高速な結晶移動や，他の物質を輸送するシステムとしての発展が期待される。

フォトクロミック化合物などの光に応答する分子は多くが知られているが，それを活用した固体（結晶）中での挙動に関しては未知の領域が広がっている。この分野が発展することにより新奇な動的挙動の発現も期待される。

文　　献

1) J. Wang, "Nanomachines" Wiley-VCH Verlag GmbH & Co. KGaA., Weinheim, Germany, 2013
2) L. Xu *et al., Chem. Soc. Rev.* **46**, 6905-6926 (2017)
3) J. Parmar *et al., Sci. Technol. Adv. Mater.* **16**, 014802 (2015)
4) G. Zhao *et al., Chem. An Asian J.* **7**, 1994-2002 (2012)
5) Y. Mei *et al., Chem. Soc. Rev.* **40**, 2109-2119 (2011)
6) M. Pumera, *Nanoscale.* **2**, 1643-1649 (2010)
7) S. Sánchez *et al., Chem. An Asian J.* **4**, 1402-1410 (2009)
8) J. Wang, *ACS Nano.* **3**, 4-9 (2009)
9) W. F. Paxton *et al., Angew. Chem. Int. Ed. Engl.* **45**, 5420-5429 (2006)
10) W. F. Paxton *et al., Chem. A Eur. J.* **11**, 6462-6470 (2005)
11) D. Gao *et al., Light Sci. Appl.* **6**, e17039 (2017)
12) P. Commins *et al., Chem. Commun.* **52**, 13941-13954 (2016)
13) N. K. Nath *et al., CrystEngComm.* **16**, 1850-1858 (2014)
14) E. Merino, *Chem. Soc. Rev.* **40**, 3835-53 (2011)
15) H. M. D. Bandara *et al., Chem. Soc. Rev.* **41**, 1809-1825 (2012)
16) T. Ikeda *et al., Angew. Chem. Int. Ed. Engl.* **46**, 506-28 (2007)
17) T. Seki, *Bull. Chem. Soc. Jpn.* **91**, 1026-1057 (2018)
18) J. G. Victor *et al., Macromolecules.* **20**, 2241-2250 (1987)
19) I. Mita *et al., Macromolecules.* **22**, 558-563 (1989)
20) M. Tsuda *et al., Bull. Chem. Soc. Jpn.* **37**, 1284-1288 (1964)
21) K. Nakayama *et al., Jpn. J. Appl. Phys.* **36**, 3898-3902 (1997)
22) K. Ichimura, *Chem. Commun.*, 1496-1498 (2009)
23) H. Rau *et al., J. Photochem. Photobiol. A Chem.* **42**, 321-327 (1988)
24) N. Bunce *et al., J. Org. Chem.* **52**, 394-398 (1987)
25) Y. Norikane, *J. Photopolym. Sci. Technol.* **25**, 153-158 (2012)
26) Y. Norikane *et al., Chem. Commun.* **47**, 1770-1772 (2011)
27) E. Uchida *et al., Chem.-A Eur. J.* **19**, 17391-17397 (2013)
28) M. Hoshino *et al., J. Am. Chem. Soc.* **136**, 9158-9164 (2014)
29) Y. Norikane *et al., Org. Lett.* **16**, 5012-5015 (2014)
30) Y. Norikane *et al., J. Photopolym. Sci. Technol.* **29**, 149-157 (2016)
31) H. Akiyama *et al., Adv. Mater.* **24**, 2353-2356 (2012)
32) H. Akiyama *et al., ACS Appl. Mater. Interfaces.* **6**, 7933-7941 (2014)
33) M. Baroncini *et al., Nat. Chem.* **7**, 634-640 (2015)
34) K. Ishiba *et al., Angew. Chemie-Int. Ed.* **54**, 1532-1536 (2015)
35) H. Zhou *et al., Nat. Chem.* **9**, 145-151 (2017)
36) Y. Kikkawa *et al., RSC Adv.* **7**, 55720-55724 (2017)
37) E. Uchida *et al., Nat. Commun.* **6**, 7310 (2015)

38) K. Ichimura *et al.*, *Science.* **288**, 1624-1626 (2000)
39) S. Oh *et al.*, *J. Mater. Chem.* **12**, 2262-2269 (2002)
40) J. Berna *et al.*, *Nat. Mater.* **4**, 704-710 (2005)
41) M. K. Chaudhury *et al.*, *Science.* **256**, 1539-1541 (1992)
42) R. D. Astumian, *Science.* **276**, 917-922 (1997)
43) Y. Norikane *et al.*, *CrystEngComm.* **18**, 7225-7228 (2016)
44) Y. Yue *et al.*, *Nat. Commun.* **9**, 3234 (2018)
45) J. Hu *et al.*, *J. Mater. Chem. C.* **6**, 10815-10821 (2018)

第4章　ナノ炭素材料の光反応性分散制御剤

松澤洋子*

1　はじめに

今日まで，人々は様々な材料・素材を利用して，日々の生活を発展させてきた。この「材料・素材」には「薬」のように，そのままのかたちで利用できるものもあるが，殆どが，他の材料・素材と組みあわせ，加工されたかたちで利用する。近年，ナノレベルで大きさの制御された物質，ナノ材料が盛んに生み出され研究されるようになった。ナノ材料はその大きさに由来するこれまでにない魅力的な性質を持つ場合が多く，工業的に利用する検討が数多く試みられて来た。しかしながら，ナノ材料はその大きさ故に面積の影響を受けやすく，例えば個々にほぐすのが難しくて加工しにくいという課題がある。我々は，ナノ材料の中でも日本発のナノ材料として名高いカーボンナノチューブ（中でも，単層カーボンナノチューブ：SWCNT）に着目し，扱いにくさの原因となっているSWCNTの表面物性を，有機分子の吸脱着により制御し，光によってSWCNTの塊をほぐしたり，再び集めたりという操作が可能なシステムを創製した。我々は，比較的小さな有機分子の「かたち」に着目し，光異性化反応という「かたちの変化」をナノ材料の表面物性制御に利用した。このシステムを応用すると，SWCNTの取り扱いやすさが向上し，さらにはSWCNT薄膜の簡便な微細加工も可能になった。この「光応答性分散剤の開発」について，SWCNT分散技術を取り巻く課題，課題解決のために開発した分散剤，そして，その機能性評価と応用展開について順をおって解説する。

2　SWCNTの分散について：なぜ分散技術が重要なのか

SWCNTは1層のグラファイトが一重に巻いた径1 nm程度の筒状の構造をしており，その特異的なかたちに由来する，これまでの材料には無い，魅力的な特性を数多く示す物質である。諸物性の詳細については多数ある書物に記載があるためここではあえて触れないが，魅力的な性質を活かして利用したいという世の中の需要が高まり，基礎的な性質の解明とともに，機能を応用する検討も盛んになった。冒頭でも述べたが，SWCNTを単独で利用するのではなく，機能性部材の一つとして媒体に組み込み，利用を試みるものが殆どであった。この，「組み込む」作業におけるSWCNTの「かたち」に由来する扱いにくさ＝難溶性が，応用展開を難しくする要因の

＊　Yoko Matsuzawa　(国研)産業技術総合研究所　機能化学研究部門
スマート材料グループ　研究グループ長

ひとつであった。SWCNTの優れた性質を媒体中で発揮させるためには，凝集しているSWCNTを傷つけることなく，個々に分散させて複合化させることが求められ，これまでに，分散を助ける添加剤（分散剤）や表面改質の方法，分散手法等が検討されてきた。SWCNTはグラファイト状の表面が特性に有効に作用する為，表面を直接化学修飾して改質するよりも，分散剤で包む手法が好ましく，従来型の界面活性剤であるドデシル硫酸ナトリウム，ドデシルベンゼン硫酸ナトリウム，コール酸ナトリウム，デオキシコール酸ナトリウムや，天然高分子である多糖類，DNA，アラビアゴムなどが有効な分散剤として報告されている。しかし，ミセル形成により可溶化を促す界面活性剤は過剰な添加量を必要とし，SWCNTに巻き付いて可溶化を促す高分子類は，媒体中で「不純物」としての作用が懸念される。効率的に分散を促し，任意に除去可能な分散制御システムの高度化が求められていた。

3　分散剤の開発[1]：これまでの課題を解決し，次のステージにすすむために

SWCNTという材料を，その性能を最大限活かして扱うためには，従来型の加工技術では限界があることを，簡単にではあるが前節で述べた。この課題を解決するために，SWCNT表面と良好に相互作用して分散を促し，任意の刺激で剥がすことのできる，SWCNTへの適用に特化した分散剤を創ることにした。新しい分散剤の分子設計指針を次に示す。まず，オリゴベンズアミドがSWCNTを良好に分散するという知見[2]から，複数のベンズアミドを分子骨格に組み込んだ。そして，分散制御システムの応用展開を考慮し，熱や溶媒極性といった等方的な刺激ではなく，時空間制御性に優れた指向性の高い刺激「光」に応答する光反応性官能基：スチルベンを組み合わせた。そして，大容量での使用等を鑑み，VOC規制に抵触しない水への分散が可能なアンモニウム塩を置換した有機電解質低分子を設計した（図1の**1**）。この化合物は，ジクロロメタン中でのアミド形成反応及びジメチルホルムアミド中でのハロゲン化アルキルによるアミンの4級化反応によって合成することができる。この合成ルートは総収率が70%以上であり，市販の試薬を組み合わせた多様な展開が可能である。光応答性部位をアゾベンゼンにすると，繰り返し分散制御可能な分散剤を得ることもできる[3,4]。また，**1**は試薬メーカーへのライセンスにより市販化もされている。

スチルベンを光応答性部位にもつ**1**は，紫外光照射により光反応が進行し，ほぼ定量的に（副反応をせず）フェナンスレン誘導体になる（図1の**2**）。DFT計算による分子構造の最適化を行ったところ，**1**は4つの芳香環が同一平面上に並ぶ，平らな短冊状をしていることがわかった。SWCNTの表面は芳香環から形成されるグラファイト構造をしているため，**1**とSWCNT表面にはπ-π相互作用を介した強い引力が働くことが期待される。一方，光反応後のフェナンスレン型**2**は，3次元的に屈曲したV字型になり，SWCNT表面とは立体反発することが予想される。この光反応によっておこる分子の「かたちの大きな変化」が，SWCNT表面との相互作用を制御し，分散しているSWCNT（SWCNT表面に**1**が吸着した状態）を，光照射をトリガーと

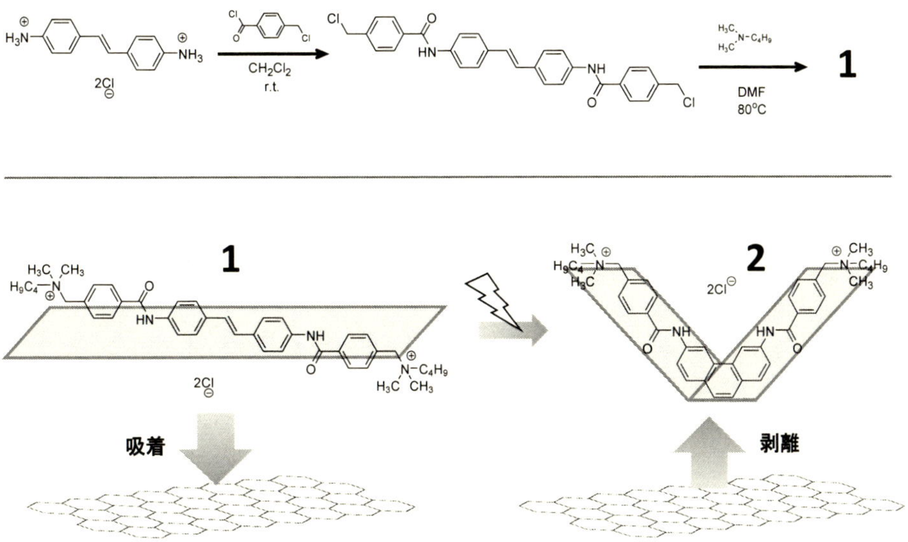

図1

して凝集（SWCNT 表面から **2** が剥がれた状態）させるシステムを構築できるのではないかと考えた。

まず，**1** の SWCNT を分散する特性について検討を行った。**1** と SWCNT を水（分光測定の種類によっては重水を使用）と混合し，超音波照射を行い分散を促した。この分散液を遠心分離操作にかけて，分散が不十分な SWCNT や不純物を沈降させた。上澄みを分取して SWCNT 分散液とした。SWCNT の分散状態は UV-vis-NIR スペクトル，ラマンスペクトル，NIR2 次元蛍光スペクトル等により評価した。**1** によって SWCNT は充分に孤立分散していることがわかった。さらに，分散液をマイカ上にキャストして AFM 観察することにより，SWCNT の径に相当する高さプロファイルをもつ μm オーダーの SWCNT を確認することができた。

さて，分散を確認できたところで，**1** が従来の界面活性剤とは分散特性・機構が明らかに異なることについて述べたい。**1** の水中におけるふるまいについて，パルス磁場勾配 NMR（PFG-NMR）を用いて解析したところ，**1** は会合体を形成せずに，直に SWCNT 表面と物理的相互作用によって吸着し，分散を促していることがわかった。ミセル可溶化により SWCNT を分散する従来の界面活性剤とは，分散のメカニズムが異なることがわかった。会合体を形成せずに SWCNT を分散する **1** は，添加量も従来型界面活性剤と比べて少なくて済む。SWCNT を良好に分散することが知られているデオキシコール酸ナトリウムと比較すると，約 1/50（重量比）の添加量で，同量の SWCNT を孤立分散可能であった。また，**1** が吸着した SWCNT の表面電位は約 +55 mV であり，極性溶媒である水に安定に分散できていることがわかった。界面活性剤を使用した場合，ミセル形成が温度や濃度に影響されるため，SWCNT の分散安定性が問題になる場合が多い。一方，効率よく SWCNT 表面に吸着して SWCNT 表面に静電荷を付与して

(SWCNT 間に斥力が発生) 分散させる**1**は，より少ない添加量で効率的かつ安定に SWCNT を分散することが可能であることがわかった。

当初の目論見どおり，図1のようなメカニズムによる SWCNT 分散（SWCNT を可溶化）を確認することができたため，光照射で外す（SWCNT を不溶化）検討を行った。サンプル瓶に入れた**1**で分散した SWCNT 分散液を撹拌子で激しく撹拌しながら，**1**が光反応する波長の光（365nm）を照射すると，分散性を失った SWCNT が凝集して沈降する様子が観察された。沈降した SWCNT を回収して熱分析を行ったところ，**1**に由来する重量減少は測定されず，SWCNT から剥がれていることがわかった。図1のように，光反応後の**2**は「かたち」が変化したために SWCNT に吸着しにくくなり，剥がれたことがわかった。光応答性分散剤を開発できたことがわかった。

4　分散技術の高度化：光応答性分散剤を利用する

分子の「かたち」に着目して開発をすすめてきた光応答性分散剤をつかった応用について，4つの例，① SWCNT の精製[5]，② SWCNT の高濃度分散液の調製とその性質[6]，③ SWCNT 薄膜の微細加工[7]，④光製膜法[8]，を紹介する。

①　SWCNT の精製。近年は純度の高い製造方法も開発されるようになったが，一般的に入手可能な SWCNT には原料に由来する金属粒子や，副反応生成物であるところのアモルファスカーボンが多く含まれている。これら不純物を取り除いた純度の高い SWCNT を，光応答性分散剤と超遠心法を組み合わせることによって得ることができる。光応答性分散剤を用いて市販の SWCNT の分散液を調製する。この分散液を超遠心操作にかけ，分取した上澄み液に光照射すると，分散剤の剥がれた SWCNT が凝集して沈殿する。沈殿した SWCNT を回収して熱分析を行うと，精製操作前には約 50%を占めていた金属粒子成分が，約 8%に減少した。そして，光照射前において観察されていた分散剤由来の重量減少が無くなり，ナノチューブの燃焼温度も，純度向上に伴い，約 100℃上昇した。従来の SWCNT 精製法は，強酸とともに加熱し，金属やアモルファスカーボンを溶解・分解して除去するものであった。この方法は，SWCNT も劣化させてしまうという課題があった。本手法では，精製前後の SWCNT の結晶性に殆ど変化がないことをラマン散乱測定により明らかにしており，SWCNT を劣化させず，劇薬も使用せず，温和な条件で精製することが可能である。

②　SWCNT の高濃度分散液の調整。SWCNT を薄膜・塗布膜として部材化する場合，インク調製は重要な要素技術である。一般的に，インク化したものを使う湿式法は，蒸着やスパッタによる乾式技術よりも簡便な設備で対応可能な手法である。SWCNT の場合も，真空度の高いチャンバーを必要とする乾式製膜法は，非常に専門的な設備となり汎用性に乏しい。湿式による塗膜作製は，SWCNT を活用した応用技術の進展において重要な加工技術であり，「塗布に適したインク」の調整法確立がのぞまれてきた。SWCNT を分散するためには，SWCNT と分散を助け

る分散剤とを溶媒と混合し，SWCNT間の凝集の剥離を促すための振動を与える。SWCNT分散のメカニズムの詳細は未だ明らかにはなっていないが，機械的な衝撃で凝集が解け，露わになったSWCNT表面を分散剤が覆うことにより，分散が進行すると考えられている。SWCNTの凝集を剥離するための振動には，これまで主に超音波照射が用いられている。工業的に塗布に適したインクは，被膜化したいものの濃度が0.1 wt%は必要であると言われている。従来の界面活性剤はミセル形成によって分散を促すため，SWCNTの重量に対して数十倍もの添加を必要とする。従って，SWCNTの濃度を上げると必然的に界面活性剤の濃度も増やさなければならなくなり，インクの主成分が界面活性剤となってしまう。一方，天然高分子等を分散剤として用いた場合も，その添加量はSWCNTに対して10倍程度の重量比を必要とし，高濃度化によるインク粘度の上昇も懸念される。これら従来型分散剤と比べて，**1**は効率的にSWCNTと作用するため，添加量が少なくて済み，分散液中のSWCNT組成比を脅かすことなく，粘度を必要以上に上昇させることもなく，高濃度インクを調製することが可能であることがわかった。しかし，この場合，SWCNTと分散剤をいちどに混合せず，各々を溶媒に少しずつ加えながら超音波照射を行うことが肝要で，最大でSWCNT濃度1 wt%のインクを調製することができた。そして，0.2 wt%程度のインクを用いると，バーコート法で均質な薄膜を作製できることもわかった。また，分散方法を工夫することで，SWCNTの長尺性を維持しつつ，均質な高濃度分散液を調製可能であることも見出している。衝撃波により分散を促す超音波にはいくつかの周波数が用いられているが，より細かく解すのに用いる周波数及び出力では，SWCNTの破損・破断を招く場合が多い。SWCNTの破損はSWCNTの特性劣化に繋がるため，用途によっては破損を招かない手法の確立が求められていた。我々は，効率的な分散を促すことのできる**1**と，高圧乳化法を組み合わせることで，破断を招かず高濃度分散した均質なSWCNT分散液を調製可能なことも見出した。さらには，この高濃度長尺SWCNT分散液中では，SWCNTがお互いに静電反発する特性に起因した，液晶相の発現も確認している。これは，タバコモザイクウイルスの高濃度溶液に液晶相が発現するのと同じメカニズムによるものと考察しているが，これらの結果は，SWCNTの配向や膜の大面積化への展開が期待される。

③　SWCNT薄膜の微細加工。**1**の光応答性は，溶液中のみならず固体薄膜中でも進行することがわかり，固体薄膜中においてこの性質を利用すると，SWCNT薄膜をパターニング（微細加工）することができる。溶液中では，**1**の光反応によりSWCNTは分散性を失って凝集（不溶化）する。一方，固体薄膜中では，露光部と未露光部は水への溶解性に反映され，露光部はSWCNTとの親和性を失った**2**のみが水に溶解し，未露光部は**1**にくるまれたSWCNTが水に再び溶解する。この性質を利用して，**1**で分散処理したSWCNTインクで製膜したものに，マスク露光後水リンスすると，露光部に分散剤が剥離したSWCNTのパターンが残る「ネガ型」のパターニングが可能であった。しかし，光反応後の**2**は水洗浄のみでは完全に除くことは難しく，微細加工膜の分光評価では**2**に由来する吸収が僅かにであるが確認された。さらには，洗浄の過程で膜が基材から剥離してしまうこともあるため，これは「原理確認」の域を超えない。しかしながら，

従来の「フォトリソグラフィー」法はレジスト現像の際に劇物を使用しなくてはならないこと，続いて行うエッチング操作に高度な設備や多くのエネルギーを必要とすること，そして，これらの作業工程に耐えうる基材のみしか適用できないことなど，いくつかの観点おいて，本手法は優位であると考えられ，さらなる手法の最適化が期待される。

④　光製膜法。最後に，光で分散剤を外してSWCNTを不溶化させるメカニズムを，製膜法に直接応用した方法を紹介する。用いる分散剤は**1**とは異なり，炭酸プロピレン（PC）中でSWCNTの分散制御が可能なように，**1**を派生させた分子構造をしている。比較的沸点の高いPC（bp.240℃）の物性も利用し，任意の基材（PCが表面を侵さない基材に限る）に施したSWCNT-PC分散液の液膜に，マスクを介して光照射しPCでゆすぐと，露光部に分散剤を殆ど含まない，SWCNTパターニング膜が形成できることを見出した。この製膜法は，液膜の溶媒が揮発しないうちに露光・現像操作を行うことが技術の胆である。基材側からの光照射でも，液膜側からの光照射でも製膜が可能であるため，露光する光の波長において透明な基材でも不透明な基材でも適用できる。液膜を塗布可能な基材であれば制約は無く，シリコンゴム上に光製膜したSWCNTは，基材のシリコンゴムとともに延伸しても状態は劣化せず，延伸性の優れた電極等への応用が期待される。

5　おわりに

優れた性能を発揮する材料を見出すことは，非常に魅力的であり，それを利用してよりよいものを生み出したいと思う気持ちは，研究の大きな動機付けになる。しかし，小さなセルやサンプルチューブにおいて得られた物性値を，機能部材として作り込むには，その材料に特化した加工技術の開発もおろそかには出来ない。今後も，魅力的な材料は次々見出されると思われる。そして，それらを活用したいという需要も絶えることはないだろう。本稿では，ナノ炭素材料の特異的な表面物性を有機低分子の光反応を利用した吸脱着により制御する，という従来とは異なる手法の開発を紹介した。材料の性質を活かしつつ部材として作り込むための「分散」技術の開発は，今後も重要な要素技術であり，少し視点を変えた今回の取り組みがヒントになれば幸いである。

謝辞

この研究の一部は，科研費K1504217，JST A-STEP（AS242Z03940J及びAS2621398M）の支援を受けて行われました。

文　　献

1) Y. Matsuzawa *et al.*, *Adv. Mater.*, **23**, 3922 (2011)
2) M. Yoshida *et al.*, *J. Am. Chem. Soc.*, **129**, 11039 (2007)
3) H. Jintoku *et al.*, *Chem. Lett.*, **45**, 1307 (2016)
4) H. Jintoku *et al.*, *RSC Advances*, **8**, 11186 (2018)
5) Y. Matsuzawa *et al.*, *J. Phys. Chem. C*, **118**, 5013 (2014)
6) Y. Matsuzawa *et al.*, *Chem. Lett.*, **46**, 1186 (2017)
7) Y. Matsuzawa *et al.*, *ACS Appl. Mater. Interfaces*, **8**, 28400 (2016)
8) H. Jintoku *et al.*, *ACS Appl. Mater. Interfaces*, **9**, 30805 (2017)

第5章　ジアリールエテン分子結晶のアクチュエーター機能

小畠誠也*

はじめに

アクチュエーターとは，電気，流体，磁気，熱，化学的なエネルギーの供給によって伸縮や屈曲などの仕事をする機械要素のことであり，圧電アクチュエーターなど機械部品や電気回路などに使われている。特に，小型のアクチュエーターは光学分野，通信情報機器分野，ロボット分野，バイオ分野，医用分野などさまざまな分野で応用が期待され，実際に広く実用化されている。例えば，ディスプレーやプロジェクターに用いられる可動式のマイクロミラーやインクジェットプリンターのヘッドに用いられるインク噴出し装置，マイクロリアクターの駆動部，そのほか各種センサーなどがある。これらは半導体の超微細加工技術とともに発展し，機械の小型化は高解像度，高感度，応答時間の短縮，熱容量の減少などに貢献できる。このようなアクチュエーターの駆動原理には，電界，磁界，流体圧，空気圧，熱，光，化学反応などによる物質の体積膨張・収縮によるものであるが，その中でも光の利用は直接接触せずに物質に対して外部刺激を与えることができるため，遠隔操作でアクチュエーターを動かすことができる。また，電気配線を必要としないため，超小型アクチュエーターとしても期待できる。このような光で駆動するフォトアクチュエーターが最近注目され研究されている。

光で駆動するフォトアクチュエーターとしては，アゾベンゼン系の液晶エラストマーやフォトクロミック有機結晶が知られている。前者は光反応に伴う相転移に由来するものであり，後者は光反応に伴う分子サイズの変化に由来するものである。両者とも光によって可逆に起こる現象であり，まさにアクチュエーターとしての機能を有している。本章では，フォトクロミック化合物であるジアリールエテンの分子結晶の光で駆動するフォトアクチュエーター機能について紹介する。

1　フォトクロミズム

光によって可逆的に分子構造が変化し色が変わる現象をフォトクロミズムという。フォトクロミズムを示す化合物には，アゾベンゼン，スピロピラン，ビイミダゾールなどのＴ型フォトクロミック化合物とジアリールエテン，フリルフルギド，フェノキシナフタセンキノンなどのＰ

＊　Seiya Kobatake　大阪市立大学　大学院工学研究科　教授

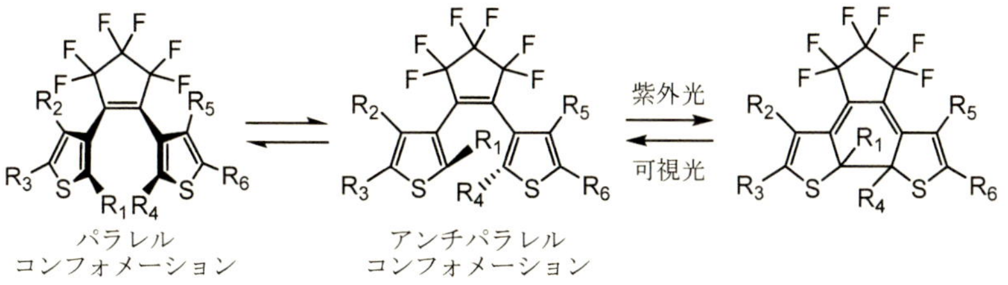

図1　ジアリールエテンのフォトクロミック反応

型フォトクロミック化合物が存在する。T型フォトクロミック化合物は光照射によって生じた光異性体が熱的に不安定であり，室温で暗所下においても元に戻る。一方，P型フォトクロミック化合物は光異性体が熱的に安定であり，暗所下では元に戻らず，光のみで可逆に異性化する。その中でもジアリールエテンは熱安定性と繰り返し耐久性を兼ね備えたフォトクロミック化合物である。ジアリールエテンは，開環体と呼ばれる無色の状態に紫外光を照射すると，分子構造を変え閉環体と呼ばれる着色状態になる。また，着色した閉環体に可視光を照射すると，元の無色の開環体へと戻る。開環体では，2つの安定なコンフォメーション，すなわち反応可能なアンチパラレルコンフォメーションと反応不可能なパラレルコンフォメーションが存在する（図1）。光閉環反応はアンチパラレルコンフォメーションからのみ進行する。溶液中ではこれらのコンフォメーションが平衡状態にあるが，結晶状態では特定のコンフォメーションのみに固定されている。アンチパラレルコンフォメーションで反応点間距離が4.2Å以下であれば，ほぼ100%の量子収率で結晶状態においても光閉環反応は進行する[1]。

2　有機結晶のフォトメカニカル挙動

フォトメカニカル挙動とは，光をあてると物質の形が変形する現象であり，光エネルギーを直接運動エネルギーに変換することができる。有機結晶は硬く脆いという固定概念があるが，小さな結晶であれば変形が可能である。フォトクロミックジアリールエテン結晶のフォトメカニカル挙動の最初の例は，2001年に報告された結晶表面のナノメートルオーダーの可逆な変形である[2]。数mm角の大きさのジアリールエテン結晶への光照射に伴う結晶表面の変化を原子間力顕微鏡で観察すると，紫外光照射に伴って約1nmのステップあるいは溝が形成され，可視光照射によって元の平滑な表面へと戻る。1nmはちょうどジアリールエテン1分子層に相当する。このような変化は紫外光と可視光照射によるジアリールエテン分子の光可逆的な分子構造変化によるものである。その後，目に見えるサイズの変形としては，2007年にジアリールエテン微小単結晶の光伸縮および光屈曲が報告された[3]。この研究を皮切りに，様々なフォトクロミック化合物の微小単結晶のフォトメカニカル挙動の研究が行われた。有機結晶のフォトメカニカル挙動を示す化合物の例を図2に示す。ジアリールエテン，アゾベンゼン，サリチリデンアニリン，フル

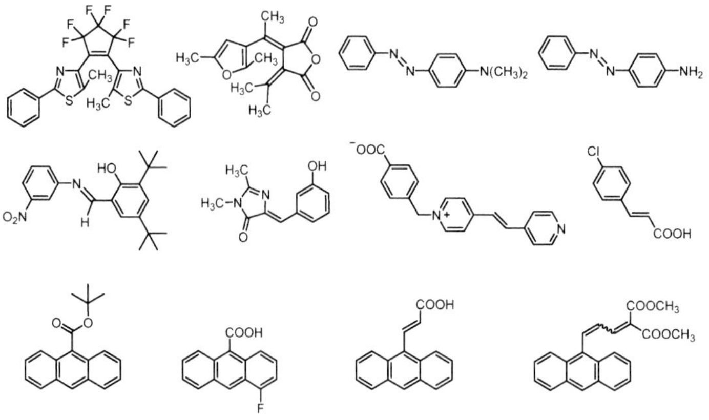

図２　結晶がフォトメカニカル挙動を示すフォトクロミック化合物

ギド，アントラセンなどで微小単結晶のフォトメカニカル挙動が見出され，その中でも特に光による屈曲挙動が数多く報告されている[4]。ここでは，ジアリールエテン結晶を中心にそのアクチュエーター機能を紹介する。

3　ジアリールエテン結晶のフォトメカニカル挙動

ジアリールエテン分子が開環体から閉環体へと異性化すると，図３に示すように分子の長軸は収縮し，分子の短軸は伸長し，さらに分子の厚みは減少する。このフォトクロミック反応に伴うわずかな分子構造の変化の蓄積がジアリールエテン結晶の目に見えるフォトメカニカル現象を引き起こす。

数 100 nm の厚みの微小結晶に紫外光を照射すると，光は結晶を透過し結晶全体がほぼ均一に反応する。その結果，無色の結晶は着色し，結晶外形の変化が起こる。図４には，その変化を示す[3]。分子の厚み方向への収縮と分子短軸方向への伸長の結果として，結晶の形は大きく変形している。可視光照射すると，分子構造は閉環体から元の開環体へと戻り，結晶外形も元に戻る。このような可逆な変化はフォトクロミック反応の反応率に依存しており，反応率の増加に伴い大きく変形する。

もう少し厚みのある結晶では，結晶表面付近でのみフォトクロミック反応が進行するため，バイメタルのように結晶が屈曲する。図５に示すジアリールエテンからなる棒状結晶に紫外光を照射すると，分子構造の違いにより，結晶は光源側に向かって屈曲する結晶と光源から遠ざかる方向に屈曲する結晶がある。結晶中における分子パッキングは屈曲方向に重要な役割を果たしている。すなわち，フォトクロミック反応により反応領域が収縮すると，結晶は光源側に向かって屈曲する。一方，反応領域が伸長すると，結晶は光源から遠ざかる方向に屈曲する。このような屈曲挙動は，結晶の厚みが数 μm 程度の時には観察されるが，結晶の厚みが増すと屈曲速度は減少

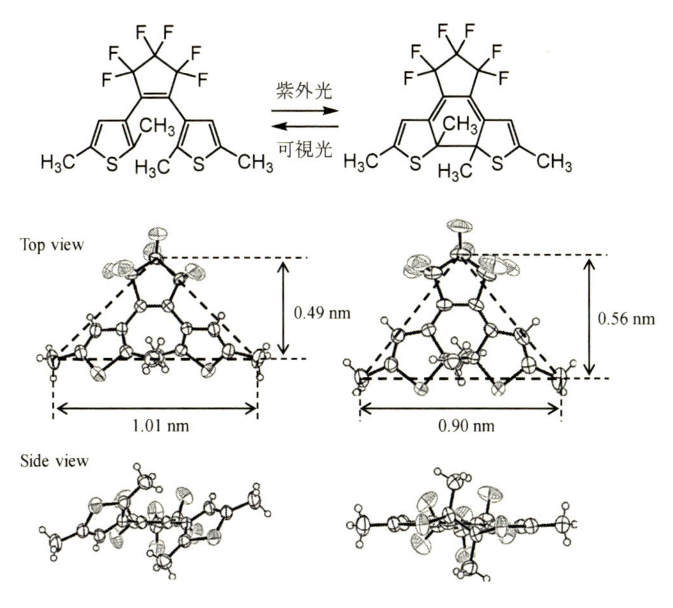

図3　ジアリールエテンの開環体と閉環体の長軸，短軸および結晶厚みの違い

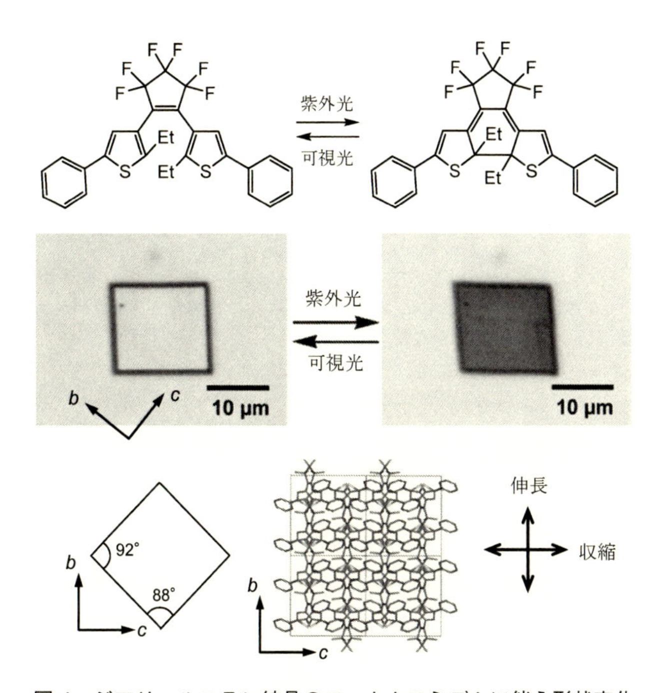

図4　ジアリールエテン結晶のフォトクロミズムに伴う形状変化

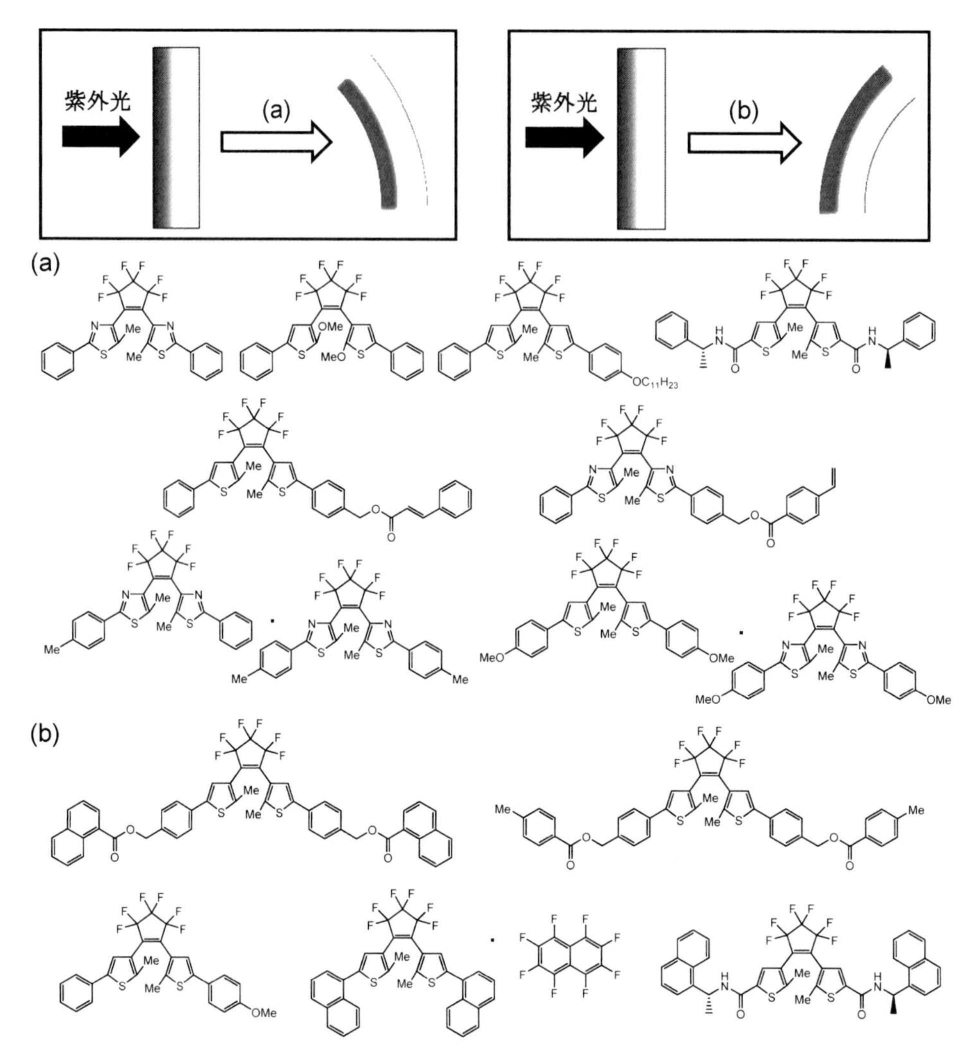

図５　(a)紫外光に向かって屈曲する結晶のジアリールエテン誘導体と(b)紫外光から遠ざかる方向に屈曲する結晶のジアリールエテン誘導体

し，さらに増すと屈曲しなくなる。この屈曲速度の結晶厚み依存性はバイメタルモデルを用いた解析によって明らかになっている[5]。さらに，このモデルを用いて，異なる化合物間での屈曲速度の比較が可能である。

これらの光誘起屈曲の速度は紫外光照射に伴う反応深さと結晶厚みのバランスで決まる。反応深さは分子構造，分子のパッキング，照射波長などに依存する。同じ結晶であっても照射波長を変えると異なる屈曲挙動が観察される。図６に示すジアリールエテンの棒状結晶において，365 nm の光を照射すると光源側に向かって屈曲するが，380 nm の光を照射すると一旦光源とは反対側に屈曲した後に，光源側に向かって屈曲する。さらに，可視光照射においては照射方向に

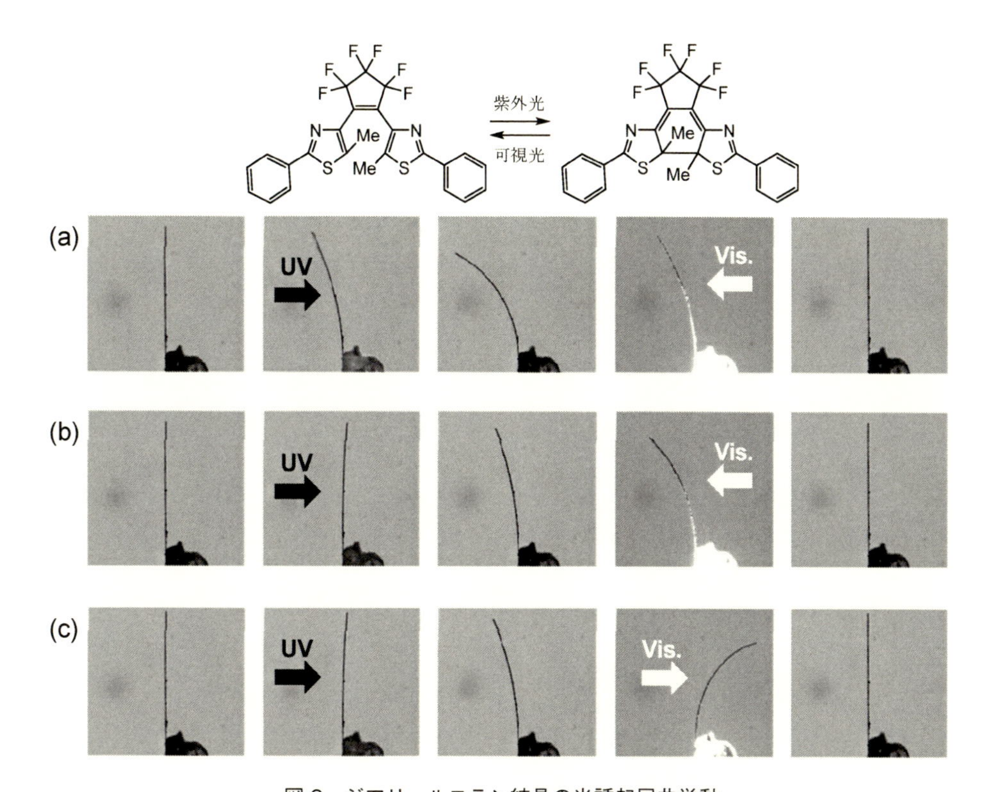

図6　ジアリールエテン結晶の光誘起屈曲挙動
(a)365 nm の光照射，(b，c)380 nm の光照射。(a，b)可視光を右から照射，(c)可視光を左から照射

よって大きく異なる[6]。これは，紫外光の照射波長を変えることによって，ジアリールエテン分子の結晶表面からのフォトクロミック反応の深さが異なることに起因する。同一の結晶を用いても照射波長によってそのフォトメカニカル挙動が変わるということを意味している。

ジアリールエテン結晶の可逆な光誘起屈曲は1000回以上の繰り返しが確認されており，見た目の結晶の劣化は観察されていない[7]。ジアリールエテンのフォトクロミック反応は10ピコ秒以内で進行するため，その屈曲速度も速いことが予想される。実際，その屈曲はパルスレーザー照射後，5マイクロ秒後にはすでに変形していることが高速カメラを用いて確認されている[8]。また，低温下でもフォトクロミック反応は進行し，4.7 K においても結晶の屈曲が確認されている。さらに，結晶が融解しない温度であれば，370 K でも屈曲し，水中での屈曲も確認されている。

4　フォトアクチュエーターへの応用展開

これまでフォトメカニカル結晶の挙動およびメカニズムについて述べてきたが，実際にこれらのフォトメカニカル結晶を実働的なフォトアクチュエーターとして用いる例も報告されている。

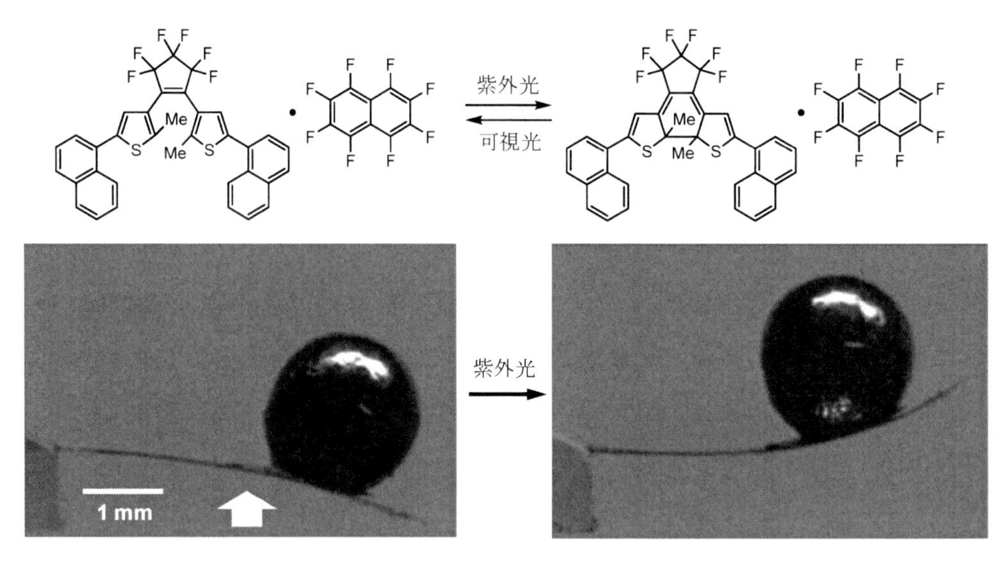

図7　ジアリールエテンとオクタフルオロナフタレンの共結晶の光誘起屈曲により鉛玉を持ち上げる様子

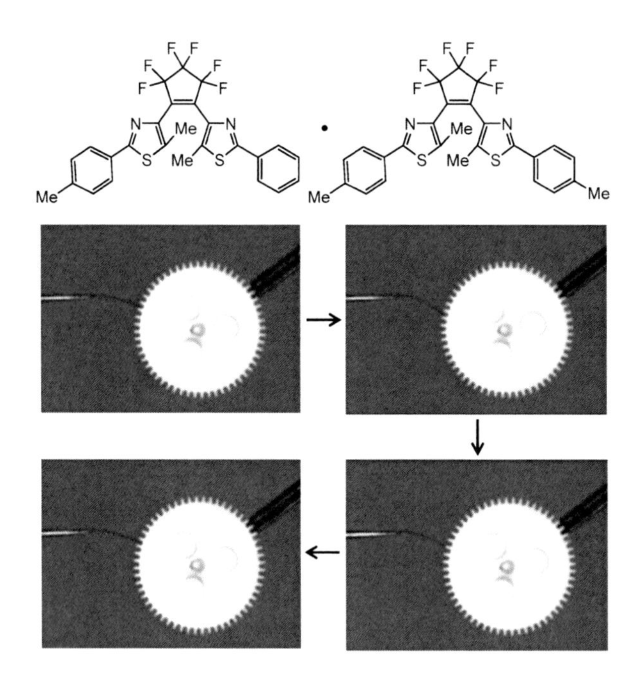

図8　ジアリールエテン混晶の光誘起屈曲挙動に伴うギヤの回転運動

図7には，フォトメカニカル結晶の強さを表す例を示す[8]。フォトメカニカル結晶は自重の200倍の重さである約50 mgの鉛球を1 mm以上持ち上げることに成功している。この力学的応力は約44 MPaにも及び，筋肉の100倍以上に相当している。

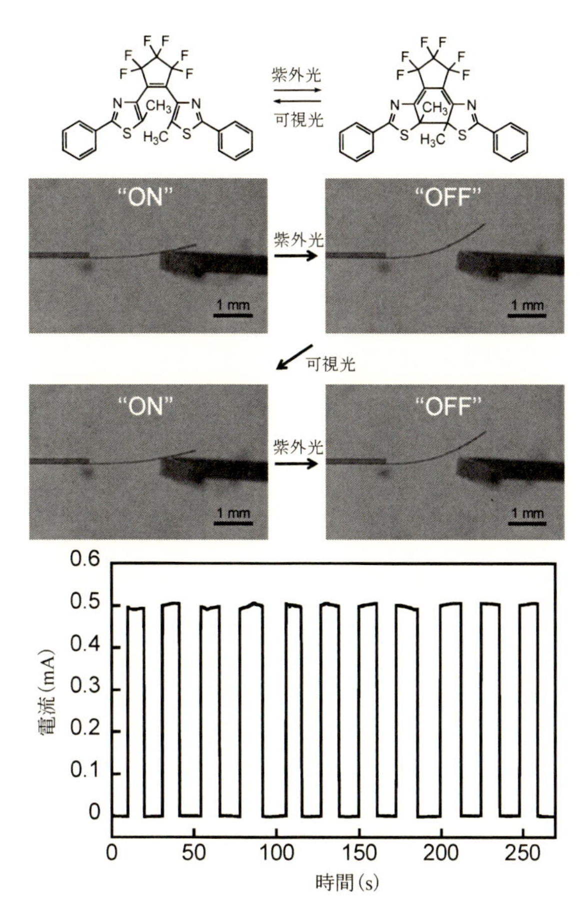

図9　金をコーティングしたジアリールエテン結晶による電流の ON/OFF 挙動

紫外光および可視光の照射強度を調節することで，結晶を自由に動かすことが可能である。図8に示すように，ギヤを回すことも可能である[7]。結晶は単なる屈曲の繰り返しではなく，一旦ギヤの外側を通り，次の谷部に収まる複雑な運動を行いながらギヤを回転させている。このような複雑な運動は光を当てる方向を制御して行うことができ，光の強度や方向を巧みに操ることにより，自由に結晶先端を動かすことができる。

ジアリールエテンの棒状結晶の片面に金を蒸着させた時の屈曲挙動について検討が行われている。金蒸着後も結晶は光可逆的に屈曲挙動を示し，金蒸着前よりも屈曲しにくくなることが認められた。これはジアリールエテン結晶のヤング率が約 3 GPa であるのに対し，金のヤング率が 83 GPa と大きいためである。図9に示すように，金蒸着されたジアリールエテン結晶を金属に接触させ回路を作製し，電圧を印加すると電流が流れた。ここに紫外光および可視光の交互照射を行い，結晶を屈曲させることで光可逆に電流の ON/OFF スイッチングが可能となり，10 回以上の繰り返しが確認された[9]。

5　光誘起ねじれ挙動

アクチュエーター機能のほとんどは伸縮や屈曲であるが，ジアリールエテン結晶においては，近年，伸縮や屈曲以外の新しいフォトメカニカル現象が報告されている。すなわち，リボン状のジアリールエテン結晶において，光誘起ねじれ現象が確認されている（図 10）[10]。紫外光を照射すると，リボン状結晶は着色と同時にねじれ挙動を示す。ねじれた結晶は熱的に安定であり，可視光照射によって元の状態へと戻る。このようなねじれ挙動も繰り返し観察されている。結晶面を変えると，右巻きあるいは左巻きのねじれ形成が制御できる。ねじれ形成は，結晶の対角方向への収縮に加えて，結晶変形が生じるまでに誘導期が存在することによる。

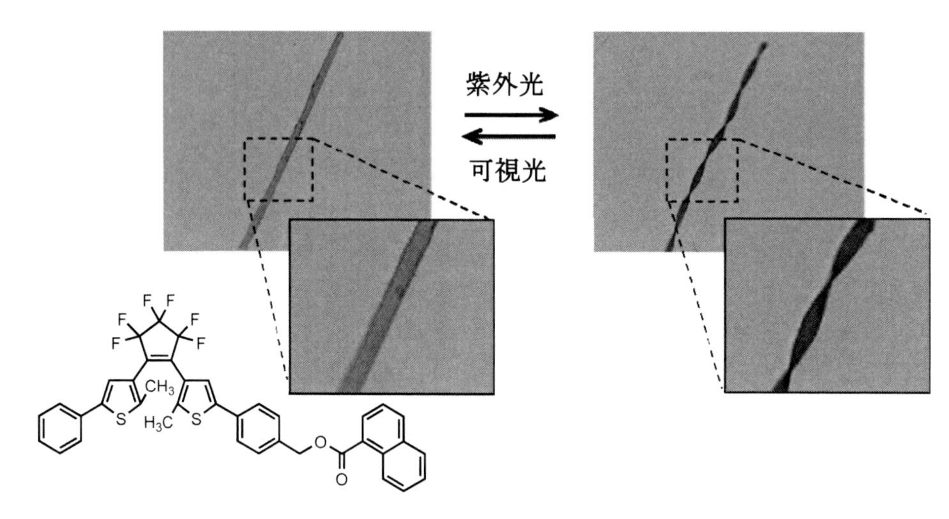

図 10　リボン状のジアリールエテン結晶の光誘起ねじれ挙動

図 11 に示すジアリールエテンについてもねじれ挙動が観察されている[11]。リボン状結晶の片方の面にのみ光生成物が生成することによってねじれたと考えると，最終的なねじれの形状は照射条件（照射方向）によって異なるであろう。入射光の角度が光誘起ねじれ挙動に及ぼす影響について調べたところ，リボン状結晶の先端方向からの紫外光（$\theta=0°$）を照射すると，リボン状結晶はねじれを伴う変化を示した（図 11a）。一方，紫外光照射がより大きな角度でリボン状結晶に入射すると，徐々に円筒状螺旋に変化した（図 11b-g）。リボン状結晶に 90° の角度で照射すると，結晶はねじれよりも屈曲を示した（図 11h）。このように，分子結晶を用いて，光の方向を変えるだけでヘリシティや変形形状を調整することができる。結晶内の異なる方向に配向した分子が光の方向に応じて優先的に励起されることにより，内部応力がヘリカルなリボン状の変形へと導いており，結晶内に配向した 2 種類の分子配向が重要な役割を果たしていると考えられる。違った角度からの光照射によりこれら配向した分子の反応率が異なり，それに伴いねじれか

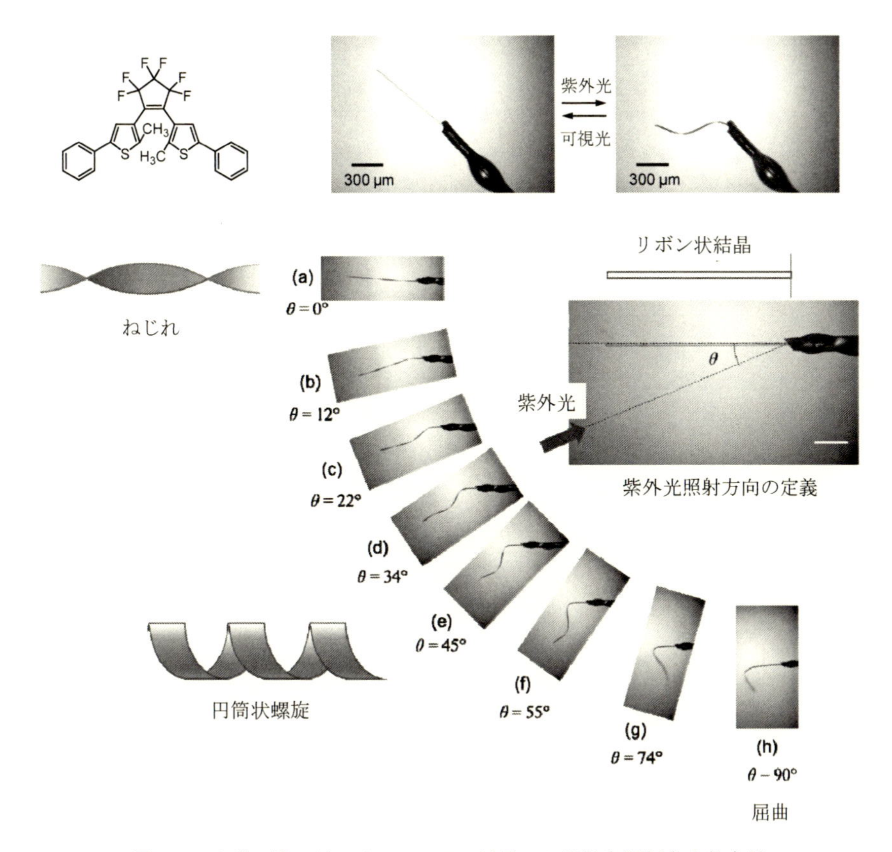

図11　リボン状のジアリールエテン結晶への紫外光照射角度依存性

ら屈曲まで変化するのであろう。結晶の長さ方向に対してななめ方向への収縮もしくは伸長によりねじれの起源をもたらす。一方，結晶の長さ方向に収縮もしくは伸長すれば屈曲挙動を示す。結晶のななめ方向の伸縮と長さ方向の伸縮が組み合わされば円筒状螺旋を示す。これらが照射方向に依存する異なる結晶変形をもたらしたと結論づけることができる。

おわりに

本章では，フォトクロミックジアリールエテン結晶のフォトアクチュエーター機能について述べた。このようなフォトメカニカル結晶材料を駆動部品として用いるのであれば，配線を必要としないため，圧電アクチュエーターでは不可能な超微小領域でニーズがあるであろう。また，光を用いるフォトアクチュエーターでは，光の強度だけでなく，光の照射波長や偏光照射など光の特性を最大限に利用することができるため，動的マシンの部品など様々な変形を引き起こすアクチュエーターに利用できるであろう。これまで，材料自身の特性に関しては，かなり明らかになってきたが，材料の大きさの制御や材料の耐薬品性，機械的強度の向上，繰り返し耐久性の向上など応用に向けた取り組みが今後必要になってくると思われる。近い将来，有機結晶フォトアクチュエーターの実用化に期待したい。

文　献

1）M. Irie *et al.*, *Chem. Rev.*, **114**, 12174 (2014)
2）M. Irie *et al.*, *Science*, **291**, 1769 (2001)
3）S. Kobatake *et al.*, *Nature*, **446**, 778 (2007)
4）P. Naumov *et al.*, *Chem. Rev.*, **115**, 12440 (2015)
5）A. Hirano *et al.*, *Cryst. Growth Des.*, **17**, 4819 (2017)
6）D. Kitagawa *et al.*, *Phys. Chem. Chem. Phys.*, **17**, 27300 (2015)
7）F. Terao *et al.*, *Angew. Chem. Int. Ed.*, **51**, 901 (2012)
8）M. Morimoto, M. Irie, *J. Am. Chem. Soc.*, **132**, 14172 (2010)
9）D. Kitagawa, S. Kobatake, *Chem. Commun.*, **51**, 4421 (2015)
10）D. Kitagawa *et al.*, *Angew. Chem. Int. Ed.*, **52**, 9320 (2013)
11）D. Kitagawa *et al.*, *J. Am. Chem. Soc.*, **140**, 4208 (2018)

第6章　光機能性を示す金属錯体系イオン液体

持田智行*

1　はじめに

イオン液体は優れた機能性液体として知られ，近年，盛んに研究が行われている[1)]。その多くはイミダゾリウム塩などのオニウム塩であり，難揮発性・難燃性で，広い温度範囲で液体状態を保つ特徴がある。これらは水や有機溶媒に対して特徴ある相溶性を示し，分離・リサイクル性に優れた溶媒となる。分子設計によって機能を自在にデザインできる点がイオン液体の大きな利点である。ガス吸脱着能，イオン電導性，高分子溶解，触媒能など多彩な機能を持つイオン液体が開発され，多方面にわたる研究展開が進んでいる。

フォトクロミズムや発光性などの光機能性を有するイオン液体も開発されている。前者の代表例として，構成分子中に光異性化可能な部位（アゾベンゼン，スピロピラン，ジアリールエテンなど）を組み込んだ系がある（図1）[2)]。これらは光異性化に伴って色変化や融点変化を示し，融点変化に伴う固液転換や蓄熱能を示すものもある。アントラセン部位を有するイオン液体（図1右下）では，その光二量化に伴って結晶化が起こる[3)]。一方，発光性イオン液体の例はきわめて多数あり，多くは発光性を持つ遷移金属イオンや分子骨格をイオン液体の構成分子中に組み込ん

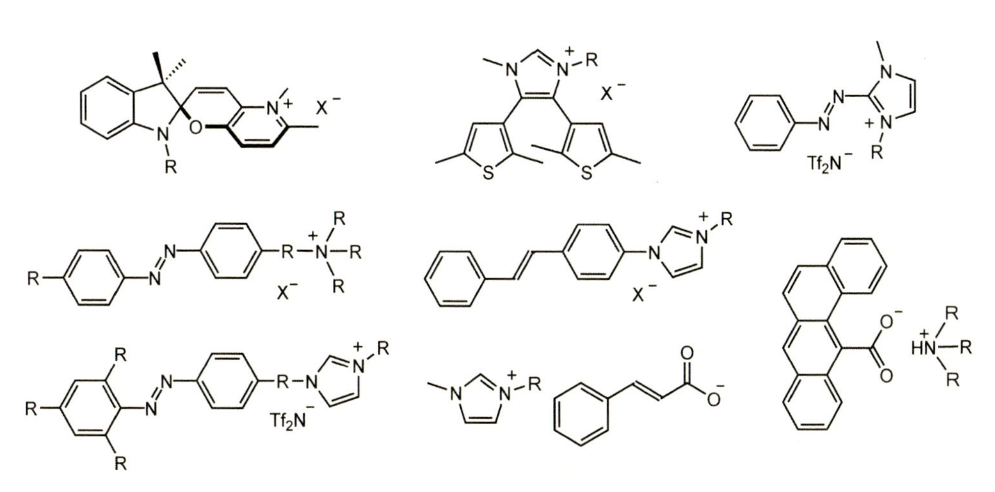

図1　光異性化部位を組み込んだイオン液体の例
Rはアルキル基など

＊　Tomoyuki Mochida　神戸大学　大学院理学研究科　化学専攻　教授

だものである。

通常のイオン液体は有機カチオンを含むが，私達は金属錯体をカチオンとする機能性イオン液体の開発を進めてきた[4~7]。これらはイオン液体としての特性に加え，金属イオン由来の電子物性や反応性を併せ持つ優れた機能性液体である。本稿ではこのうち，光で配位高分子に転換するイオン液体について紹介する。これらは配位結合を有するため，光・熱によって分子内・分子間の結合生成・切断を起こし，単純な結合異性化では達成できない劇的な結合転換・物性転換を発現する。

2 サンドイッチ形ルテニウム錯体の光反応の設計

サンドイッチ錯体の塩はふつう高融点だが，アルキル基を導入したサンドイッチ錯体に Tf_2N や FSA などのフッ素系アニオンを組み合わせると，多くがイオン液体となる[5]。図2にこれらの一般式を示した。このうち Ru を中心金属とするイオン液体（図2a，M＝Ru）は，光・酸素・熱にも十分安定な淡黄色の透明液体である[8]。ところが本稿で示すように，カチオンまたはアニオンに配位性置換基を導入すると，特徴ある光化学反応を起こすようになる。

本節では，これらの光反応の原理について述べる。サンドイッチ型ルテニウム錯体は，溶液中で興味ある光反応を示すことが知られている[9]。図3に示したように，サンドイッチ錯体にアセトニトリル溶液中で UV 光を照射すると，ベンゼン環が脱離し，Ru イオンにアセトニトリルが3分子配位した錯体（以降，トリアセトニトリル錯体と略記）が生成する。また，この錯体をベ

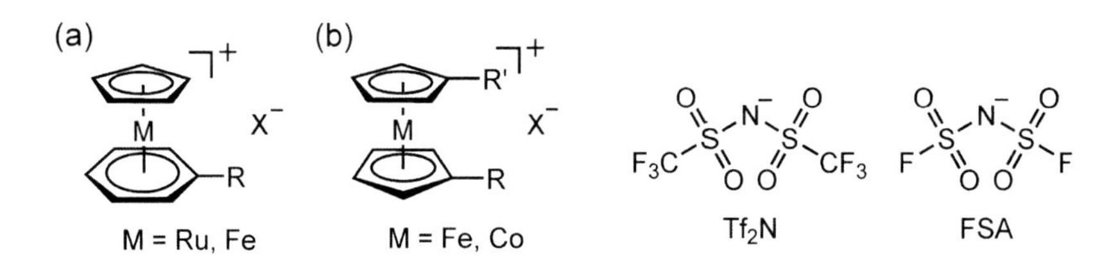

図2　サンドイッチ錯体をカチオンとするイオン液体の一般式
右は多用されるアニオンの例

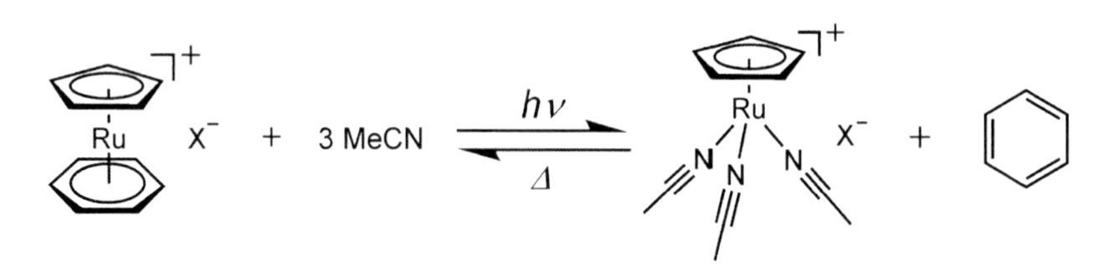

図3　アセトニトリル溶液中におけるサンドイッチ型ルテニウム錯体の光反応，
および熱による逆反応

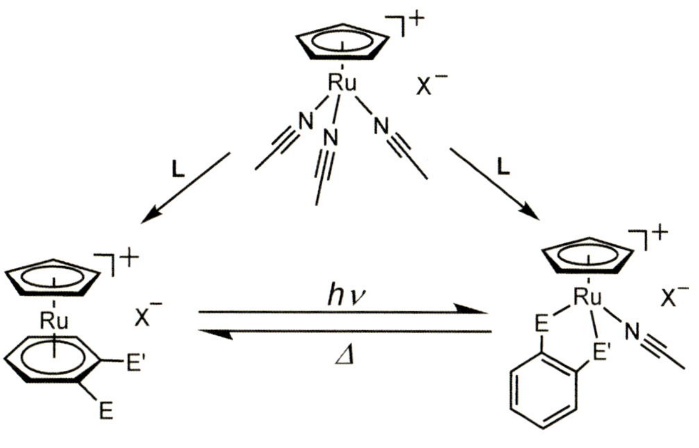

図4　トリアセトニトリル錯体と二置換ベンゼン(L)の溶液反応，および生成物の相互転換
（E，E'＝OMe，SMe，NMe_2；X＝PF_6，Tf_2N）

ンゼン存在下で加熱すると，元のサンドイッチ錯体に戻る。私達は，この反応性を利用すれば，光・熱による物質転換が実現できると考えた。

そこで基礎実験として，トリアセトニトリル錯体に対し，種々のドナー原子を持つオルト2置換ベンゼンをアセトニトリル中で反応させ，生成物を調べた（図4）[10]。生成物はドナー原子の配位能に依存し，酸素を含む配位子はサンドイッチ錯体（図4左下），硫黄のみを含む配位子はキレート錯体（図4右下）を与えた。これはソフトなドナー原子ほど金属に直接配位しやすいためである。一方，窒素を含む配位子は酸素と硫黄の中間の配位能を持つため，反応条件に応じてサンドイッチ錯体またはキレート錯体（もしくは両方の混合物）を与え，それらは相互転換できることが分かった。すなわち，アセトニトリル溶液中において，キレート錯体は加熱によってサンドイッチ錯体に転換し，UV光照射によって逆反応が起こった。この現象は，サンドイッチ錯体が熱力学的生成物，キレート錯体が速度論的生成物であることに基づいている。これは溶液中での相互転換だが，次節で述べるように，この原理はイオン液体の構造転換に拡張できる。

3　光と熱で配位高分子に可逆転換するイオン液体

前節で述べたサンドイッチ錯体とキレート錯体の配位転換原理を利用して，光と熱によって配位高分子固体に可逆転換するイオン液体を実現した[11]。本節では，この系の設計と反応性について述べる。

図3の反応機構を考えると，ベンゼン環にシアノ基を3個導入したイオン液体を設計すれば，この反応が溶媒なしに実現できるだろう。この考えに立ち，シアノアルキル基を3本導入したイオン液体を開発した（図5左下）。この物質は，置換基中のメチレン基が6個（$n=6$）の場合は無色のイオン液体（ガラス転移温度 T_g＝−53℃）である。この液体は，トリアセトニトリル錯

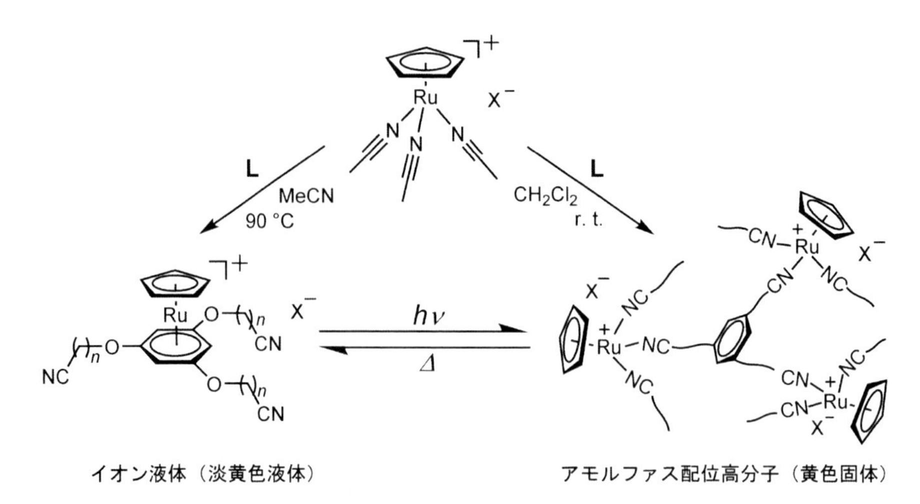

図5　トリアセトニトリル錯体と3置換ベンゼン(L)の反応，および生じたイオン液体とアモルファス配位高分子の光・熱による相互変換（X＝FSA）

体と三置換ベンゼンをアセトニトリル中で加熱することによって合成できる。ところが同じ反応をジクロロメタン中，室温で行うと，シアノ基がRuに配位して分子間が架橋された黄色アモルファス配位高分子（図5右下）が生成する。こうして反応条件に応じ，イオン液体と配位高分子錯体を選択的に合成できる。これは前節の溶液反応（図4）と同じ機構に基づくため，以下に示すように，光と熱による相互転換が可能となる。

このイオン液体を石英板にはさんでUV光を照射すると，徐々に黄色に変化し，数時間後には全体が黄色の配位高分子固体に変化した。この光反応は遅く，0.5 W cm^{-2} のUV光では5時間程度を要する。ここではUV光によって配位子が解離した後，シアノ基がルテニウム間を三次元架橋することによって配位高分子が生じる。カチオンの解離率は8割程度であり，未反応のサンドイッチ錯体が2割程度，硬化と同時に架橋構造内に取り込まれて配位高分子内に残る。生成した配位高分子はガラス転移温度（T_g=10℃）以下の温度では脆いアモルファス固体だが，室温ではいくらか柔らかい固体となる。

生成したアモルファス配位高分子を加熱すると逆反応が起こり，130℃で1分，90℃で30分以内に完全に元のイオン液体に戻った。この過程はDSC測定でも観測された。なお，置換基が短い n=3の物質は融点84℃の固体であり，過冷却液体状態（T_g= −28℃）での光反応は可能だが，高粘度のため反応速度が遅く，カチオンの解離率も低い（室温，10時間の光反応で解離率55%）。

この系の拡張として，以下の系を開発した[12)]。第一に，光と熱によって顕著な弾性変化を起こすポリイオン液体を開発した（図6a）。ポリイオン液体とは，イオン液体を高分子化した物質である。サンドイッチ型Ru錯体に対してポリビニル系の高分子アニオンを組み合わせた物質は淡黄色粘性液体であり，UV光を照射すると徐々に橙色ゴム状弾性体に転換した。光生成物はアニ

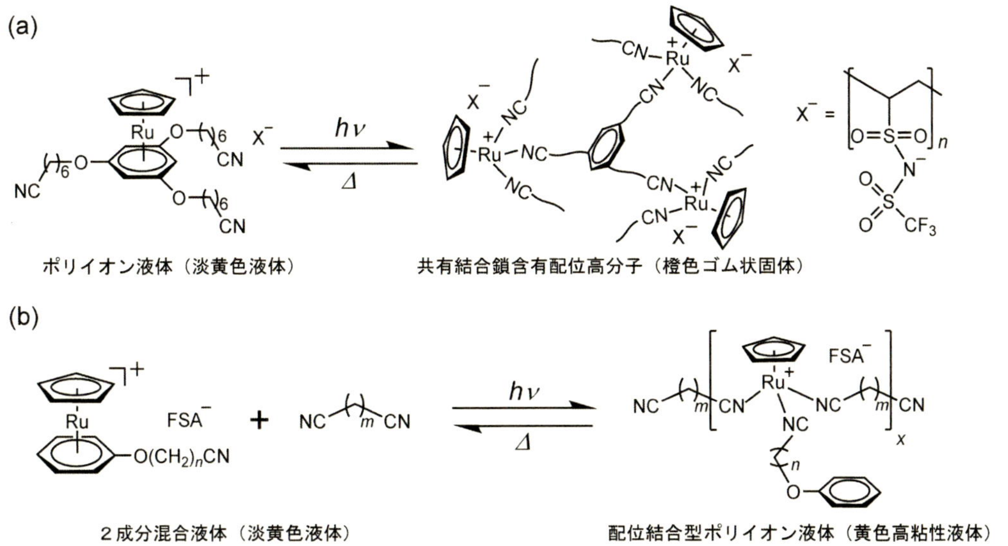

(a)

ポリイオン液体（淡黄色液体）　共有結合鎖含有配位高分子（橙色ゴム状固体）

(b)

２成分混合液体（淡黄色液体）　配位結合型ポリイオン液体（黄色高粘性液体）

図６　(a)光と熱によるポリイオン液体と共有結合鎖含有配位高分子の相互変換，(b)混合液体（イオン液体＋架橋分子）と配位結合型ポリイオン液体の相互転換

オンの共有結合鎖とカチオン間の配位結合ネットワークからなる二重ネットワーク構造を持ち，その力学特性を光と熱で可逆制御できる。第二の展開として，イオン液体に対してシアノ基を持つ架橋分子を当量添加した混合液体を開発した（図6b)。この液体にUV光照射を行うと，金属イオン間が架橋分子で一次元架橋された黄色高粘性液体が生成する。この系は光反応性が高く，反応速度は上述の系の数十倍である。光生成物は配位結合で構築された新しい型のポリイオン液体とみなせる。

以上のように，光反応性イオン液体を設計し，光と熱による可逆的な物質変換を実現した。光硬化性樹脂の硬化過程は多くが不可逆だが，これらの物質は熱で逆反応が可能である。しかもイオン液体と配位高分子という，分子内・分子間の結合様式が全く異なる物質間で相転換が起こっている。こうした原理は，情報の修正や物質再利用が可能な新しいフォトポリマーの構築法とみなすことができよう。これらの物質系では，外場によるイオン電導性制御や，ルテニウム錯体固有の機能（触媒能など）を生かした展開も考えられる。

4　光で多孔性配位高分子に転換するイオン液体

近年，配位高分子固体の気体・ゲスト吸脱着能に関する研究が注目されている。ところが前節で述べたアモルファス配位高分子は空隙を持たないため，物質吸脱着能を示さない。この系に空間機能を導入するには，反応によって系中に空隙が生じる機構を考える必要がある。

そこで前節と同じ原理を適用して，光照射によって多孔性アモルファス配位高分子に転換する

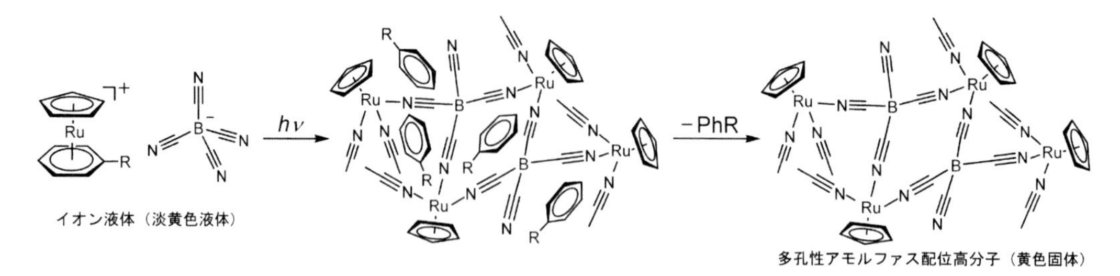

図７　光によるイオン液体から多孔性アモルファス配位高分子への変換

液体を開発した[13]。前節ではカチオン側にシアノ基を導入したが，ここではアニオン側にシアノ基を導入した（図７左）。$B(CN)_4$をアニオンとする物質は，淡黄色のイオン液体である（R＝Bu：T_g＝−66℃，R＝Et：T_m＝23℃）。この液体を石英ガラスにはさんでUV光を照射すると，30分程度で反応が完全に進行し，アモルファス配位高分子の黄色粉末が定量的に生成した。この反応ではアルキルベンゼンが光で脱離すると同時に，アニオン配位による架橋構造がランダムに組み上がる（図７中央）。脱離したアルキルベンゼンは真空中加熱またはメタノールによる溶媒洗浄によって容易に除去でき，多孔性構造が生成する（図７右）。この系ではカチオン・アニオン間で架橋が生じるため，前節の系に比べて光反応時間が大幅に短縮した。

生成した配位高分子のガス吸脱着測定を行った結果，ミクロ孔に由来する窒素ガス吸着能が認められた。77 KにおいてI型の窒素吸着等温線が観測され，いずれもBET比表面積は200 m^2g^{-1}程度であった。この値は通常の多孔性配位高分子や活性炭の1/10程度だが，有意な値である。また，小さいながらも水素および二酸化炭素の吸脱着能も認められた。置換基サイズに応じて空孔分布が変わる可能性を検討したが，エチル～オクチル基の場合の比表面積は100～200 m^2g^{-1}程度で顕著な差はなく，サンプル依存性の範囲内だった。なおこの光反応では脱離したアルキルベンゼンが系外に出るため，前項のイオン液体とは異なり，反応が可逆とはならない。しかし，生成した配位高分子を熱アセトニトリルに溶解した後，アルキルベンゼンを加えて加熱すると，元のイオン液体が定量的に生成する。

面白いことに，このイオン液体のメタノール溶液にUV光照射を行うと，上述のアモルファス配位高分子と組成は同じだがトポロジーが異なる多核錯体（キュバン型４核錯体）の結晶が生成する[14]。これは，溶液中では反応種の拡散が容易で，自己集合化が起こりやすいためである。イオン液体に直接UV光を当てた場合にも，液体周辺の界面部分には微量の多核錯体成分が生成し，弱い光で長時間光照射をした場合にはこの成分が増加する。

一般の多孔性配位高分子結晶は，配位空間を設計できるため，サイズ選択的な気体吸脱着等の機能を示す。一方，本節で示したアモルファス配位高分子の場合，空間設計が難しいため吸着量が小さく，サイズ選択性も低い欠点がある。しかし一方，アモルファス系であるため組成自由度が大きいと期待される。したがってこの系では，結晶性の配位高分子では不可能な，トポロジー制御を通じた反応性制御や化学吸着性制御が実現しうるだろう。

5 おわりに

私達は金属錯体をイオン液体化するという方法論に基づき，新しい液体化学領域の開拓を進めてきた。この手法で生まれる液体は，通常の液体や固体では実現不可能な優れた機能性を示す物質群である。私達はサーモクロミズム，ベイポクロミズム，ケモクロミズム，蛍光発光等の呈色機能・光機能を示すイオン液体も多数開発している[6,15]。本稿では特に，光で構造転換を起こす液体に焦点を絞って紹介した。近年，配位高分子錯体に関する研究が内外で盛んだが，それらは溶液反応で合成され，可塑性を持たない。ところが本稿で述べた方法は溶媒不要であり，液体を塗って光を当てれば配位高分子を自在形成できる。これは配位高分子合成の新たな方法論とみなせる。こうした考え方は，従来は結晶性物質に限られていた配位高分子の科学に新概念をもたらし，新展開を拓くだろう。

文　　献

1) "イオン液体の科学 新世代液体への挑戦", イオン液体研究会監修, 西川恵子, 大内幸雄, 伊藤敏幸, 大野弘幸, 渡邉正義・編, 丸善出版 (2012)
2) Y. Funasako, *et al.*, *ChemPhotoChem*, **3**, 28 (2019), および引用文献
3) S. Hisamitsu, *et al.*, *Chem. Lett.*, **44**, 908 (2015)
4) 持田智行, 溶融塩および高温化学, **52**, 29 (2009)
5) 持田智行, 日本結晶学会誌, **58**, 2 (2016)
6) 持田智行, "イオン液体研究最前線と社会実装", 渡邉正義・編, p.133, シーエムシー出版 (2016)
7) 持田智行, ファインケミカル, **47** (**9**), 14 (2018)
8) A. Komurasaki, *et al.*, *Dalton Trans.*, **44**, 7595 (2015)
9) T. P. Gill, K. R. Mann, *Organometallics*, **1**, 485-488 (1982)
10) S. Mori, T. Mochida, *Organometallics*, **32**, 780 (2013)
11) Y. Funasako *et al.*, *Chem. Commun.*, **52**, 6277 (2016)
12) R. Sumitani, T. Kusakabe, *et al.*, unpublished
13) T. Ueda *et al.*, *Chem. Eur. J.*, **24**, 9490 (2018)
14) T. Tominaga, *et al.*, unpublished
15) T. Tominaga, *et al.*, *Chem. Eur. J.*, **24**, 6239 (2018)

第1章　光応答性液晶高分子アクチュエーター

宇部　達[*1]，池田富樹[*2]

1　はじめに

ソフトアクチュエーターは軽量・フレキシブルな駆動デバイスとして近年盛んに研究されており，とくに人と共生するソフトロボットへの応用が期待されている。現在，ソフトアクチュエーターとしては空気圧・油圧駆動式が主流であり，複雑な形状の生体模倣ソフトロボットが3Dプリンターを用いて盛んに開発されている[1)]。また駆動源の小型化が可能な方式として，刺激応答材料の利用が検討されている[2)]。光応答性液晶高分子アクチュエーターは2000年代初頭に開発され[3,4)]，光照射により伸縮・屈曲・回転などの様々な運動を示すことが見出されてきた[5~7)]。従来の電気・流体駆動式では配線が必須であるが，光駆動式では配線不要で遠隔操作可能であるため，これを応用することによりソフトロボットの軽量・小型・自立化が期待できる。本稿では光応答性液晶高分子アクチュエーターの典型例および最新の研究状況について述べる。

2　光応答性液晶高分子アクチュエーターの駆動メカニズムと典型例

光応答性液晶高分子アクチュエーターの駆動においては，架橋液晶高分子の配向変化に伴うマクロ形状変化が基礎となる。液晶高分子は，液晶性を示す部位（メソゲン）の配向と高分子主鎖形態の間に強い相関をもつため，熱・電場・光などの外部刺激により高分子鎖を変形させることができる。さらに液晶高分子に架橋を施すと，高分子鎖のミクロな形態と材料のマクロな形状の相関も強くなるため，メソゲンの配向を変化させることにより材料を変形させることが可能になる[8~9)]。例えば，液晶相においてメソゲンを一方向に配向させたフィルムを作製し，温度を上げて等方相にするとフィルムは配向方向に収縮する。温度を下げて液晶相に転移させると，元の形状に戻る。すなわち，メソゲンのミクロな配向変化がフィルムのマクロな変形に増幅される。

架橋液晶高分子にフォトクロミック分子を導入すると，光照射によりマクロな変形を誘起することが可能である（図1）。アゾベンゼンは代表的なフォトクロミック分子であり，紫外光・可視光照射により可逆的なトランス－シス異性化を示す。棒状のトランス体は液晶相を安定化するのに対し，シス体は液晶相を乱す。したがって，アゾベンゼンを含む液晶に紫外光を照射すると，トランス－シス異性化に伴って分子配向が乱れ，やがて等方相に転移する[10)]。その後可視光を照

＊1　Toru Ube　中央大学　研究開発機構　准教授
＊2　Tomiki Ikeda　中央大学　研究開発機構　教授；中国科学院理化技術研究所　教授

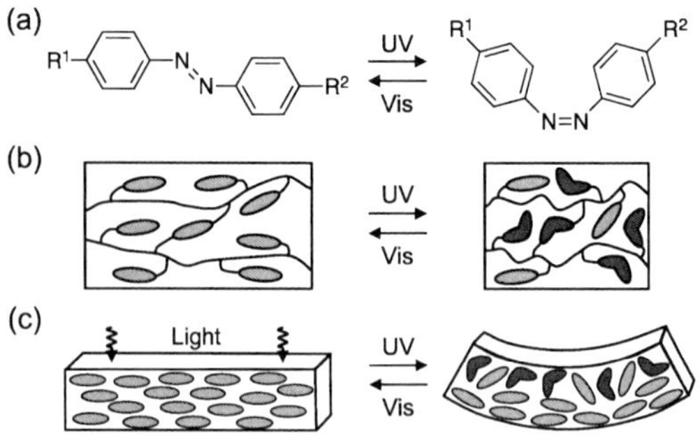

図1　架橋アゾベンゼン液晶高分子の変形メカニズム
(a)アゾベンゼンの光異性化，(b)メソゲンの配向変化と高分子鎖の変形，(c)試料全体の屈曲

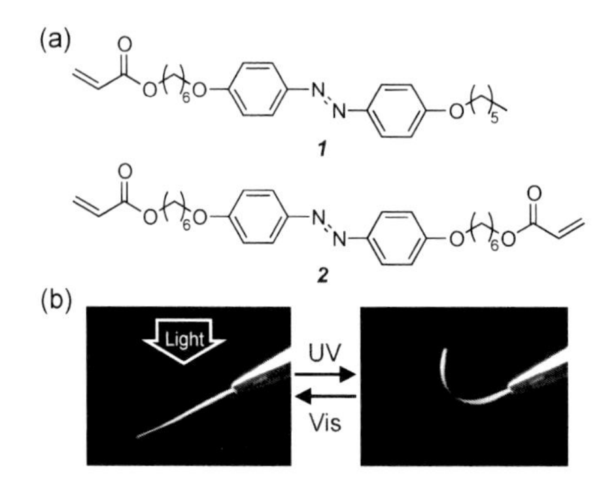

図2　架橋アゾベンゼン液晶高分子フィルムの光屈曲挙動
(a)モノマー(**1**)と架橋剤(**2**)の化学構造，(b)紫外光・可視光照射によるフィルムの変形挙動

射すると，シス‐トランス異性化により液晶相に戻る。この光相転移を架橋液晶高分子に適用すると光駆動が可能になる。光応答性液晶高分子アクチュエーターの典型例を図2に示す。アゾベンゼンを有する液晶モノマー（**1**）と液晶架橋剤（**2**）を，ラビング処理を施したガラスセルに注入すると，液晶相においてメソゲンが一方向に配向する。この状態で光重合することにより，架橋ネットワークが形成されメソゲンの配向が記憶される。得られた架橋アゾベンゼン液晶高分子フィルムに紫外光を照射すると，フィルムが光源に向かって屈曲する。フィルム表層部におけるアゾベンゼンのトランス‐シス異性化によりメソゲンの配向が乱れ，表層部が配向方向に沿って収縮する。その結果，フィルム全体としては屈曲を示す。これに可視光を照射すると，シス‐トランス異性化に伴って初期配向が復元しフィルムは元の形状に戻る。重合時に配向処理を施さない場合，分子配向はミクロドメイン内では揃うもののマクロスケールではランダムになる。このポリドメインフィルムに紫外直線偏光を照射すると，偏波面に平行な配向をもつアゾベンゼンが優先的に光を吸収して異性化するため，方位選択的にフィルムが屈曲する（図3）[4]。このよう

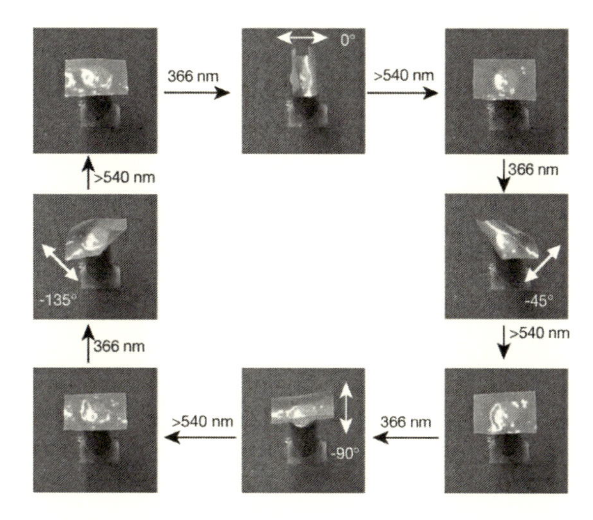

図3　直線偏光照射によるポリドメインフィルムの方位選択的屈曲[4]

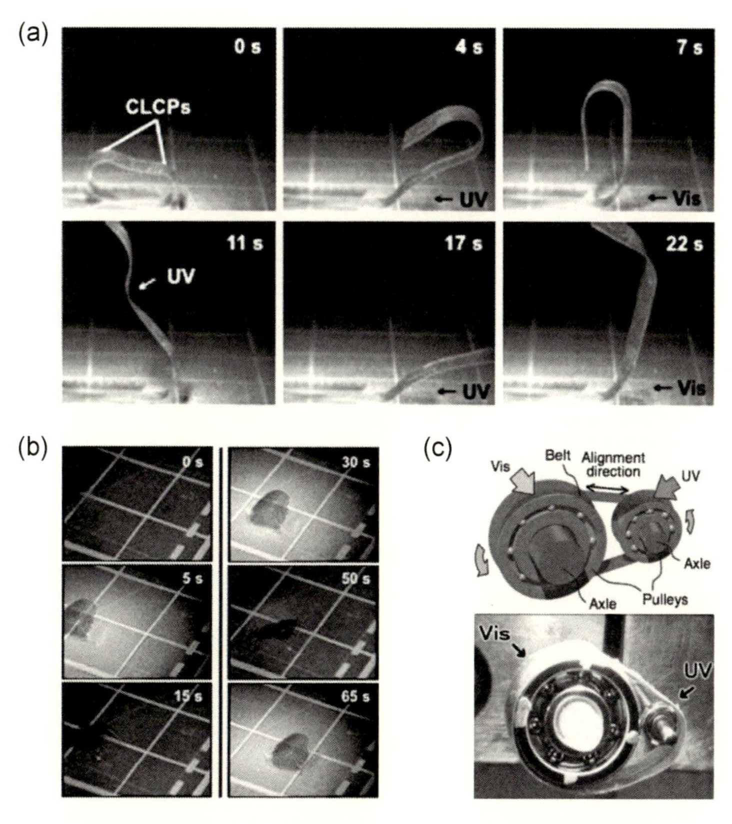

図4　光応答性液晶高分子アクチュエーターの三次元運動
(a)光ロボットアーム[11]，(b)光尺取り虫[11]，(c)光プラスチックモーター[12]

に，架橋液晶高分子の分子配向変化に伴うマクロ形状変形と，フォトクロミック液晶の光相転移を利用することにより，フィルムの三次元駆動が可能になる。

架橋フォトクロミック液晶高分子の光-力変換効果を利用することにより様々な三次元運動が実現できる。ポリエチレンフィルムに架橋アゾベンゼン液晶高分子フィルムを複数積層して光照射すると，ロボットアームのように多彩な変形を示す（図 4a）[11]。光駆動式は配線不要でありながら位置選択性を持つため，自由度の高い運動が可能になる。またフィルムを適切な形状に加工すると，屈曲の反復に伴い尺取り虫のような前進運動を示す（図 4b）[11]。さらにフィルムをプーリーに巻きつけ紫外光・可視光を照射すると回転を誘起できる（光プラスチックモーター，図 4c）[12]。

3 光応答性液晶高分子アクチュエーターの新展開

上述のように光応答性液晶高分子アクチュエーターは屈曲・並進・回転などの様々な三次元運動を示すことから，軽量・小型・フレキシブルな駆動システムへの応用が期待されているが，現状では駆動速度や力学強度の点で課題を残す。さらに，光アクチュエーターはマイクロデバイスから航空宇宙材料まで様々な応用が想定されるため，それぞれのニーズに合わせた材料設計が求められる。高分子材料は一般に材料・物性・形状のバリエーションが豊富であるため，プラスチック・ゴム・繊維・樹脂・フィルム・ゲルなどが様々な用途で日常的に用いられる。高分子材料の優れた加工性や複合化能を架橋液晶高分子に付与することができれば，光運動材料の飛躍的な特性向上が期待できる。本項目では，光運動材料におけるネットワークの組替えと複合化に関する研究を紹介する。

3.1 架橋の組替えによる初期形状の自在制御と三次元運動プログラミング

架橋液晶高分子においてはネットワーク形成時の分子配向が架橋によって記憶される。メソゲンの配向変化はマクロな形状変化に直接関連するため，メソゲンの初期配向を適切に制御することが重要である。従来，架橋液晶高分子の作製には主に二段階架橋法[9]とその場重合法[13]が用いられてきた。二段階架橋法においては，一部架橋した液晶高分子を伸長してメソゲンを配向させた後，架橋反応をさらに進行させることによりメソゲンの配向を記憶する。その場重合法においては，配向処理を施したセル中で液晶モノマーを重合・架橋することにより，重合時のメソゲンの配向を記憶する。これらの手法により，メソゲンの配向が揃ったフィルムが得られる。

ところが，架橋高分子は本質的に不溶・不融であり，一度ネットワーク構造が形成されるとその後の成形加工が困難となる。これに対し，熱可塑性高分子は架橋を持たないため，加熱下において様々な形状に加工することが可能である。もし光応答性液晶高分子アクチュエーターが成形可能になれば，任意の三次元形状への加工や，三次元構造物へのコーティングが実現できる。架橋高分子の加工性を向上させる研究は近年盛んに行われており[14]，先駆的なものとして Leibler

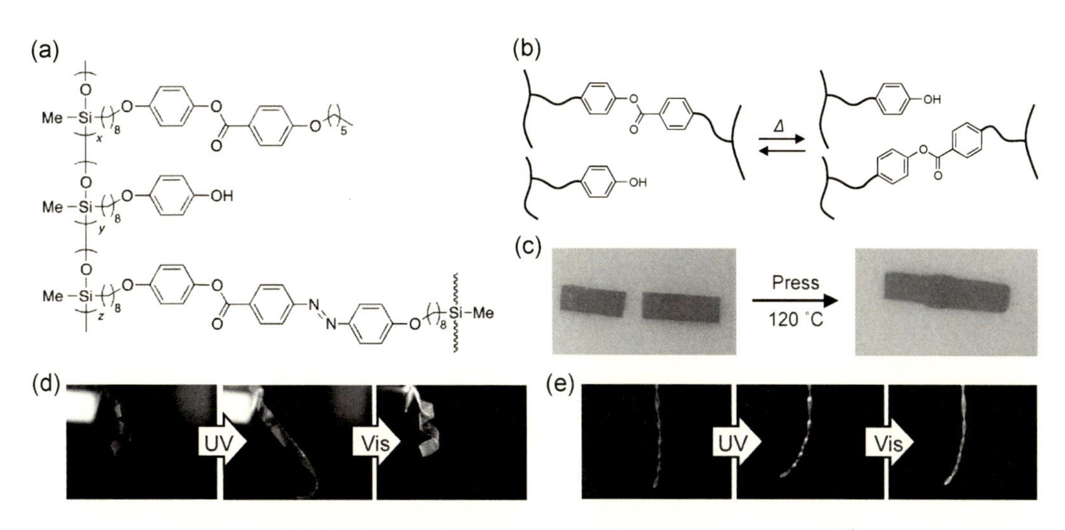

図５　架橋の組替えが可能な光応答性液晶高分子アクチュエーター[16]
(a)化学構造，(b)エステル交換反応による架橋の組替えの模式図，(c)フィルムの接合試験，
(d)らせん形試料の光変形挙動，(d)ヘリコイド形試料の光変形挙動

らのガラス状架橋体（vitrimer）が挙げられる[15]。エポキシ樹脂のネットワーク構造中にエステル結合とヒドロキシ基および触媒を共存させることにより，エステル交換反応に由来する架橋の組替えが可能になり，架橋体でありながら加熱下において三次元的に成形することができる。このエステル結合のように交換可能な共有結合は動的共有結合と呼ばれている。

本研究では，光アクチュエーターの自在成形を目的とし，架橋フォトクロミック液晶高分子に動的共有結合を導入した[16]。ポリシロキサンを主鎖骨格とし，側鎖にアゾベンゼン，フェニルベンゾエート，ヒドロキシ基を含む架橋液晶高分子フィルムを作製した（図5a，b)。このフィルムは架橋高分子であるにも関わらず加熱処理によりフィルム間の接合（図5c）や再成形が可能であることが分かった。さらに，一軸伸長下において加熱するとメソゲンが一軸配向し，かつ架橋の組替えにより新たな配向状態が記憶された。一軸配向フィルムに紫外光を照射すると，従来の架橋アゾベンゼン液晶高分子と同様の可逆的な屈曲挙動を示した。また温度を適切に制御するとメソゲンの配向を保ったまま成形できることが分かった。この特性を活かし，一軸配向フィルムをらせん形およびヘリコイド形に成形した。らせん形の試料に紫外光を照射すると巻きが解けて平板状になり，可視光を照射すると元の形状に戻った（図5d)。この運動は紫外光照射によりらせんの外側が収縮することに由来する。またヘリコイド形に成形した試料は光源位置を制御することにより任意の方位へ屈曲した（図5e)。以上のように，材料の初期形状を任意に変化させることにより，架橋液晶高分子の光運動特性を制御することに成功した。これは成形により三次元運動をプログラミングすることに相当し，アクチュエーターの用途に応じた自在設計が可能になると期待している。

3.2 複合ネットワークの形成による力学特性・光応答性制御

高分子光運動材料を実用化する上で，力学的耐久性の向上が必須である。従来の架橋アゾベンゼン液晶高分子は，光応答の繰り返し性には優れるものの，外力に対しては破断しやすいことが問題である。また，材料の伸縮や屈曲挙動は弾性率に強く依存するため，これらを適切に制御することが必要である。一般に高分子ブレンドは材料改質に広く用いられる手法であり，架橋高分子においては複数のネットワークを組み合わせた相互侵入高分子網目（IPN）による複合化が可能である。IPN の性質は用いるポリマーの種類や組成比に依存する。Gong らは，固くて脆いゲルとフレキシブルなゲルを用いてダブルネットワーク構造を形成することにより，高い強度と伸長性を併せ持ったハイドロゲルを作製することに成功している[17,18]。また親和性の大きく異なるポリマーを IPN 化することも可能であり，疎水性ポリシロキサンと親水性ポリマーから成るシリコンハイドロゲルはコンタクトレンズに応用されている。

本研究では，液晶高分子であるアゾベンゼンポリマーと非晶高分子であるポリアルキルメタクリレートとの IPN について検討した（図 6a）[19]。IPN フィルムはアゾベンゼン液晶モノマーと，アルキルメタクリレートを逐次的に重合・架橋して作製した。まず液晶溶媒存在下，ラビング処理を施したガラスセル中で光重合することにより架橋アゾベンゼン液晶高分子（PAzo）を得た。これによりメソゲンの配向が揃った状態で架橋が形成され，アゾベンゼンの配向が記憶される。その後，液晶溶媒を除去することによって空間が生じるため，これを IPN 作製のテンプレートとした。テンプレートフィルムにメタクリレートモノマー・架橋剤・開始剤の混合物を導入した後，熱重合を行うことにより IPN フィルムを得た。作製したフィルムにおけるアゾベンゼンの配向を，偏光顕微鏡観察と偏光吸収スペクトル測定により評価したところ，IPN 形成後においても一軸配向を示した。これはアゾベンゼンの配向が第一成分ネットワーク形成時に架橋によって記憶され，第二成分を導入しても乱れないためであると考えている。フィルムに紫外光および可

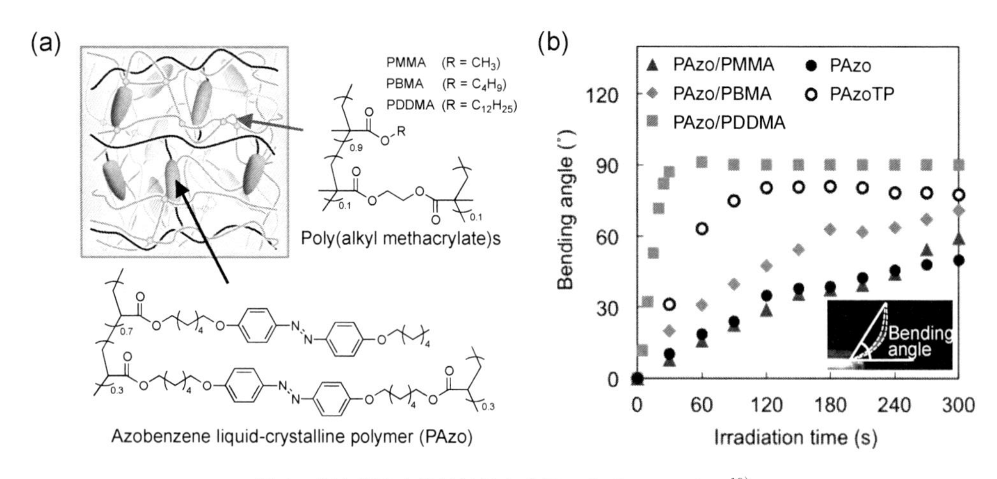

図 6 複合型光応答性液晶高分子アクチュエーター[19]
(a) IPN の模式図，(b) IPN フィルムの紫外光照射下における屈曲挙動

視光を照射したところ，IPNフィルムにおいても可逆的な屈曲が起こった。屈曲速度はフィルムの弾性率に強く依存し，弾性率の低いポリドデシルメタクリレート（PDDMA）とIPN化すると，光屈曲が速くなることが分かった（図6b）。また，一軸伸長試験によりフィルムの破断応力・破断ひずみを評価したところ，IPN構造の形成によりPAzoフィルムの脆性が改善され，とくにポリメチルメタクリレート（PMMA）を導入すると破断応力が大幅に向上することが分かった。

同様の手法を用いて，テンプレートフィルム中に非晶成分としてポリジメチルシロキサン（PDMS）を導入することにも成功した[20]。PDMSをPAzoネットワーク中に導入するとフィルムの弾性率が大きく低下し，PDDMAとのIPNよりも変形が容易になることが分かった。PAzo/PDMSフィルムは紫外光照射下において従来のPAzoフィルムよりも10倍以上速く屈曲し，柔軟なPDMSと複合化することにより光応答性が飛躍的に向上することが明らかになった。

以上のように，導入する非晶成分を選択することにより，液晶高分子アクチュエーターの力学特性・光応答性を制御することに成功した。

4　おわりに

本稿で紹介したように，光応答性液晶高分子アクチュエーターの設計の選択肢は大幅に拡がっている。当該分野は近年大幅に進展しており，初期配向のパターニングによる変形の複雑化[21,22]，光駆動チューブを用いた液体輸送[23]，光学系設計による連続運動[24,25]などが報告されている。今後は具体的な駆動システムの設計やそのニーズに合わせた形状・運動・力学特性の精密制御が課題となる。材料化学・光学・ロボット工学・情報工学など様々な分野の連携により新たな材料・機能の創出と応用展開が可能になると期待している。

文　献

1） D. Rus, M. T. Tolley, *Nature*, **521**, 467 (2015)
2） S. I. Rich *et al*., *Nat. Electron*., **1**, 102 (2018)
3） H. Finkelmann *et al*., *Phys. Rev. Lett*., **87**, 015501 (2001)
4） Y. Yu *et al*., *Nature*, **425**, 145 (2003)
5） T. Ikeda *et al*., *Angew. Chem. Int. Ed*., **46**, 506 (2007)
6） T. Ube, T. Ikeda, *Angew. Chem. Int. Ed*., **53**, 10290 (2014)
7） T. J. White, ed., “Photomechanical Materials, Composites, and Systems：Wireless Transduction of Light into Work”, p. 1, John Wiley & Sons (2017)
8） P. G. de Gennes, *C. R. Acad. Sci. B*, **281**, 101 (1975)
9） J. Küpfer, H. Finkelmann, *Makromol. Chem. Rapid Commun*., **12**, 717 (1991)

10) T. Ikeda, *J. Mater. Chem.*, **13**, 2037 (2003)
11) M. Yamada *et al.*, *J. Mater. Chem.*, **19**, 60 (2009)
12) M. Yamada *et al.*, *Angew. Chem. Int. Ed.*, **47**, 4986 (2008)
13) D. J. Broer *et al.*, *Makromol. Chem.*, **190**, 2255 (1989)
14) W. Denissen *et al.*, *Chem. Sci.*, **7**, 30 (2016)
15) D. Montarnal *et al.*, *Science*, **334**, 965 (2011)
16) T. Ube *et al.*, *Adv. Mater.*, **28**, 8212 (2016)
17) J. P. Gong *et al.*, *Adv. Mater.*, **15**, 1155 (2003)
18) J. P. Gong, *Soft Matter*, **6**, 2583 (2010)
19) T. Ube *et al.*, *J. Mater. Chem. C*, **3**, 8006 (2015)
20) T. Ube *et al.*, *Soft Matter*, **13**, 5820 (2017)
21) L. T. de Haan *et al.*, *Angew. Chem. Int. Ed.*, **51**, 12469 (2012)
22) T. H. Ware *et al.*, *Science*, **347**, 982 (2015)
23) J. Lv *et al.*, *Nature*, **537**, 179 (2016)
24) S. Palagi *et al.*, *Nat. Mater.*, **15**, 647 (2016)
25) A. H. Gelebart *et al.*, *Nature*, **546**, 632 (2017)

第2章　フォトリフラクティブ強誘電性液晶

佐々木健夫*

1　はじめに

物体から反射された光をもう一つの光と干渉させ，その干渉縞をフォトポリマーなどによって記録したものはホログラムと呼ばれる。その特徴は反射光強度だけでなく光の位相情報をも記録するため，立体的に見える画像ができることである。DVDやCDのパッケージに貼られているシールや，お札の偽造防止シールなどに利用されている。フォトリフラクティブ効果とは，ホログラムを形成する現象の一つである[1~5]。ただし，フォトリフラクティブ効果によるものは，身のまわりでよく見かけるホログラム，つまり光化学反応や光熱効果によるものとは形成のメカニズムが大きく異なる。フォトリフラクティブ効果によるホログラム形成は，光吸収によって物質内部に電界が発生し，その電界で電気光学効果が生じて屈折率が変化するというメカニズムで生じる。光導電性と電気光学効果を示す透明物質だけで見られる現象である。この現象は，光制御素子や振動・距離計測デバイス，立体ディスプレイ等に応用することができ，近年，開発に期待が高まっている。特に高分子フォトリフラクティブ材料は，大面積のフィルムにすることができるため，立体ディスプレイ材料を目指して活発な開発が行われている。また，大きな複屈折性と応答の速さから，液晶性化合物もフォトリフラクティブ材料として注目を集めており，これまでに性能の高いフォトリフラクティブ液晶が開発されている。

2　フォトリフラクティブ効果

有機系フォトリフラクティブ材料は，光導電性化合物と大きな双極子モーメントを持つ色素から構成される。この様な物質中でレーザー光が干渉すると，以下に記す一連の現象が起こる（図1）。干渉縞の明るい部分で光導電性化合物が光を吸収して正負の電荷が発生する。この電荷は電子とホールの場合もあるし，正イオンと負イオンの場合もある。外部から電界を印加すれば，これらの電荷は材料中で移動することになる。しかし，正電荷と負電荷では固体中での移動度に差があるため，片方の電荷が明部に留まり，もう一方の電荷は全体に移動する結果，暗部が負に帯電することになる。その結果，干渉縞の明るい部分と暗い部分との間に，電位差（内部電界）が発生する。この内部電界によって双極子モーメントを持つ色素の向きが変化し，見かけの屈折率が大きく変わる。その結果，図1に示す様に屈折率の高低による格子縞（屈折率格子）が形成さ

＊　Takeo Sasaki　東京理科大学　理学部第二部　化学科　教授

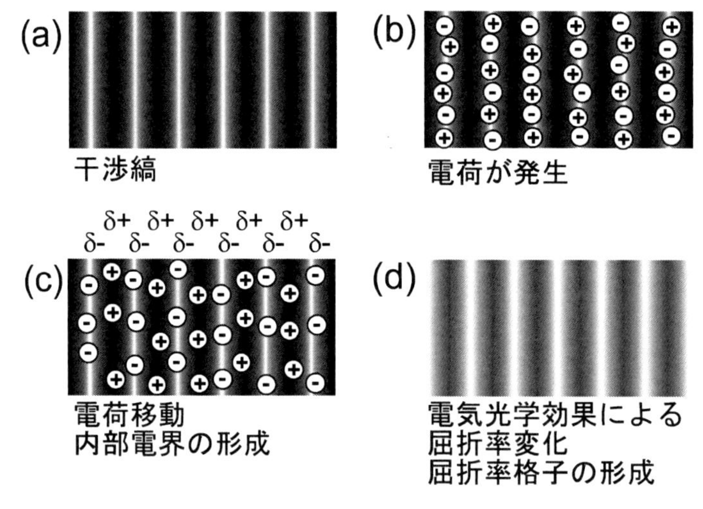

図1　フォトリフラクティブ効果のメカニズム

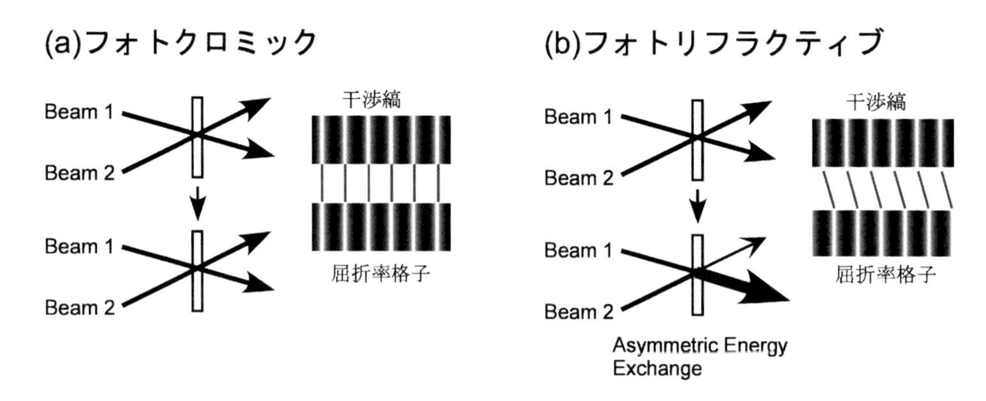

図2　位相のずれと２光波結合

(1)光化学反応によって干渉縞を記録する場合，干渉縞の位相とホログラム（屈折率格子）の位相は完全に一致する。この時，干渉している光の透過強度に変化は生じない。(2)フォトリフラクティブ効果によってホログラムが形成される場合，ホログラムの位相は干渉縞からずれている。この条件下では，一方の透過光強度が減少するとともにもう一方の透過光強度が増大することになる

れる。この屈折率格子はレーザー光を回折することができる。メカニズムから明らかなように，フォトリフラクティブ効果での屈折率の変化は干渉縞の明るい部分と暗い部分の中間のところで生じる。最も明るい部分ではない。そのため，屈折率格子の縞模様は干渉縞からずれることになる。このずれが重要で，干渉条件からずれたホログラムは独特の特性を持つ。非対称エネルギー結合と呼ばれる現象を生じ，干渉している２本のレーザー光の強度が，屈折率格子の形成に伴って変化してしまう。図２の様に，片方のレーザー光の透過強度が小さくなると同時に，もう一方のレーザー光の透過光強度が対称的に大きくなっていく。一般のホログラムでは，干渉縞の明る

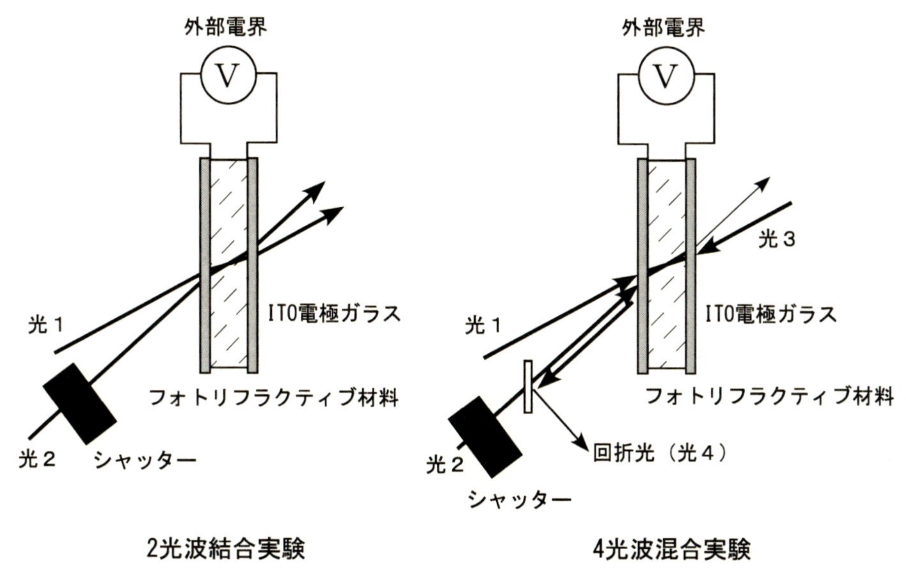

図3　2光波結合実験および4光波混合実験

い部分で光化学反応や光熱効果が生じて屈折率格子が形成されるため，屈折率格子の位相は干渉縞と完全に一致する。その場合はレーザー光の透過強度は変化しない。したがって，ある試料中でレーザー光を干渉させた時に，それぞれの透過強度が対称的に変化すれば，それはフォトリフラクティブ効果発現の有力な証拠の一つとなる。吸光度は変化しないままで屈折率が僅かに変化するため，体積ホログラムの作成が可能である。さらにフォトリフラクティブ効果によるホログラムは形成が可逆的であるので，光の伝播制御をはじめとする様々な光学素子に応用することができる。

フォトリフラクティブ効果の評価は，2光波結合実験と4光波混合実験によって行われる（図3)。フォトリフラクティブ効果を誘起するには数mWの連続発振（CW）レーザーで充分である。2光波結合法は，試料フィルム中で光を干渉させ，それぞれの透過光強度を測定する。2光波結合実験でフォトリフラクティブ効果の大きさを議論する場合には，利得定数（gain coefficient, Γ）が用いられる。2光波結合は一方のレーザー光がもう一方のレーザーによって増幅される現象であるため，その増幅率の尺度である利得定数が定義できるのである。屈折率格子によってレーザー光が回折される割合（%）のことを回折効率（diffraction efficiency, η）と呼ぶ。回折効率は4光波混合法によって測定する。4光波混合法は，2本のレーザー光（書き込み光：光1, 光2）によって試料フィルム中に屈折率格子を形成させ，そこへ3本目のレーザー光（プローブ光：光3）を入射する。複雑な干渉を防ぐため，光3の偏光面は$\lambda/2$板を用いて光1，光2の偏光面と直行するようにしておく。そしてこのプローブ光が回折された光（回折光：光4）の強度を測定し，屈折率格子によって回折された割合を調べる。多くの高分子フォトリフラクティブ材料では，電荷分離効率を高めるために測定時に試料フィルムへ数十V/μmの大きさの電界を印加する（外部電界）。試料を100 μm厚程度のテフロンスペーサーとともに2枚の透明電極付きガラス（ITOガラス）電極ではさんで加熱圧着し，これに数kVの電圧を印加しながらフォトリフラクティブ効果の測定を行う。このような大きな電圧を印加するのは，電荷分離効率を高くするためである。レーザー光は試料フィルム法線に対して斜めから入射し，外部電界の干渉縞方向成分がゼロにならないようにする。試料に印加する電界の大きさに対する回折効率の依存性を調べると，屈折率格子がフォトリフラクティブ効果によって生じている場合には$\sin^2$型関数でフィッティングできるカーブを描く[1]。外部電界の向きを反転させれば，増幅される光も交換する。また，応答時間も重要なパラメーターである。これは，材料中でレーザー光の干渉を開始してからどれ程の時間で屈折率格子が形成されたかという値である。4光波混合法または2光波結合法で，書き込み光の入射開始からの回折光の立ち上がりを指数関数でフィッティングし，応答時間τを求める。有機高分子のフォトリフラクティブ効果の応答時間は，10～50 V/μmの外部電界のもとで数ms～100 msのものが多い。

1990～1993年頃の報告では，高分子材料での回折効率は10^{-5}～10^{-3}%くらいであった。1994年以降になると，ガラス転移温度の低い材料を用いることでクロモフォアの運動性を高め，数十%もの回折効率を示す材料が得られている[6]。Peyghambarianらは，テトラフェニルジアミノビフェノールを光導電性色素として側鎖に有する高分子を用い，3Dホログラム像の形成に成功している[7]。この材料ではホログラム像の記録ができ，さらに書き換えが可能であるため，ホログラムディスプレイに応用できる。実際に，物体を多方向から撮影した画像を元にコンピューターで生成した多重露光パターンを，パルスレーザーの干渉によってフォトリフラクティブ高分子中に書き込むことにより，多方向から同時に立体像を見ることが可能なホログラムディスプレイが試作されている[8]。

3　フォトリフラクティブ強誘電性液晶

液晶は高い複屈折性と流動性を有する。低分子量化合物からなる液晶に光導電性化合物を混合することで，フォトリフラクティブ効果を示す液晶材料が得られている。現時点ではネマチック液晶とスメクチック液晶（強誘電性液晶）が用いられている。液晶では，わずかな分子配向の変化で大きな屈折率の変化を生じるため，小さな内部電界で屈折率格子を形成することができる。光導電性化合物を混合した強誘電性液晶では，光の干渉によって強誘電性液晶の分極変化を誘起することができる（図4）[3～5]。ネマチック液晶などの再配向型フォトリフラクティブ効果が内部電界に分子の双極子モーメントが応答して生じているのに対して，強誘電性液晶のフォトリフラクティブ効果では自発分極というバルクの分極が内部電界に応答する。強誘電性液晶の自発分極の電界応答は高速であるので，フォトリフラクティブ効果の応答を高速化することができる。佐々木らは，強誘電性液晶に光導電性化合物（図5）を混合した試料の488 nmにおける2光波結合利得定数を測定した[3]。強誘電性液晶に光導電性化合物CDHを1 wt%，電荷発生剤TNF

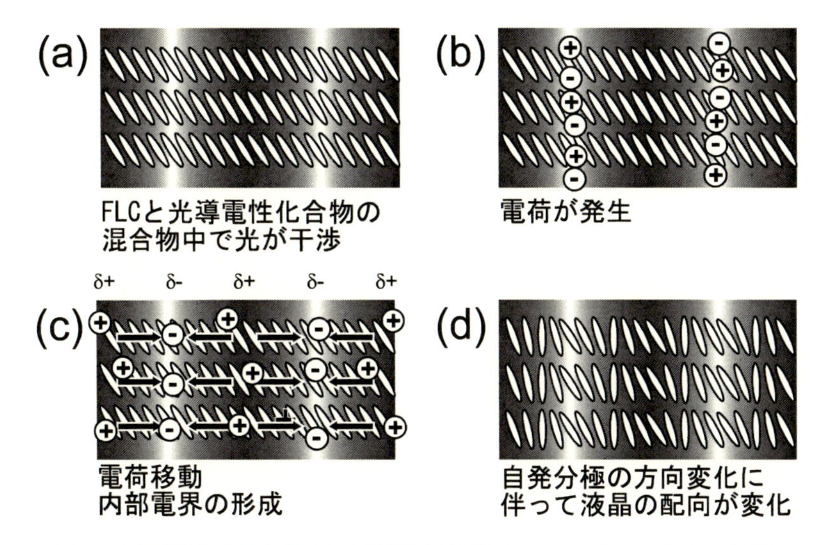

図4　光導電性化合物を混合した強誘電性液晶でのフォトリフラクティブ効果

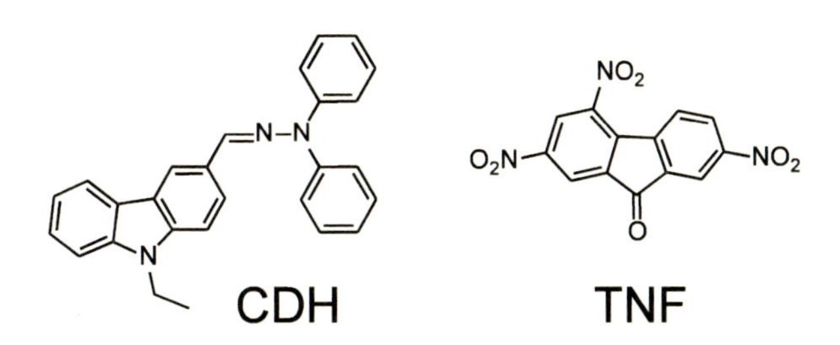

図5　強誘電性液晶に混合する光導電性化合物

を0.1 wt%ドープし，セル厚10 μm のITO電極付き液晶評価用ガラスセルに注入したものを測定用サンプルとした。試料をキラルスメクチックC相を示す温度に保ち，0.1 V/μm の電界を印加して測定を行った2光波結合シグナルの典型例を図6に示す。ノイズにまで対称的な応答が見られ，2光波結合が生じていることが分かる。応答時間は数ms～数十msと，ネマチック液晶よりも速いことがわかった。非対称エネルギー交換は一方のレーザー光をもう一方のレーザー光で増幅する現象である。増幅は $I=I_0\exp(\Gamma L)$ で表される。ここでIはレーザー光の強度，I_0 はレーザー光強度の初期値，L（cm）は相互作用長，Γ（cm^{-1}）は利得定数である。この利得定数Γの大きさによってフォトリフラクティブ効果の大きさを評価する。非対称エネルギー交換の大きさはこの時点では20 cm^{-1} 程度であった。また，Golemmeらは，C70をドープした強誘電性液晶を用い，長期間安定に保存できるホログラムを形成することに成功している[4]。

強誘電性液晶のフォトリフラクティブ効果では，液晶と光導電性化合物との相溶性が問題となる。相溶性が低い場合，液晶の配向が乱され，配向欠陥が多くなる。すると，光散乱が大きくなってしまうため，明瞭な屈折率格子が形成されなくなってしまう。表面安定化状態中の配向欠陥は，

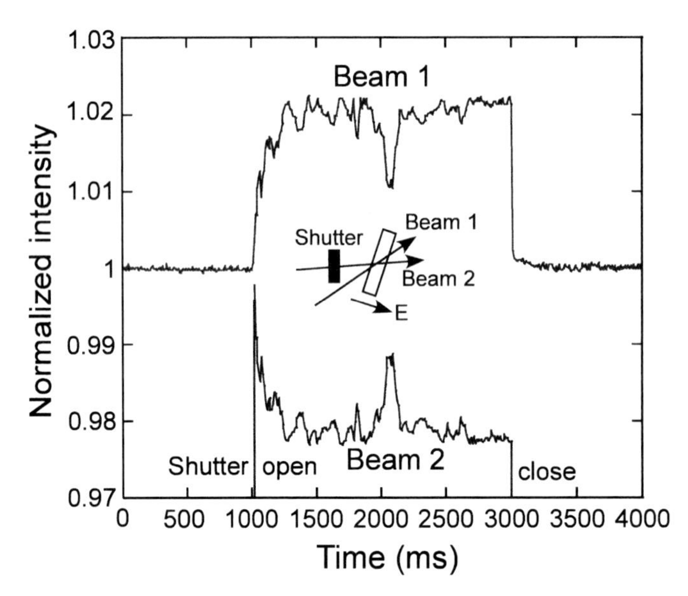

図６　強誘電性液晶での２光波結合シグナルの典型例
試料中で光を干渉させると，一方の透過強度が増大すると同時にもう一方の透過強度が減衰している

混合する光導電性化合物に影響される。できる限り相溶性が高いものを選択する必要がある。高分子安定化強誘電性液晶を用いることで，配向欠陥が生じにくいフォトリフラクティブ強誘電性液晶を得る試みも報告されている。

3.1　光導電性キラルドーパント

光学デバイスに用いられる強誘電性液晶は単一の化合物ではなく，数種類～数十種類の化合物の混合物である。強誘電性を示す温度範囲や配向特性，複屈折などを単一の化合物で調整することは不可能なためである。数種類の液晶性化合物を混合してスメクチックＣ相を形成する母体液晶を調製し，これに不斉構造を持つ化合物（キラルドーパント）を混合するとキラルスメクチックＣ相を形成する強誘電性液晶が得られる。フォトリフラクティブ強誘電性液晶を得るためには，この強誘電性液晶にさらに光導電性色素を混合することになる。しかし，光導電性色素は多くの場合液晶性化合物ではないため，これらを混合することによって強誘電性液晶の配向状態は乱され，無欠陥で均一に配向させることが困難になってしまう。この問題を回避するために，光導電性キラルドーパントが開発されている（図7)。これは光導電性色素に不斉構造を結合させたもので，スメクチックＣ相を示す母体液晶に混合すれば，直ちにフォトリフラクティブ強誘電性液晶が得られる。光導電性キラルドーパントを用いたフォトリフラクティブ強誘電性液晶の２光波結合利得定数と応答時間を図８に示す。2 V/μm の電界印加で 1200 cm^{-1} 以上という大きな利得と 1 ms 以下の高速応答が得られている[9)]。エネルギーの非対称交換はある光の強度を

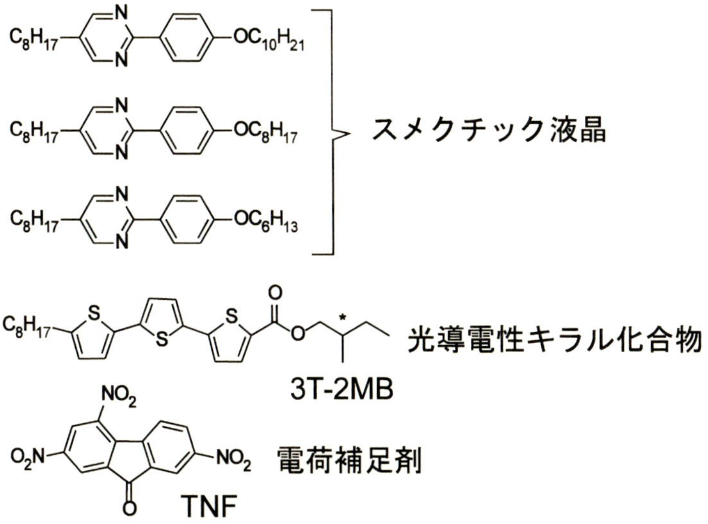

スメクチック液晶

光導電性キラル化合物

3T-2MB

電荷補足剤

TNF

図7　フォトリフラクティブ強誘電性液晶ブレンド
母体となるスメクチック液晶混合物に光導電性キラルドーパントを数%，
電荷補足剤 TNF を 0.1%混合する

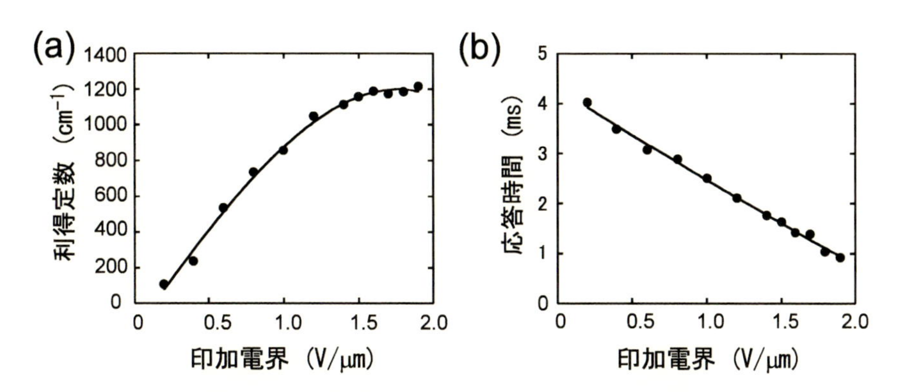

図8　フォトリフラクティブ強誘電性液晶ブレンドの2光波結合利得定数と応答時間の外部電界強度依存性

別の光によって増幅する現象である。そして，これはホログラムの形成を原理とするものであるため，波長，位相，偏光面が一致した光どうしでなければ発生しない。つまり，特定の光だけを増幅することができる。この液晶混合物を用いて，動画光信号増幅ができるかどうかの検討を行った。空間変調素子（SLM）を用いて，動く画像をレーザー光（488 nm）にのせて強誘電性液晶試料に入射し，それによって動画光信号の増幅が可能かどうか検証した（図9）。ポンプ光の入射によって，動画はスムーズに増幅されることを確認した[9)]。電子的な画像処理システムを用いず，材料の特性だけで光画像を実時間で増幅した例の新たな一つである。

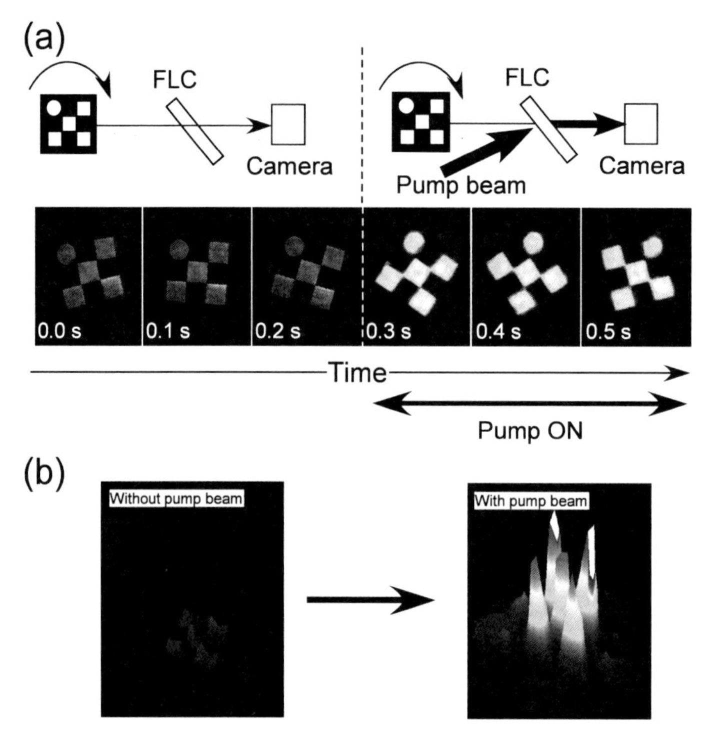

図9　フォトリフラクティブ強誘電性液晶ブレンドを用いた動的光信号の増幅
(a)動画増幅の様子，(b)光強度の変化
動画：https://www.rs.kagu.tus.ac.jp/photoref/Amplification_1_WMV.wmv

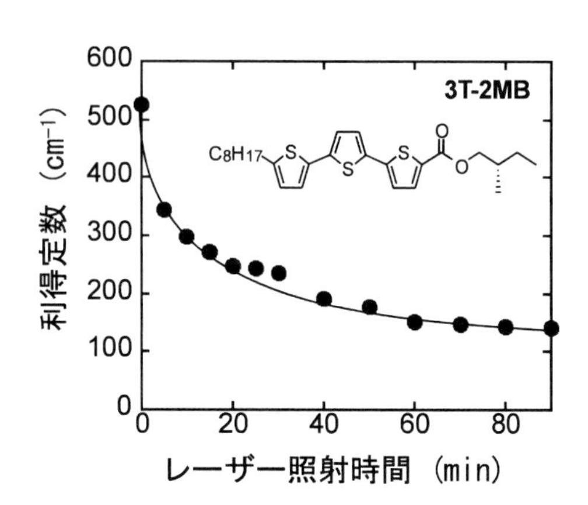

図10　2光波結合利得定数の時間変化
レーザー光を当てっぱなしにしておくと利得定数が小さくなる

3.2　光導電性キラルドーパントの耐久性

ターチオフェン系光導電性キラルドーパントを含む強誘電性液晶に定常光レーザーを照射してフォトリフラクティブ効果を発現させていると，時間とともに利得定数が小さくなる（図10）[10]。

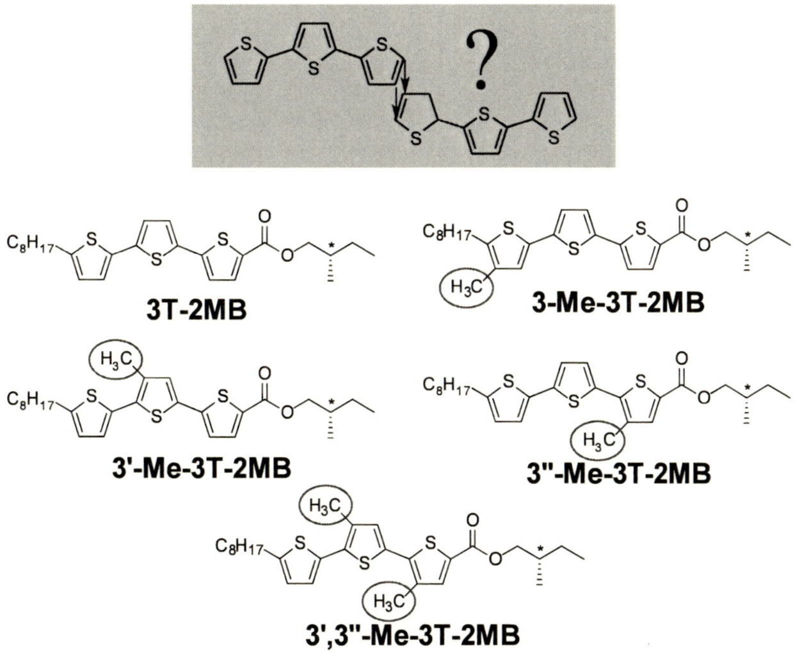

?
3T-2MB
3-Me-3T-2MB
3'-Me-3T-2MB
3"-Me-3T-2MB
3',3"-Me-3T-2MB

図 11　立体障害を導入して光化学反応を生じ難くした光導電性キラルドーパント

3T-2MB
3-Me-3T-2MB
3'-Me-3T-2MB
3"-Me-3T-2MB
3',3"-Me-3T-2MB
利得定数 (cm⁻¹)
レーザー照射時間 (min)

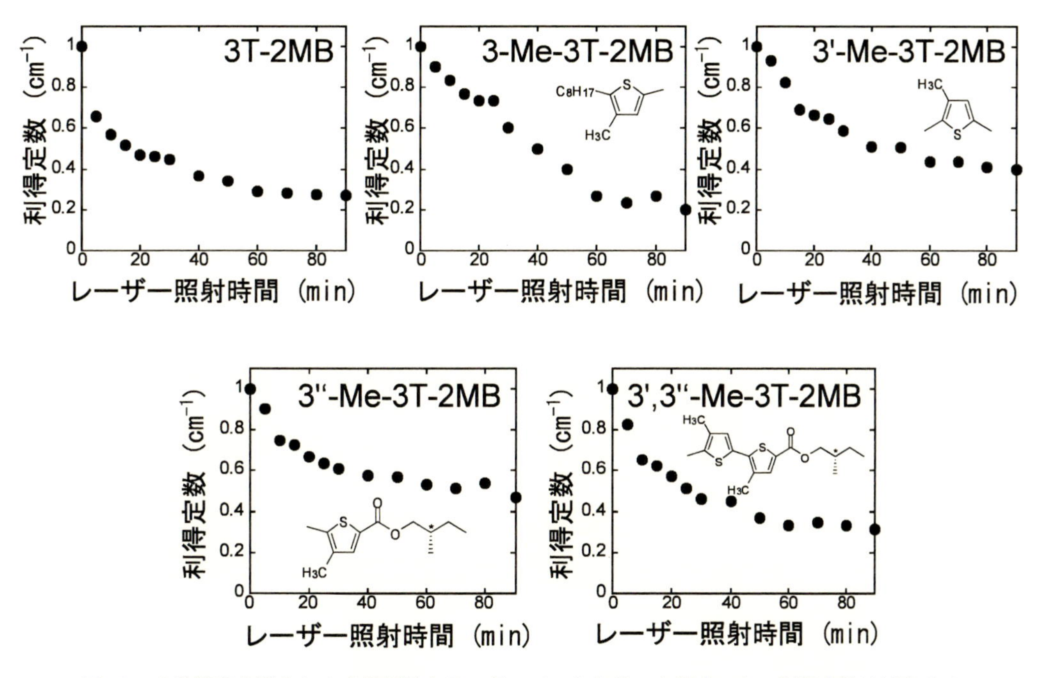

図 12　立体障害を導入した光導電性キラルドーパントを使った場合でも，利得定数は減衰する

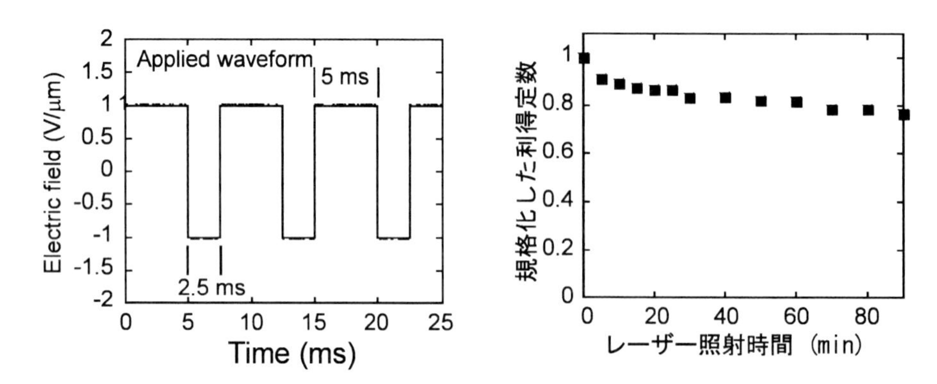

図 13　交流電界を印加した場合の利得定数の時間変化
減衰が抑えられている

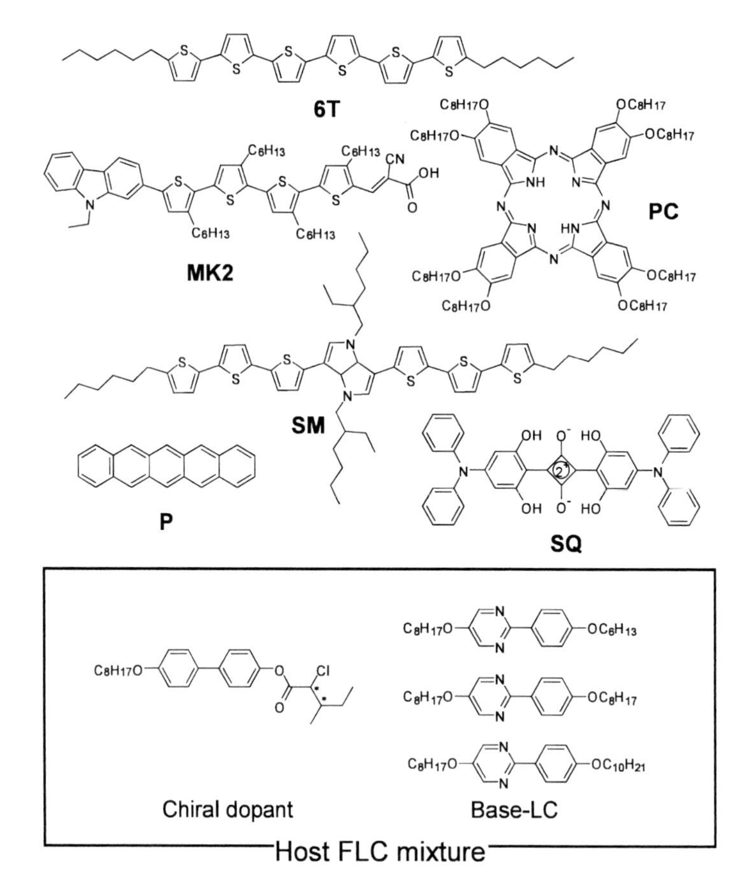

図 14　長波長用光導電性化合物と母体液晶

オリゴチオフェンでは光化学反応による２量化などが生じる可能性がある。そこで，反応点になりそうな部位にメチル基を導入したものを合成して検討を行った（図 11）。すると，メチル基の導入に関わらず利得定数が小さくなることが認められた（図12）。いったん利得定数が小さくなった試料を暗所で放置して再度実験を行うと利得定数の大きさは復活していた。また，NMRやIRスペクトルを調べると，ターチオフェン系光導電性キラルドーパントの構造に変化は見られなかった。これらのことより利得定数の減少はターチオフェン骨格の光化学反応ではなく，光電子移動によって生じたイオン種が電極に吸着されることによることが示唆された。そこで交流電界を印加しながら2光波結合実験を行うと，利得定数の減少が抑えられることが確認された（図13）。これらのことより，光導電性色素を含む液晶フォトリフラクティブ材料では，定常光照射下では生じたイオン種の電極への吸着によってフォトリフラクティブ効果が減衰するが，交流電界を試料に印加することで耐久性を高められるということがわかった。

3.3　フォトリフラクティブ強誘電性液晶の作動波長の長波長化

液晶に混合する光導電性色素を変えることでフォトリフラクティブ効果を誘起する波長を選択することができる。フォトリフラクティブ効果によって体積格子を作るためには，使用するレーザーの波長が色素の吸収帯の裾にある必要がある。レーザーの波長が吸収帯のピーク位置になってしまうと材料の表面近傍でレーザー光が吸収されてしまい，材料内部に明瞭な体積格子を作れなくなるからである。図14に示す光導電性化合物を強誘電性液晶に混合したもののフォトリフラクティブ効果が検討された[11]。これらの光導電性化合物は500 nmより長い波長の光を吸収する。しかし，分子構造が大きくなるために液晶との相溶性が低くなる。液晶の配向状態を乱さずに混合するためには，光導電性化合物の濃度を1 wt%より低くする必要がある。図15に光導電性化合物SMを含む強誘電性液晶ブレンドの2光波結合実験結果を示す。光導電性化合物の濃度

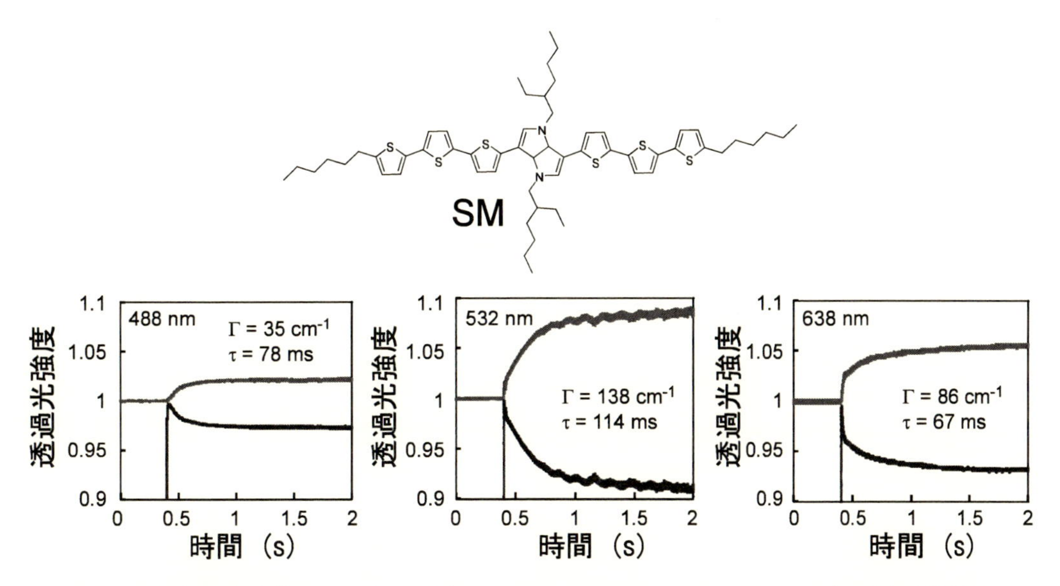

図15　光導電性化合物SMを用いた場合の488 nm，532 nm，638 nmでの2光波結合実験結果

が低いためフォトリフラクティブ効果は小さくまた応答速度も遅いが，600 nm より長い波長でもフォトリフラクティブ効果が生じている。

4 おわりに

以上，液晶フォトリフラクティブ材料の研究動向を解説した。フォトリフラクティブ効果は，ホログラムに関係した現象であるため，3D 映像などと関連付けられて紹介されることが多い。しかし，フォトリフラクティブ効果がその真価を発揮するのは計測機器用の材料として用いられるときである。ホログラムは光の干渉を基にしているので，波長レベルの長さでの位置の変動が屈折率格子に現れる。物体から反射されてきたレーザー光でフォトリフラクティブ効果を発現させれば，物体からの距離の微細な変化を光強度の変化に変換できる。首都圏では橋梁などのインフラ構造物の老朽化が問題になりつつある。職人がハンマーで叩いて劣化状態を調べているが，フォトリフラクティブ効果を応用することにより，光を使って離れたところからコンクリートや鉄骨内部の劣化状況検査することができるであろう。そのためには優れた材料の開発が必要である。液晶材料のフォトリフラクティブ効果はまだ検討が始まったばかりである。今後大きく発展すると期待される。

文　　献

1) 富田康生，北山研一，フォトリフラクティブ非線形光学，丸善株式会社（1995）
2) 黒澤宏，まるわかり非線形光学，第 10 章，オプトロニクス社（2008）
3) T. Sasaki and Y. Naka, *Optical Review*, **21**, 99-109 (2014)
4) Blanche PA. Springer Series in Materials Science 240, Photorefractive Organic Materials and Applications. Switzerland, Springer International Publishing, (2016)
5) T. Sasaki, K. V. Le, Y. Naka, T. Sassa, Liquid Crystals, p34, InTech (2019)
6) K. Meerholz, B. L. Volodin, B. Kippelen, N. Peyghambarian, *Nature*, **371**, 497 (1994)
7) S. Tay *et al.*, *Nature* **451**, 694 (2008)
8) P. A. Blanche *et al.*, *Nature* **468**, 80 (2010)
9) T. Sasaki, S. Kajikawa and Y. Naka, *Faraday Discussions*, **174**, 203-218 (2014)
10) T. Sasaki *et al.*, *RSC Adv.*, **6**, 70573-70580 (2016)
11) T. Sasaki *et al.*, *J. Phys. Chem. C*, **121**, 16951-16958 (2017)

第3章　光応答性架橋液晶高分子フィルムのソフトメカニクス

田口　諒[*1]，赤松範久[*2]，宍戸　厚[*3]

1　はじめに

近年，ソフトマテリアル（高分子，液晶，エラストマー，ゲルなどの総称）が，高い生体親和性，低い環境負荷，柔軟なダイナミクスなどの特徴を有することから，次世代の材料として注目されている。ソフトマテリアルを利用することで，従来のハードマテリアル（金属，セラミックス，半導体など）では実現できない大胆な動きやしなやかな動きが可能となる。実際に，人工筋肉やソフトロボットへの応用を目指して，熱，光，電気などの外部刺激をきっかけとしたソフトアクチュエーターの開発が活発である。ソフトアクチュエーターの中でも，光エネルギーを力学エネルギーに直接変換する光アクチュエーターが脚光を浴びている。アゾベンゼンを架橋した架橋液晶高分子フィルムに，紫外光を照射すると多彩な三次元変形を起こすことが知られている[1)]。この原理を利用して，光で駆動するロボットアームやモーターなどが報告されている。詳しくは他章を参照されたい。

上記の開発においては，ソフトマテリアルの分子設計や構造設計が重要であり，ソフトマテリアルの力学（ソフトメカニクス）が欠かせない。先に述べた光応答性架橋液晶アゾベンゼンフィルムの屈曲メカニズムは，紫外光照射によりアゾベンゼン分子がトランス-シス光異性化し，周囲の分子配向が変化するにつれ，フィルムが収縮し屈曲すると解釈されてきた（図1a）。しかしながら，このようなフィルムの屈曲は，曲率半径や屈曲角度などの巨視的な評価が主流である（図1c）。ソフトマテリアルの強みを最大限に引き出すためには，一連の変形プロセスを関連づける微視的な変形解析が不可欠である。ハードマテリアルの力学においては，屈曲は膨張も収縮もない中立面を境に外面が膨張，内面が収縮すると理解されている（図1b）[2)]。100年以上もの歴史を有する学問ではあるが，ソフトマテリアルの大きな屈曲への適応には未解明な点が多い。したがって，ソフトマテリアルの屈曲に伴う微視的なひずみ（膨張や収縮）を定量解析することが極めて重要となる。しかしながら，ソフトマテリアルの屈曲ひずみは，不均質性，異方性，内部応力が発生するために既存の手法やシミュレーションでは解析が困難である。

これまでに筆者らは，ソフトマテリアルの屈曲に伴うひずみを定量解析できる新たな手法の開

＊1　Ryo Taguchi　東京工業大学　科学技術創成研究院　化学生命科学研究所
＊2　Norihisa Akamatsu　東京工業大学　科学技術創成研究院　化学生命科学研究所　助教
＊3　Atsushi Shishido　東京工業大学　科学技術創成研究院　化学生命科学研究所　教授

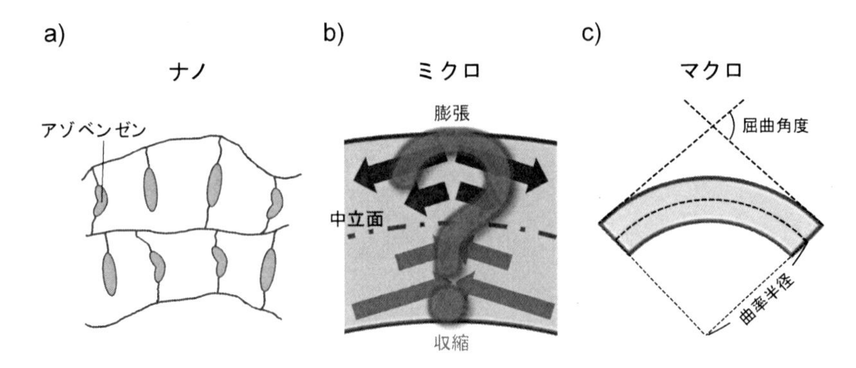

図1　光応答性架橋液晶アゾベンゼンフィルムの屈曲メカニズム
a）ナノレベルにおける屈曲評価，b）ミクロレベルにおける屈曲評価，c）マクロレベルにおける屈曲評価

発に取り組んできた。本稿では屈曲に伴うひずみを面内方向，面外方向に分けて，それぞれの解析手法を紹介する。

2　面内方向のひずみ解析[3)]

はじめに，筆者らはソフトマテリアルの屈曲に伴う面内方向の表面ひずみを微視的かつ定量的に解析できる表面ラベルグレーティング法の開発に取り組んだ。われわれがこれまでに研究してきたホログラム[4)]の光回折現象では，屈折率の周期が鍵となる。周期が変化すれば回折角が変わり，周期変化を読み取ることできる。そこで，フィルム表層に回折格子すなわちホログラムを形成し，屈曲により表面で膨張や収縮が起これば，周期が変化するため，回折角の変化から表面ひずみを定量解析できると考えた。

光アクチュエーターとして応用される光応答性架橋液晶アゾベンゼンフィルムの屈曲を解析するために，表層に回折格子を形成した。フィルムの作製にあたり，ビニル基を有するアゾベンゼン誘導体，フェニルベンゾエート誘導体およびヒドロキノン架橋剤を合成した。ポリメチルヒドロシロキサンを骨格としてヒドロシリル化反応を行い，延伸することで液晶分子が一軸に配向したフィルムを作製した。作製した一軸配向フィルムをガラス基板上に置き，格子ベクトルが配向方向と平行になるようにフォトマスクを被せ，紫外光照射した。続けて，格子ベクトルが配向方向と垂直になるように設置し，同様の条件で紫外光照射した。紫外光照射部にトランス-シス光異性化を誘起し，フィルム表層のみに回折格子を形成した（図2）。作製したフィルムを光学系に設置し，回折格子が形成されていない面から，波長633 nmのHe-Neレーザー光を入射すると，スクリーン上に回折パターンを観察できた（図3）。回折格子の周期は以下の式から算出できる。

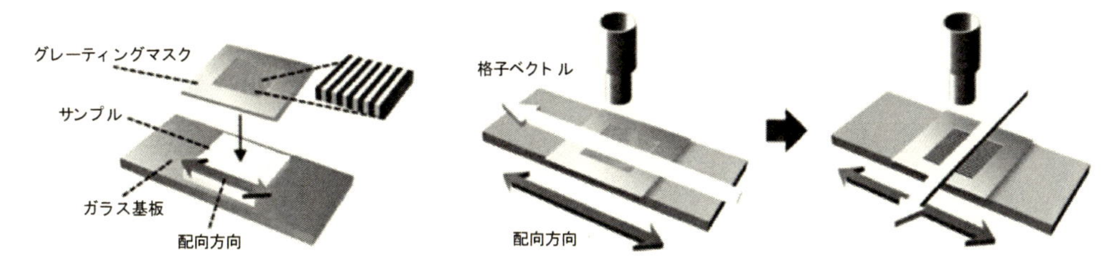

図２　回折格子ラベルの形成

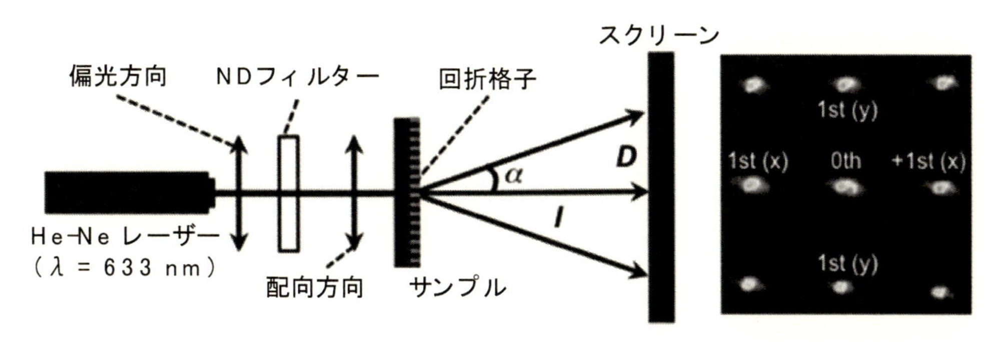

図３　フィルムの屈曲に伴う表面ひずみ解析に用いた光学系とスクリーン上の回折パターン

$$\alpha = \arctan\left(\frac{D}{l}\right) \quad \Lambda = \frac{m\lambda}{\sin\alpha}$$

αは回折角度，Dは０次光と１次光の間隔，lはフィルムからスクリーンまでの距離，Λは格子周期，λはレーザー光の波長を示している。フィルムの屈曲に伴う表面ひずみを定量解析するために，フィルムを機械的応力印加および紫外光照射により屈曲させた。

機械的応力印加による屈曲では，フィルムの内面で収縮，外面で膨張することが定量的に明らかになった。ハードマテリアルの力学で知られる通常の変形モード（膨張-収縮モード）であった（図4a）。しかしながら，外面と内面の表面ひずみを比較すると，内面の収縮率の方が大きいことがわかった。この結果は，ハードマテリアルの力学で仮定される中立面が外面へシフトしたことを示唆する結果である。一方で，紫外光照射によりフィルムを屈曲させると，内面と外面がともに収縮することがわかった。紫外光照射による屈曲では，内面と外面の収縮率差によりフィルムが屈曲する特異的な変形モード（収縮-収縮モード）であることが明らかになった（図4b）。フィルムは紫外光の波長に対して高い吸光度を示すため，照射した紫外光はフィルム表層のみで完全に吸収される。外面の収縮は紫外光により誘起されるのではなく，内面の収縮が伝搬することで誘起されたと考えている。屈曲に伴う表面ひずみを定量解析することで，外観（曲率半径や屈曲角度）は等しい屈曲現象であっても，外部刺激（機械的応力印加と紫外光照射）の違いによ

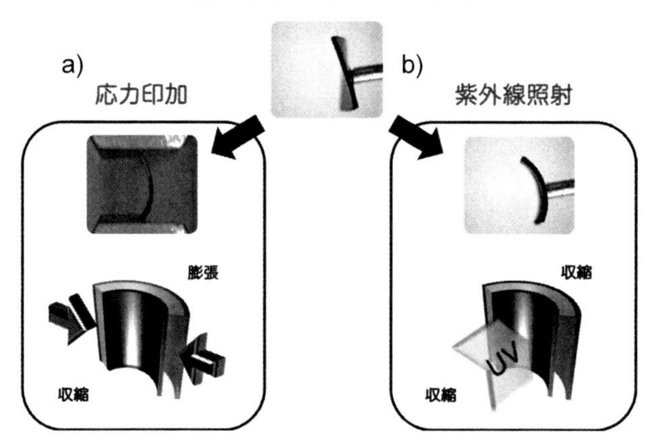

図４　光応答性フィルムの曲げ変形
a）機械的応力印加によるフィルムの屈曲では外面が膨張，内面が収縮
b）紫外光照射によるフィルムの屈曲では外面と内面がともに収縮

り，異なる挙動が起こることをはじめて明らかにした。

表面ラベルグレーティング法では原理的に様々な材料の屈曲を定量解析することができる。これまでにわれわれは，代表的なソフトマテリアルであるポリジメチルシロキサン（PDMS）[5]や汎用高分子フィルム[6]の解析に成功している。柔軟なソフトマテリアルは特異的な屈曲現象を示すことが明らかとなりつつあり，屈曲解析の重要性は増している。

3　面外方向のひずみ解析[7~9]

表面ラベルグレーティング法により，ソフトマテリアルの面内ひずみを定量解析することができた。次のステップとして，筆者らは面外方向のひずみの解析に取り組んだ。着目したのは，フォトニック結晶のブラッグ反射である。フォトニック結晶とは，屈折率が周期的に分布した媒体のことであり，その周期に応じて選択的に特定の波長を反射する[10,11]。したがって，屈曲により周期が変化すれば反射波長が変化するため，面外方向（膜厚方向）のひずみを定量化できると考えた（図5）。フォトニック結晶の例として，微粒子などが自己組織化し，周期的に配列したオパール構造がある。しかしながら，微粒子で形成されたオパール構造は硬く脆いため屈曲により壊れてしまう。そこで，オパール構造体の空隙に樹脂を流し込み，微粒子を除去することで作製される逆オパール構造に着目した。逆オパール構造はオパール構造と同様に選択反射を示すことが知られている。また，樹脂で作製されるため高い柔軟性を有する。逆オパール構造の選択反射と柔軟性を利用して，面外方向のひずみの定量解析を試みた。

一軸配向した光応答性架橋液晶アゾベンゼンフィルム（光応答層）上に，逆オパール構造フィルム（逆オパール層）を積層したフィルムを作製し，屈曲に伴う面外ひずみの解析に取り組んだ。

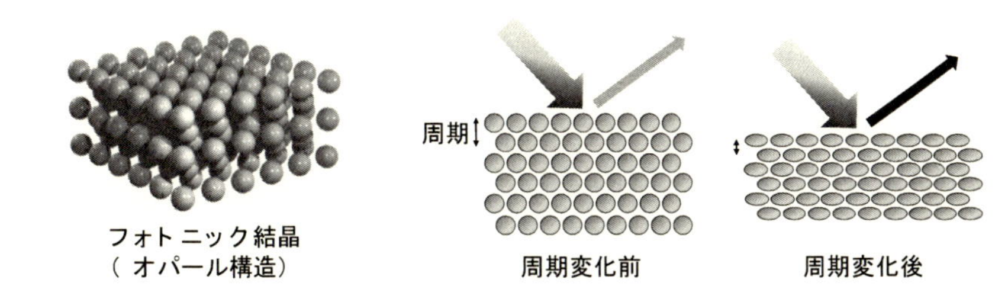

図5　フォトニック結晶（オパール構造）の選択反射

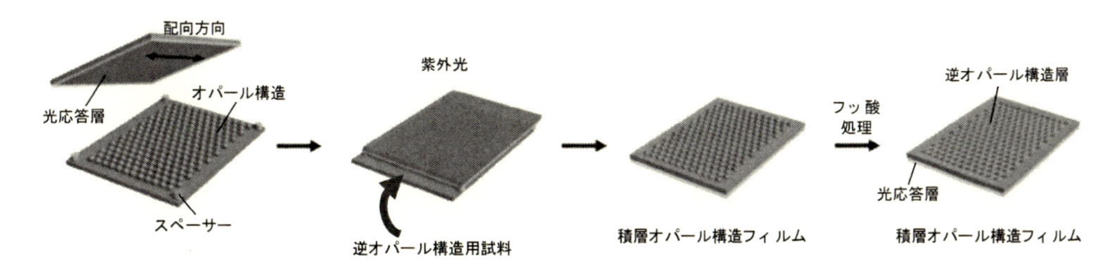

図6　逆オパール構造層/一軸配向した光応答性架橋液晶アゾベンゼンフィルムの作製手順

ガラス基板上にポリイミドをスピンコートした後，加熱処理，ラビング処理を施し，ポリイミド配向膜を有するガラス基板を作製した。スペーサーを介してラビング方向がアンチパラレルになるように基板を貼り合わせ，光応答層用試料を等方相温度にて封入した。サンプルが液晶性を示す温度にて，波長540 nmの光を照射することで，液晶分子がラビング方向に配向した光応答性架橋液晶アゾベンゼンフィルムを作製した。次に，調製した単分散シリカ微粒子をガラス基板に滴下し，低温でゆっくりと乾燥することによってオパール薄膜を有するガラス基板を作製した。作製したガラス基板と光応答層を有するガラス基板をスペーサーを介して貼り合わせ，逆オパール構造用試料を封入した。作製したセルに紫外光を照射し光重合した後，フッ酸処理を施すことでシリカ微粒子を除去し，積層（逆オパール構造層/光応答層）フィルムを作製した（図6）。

積層フィルムの光応答層側から波長365 nmの紫外光を照射すると液晶分子の配向方向に沿ってフィルムが屈曲した。紫外光照射に伴い光応答層では光異性化により配向方向に沿った収縮が異方的に起こる。一方で，逆オパール層は光応答性を持たないため紫外光照射時でも収縮しない。したがって，光照射時に起こる光応答層の収縮により積層フィルムが屈曲すると考えている。光照射時に生じる屈曲に伴う反射ピーク波長シフトを測定した（図7a）。ここで，屈曲したフィルムの端の接線同士のなす角に対する補角を屈曲角度と定義した（図1c）。屈曲角度は屈曲の程度を表している。紫外光照射前（屈曲角度0°）では，波長555 nmに反射ピークが現れた。紫外光照射後，屈曲角度が大きくなるに従い，反射ピーク波長は徐々に短波長側へシフトした。最大屈曲時（屈曲角度169°）では，反射ピーク波長は539 nmに現れ，16 nm短波長シフトすることがわかった。反射ピーク波長シフトから面外方向のひずみを算出した。反射波長ピークは以下の式

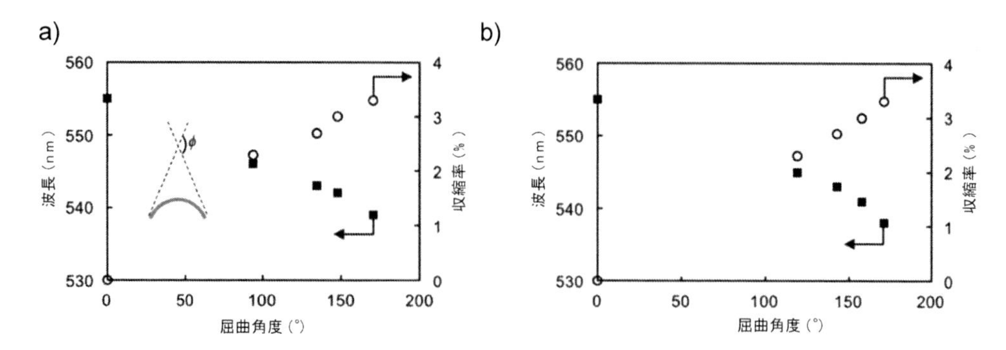

図7　a）紫外光照射による積層フィルムの屈曲と反射ピーク波長変化および面外方向の収縮率，
b）機械的応力印加による積層フィルムの屈曲と反射ピーク波長変化および面外方向の収縮率
Reproduced by permission from Ref 9. Copyright 2017 of The Royal Society of Chemistry.

で計算することができる。

$$\lambda_{\max}=2\sqrt{\frac{2}{3}}d\sqrt{\sum_i n_i^2\phi_i-\sin^2\theta}$$

$\lambda_{\max}$ は反射ピーク波長，d は空孔径，n は各構成要素の屈折率，ϕ は各構成要素の体積分率，θ は光の入射角を示している。屈折率と体積分率と入射角度は一定であるので，反射ピーク波長シフトは，周期の変化を示している。そこで，それぞれの屈曲角度における空孔径をピークシフト前後の波長から算出し，収縮率を算出した（図7a）。その結果，屈曲角度の増加に伴い面外方向（膜厚方向）に収縮することが明らかになった。また，最大屈曲に達すると収縮率は3.3%となることがわかった。この収縮現象は積層フィルムの屈曲挙動で説明できる。はじめに，光照射により光応答層が収縮し，積層フィルムが屈曲する。この屈曲により，逆オパール層で面内方向に膨張ひずみが生じ，面外方向に収縮する。その結果，反射ピーク波長が短波長側へシフトしたと考えている。

光照射により積層フィルムが屈曲し，外面で膨張ひずみが生じるのであれば，機械的応力にてフィルムを屈曲させた場合でも同様の現象が起こると考えられる。そこで，積層フィルムの両端を左右から押し込み，屈曲させた時の反射スペクトルを測定した（図7b）。屈曲前（屈曲角度0°）の反射ピーク波長は555 nmであり，屈曲角度が増大するに従い反射ピーク波長は短波長シフトした。光屈曲の最大屈曲角度と同程度である169°に達すると反射ピーク波長は538 nmに現れた。光屈曲時と同様に，それぞれの屈曲角度における収縮率を算出したところ，屈曲角度171°では収縮率は3.3%となり光屈曲時と一致した。したがって，光屈曲に伴う反射ピーク波長シフトは屈曲に伴う膨張ひずみに起因することが明らかになった。前章でも記述したように，フィルムの屈曲では，外面は伸び，内面は縮む。積層フィルムの場合においても，屈曲に伴い外面が伸長されるため，膜厚方向に収縮し，反射ピーク波長が短波長シフトすると考えている（図8）。

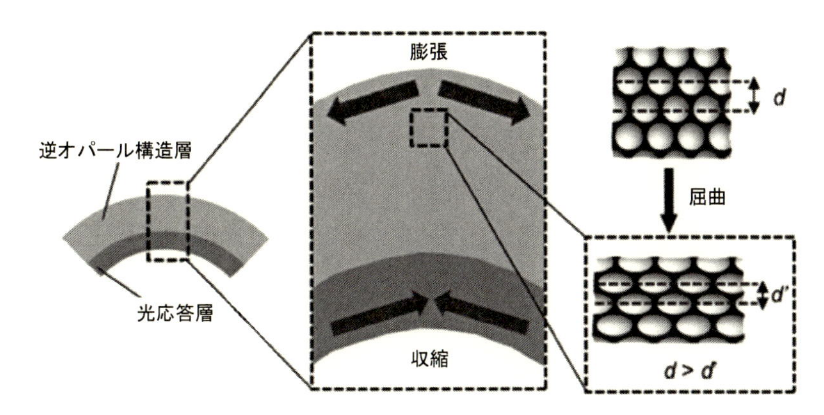

図8　積層フィルムの屈曲メカニズム
Reproduced by permission from Ref 9. Copyright 2017 of The Royal Society of Chemistry.

逆オパール構造の選択反射を利用することで，面外方向のひずみを解析することに成功した。

4　おわりに

本稿では，人工筋肉やソフトロボットなどへの応用が期待されるソフトマテリアルの屈曲に着目し，屈曲に伴う面内方向および面外方向のひずみの定量解析手法を紹介した。面内方向の屈曲ひずみにおいては，表層に回折格子を形成することにより初めて定量解析に成功した。また，逆オパール構造の選択反射を利用することで，面外方向のひずみを定量的に評価できた。未解明な点が多いソフトメカニクスを定量的に解析することで，これまでにない高機能なソフトマテリアルの開発に貢献できると期待している。

文　献

1) A. Shishido *et al.*, *J. Mater. Chem. C*, **2**, 7155 (2014)
2) S. P. Timoshenko and J. N. Goodier, Theory of Elasticity, McGraw Hill (1987)
3) N. Akamatsu, A. Shishido *et al.*, *Sci. Rep.*, **4**, 5377 (2014)
4) A. Shishido, *Polym. J.*, **42**, 525 (2010)
5) N. Akamatsu, A. Shishido *et al.*, *J. Photopolym. Sci. Technol.*, **31**, 523 (2018)
6) 宍戸厚，コンバーテック，**538**, 52 (2018)
7) R. Tatsumi, A. Shishido *et al.*, *Sci. Adv. Mater.*, **6** 1432 (2014)
8) N. Akamatsu, A. Shishido *et al.*, *J. Photopolym. Sci. Technol.*, **29**, 145 (2016)
9) N. Akamatsu, A. Shishido *et al.*, *Soft Matter*, **13**, 7486 (2017)

10) E. Yablonovitch, *Phys. Rev. Lett.*, **58**, 2059 (1987)
11) S. John, *Phys. Rev. Lett.*, **58**, 2486 (1987)

第4章　セルロースを原料とするコレステリック液晶

古海誓一[*1]，川口　茜[*2]，青木瑠璃[*3]，
古川真実[*4]，早田健一郎[*5]，府川将司[*6]

1　はじめに

私たち人間の生涯で最も触れる化合物は，何であろうか？液体であれば水になるが，固体ではセルロースかもしれない。なぜならば，セルロースは古代から現代にわたる日常生活において人間と密着しているからである。人間は衣類に使われている綿を身に付けることがあり，何かを書き記すときには紙を使う。建物や家具に木材を使うこともある。これら綿，紙，木材の主成分は，セルロースである。さらに，文房具として古くから身近なセロハンテープは，セルロースを水酸化ナトリウムと二硫化炭素で反応させたビスコースから製造されている。セルロースと無水酢酸を反応させた酢酸セルロースは半合成繊維であるアセテート繊維として知られており，難燃性という特徴があるため繊維だけでなく，電線の中の絶縁体やたばこのフィルターにも使われている。さらに，今日の生活で一日に一度は目にする液晶ディスプレイの中には直線偏光子が組み込まれているが，その保護フィルムとして，光学異方性がほとんどないセルローストリアセテートが採用されている。

セルロースは，水と二酸化炭素を使った植物の光合成によって作られる天然高分子である。図1aに示すようにセルロースは，β-グルコースユニットが隣り合うグルコースユニットと交互にグルコースの環平面の上下の向きを変えながら結合しており，直鎖状の高分子構造を形成している。デンプンもグルコースからできた天然高分子であるが，デンプンとセルロースの大きな違いは，モノマーユニットであるグルコースの化学構造がそれぞれα-グルコースとβ-グルコースで構成されていることである。人間はα-グルコースからできたテンプンを栄養源として食べることができるが，β-グルコースからなるセルロースを食べても分解できず栄養源にならない。すなわち，セルロースは人間にとって非可食性の天然資源である。しかしながら，自然界には，セルロースをグルコースに変換できる酵素をもった草食動物や昆虫も数多く存在している。

＊1　Seiichi Furumi　東京理科大学大学院　理学研究科　化学専攻　准教授
＊2　Akane Kawaguchi　東京理科大学大学院　理学研究科　化学専攻　修士課程　一年
＊3　Ruri Aoki　東京理科大学大学院　理学研究科　化学専攻　修士課程　一年
＊4　Mami Furukawa　東京理科大学大学院　理学研究科　化学専攻　修士課程　一年
＊5　Kenichiro Hayata　東京理科大学大学院　理学研究科　化学専攻　修士課程　一年
＊6　Masashi Fukawa　東京理科大学大学院　理学研究科　化学専攻　修士課程　二年

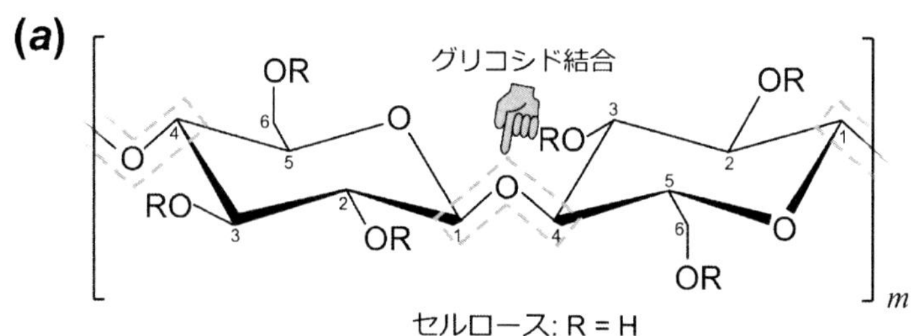

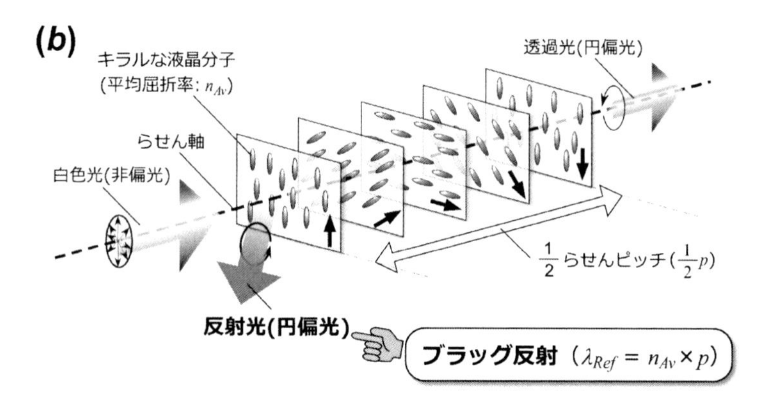

図1　(a) セルロースとヒドロキシプロピルセルロースの化学構造式，(b) コレステリック液晶における分子らせん構造とブラッグ反射の模式図

筆者らは綿，紙，木材の主成分であるセルロースに着目して，独自の分子デザインによってカラフルな反射色を示す新しいコレステリック液晶の創製について取り組んでいる。この研究課題を推進している中で，ある種の架橋性セルロース誘導体は全可視波長領域で反射特性を示し，しかもゴム弾性も兼ね備えた新しいセルロース・コレステリック液晶エラストマー膜（以後，「セルロース液晶エラストマー膜」と呼ぶ）になることを発見した。次項から，筆者らの研究成果を交えて，セルロースを用いた新しいフルカラーイメージングや凹凸センシングへの応用について紹介する。

2　セルロースを用いたコレステリック液晶の研究背景

セルロースのモノマーユニットであるグルコースには，図1aのように3つのヒドロキシ基が存在しており，セルロースのポリマーネットワーク間で多数の水素結合が形成しているので熱水にも溶かすことはできない。しかしながら，図1aに示すように，セルロースのグルコースユニットにあるヒドロキシ基をプロピレンオキシドでエーテル化したヒドロキシプロピルセルロース（HPC）は，水に可溶になるだけでなく，高濃度のHPC水溶液では可視波長の鮮やかな反射色を示すリオトロピック・コレステリック液晶になることが古くから知られている[1,2]。

コレステリック液晶とは，図1bに示すようにキラルな液晶分子が平行に配列したネマティック液晶の層を形成し，その各層の分子軸方向が隣接する層の分子軸方向とわずかに回転することで，全体として常光と異常光の屈折率（誘電率）が周期的に変調した分子らせん構造を形成している。分子らせん軸に沿って入射した非偏光は右回りと左回りの２つの円偏光成分に分かれ，コレステリック液晶の分子掌性と同じ方向の円偏光は液晶の分子らせん構造によって反射されるのに対して，逆向きの円偏光は液晶の分子らせん構造に影響されることなく，そのまま透過していく性質がある[3]。この光の反射現象は，「ブラッグ反射」や「選択反射」と呼ばれている。この反射光の中心波長（λ_{Ref}）は，コレステリック液晶の平均屈折率（n_{Av}）と分子らせんピッチ（p）でおおよそ決定でき，ブラッグの法則を満たす次式で表すことができる。

$$\lambda_{Ref} = n_{Av} \times p \tag{1}$$

数百ナノメートルの分子らせんピッチを持つコレステリック液晶に白色光を照射すると，可視波長域に発現したブラッグ反射を目で観察できる。しかも，コレステリック液晶の分子らせんピッチは温度，電場，磁場といった外部刺激によって伸縮することができ，それに伴ってブラッグ反射のピーク波長もコントロールできるので，反射型ディスプレイや光メモリーへ応用できる[4~7]。

前述のように，セルロースを原料として用いたコレステリック液晶に関する研究は当初，溶媒を加えて液晶相が発現するリオトロピック液晶が主流であったが，その後，HPCの側鎖にあるヒドロキシ基をさまざまな官能基で化学修飾することで，温度によって液晶相が発現するサーモトロピック・コレステリック液晶が報告されてきた[8~14]。これまでの研究報告例を調べてみると，側鎖を化学修飾したHPC誘導体はコレステリック液晶相を示すことができるが，100℃以上の高い温度範囲で可視波長のブラッグ反射が現れるので，デバイス応用を目指すには取り扱いにくいことが課題であった。

3　HPC混合エステルの合成と構造解析

筆者らは，HPCの側鎖を化学修飾し，100℃以下の温度領域で鮮やかなブラッグ反射を示す新しいコレステリック液晶の創製を目指した[15]。

HPC（M_W：2.8×10^4；M_W/M_N：2.6）を出発物質として，塩化プロピオニルや塩化ブチリルといった種々の酸塩化物と反応させて，図２のようなHPC-**R'**エステルを合成した。ここで用いたHPCの^{1}H-NMRスペクトルを測定し，モノマーユニットであるβ-グルコース中のヒドロキシプロピル基の平均数（*MS*）は約4.0であることを確認した。すなわち，図２の中のHPC-**R'**エステルの化学構造式におけるx，y，zの総和は，*MS*に相当している。さらに，モノマーユニットにおける置換されたヒドロキシ基の平均数（*DS*）は，イソシアン酸トリクロロアセチルを用いた滴定で約2.3であることを確認した[15]。

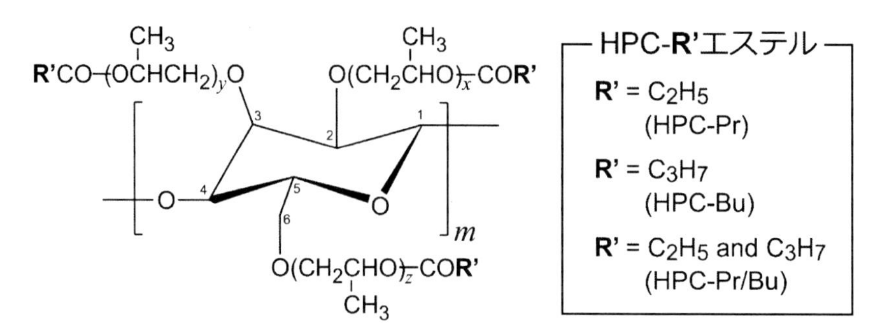

図2　ヒドロキシプロピルセルロースのエステル化物の化学構造式

HPC-**R'** エステルの ^{1}H-NMR スペクトルを解析すると，たとえば，塩化プロピオニルや塩化ブチリルで混合エステル化した HPC-Pr/Bu におけるプロピオニル基のエステル化度（PrE）とブチリル基のエステル化度（BuE）を算出することができる[15]。HPC における1つのグルコースユニットには3つのヒドロキシ基が存在しているので，理論的には PrE と BuE の総和は 3.0 になるはずだが，^{1}H-NMR スペクトルにおける積分値を使ったエステル化度の算出値には約 0.1 の誤差が生じることがある。

4　HPC 混合エステルの温度による反射特性変化

2枚のガラス基板に HPC-**R'** エステルを挟み込むことで液晶セルを作製し，温度を変化させながら透過スペクトルを測定した。図 3a は，HPC をプロピオニル基単独で十分にエステル化した HPC プロピオニルエステル（HPC-Pr；PrE＝2.97）の透過スペクトルの変化である。HPC-Pr の液晶セルを 90℃に加熱すると，紫外波長領域である 390 nm 付近にブラッグ反射のピークを観察することができた。その後，10℃ずつ昇温すると，ブラッグ反射の波長は連続的に長波長側にシフトし，緑色の 500 nm を経て，130℃では赤色の 620 nm までシフトした。これは，HPC-Pr はサーモトロピック・コレステリック液晶の特性を示し，昇温することで分子らせんピッチが広がり，これに付随して反射波長が長波長シフトしたと解釈できる。一方で，プロピオニル基よりも炭素数が一つ増えたブチリル基単独で十分にエステル化した HPC ブチリルエステル（HPC-Bu；BuE＝2.95）では，可視波長のブラッグ反射が現れる温度は HPC-Pr よりも低い 70℃から 120℃になり，さらに，ブラッグ反射波長のシフト範囲は拡大し，480 nm から 780 nm の波長範囲でシフトすることがわかった（図 3b：●）。

この実験結果を踏まえて，HPC 側鎖をプロピオニル基とブチリル基の2種類の官能基を異なるエステル化度で混合修飾した HPC-Pr/Bu 混合エステル（PrE：BuE＝1.56：1.41，PrE：BuE＝0.45：2.49）を合成して，温度変化によるブラッグ反射の波長シフトを調査した。その結果，単独で官能基をエステル化した HPC-Pr（図 3b：○）と HPC-Bu（図 3b：●）の反射波長シフ

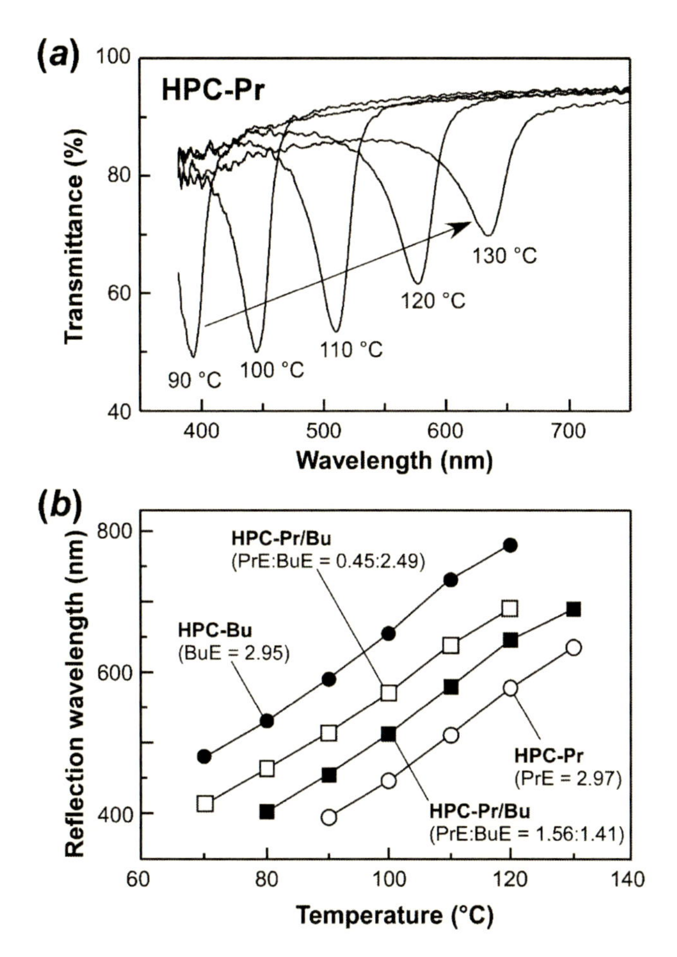

図3　(*a*)HPC-Pr(PrE=2.97) の液晶セルを 90℃から 130℃に昇温した時の透過スペクトル変化,(*b*)HPC-Pr エステル(○:PrE=2.97),HPC-Bu エステル(●:BuE=2.95),HPC-Pr/Bu 混合エステル(□:PrE:BuE=0.45:2.49, ■:PrE:BuE=1.56:1.41)における反射ピークの温度依存性

トの間の値を保ちながら,HPC-Pr/Bu 混合エステルの反射波長はシフトした(図 3b:■,□)。したがって,HPC 側鎖をプロピオニル基とブチリル基を有する2種類の酸塩化物でエステル化することで,それらが相分離を起こさずに,ブラッグ反射のピーク波長はシフトすることがわかった。さらに,図 3b の実験結果を詳しく考察すると,一定温度におけるブラッグ反射の波長は,ブチリル基の導入量が増加するにつれて長波長側に現れた。この実験結果から,HPC をエステル化する酸塩化物のアルキル鎖長が長い程,コレステリック液晶の分子らせんピッチを拡大していると推察できた。

実際に,図 2a の **R'** の官能基として,分子的に嵩高く,かつ分子キラリティーを有するコレステリル基を導入した HPC 混合エステルを合成した。HPC のヒドロキシ基に対してわずか 4.7%

のコレステリル基をエステル化で導入し，残りをプロピオニル基で化学修飾したHPC混合エステルについて昇温過程における透過スペクトルを測定すると，30℃から80℃の比較的低い温度範囲においてブラッグ反射を観察することができた。しかも，温度を変えることで，ブラッグ反射のピーク波長は400 nmから800 nmの全可視波長域で連続的にシフトすることも見出した[15)]。

5　イオノンを用いたリオトロピック・コレステリック液晶

前述したサーモトロピック・コレステリック液晶を示すHPC-Prを用いて，リオトロピック・コレステリック液晶を調製した。ここで用いた溶媒は，図4aに示すようにイオノンという室温で液体状のテルペノイドである。イオノンはスミレの花のような良い香りを放ち，さまざまな植物油にも含まれている。また，経口での毒性は低く，沸点は約260℃と高いので，植物由来の安全・安定な液体である。

まず，前項で述べたHPC-Prを中分子量HPC-Prと名付け，イオノン中に70 wt%から78 wt%の間の濃度で溶解し（以後，中分子量HPC-Pr_イオノンと呼ぶ），リオトロピック液晶を調製した。この濃度範囲では，室温において中分子量HPC-Pr_イオノンはコレステリック液晶由来のブラッグ反射を示すことができ，その反射波長は中分子量HPC-Prの濃度に依存していることを見出した。図4bに示すように，イオノン中に溶解した中分子量HPC-Prの濃度が低くなるにつれて，ブラッグ反射のピーク波長は長波長側にシフトした。つまり，溶媒であるイオノンが中分子量HPC-Prに加わることで，その分子らせんピッチは伸張し，その結果，反射波長が長波長側にシフトしたと推察できる。さらに，中分子量HPC-Pr_イオノンを室温から昇温していくと，前項で述べたサーモトロピック液晶であるHPC-**R'**エステルと同様に，反射波長は連続的に長波長側にシフトし，中分子量HPC-Pr_イオノンもサーモトロピック・コレステリック液晶の特性を示すことを確認できた（図4b）。

図4bのようなリオトロピック・コレステリック液晶の濃度による反射波長の制御だけでなく，HPC-Prの分子量でも反射波長をコントロールできることを見出した。図4cに示すように，中分子量HPC-Pr（M_W：約2.8×10^4）に加えて，低分子量HPC-Pr（M_W：約1.3×10^4）と高分子量HPC-Pr（M_W：約9.4×10^4）をイオノン中に78 wt%の濃度で溶解して，リオトロピック・コレステリック液晶を調製し，温度変化によるブラッグ反射の波長シフトを比較した。図4cより，各リオトロピック・コレステリック液晶の反射波長は高分子量HPC-Pr＜中分子量HPC-Pr＜低分子量HPC-Prの順で長波長側に発現した。これは，HPC-Prの分子量が低い場合，イオノンの中でHPC-Prのポリマーネットワークが動きやすくなり，結果として分子らせんピッチが伸張するため，反射波長が長波長側に現れたと考察している。もちろん，前述の図4bと同じように，低分子量HPC-Pr_イオノンと高分子量HPC-Pr_イオノンを室温から昇温しても，反射波長は長波長側にシフトした。

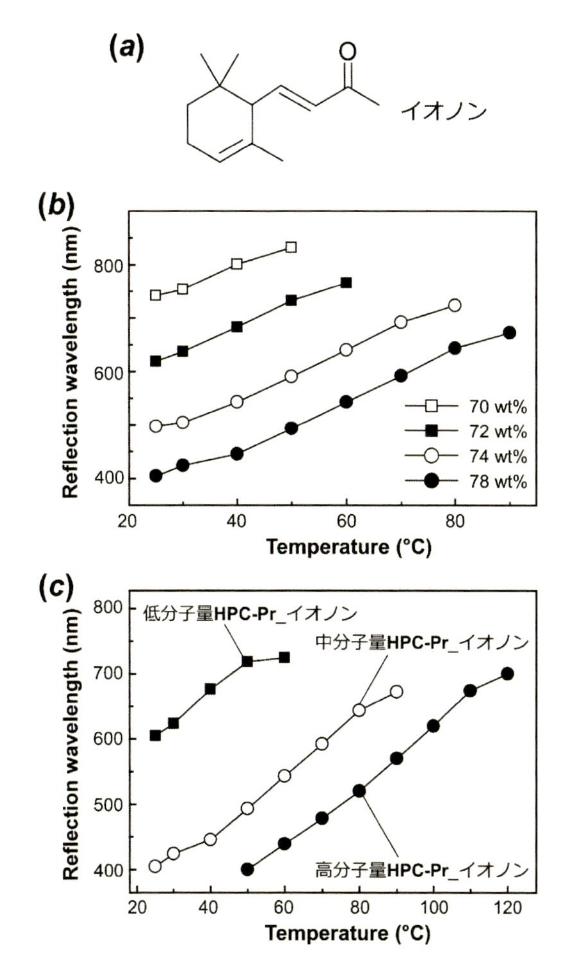

図 4　(a) イオノンの化学構造式，(b) さまざまな濃度でイオノン中に中分子量 HPC-Pr を溶解したリオトロピック・コレステリック液晶における反射ピークの温度依存性（□：70 wt%，■：72 wt%，○：74 wt%，●：78 wt%），(c) 分子量が異なる HPC-Pr を 78 wt% でイオノンに溶解したリオトロピック・コレステリック液晶における反射ピークの温度依存性（■：低分子量 HPC-Pr_イオノン，○：中分子量 HPC-Pr_イオノン，●：高分子量 HPC-Pr_イオノン）

6　架橋性 HPC 誘導体によるフルカラーイメージング

前述のように，鎖長の異なるアルキル基で混合エステル化した HPC 混合エステルは，その化学構造を最適化すると 100℃以下の比較的低い温度範囲で可視波長のブラッグ反射が現れた。しかし，当然ながら，ある温度に加熱して観察できたコレステリック液晶由来の反射色は，異なる温度にすると変色してしまう。そこで，図 2a のようなコンセプトで，HPC 混合エステルの官能基として不飽和二重結合を有するアクリロイル基を導入することで，ポリマーネットワーク間に

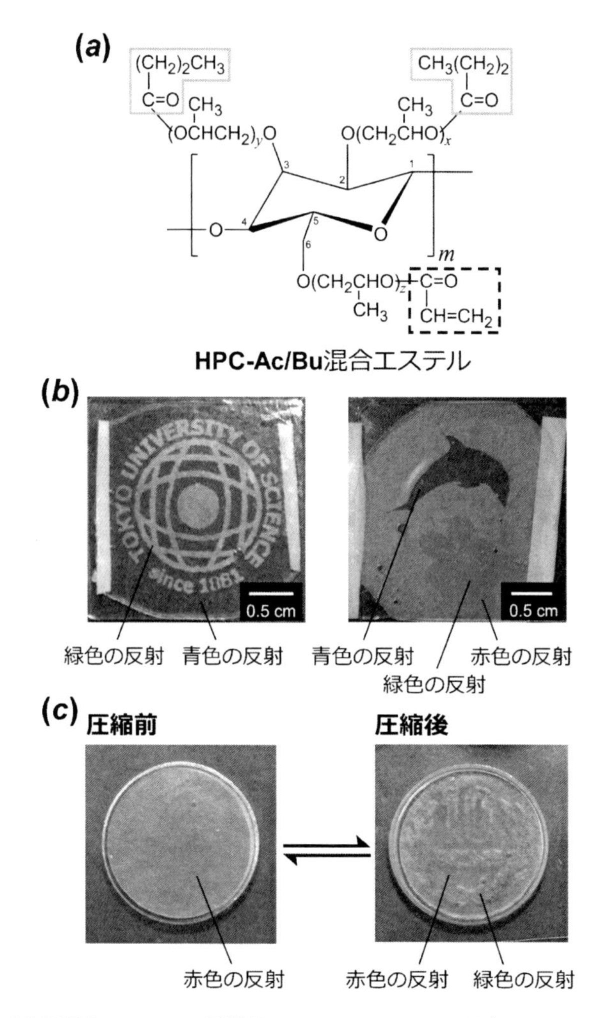

図５　(*a*)架橋性セルロース誘導体である HPC-Ac/Bu 混合エステルの化学構造式，(*b*)架橋性セルロース誘導体によるフルカラーイメージングフィルム，(*c*)架橋性セルロース誘導体を用いた物体表面上の凹凸の可視化。圧縮前，赤色の反射を示すフィルムに 10 円硬貨を押し付けると，緑色の数字と模様が浮かび上がり，10 硬貨表面のわずかな凹凸を反射色の変化で可視化できる

おける架橋反応を利用してコレステリック液晶の反射色の固定化を試みた。

たとえば，図 5a に示すように，側鎖の一部をアクリロイル基で残りをブチリル基で混合エステルした架橋性セルロース誘導体，すなわち HPC-Ac/Bu 混合エステルを合成した。アクリロイル基とブリチル基の混合比で異なるが大半の HPC-Ac/Bu では，30℃から 110℃の温度範囲において，400 nm から 800 nm の全可視波長領域におけるブラッグ反射を示した。しかも，HPC-Ac/Bu をコレステリック液晶相温度に加熱しながら紫外線を照射すると，誘導体側鎖のアクリロイル基間で光架橋反応が進行し，コレステリック液晶由来の分子らせん構造，すなわち反射色を永続的に固定化できることを発見した。また，アクリロイル基の導入量が多いHPC-Ac/Buでは100℃程度に加熱し続けると，アクリロイル基間で熱架橋反応が起き，分子らせん構造を固定化できた。一方，アクリロイル基の導入量が比較的少ないHPC-Ac/Buでは，一度，100℃程度に加熱した後に降温しても，ブチリル基の導入量が多いことでアクリロイル基の過度の架橋反応を抑制し，反射波長は可逆的に短波長シフトすることも見出した。

この現象を利用すると，図5bに示すように，架橋性セルロース誘導体を用いて多種多様なフルカラーイメージングを作製することに成功した。まず，架橋性セルロース誘導体の液晶セルをある液晶相温度に加熱しながらフォトマスクを通じて紫外線を照射し，フォトマスクのパターンをある反射色で固定した。続いて，異なる液晶相温度にして全体に紫外線を照射することで，先のパターンの色とは異なる反射色の背景などを創り出すことができた。このように，架橋性セルロース誘導体はブラッグ反射特性で赤・緑・青の「光の三原色」を表現でき，光照射による架橋反応を利用することでフルカラーイメージングを実証することができた[16)]。

7　架橋性HPC誘導体による凹凸センシング

前述した架橋性セルロース誘導体のさらなる特長として，ブラッグ反射特性のみならずゴム弾性を有したセルロース液晶エラストマー膜になることが挙げられる[20)]。2枚のガラス基板の間で作製したセルロース液晶エラストマー膜を2枚のガラス基板から剥離すると，この膜は反射色を保ちつつゴム弾性も有していた[17)]。

たとえば，初期状態で赤色の反射，すなわち約630 nmの反射波長を示すセルロース液晶エラストマー膜を用意して透明なプラスチックスプーンで押しつけると，興味深いことに，圧縮した部分だけが赤色から緑色の反射に変化した。この時の反射波長は約480 nmであった。しかも，押しつけていたスプーンを膜表面から取り去れば，緑色の反射は初期状態の赤色に直ちに戻った。圧縮と解放を繰り返しても，この反射色の変化は可逆的であることも確認した。この現象は，機械的圧力によってセルロース液晶エラストマー膜の膜厚を縮めたことで，コレステリック液晶の分子らせんピッチ（p）も同時に収縮し，式(1)にしたがってブラッグ反射の中心波長（λ_{Ref}）が短波長側にシフトしたと推察できる。

この現象を利用すると，物体表面の凹凸を可視化することができた[18)]。たとえば，黒いゴムシート上にセルロース液晶エラストマー膜を作製し，10円硬貨の表面上にこの黒いゴムシートを載せた。圧縮前は赤色の反射を示したが，透明なアクリル板を介してセルロース液晶エラストマー膜を圧縮すると，図5cのように10円硬貨の表面上に刻まれた数字や模様が緑色の反射として浮かび上がり，物体表面の凹凸を可視化することができた。なお，10円硬貨の表面上の凹凸の高さの差はおおよそ100 μmである。今後，セルロース液晶エラストマー膜をさらに最適化すれば，より微細な表面の凹凸を可視化することができるはずである[19~21)]。

本研究で発見したセルロース液晶エラストマー膜をトンネルや高速道路の外壁などに貼り付ければ，外壁にクラックや歪みなどが生じた時に反射色が瞬時に変化するので，いち早く崩落の危険性を視覚的に察知することができる。さらに，人体の表面に貼り付ければ，ウェアラブルセンサーとして活用でき，脈拍や血圧などリアルタイムでモニターができる可能性がある。これらに加えて，圧電素子を使えば，簡便で低環境負荷な反射型フルカラーディスプレイへの応用も期待できる。

8 まとめ

本章では，セルロースを原料にしたコレステリック液晶の創製とフルカラーイメージングや凹凸センシングへの応用について紹介した。

筆者らは低環境負荷なセルロースに着目して，セルロースの側鎖を適切な官能基で化学修飾すると，100℃以下という比較的低い温度領域で鮮やかなブラッグ反射を示す新しいコレステリック液晶を創製することができた。さらに，植物由来の安全な液体であるイオノンにセルロース誘導体を溶かすと，可視波長にブラッグ反射を示すリオトロピック・コレステリック液晶になることを見出した。これらに加えて，ある種の架橋性セルロース誘導体は全可視波長領域，すなわち赤・緑・青でブラッグ反射を示し，加熱しながら光架橋反応を起こせば，フルカラーイメージングへの応用も実証することができた。しかも，機械的な圧力を加えることで反射色が変わるセルロース・コレステリック液晶エラストマー膜になることも発見し，物体表面の凹凸センシングも可能であった。

謝辞

本稿で紹介した研究は当研究室のメンバーの協力による成果であり，メンバー各位に心よりお礼を申し上げます。また，科学研究費・基盤研究（B），さらにはコスメトロジー研究振興財団，イムラ・ジャパン㈱，一樹工業技術奨励会，松籟科学技術振興財団からの研究助成金のご支援を受けて，本研究成果を得ることができました。この場を借りて深く感謝申し上げます。

文　　献

1） R. S. Werbowyj and D. G. Gray, *Mol. Cryst. Liq. Cryst.*, **34**, 97 (1976)
2） F. Fried and P. Sixou, *J. Polym. Sci., Polym. Chem.*, **22**, 239 (1984)
3） H. Coles, “Handbook of Liquid Crystals Vo. 2A” D. Demus, J. Goodby, G. W. Gray, H.-W. Spiess and V. Ville Eds., Wiley-VCH, Weinheim, p. 335 (1998)
4） N. Tamaoki, *Adv. Mater.*, **13**, 1135 (2001)

5) K. Akagi and T. Mori, *Chem. Rec.*, **8**, 395 (2008)
6) I. Nishiyama, *Chem. Rec.*, **9**, 340 (2009)
7) M. O'Neill and S. M. Kelly, *Adv. Mater.*, **14**, 1135 (2003)
8) T.-A. Yamagishi, F. Guittard, M. H. Godinho, A. F. Martins, A. Cambon and P. Sixou, *Polym. Bull.*, **32**, 47 (1994)
9) F. Guittard, T. Yamagishi, A. Cambon and P. Sixou, *Macromolecules*, **27**, 6988 (1994)
10) H. Kosho, S. Hiramatsu, T. Nishi, Y. Tanaka, S. Kawauchi and J. Watanabe, *High Perform. Polym.*, **11**, 41 (1999)
11) H. Hou, A. Reuning, J. H. Wendorff and A. Greiner, *Macromol. Chem. Phys.*, **201**, 2050 (2000)
12) H. Hou, A. Reuning, J. H. Wendorff and A. Greiner, *Macromol. Biosci.*, **1**, 45 (2001)
13) T.-A. Yamagishi, Y. Nakamoto and P. Sixou, *Cellulose*, **13**, 205 (2006)
14) D. Wenzlik and R. Zentel, *Macromol. Chem. Phys.*, **214**, 2405 (2013)
15) T. Ishizaki, S. Uenuma, and S. Furumi, *Kobunshi Ronbunshu*, **72**, 737 (2015)
16) https://www.nikkei.com/article/DGXMZO09235700X01C16A1X90000/
17) 古海　誓一, 鈴木　花菜, 石﨑　拓郎, 特願 2016-186266
18) https://www.nikkan.co.jp/articles/view/00495823
19) 古海　誓一, 鈴木　花菜, 府川　将司, 特願 2018-014066
20) 古海　誓一, 府川　将司, 鈴木　達也, 鈴木　花菜, 特願 2018-063259
21) 古海　誓一, 鈴木　花菜, 府川　将司, 早田　健一郎, 古川　真実, 青木　瑠璃, 川口　茜, PCT/JP2019/003267

第1章　ニトロキシルラジカルを用いる光リビング重合

吉田絵里*

1　はじめに

光リビング重合は，構造の制御された高性能な高分子材料を，光重合を用いて設計する上で欠かせない手法である。光イオン重合が低温や禁水などの条件を必要とするのに対し，光ラジカル重合は，嫌気性条件下であれば進行し，かつ光のON-OFFにより重合の進行-停止を制御することができる。光リビングラジカル重合は，現在，光原子移動ラジカル重合（光ATRP）[1]や光可逆的付加開裂連鎖移動重合（光RAFT）[2]で，分子量を厳密に制御できる重合触媒が見出されているが，この章では，金属触媒を用いない，安定なニトロキシルラジカルを触媒とする光リビングラジカル重合について概説する。

2　重合のメカニズム

ニトロキシルラジカルを触媒とする光リビング重合は室温で進行するため，ニトロキシルラジカルの熱重合系では高温で起こる副反応のために重合しないモノマーを，この光リビング重合で重合することができる。そのようなモノマーの1つに，汎用モノマーとして重要なメタクリル酸エステルがある。

メタクリル酸メチル（MMA）の光ラジカル重合を，アゾビスイソブチロニトリル（AIBN）やアゾビス（4-メトキシ-2,4-ジメチルバレロニトリル）（AMDV）などのアゾ開始剤を用いて，高圧水銀ランプによる光照射下で行うと，分子量分布の広い（$Mw/Mn \fallingdotseq 7$）ポリメタクリル酸メチル（PMMA）が生成する。この重合系に安定ニトロキシルラジカルの1つである4-メトキシ-2,2,6,6-テトラメチルピペリジン-1-オキシル（MTEMPO）を添加することにより，比較的分子量分布の狭い（$Mw/Mn \fallingdotseq 1.4$）PMMAを得ることができる（図1）[3]。MTEMPO存在下での重合は非存在下に比べ長時間を要するが，照射光の強度[4]や光感受性のオニウム塩の添加により重合を加速することができる。光感受性オニウム塩としてビス（アルキルフェニル）ヨードニウムヘキサフルオロリン酸（BAI）を用いた重合結果を表1に示す。^{1}H-NMR解析により，生成したPMMAのすべての停止末端にMTEMPOが結合しており，生成ポリマーの分子量がMTEMPOにより制御されていることがわかる。一方，BAIに由来する構造が生成ポリマー中

* Eri Yoshida　豊橋技術科学大学　大学院工学研究科　環境・生命工学系　准教授

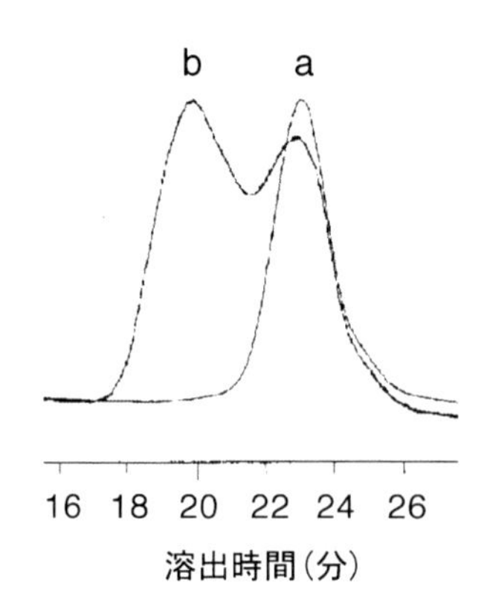

図1　MTEMPO の存在下(a)および非存在下(b)の光ラジカル重合で得られた PMMA の GPC 曲線

表1　MTEMPO による MMA の光リビングラジカル重合

MTEMPO/AMDV	BAI/MTEMPO	重合時間 (h)	モノマー転化率 (%)	Mn^a	Mw/Mn^a
0	0	1	85	33,000	6.94
1.1	0	31	40	11,600	1.47
1.1	0.5	3	68	16,200	1.66
1.4	0.5	9	68	13,600	1.41
2.0	0.5	12	68	10,600	1.55

[a] 標準 PMMA による GPC 換算
$[\mathrm{AMDV}]_0 = 45.4$ mM,　$[\mathrm{BAI}]_0 = 24.9$ mM

に確認されないことから，BAI は生長反応の促進にのみ関与することがわかっている。感受性オニウム塩には，このようなジアリルヨードニウム塩のほかに，トリアリルスルホニウム塩や鉄アレン錯体なども用いられる。これらのオニウム塩は，一般に光酸発生剤として光カチオン重合の開始剤にも用いられるが，MTEMPO と共存下の光リビングラジカル重合では，MTEMPO に対する可逆的な光電子移動剤として働く。光励起状態でオニウム塩と MTEMPO 間での電子移動によって MTEMPO が一時的にラジカル性を失い，その結果，生長末端ラジカルとモノマーとの反応が容易になり重合が加速される（図2）[4,5]。光感受性オニウム塩が MTEMPO 存在下で電子移動剤として作用するのは，これらのオニウム塩が MTEMPO と同程度の酸化還元電位を持っていることに基づく[6]。ジアリルヨードニウム塩やトリアリルスルホニウム塩では MTEMPO の酸化側の電子伝達系が[6]，また，鉄―アレン錯体では MTEMPO の還元側のそれが使われる（図3）。このように，オニウム塩が光酸発生剤ではなく光電子移動剤として作用する結果，メタクリル酸 *tert*-ブチルの重合では *tert*-ブチル基が分解することなく，分子量分布の狭いポリメタクリル酸 *tert*-ブチルが得られる[7]。また，メタクリル酸グリシジルの重合に対しても，MTEMPO 非存在下ではアゾ開始剤によるビニル基のラジカル重合と，オニウム塩によるエポキ

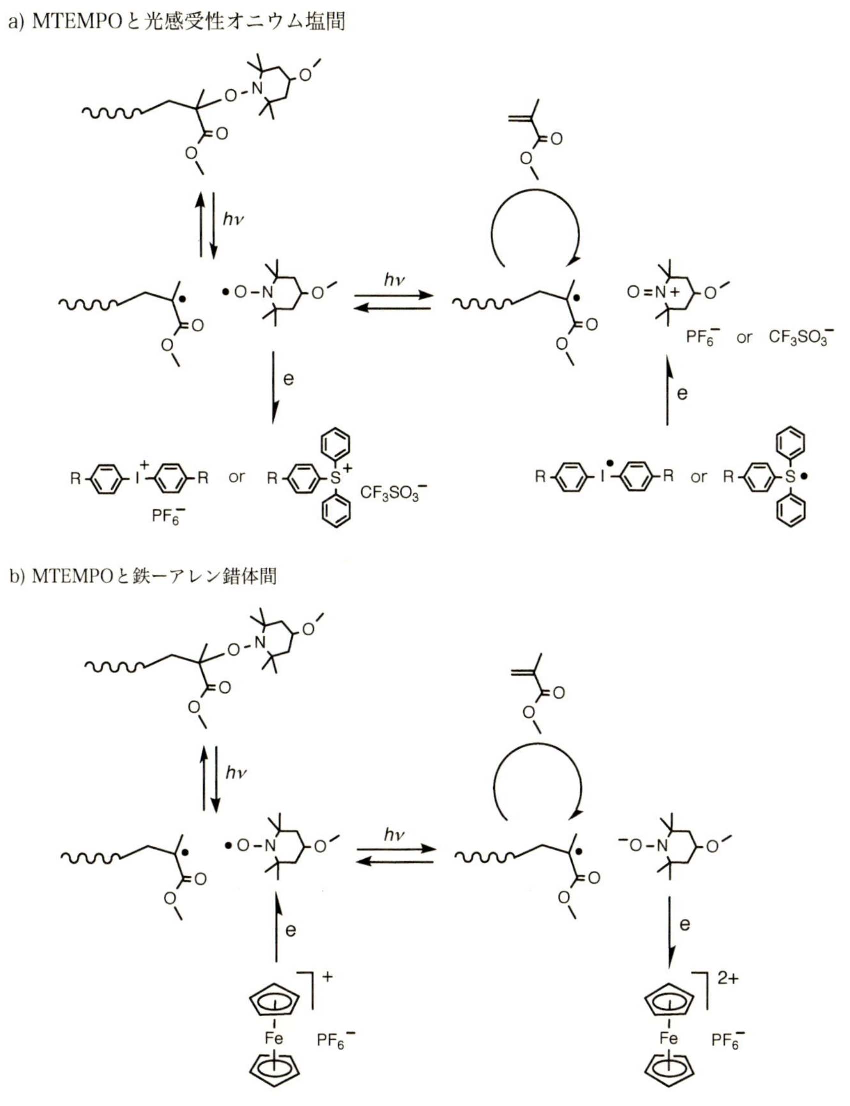

a) MTEMPOと光感受性オニウム塩間

b) MTEMPOと鉄ーアレン錯体間

図2　光励起状態での一電子移動

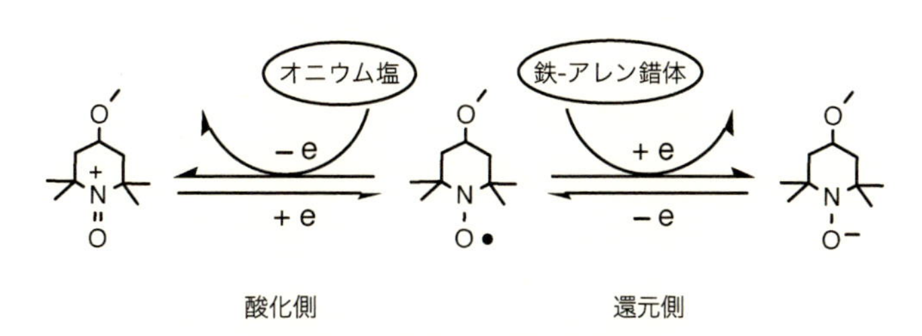

図3　MTEMPOの電子伝達系

シ基のカチオン開環重合が競争し不溶性のゲルを生じるが，MTEMPO 存在下ではビニル基のみが選択的にラジカル重合し，分子量の制御された可溶性のポリマーが得られる[8)]。

重合のリビング性は，ゲル浸透クロマトグラフィ（GPC）解析による生成ポリマーの GPC 曲線が，モノマーの転化率とともに高分子量側に平衡移動したことや（図 4），生成ポリマーの分子量がモノマーの転化率に対して直線的に増加したこと（図 5），さらに，生成ポリマーの実測値が計算値と一致したことにより証明された。一方，重合中に光を遮断すると重合が停止し，再び照射することにより重合が再開始され（図 6），光の ON-OFF により重合の進行を制御できることも実証されている。

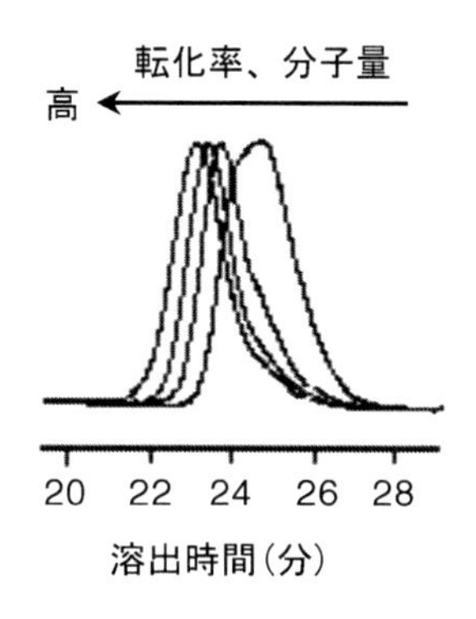

図 4　モノマー転化率に対する PMMA の GPC 曲線の変化

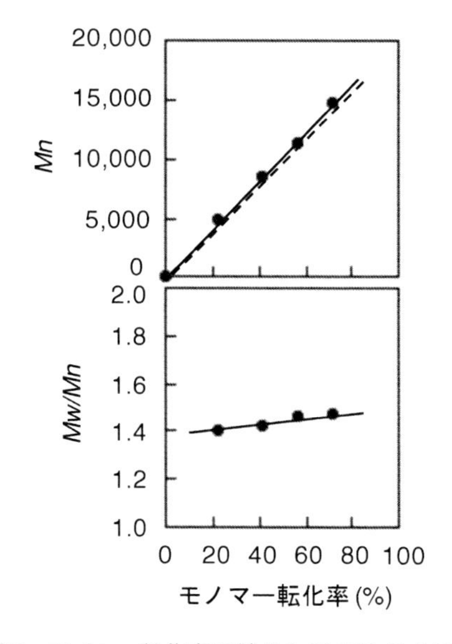

図 5　モノマー転化率に対する PMMA の分子量および分子量分布の変化
点線は分子量の計算値

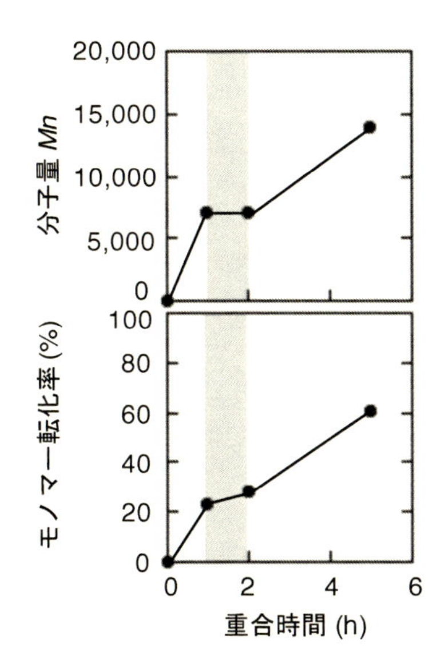

図6　光の ON-OFF による重合の進行と停止
灰色部分が光の OFF 状態

3　アゾ開始剤および光感受性オニウム塩の構造が分子量制御に与える影響

生成ポリマーの分子量分布はアゾ開始剤の構造に依存する。吸光度係数が比較的大きく半減期温度の低い開始剤で，より分子量分布の狭いポリマーが生成する（表2）。ポリマーの分子量分布は光感受性オニウム塩の種類や置換基にも依存し，トリアリルスルホニウム塩では，塩の溶解性に関係なく分子量分布 1.4 前後のポリマーが得られる（表3）。一方，水溶性のアゾ開始剤やオニウム塩を用いることにより，水中[10]やアルコール溶液中[11]での光リビングラジカル重合に適用できる。例えば，水溶性の 2,2'-アゾビス[2-メチル-*N*-{1,1-ビス(ヒドロキシメチル)-2-ヒドロキシエチル}プロピオンアミド] を開始剤に，(4-フルオロフェニル)ジフェニルスルホニウムトリフレートを重合促進剤に，4-ヒドロキシ-TEMPO を制御剤に用いたメタクリル酸ナトリウムの水中での重合により，分子量分布は多少広がるが，リビング性のポリメタクリル酸ナトリウムが得られている（図7）[10]。このように，アゾ開始剤，光感受性オニウム塩，そして TEMPO 誘導体を選択することにより，この光リビングラジカル重合をさまざまなモノマーの重合系に応用することができる。

4　ブロック共重合体の設計

MTEMPO を用いた光リビングラジカル重合によるブロック共重合では，PMMA とポリメタクリル酸イソプロピルからなるブロック共重合体の合成が報告されている。このようなモノマー

表２　アゾ開始剤の構造が PMMA の分子量分布に与える影響

開始剤	吸光度係数 ε	10 時間半減期温度（℃）[a]	開始剤効率	MTEMPO/開始剤（モル比）	転化率（%）	Mn	Mw/Mn
AIBN	12.3	65	0.131	1	95	39,700	3.37
			0.129	2	36	15,300	1.68
V-59	15.8	67	0.173	1	97	31,600	3.37
			0.165	2	46	15,700	1.66
V-65	20.4	51	0.296	1	96	18,000	2.33
			0.365	2	62	9,410	1.53
V-40	16.5	88	0.140	1	98	38,200	3.24
			0.139	2	67	26,300	1.65
r-AMDV	28.3	30	0.436	1	60	7,640	1.52
	3.50		0.582	2	37	3,530	1.28
m-AMDV	17.2	30	0.375	1	68	10,100	1.50
	5.47		0.485	2	40	4,580	1.34
V-601	19.1	66	0.181	1	84	26,300	1.99
	11.5		0.185	2	35	10,700	1.68
VAm-110	31.9	110	0.0847	1	25	16,600	1.53
	167.7						

[a]引用文献 9)

［開始剤］$_0$ = 84.3 mM，BAI/MTEMPO = 0.52，重合時間 = 3 h

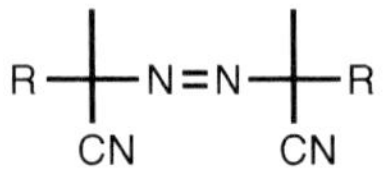

AIBN: R = CH_3
V-59: R = CH_2CH_3
V-65: R = $CH_2CH(CH_3)_2$

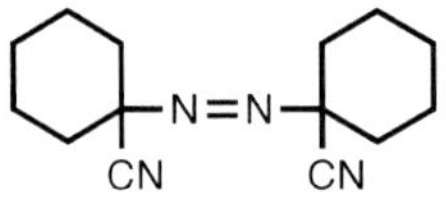

V-40

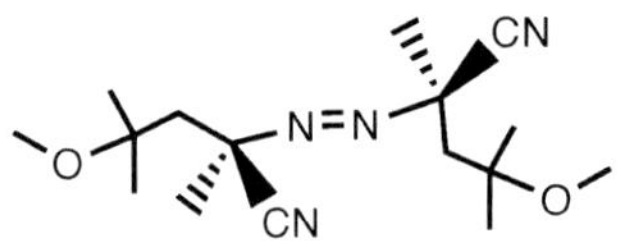

***r*-AMDV**

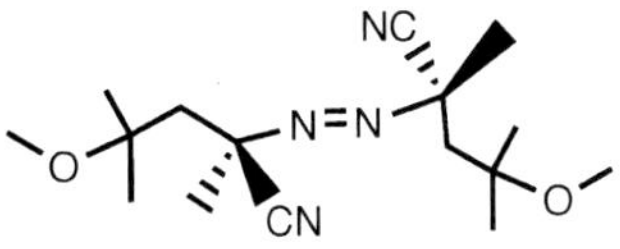

***m*-AMDV**

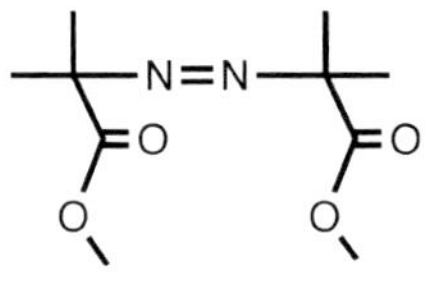

V-601

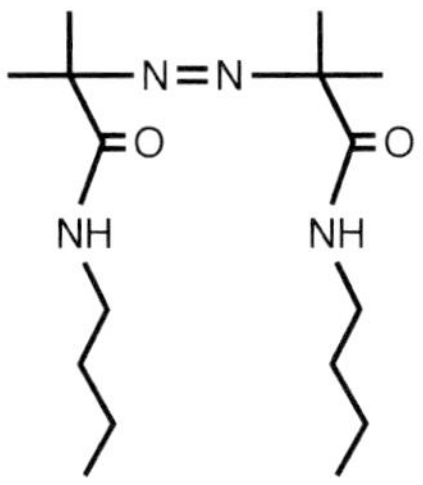

VAm-110

の逐次的な添加によるブロック共重合体の合成のほかに，この光リビングラジカル重合では生成ポリマーのすべての停止末端に MTEMPO が結合することを利用して，MTEMPO 誘導体の分子設計を通したユニークな高分子設計がなされている。カチオン重合性の高分子の末端に担持した高分子化 TEMPO を光リビングラジカル重合に用いて，カチオン重合性のポリマーセグメントとラジカル重合性のそれからなるブロック共重合体が合成されている。4-ナトリウムオキシ-

表3　トリアリルスルホニウム塩を用いたMMAの光リビングラジカル重合

R^2 R^1-S^+ $^-O-S(=O)_2-CF_3$

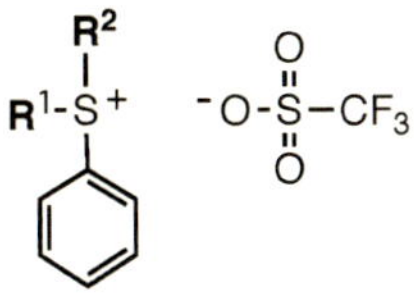

R^1	R^2	溶解性	転化率 (%)	*Mn*	*Mw/Mn*
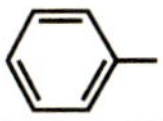	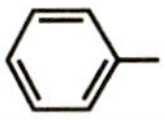	難溶	63	12,200	1.42
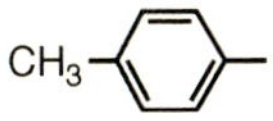 CH_3–	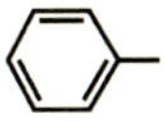	可溶	52	10,200	1.39
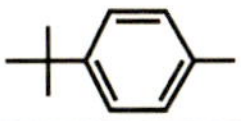	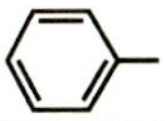	可溶	58	11,000	1.43
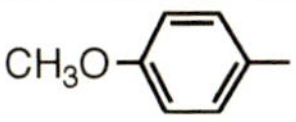 CH_3O–	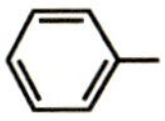	難溶	62	11,000	1.50
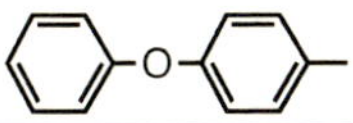 –O–	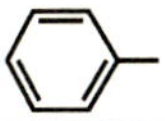	可溶	46	9,810	1.45
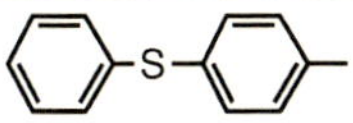 –S–	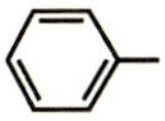	可溶	80	427,000[b] 14,000	3.64[a] 1.70
CH_3S–	CH_3–	可溶	66	12,200	1.45
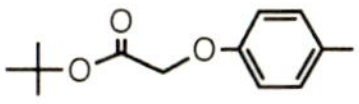 O O O	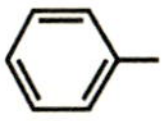	可溶	58	12,600	1.44
 F–	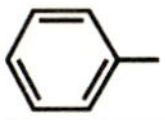	可溶	64	11,400	1.45
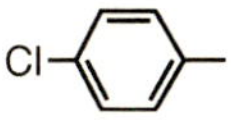 Cl–	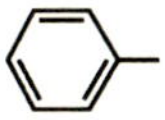	難溶	53	11,000	1.44
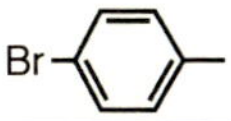 Br–	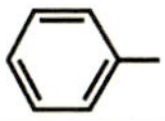	可溶	70	12,100	1.49
 I–	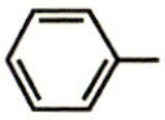	難溶	62	10,100	3.14
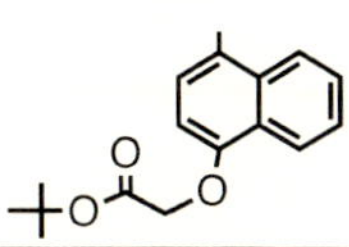 O O O	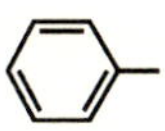	難溶	73	13,200	2.40

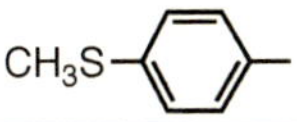

[a]二峰性 GPC 曲線
面積比 Mn（427,000：14,000）＝0.26：0.74
重合時間＝6 h

TEMPOをテトラヒドロフラン（THF）のリビングカチオン開環重合の末端停止剤に用いて，片末端にTEMPOを導入したポリテトラヒドロフラン（PTHF）を合成し，このPTHF末端TEMPOをMMAの光リビングラジカル重合に用いることにより，PTHFとPMMAがTEMPO

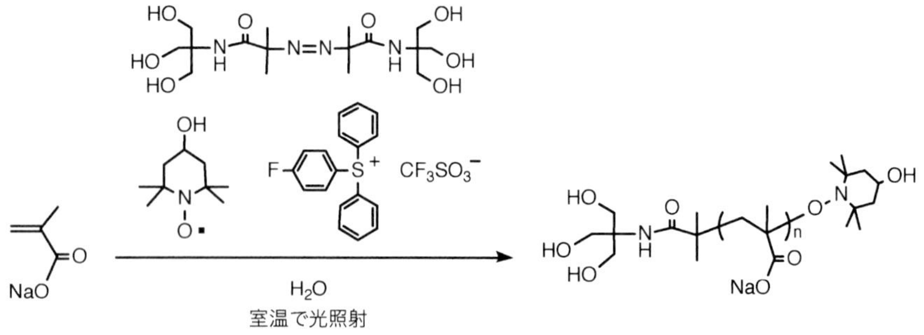

図7　メタクリル酸ナトリウムの水中での光リビングラジカル重合

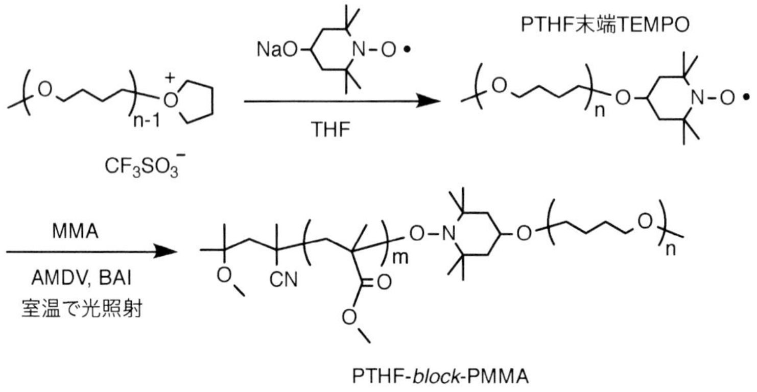

図8　PTHF 末端 TEMPO を用いた MMA の光リビングラジカル重合による
PTHF-*block*-PMMA の合成

を介して結合したブロック共重合体が得られている（図8）。一方，側鎖の一部に TEMPO を導入したポリスチレンを光リビングラジカル重合に用いて，PMMA をグラフト鎖にもつポリスチレンが合成されている。このように，この光リビングラジカル重合では，TEMPO 誘導体の分子設計を通して高分子を設計することができる。

5　光リビング分散重合

光リビングラジカル重合を分散重合系で行うことにより，生成する球状微粒子のサイズと分子量を同時に制御することができる。ポリビニルピロリドン（PVP）を分散安定剤に用いた，MTEMPO による MMA のメタノール水溶液中での光リビング分散重合により，狭い粒度分布（$Dw/Dn = 1.04$）と分子量分布（$Mw/Mn = 1.64$，分子量は $Mn = 18{,}000$）を持つ球状ミクロ粒子が得られている（図9）。

同様に，両親媒性ブロック共重合を分散重合系で行うと，ブロック共重合の進行にともなって

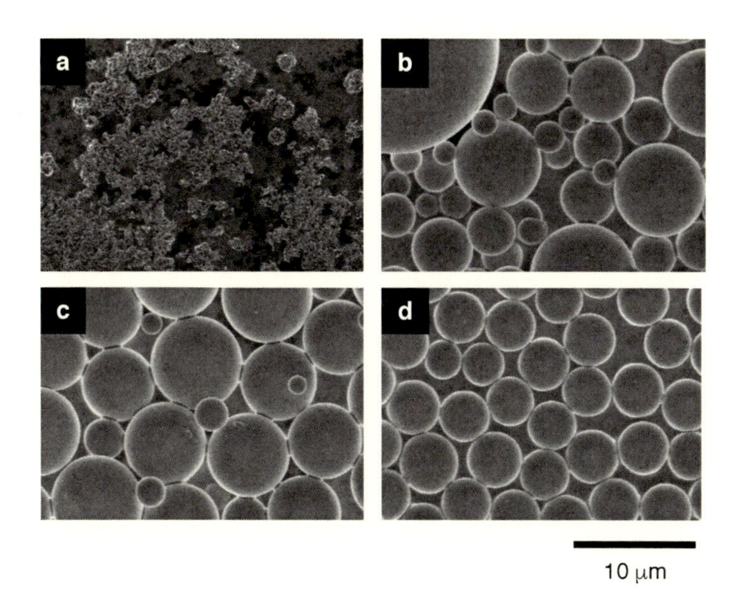

図9　光リビングラジカル分散重合で生成したPMMAの球状ミクロ粒子
a）MTEMPO非存在下，b～d）MTEMPO存在下の重合
PVP濃度（wt%）：a）45，b）30，c）45，d）75

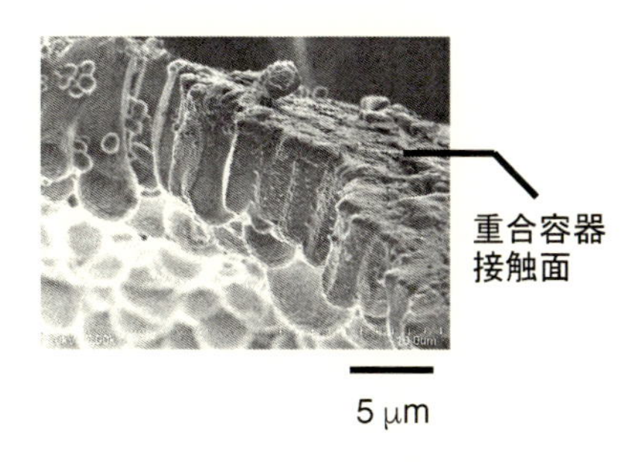

図10　光リビングラジカル重合誘導型自己組織化法によって
生成した絨毛構造

共重合体の自己組織化が起こり，分子集合体からなる超分子が生成する。この光リビングラジカル重合誘導型自己組織化法を利用して，ポリメタクリル酸（PMAA）を親水セグメントに，MMAとMAAのランダム共重合体を疎水セグメントにもつ両親媒性ブロック共重合体を構成単位とする，マイクロメートルサイズのジャイアントベシクルが合成されている[12)]。重合溶媒であるメタノール水溶液の含水率や，重合中の攪拌速度などの重合条件に依存して，球状，楕円状，ワーム状，シート構造，鍵状など，さまざまな形態のベシクルが得られている[13)]。また，このブロック共重合体のモノマー組成比やセグメント鎖長の制御により，生体内の消化器官に見られるような絨毛構造が創製されている（図10）[14)]。共重合体の自己組織化をともなう重合でも，重合

のリビング性は保たれる。このブロック共重合体からなるジャイアントベシクルは，その大きさや構造だけでなく，外部刺激に対する形態変化やベシクル膜上で起こる現象が，細胞や細胞小器官を形成している生体膜と多くの類似性をもっていることから，新規な人工生体膜モデルとして期待されている。

文　　献

1） K. Matyjaszewski *et al., Prog. Polym. Sci.,* **62**, 73 (2016) (review)
2） J. A. Johnson *et al., Chem. Rev.,* **116**, 101671 (2016) (review)
3） E. Yoshida, *Polymers,* **4**, 1125 (2012) (review)
4） E. Yoshida, *ISRN Polym. Sci.,* **2012**, 102186 (2012)
5） E. Yoshida, *Open J. Polym. Sci.,* **4**, 47 (2014)
6） J. V. Crivello *et al., J. Polym. Sci. Part A：Polym. Chem.,* **39**, 343 (2001)
7） E. Yoshida, *Colloid Polym. Sci.,* **290**, 661 (2012)
8） E. Yoshida, *Polymers,* **4**, 1580 (2012)
9） Y. Kita *et al., Org. Process. Res. Dev.,* **2**, 250 (1998)
10） E. Yoshida, *ISRN Polym. Sci.,* **2012**, 630478 (2012)
11） E. Yoshida, *Open J. Polym. Sci.,* **3**, 16 (2013)
12） E. Yoshida, *Colloid Polym. Sci.,* **291**, 2733 (2013)
13） E. Yoshida, *Supramol. Chem.,* **27**, 274 (2015)
14） E. Yoshida, *Colloid Polym. Sci.,* **293**, 1841 (2015)

第2章　ラダー型環状オリゴマーNoriaの合成と特性，およびその応用

工藤宏人*

1　はじめに

合成高分子材料は，1900年代初頭にフェノールとアルデヒド類の付加縮合反応により合成されるフェノール樹脂の開発から始まった[1)]。さらに，1940～1950年代には，この反応には環状化合物が生成することが報告されるようになったが，その構造体については明確に解明できなかった[2,3)]。1980年代に，Erdtman氏やGutsche氏らは，単結晶X線構造解析により環状オリゴマーの構造は杯（calix＝ギリシア語）のような骨格をしていることを明らかとし，カリックスアレーン（CA）と命名された（図1)[4)]。

しかし，CAが選択的に合成される反応機構については明らかにされず，1999年～2000年代になってCram氏やGutsche氏らによって，フェノールとアルデヒド類の付加縮合反応は可逆反応であることが証明された[5)]。さらに，これらのCA類の誘導体類は，包接能を有することが明らかになった。このことは，クラウンエーテルやシクロデキストリンに次ぐ，第三の包接化合物として注目され，多くの研究者らによりホスト-ゲスト化学分野において盛んに研究されるこ

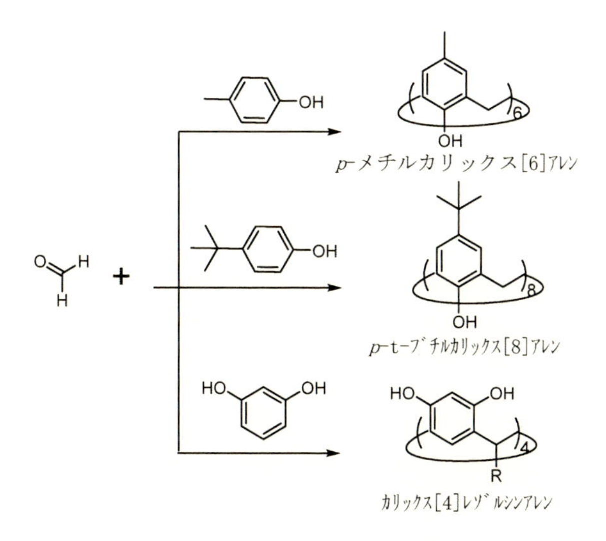

図1　カリックスアレーンの合成

＊　Hiroto Kudo　関西大学　化学生命工学部　化学・物質工学科　教授

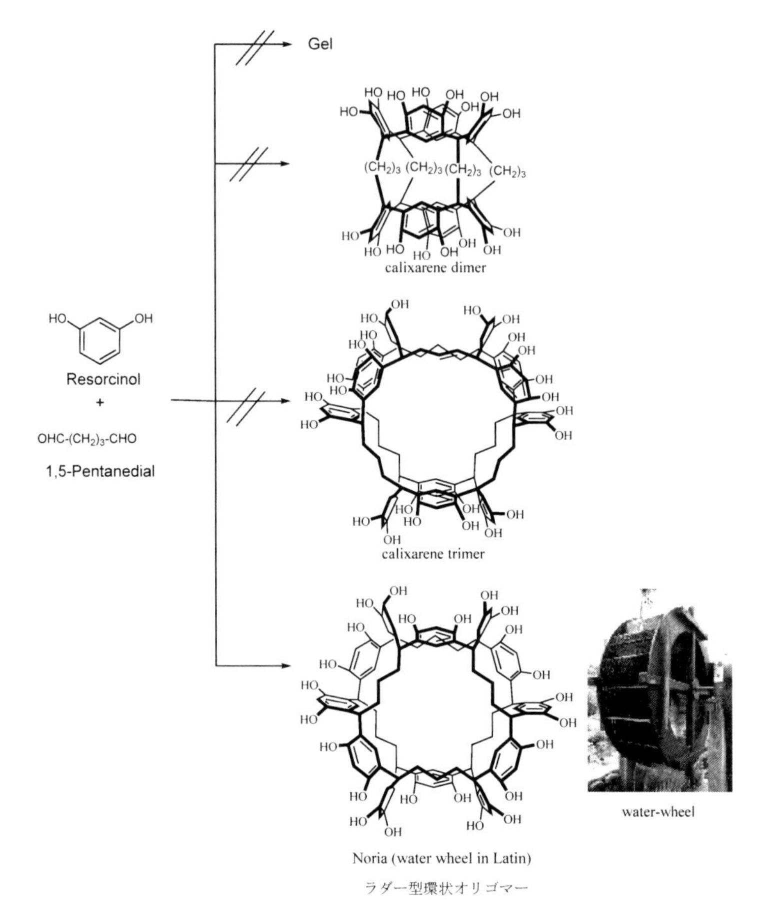

図2　レゾルシノールと1,5-ペンタンジアールの付加縮合反応によるNoriaの合成

とになった[6)]。一方，CA類は，分子量はオリゴマー程度であり，CAの誘導体は成膜性を有し，耐熱性に優れる。そこで，CAを基盤とした光機能性材料への応用が幅広く検討されてきた[7~10)]。その中で，筆者らは新しいCA類の合成を目指し，レゾルシノールとジアルデヒド類との付加縮合反応を検討したところ，一分子内に24個の水酸基を有するラダー型環状オリゴマー“Noria”が一段階で合成できることを見出した（図2）[11,12)]。本稿では，筆者らが見出したNoriaが合成される新規有機化学反応システムと，合成したNoriaの応用について紹介する。

2　動的共有結合化学（DCC）システムによるNoriaの合成

レゾルシノールとアルデヒド類の付加縮合反応により，カリックスレゾルシンアレン（CRA［4］）が高選択的に高収率で合成されることをヒントにして，筆者らはレゾルシノールとジアルデヒド類との反応では，CRA［4］の二量体が低収率ながらも合成されることを期待した。しか

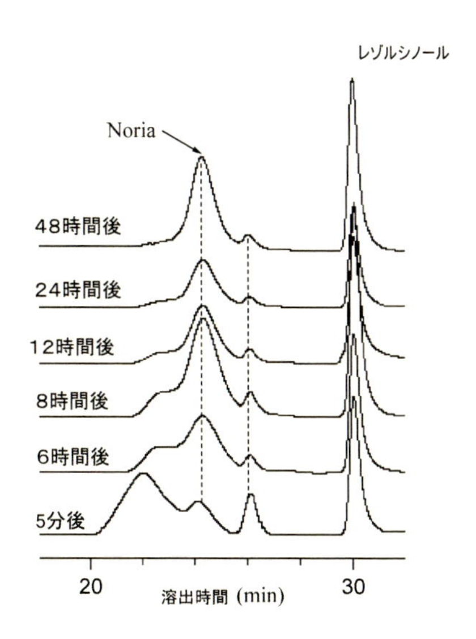

図3　Noriaが合成される反応過程（SEC経時変化）

しながら，仕込み比レゾルシノール：ジアルデヒド類＝4：1で，エタノール中，80℃，48時間の条件で行った場合，ゲル化合物は全く得られず，可溶性のオリゴマーのみが得られた。合成されたオリゴマーの構造解析を，^{1}HNMRとMALDI-TOF Massスペクトル，さらに単結晶X線構造解析により，一分子内に24個の水酸基を有するラダー型環状オリゴマーであることが判明した。このラダー型環状オリゴマーは，水車の構造に似ていることから，ラテン語で水車の構造を意味するNoriaと命名された[12)]。Noriaが得られる過程をサイズエクスクルーションクロマトグラフィー（SEC）で追跡したところ，反応初期には高分子量で，分子量分布が広いポリマーが形成されるが，反応が進行していくとNoriaのみに収束していくことが判明した（図3）。すなわちNoriaが選択的に合成されるのは，レゾルシノールと1,5-ペンタンジアールの付加縮合反応は可逆反応で，最も安定なNoriaのみが合成される動的共有結合化学（DCC；dynamic covalent chemistry）システムが発現されたと考えられる。

3　Noriaの包接能

ノーリアに相互作用部位としてエチルエステル残基を導入したNoria-COOEtを合成し，種々の金属イオンに対する液/液-抽出能について検討した。同様にして，カリックスレゾルシンアレンCRA[4]や*t*-ブチルかリックス[8]アレンBCA[8]を用いて，CRA[4]-COOEtおよびBCA[8]-COOEtを合成し，それらの包接性能について比較検討した（図4）。

その結果，CRA[4]-COOEtは，その配座は固定されないため包接能がない。一方，BCA[8]-COOEt，およびNoria-COOEtは，包接能を有することが判明した。また，Noria-COOEtはRb^{+}イオンに対してのみ高い選択性を示した（表1）。このことは，Noriaの中心の空孔とRb^{+}イ

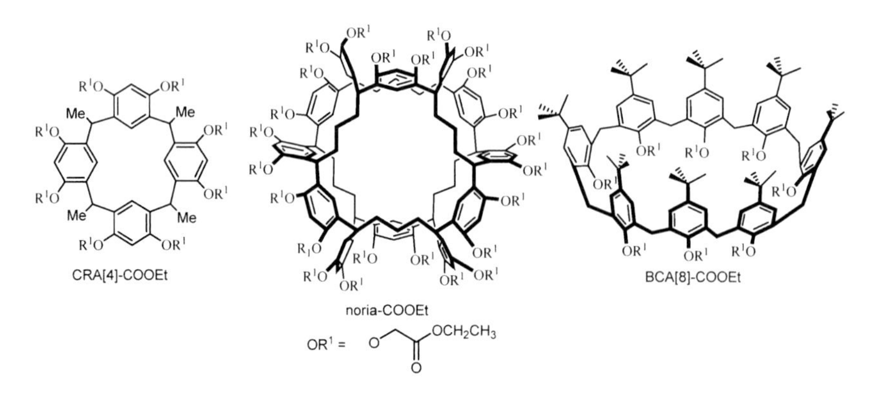

図4　CA 誘導体と Noria 誘導体

表1　CA 誘導体（BCA-COOEt, CRA-COOEt）と Noria 誘導体（Noria-COOEt）の金属イオン包接能[a]

Ligand	Na^+	K^+	Rb^+	Cs^+
Ionic diameter（Å）[b]	2.04	2.76	2.98	3.4
CRA[4]-COOEt	＜1	＜1	＜1	＜1
BCA[8]-COOEt	4.5	21.5	16.8	15.6
Noria-COOEt	＜1	＜1	23.8	4.7

[a]Percentage cation-extraction from an aqueous neutral alkali solution (2.5×10-4 mol dm-3) into dichloromethane by host（CRA[4]-COOEt, BCA[8]-COOEt, Noria-COOEt）(2.5×10^{-4} mol dm^{-3}) at 25℃

[b]P. M. Marcos, J. R. Asceno, M. A. P. Segurado, J. L. C. Periera, J. Phys. Org. Chem., 1999, 12, 695

オン直径の大きさがよく一致しているためと考えられる。

4　Noria の炭酸ガス吸着能

Atwood 氏らの研究グループにより，Noria の CO_2 吸着能について調べられている。Noria の空孔は理論的には 160$Å^3$ であり，CO_2 を選択的に吸着することが判明し，Noria の空孔が4分子の CO_2 を選択的に取り込むことが報告されている[13]。

5　光重合性基を有する Noria の合成とそれらの UV 硬化樹脂材料への応用

UV 硬化システムは，表面塗装，印刷，接着剤，光学材料，電子材料など，幅広い分野に導入される。一般的な，UV 硬化性材料は，エポキシアクリレート[14]，ウレタンアクリレート[15]，ポリエステルアクリレート[16]などの直鎖状アクリレートが主流である。Noria は一分子内に24個

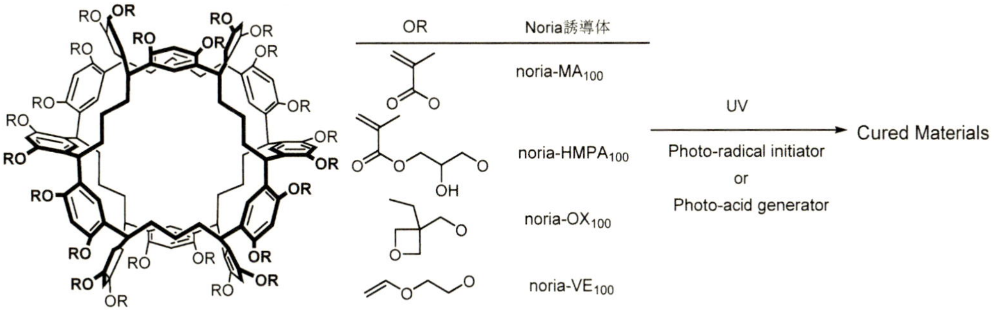

図5　重合性基を有する Noria 誘導体の合成と UV 硬化性樹脂材料への応用

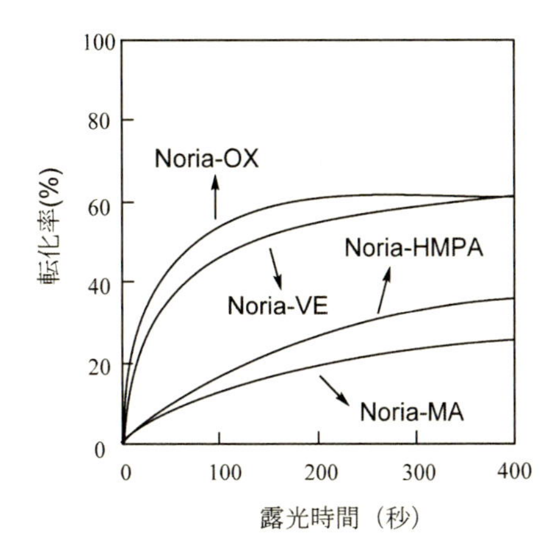

図6　光重合性基を有する Noria 誘導体類の UV 硬化反応

の水酸基を有することから，様々な光重合性基の導入が可能である。Noria の全ての水酸基をメタクリロイル基，オキセタニル基，およびビニルエーテル基に変換し，得られた Noria 誘導体類の物理特性（溶解性，製膜性，耐熱性）と光反応特性について詳細に検討した（図5）[17]。合成した Noria 誘導体類は優れた溶解性と成膜性を有し，330 度以上の耐熱性を有していた。

合成したノーリア誘導体類の光硬化反応は，noria-MA と noria-HMPA の場合は，光ラジカル重合開始剤と，noria-VE と noria-OX の場合は光酸発生剤を含有させた薄膜を調製し，UV 照射を行いながら，赤外吸収スペクトルにより重合性基の転化率を測定したところ，いずれの重合性基においても UV 硬化反応は速やかに進行した（図6）。また，得られた硬化膜の耐熱性は，硬化反応前後においてほとんど同じであった。このことは，硬化反応前後において分子運動性の変化がほとんどないと考えられる。

6　光反応性基を有するNoriaの合成とそれらのレジスト材料への応用

フォトレジストシステムに応用されるレーザーの露光波長は，g線（λ＝436 nm），i線（λ＝365 nm），KrF線（λ＝248 nm），ArF線（λ＝193 nm）と変遷し，極端紫外（extreme ultraviolet：EUV；λ＝13.5 nm）線が次世代のレーザーとして期待されている。期待されるパタンの解像度が20 nm以下となると，露光感度（光反応性），パタンの解像度，パタンのラフネスの三者にトレードオフの関係が指摘され（図7），その関係を打ち破るべく，新規レジスト材料の開発が強く求められている。

分子量約1万の高分子の分子サイズを約3～4 nmとすると，16～22 nmのパタン幅は，5～6分子で形成されることになる。また，高分子の場合は，分子量分布が存在し，分子サイズのばらつきが避けられない。このことから，高分子レジスト材料は，パタン形状の凹凸（ラフネス，LER）が粗くなると考えられる。これらのことから，分子レジスト材料が次世代レジスト材料として広く検討されてきた[18,19]。EUV用レジスト材料として，露光後に脱ガス成分が少ないとされるアダマンチルエステル残基を有するノーリア誘導体類を合成し，それらの物理特性と光反応性およびパターンニング特性について評価検討した（図8）[20]。

アダマンチルエステル残基の導入率（DI）＝23，DI＝44％のノーリア誘導体類noria-ADを合

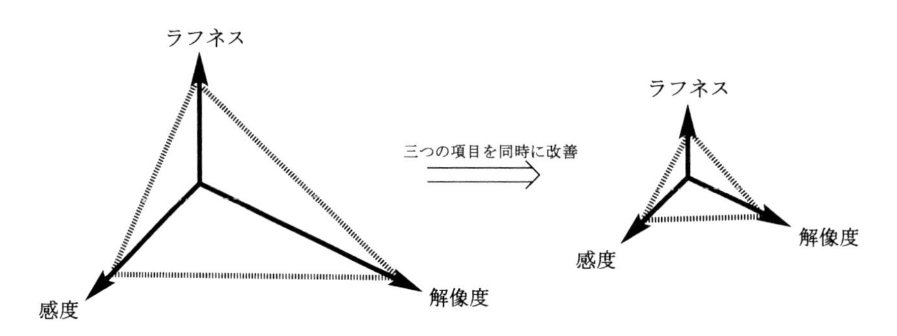

図7　レジストパタンの解像度，ラフネス，感度のトレードオフの関係

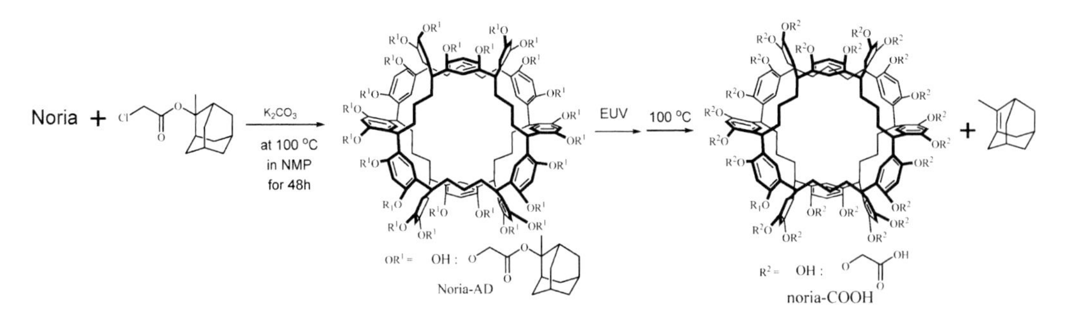

図8　アダマンチルエステル残基を有するNoria誘導体

Noria-AD(23)			
Exposure Dose (mJ/cm^2)	14.0	14.5	14.5
LER	6.8	8.3	8.3

図9　Noria-AD(23)のEUVレジストパタンニング特性

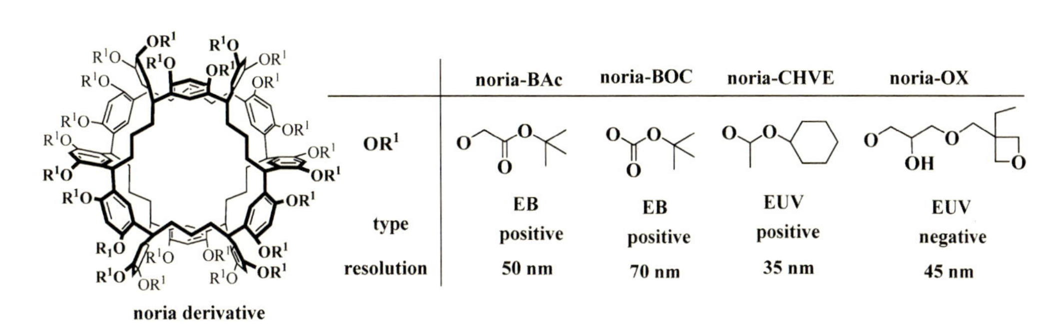

図10　レジスト材料として応用されたNoria誘導体類

成し，それらの物理特性（溶解性，成膜性，耐熱性）について評価検討した。その結果，Noria-AD（DI＝23）は，noria-AD（DI＝44）よりも優れた高解像性を有していることを示唆し，保護基の導入率が低い方が，優れたレジスト特性を有することが判明した。このことは，光脱保護反応前後において，保護基の導入率が少ない方が，物理的特性が大きく変化するためと考えられる。さらに，noria-AD（DI＝23）の場合は，26 nmまでの明確なパタンの形成が可能であった（図9）。

Noriaの水酸基に様々な光脱保護基の導入が可能である。Noriaの水酸基が全て*t*-ブチルエステル残基で置換されたノーリア誘導体（Noria-COO^{t}Bu）[21]，*t*-ブチルオキシカルボニル基に置換したノーリア誘導体（Noria-BOC）[22,23]，アセタール残基を導入したNoria誘導体類（Noria-CHVE）[24]，オキセタニル残基を導入したNoria誘導体類（Noria-OX）[25]を合成し，電子線レジスト材料や，EUVレジスト材料としても応用可能であった（図10）。

7　おわりに

Noriaの構造はラダー型環状オリゴマーであり，三次元籠状化合物と称される。このように複雑な化合物を一段階で合成可能にしたのが動的共有結合化学（DCC）システムである。このDCC システムは，速度論的支配による化学反応ではなく，熱力学的支配による化学反応であり，最も熱力学的に安定な化合物に収束される反応である。DCC システムによって合成されたユニークな構造を有する有機化合物が数多く報告されるようになったが，そのユニークな化合物を機能性材料として応用できないものかどうかを今後検討してみる価値は十分にあると思われる。それは，ユニークな構造ゆえに，ユニークな物理的特性が存在し，ユニークな機能性を発揮する可能性があると期待できるからである。Noria の場合，24 個の水酸基と，ラダー型の形状，および中心の固定された空孔に着目し，炭酸ガス選択性能や UV 硬化性樹脂，およびレジスト材料として応用検討された。DCC システムで合成される Noria は一段階で，高選択的，高収率で合成されるので，機能性材料として実用化を検討する場合にも DCC システムは大変有効な合成法となる。

文　　献

1） L. H. Baekland, *J. Ind. Eng. Chem.*, **3**, 932 (1911)
2） J. B. Niederl, H. J. Vogel, *J. Am. Chem. Soc.*, **62**, 2512 (1940)
3） A. Zinke, E. Ziegler, *Ber.* B74, 1729 (1941)
4） For example：C. D. Gutsche, *Calixarenes* (Royal Society of Chemistry：Cambridge, (1989)
5） C. D. Gutshe, D. E. Johnston, Jr., D. R. Stewert, *J. Org. Chem.*, **64**, 3747 (1999)
6） D. J. Cram, J. M. Cram, *Container Molecules and Their Guests*；J. F. Stoddart, Ed. (Royal Society of Chemistry, Cambridge, (1999)
7） H. Kudo, W. Ueda, K. Sejimo, K. Mitani, T. Nishikubo, T. Anada, *Bull. Chem. Soc. Jpn.*, **77**, 1415 (2004)
8） H. Kudo, T. Soga, M. Suzuki, T. Nishikubo, *Macromolecules*, **42**, 6818 (2009)
9） H. Kudo, T. Nishikubo *Polymer Journal*, **41**, 569 (2009)
10） H. Kudo, N. Ioue, T. Nishikubo, *Thin Solid Films*, **518**, 3204 (2010)
11） H. Kudo, R. Hayashi, K. Mitani, T. Yokozawa, N. C. Kasuga, and T. Nishikubo, *Angew. Chem. Int. Ed.*, **45**, 7948 (2006)
12） H. Kudo, K. Shigematsu, K. Mitani, T. Nishikubo, N. C. Kasuga, H. Uekusa, Y. Ohashi, *Macromolecules*, **41**, 2030 (2008)
13） J. Tian, P. K. Thallapally, S. J. Dalgarno, P. B. McGrail, J. L. Atwood, *Angew. Chem. Int. Ed.*, **48**, 5492 (2009)
14） T. Nishikubo, M. Imaura, T. Mizuko, T. Takaoka, *J. Appl. Polym. Sci.*, **18**, 3445 (1974)
15） S. S. Labana *J. Polym. Sci.* A-1, **6**, 3283 (1968)
16） H. Tatemichi, T. Ogasawara, *Chem. Economy & Eng. Rev.*, **10**, 37 (1978)

17) H. Kudo, N. Niina, R. Hayashi, K. Kojima, T. Nishikubo, *Macromolecules*, **43**, 4822 (2010)
18) 工藤宏人・西久保忠臣 "フォトレジスト材料開発の新展開" 監修：上田　充　シーエムシー出版　第11章「分子レジスト」(2010)
19) H. Kudo, T. Nishikubo *J. Photopolym. Sci. Tech.*, **24**, 9 (2011)
20) H. Kudo, Y. Suyama, H. Oizumi, T. Itani, T. Nishikubo, *Journal of Materials Chemistry*, **20**, 4445 (2010)
21) H. Kudo, D. Watanabe. T. Nishikubo, K. Maruyama, D. Shimizu, T. Kai, T. Shimokawa, C. K. Ober, *Journal of Materials Chemistry*, **18**, 3588 (2008)
22) X. André, J. K. Lee, A. DeSilva, C. K. Ober, H. B. Cao, H. Deng, H. Kudo, D. Watanabe, T. Nishikubo, *SPIE* Vol. 6519, 65194B (2007)
23) M. Tanaka, A. Rastogi, H. Kudo, D. Watanabe, T. Nishikubo, C. K. Ober, *Journal of Materials Chemistry*, **19**, 4622 (2009)
24) H. Kudo, M. Jinguji, T. Nishikubo, H. Oizumi, T. Itani. *J. Photopolym. Sci. Technol.*, **23**, 657 (2010)
25) H. Seki, Y. Kato, H. Kudo, H. Oizumi, T. Itani, T. Nishikubo, *Jpn. J. Appl. Phys.*, **49**, 06GF06 1-6 (2010)

第3章　デンドリマーを骨格母体とするフォトポリマー材料

青木健一*

1　はじめに

「デンドリティック高分子」とは，多分岐モノマー（ビルディングブロック）が中心から外殻に向けて結合を繰り返し，三次元的に成長した球状高分子の総称である[1)]。このような多分岐ポリマーは，当初，「cascade molecule（カスケード分子）」と命名され，1978年，Vögtleらによりはじめて報告されている[1c)]。その後，1985年にTomaliaらのグループ[1d)]とNewkomeらのグループ[1e)]が独立して多分岐ポリマーに関する論文を報告している。Tomaliaらは，この種の高分子をギリシャ語の「dendri（樹状）」と「meros（部分）」にちなんで「dendrimer（デンドリマー）」と命名し，この名前が現在広く使われている[1b)]。樹状高分子（デンドリティック高分子）は，デンドリマー型とハイパーブランチ型の2種類に大別できる。前者は，コアとなる多分岐モノマーを起点として欠陥なく成長した高分子である。そのため，分子構造が明確で分子量分布がない。多分散度（Poly dispercity index，PDI）はほぼ1に近い値となる。これに対し，後者のハイパーブランチポリマーは，AB_x型の分岐モノマーを反応容器内で重合させて合成するため，化学構造は一様ではない。学術論文等で示されている化学構造は，あくまで平均的な構造，あるいは理想構造であり，実際には，分岐状態や分子サイズのことなる多くの化学種の混合物である。PDIとして1.5-2程度のものが多いが，さらに大きい場合もある。デンドリティック構造に帰因する特徴的な化学的/物理的物性を最大限に引き出すには，デンドリマー型高分子を用いるのが望ましい。その一方，とりわけ機能性材料や工業材料へと展開する場合には，大量生産性が必須となるためハイパーブランチポリマーの方が便利である。本章で着目する「デンドリティックフォトポリマー」についても，大量生産性の観点から，ハイパーブランチポリマーを用いた研究例の方が圧倒的に多い。デンドリティック構造をフォトポリマーに組み込む主な利点として，以下で詳しく述べるように，①高い化学反応性，および②魅力的な物理物性の2つが挙げられるが[2)]，これらは，分子量分布のあるハイパーブランチポリマー系でもある程度達成可能だからであろう。

ハイパーブランチ型フォトポリマーに関する研究の先駆けとなったのが，1993年，Hultらにより報告されたアリルエーテルマレイン酸エステル末端型のハイパーブランチポリマーであ

---

* Ken'ichi Aoki　東京理科大学　理学部第二部　化学科／東京理科大学大学院
理学研究科　准教授

る[3)]。末端アリル基数の増加に伴い，硬化速度と最終硬度がともに向上することが検証されている。その後，Shi らのグループが，アクリル/メタクリル系ハイパーブランチ型フォトポリマーについて系統的な研究を行っている[4)]。このような反応活性の向上は，末端官能基の多くが，最も外部試剤の攻撃を受けやすいハイパーブランチ分子最表面に位置するためと考えられる。そのため，同じ官能基で同程度の平均分子量を有する高分子であれば，直鎖状高分子よりデンドリティック高分子を用いた方が反応性に富むものと考えられる。近年では，Perstorp 社からハイパーブランチポリオール（Boltorn シリーズ）が市販され，その末端をエステル化することにより，重合性ハイパーブランチポリマーを簡便に得られるようになった[5)]。日本国内でも，大阪有機化学工業株式会社より，ビスコート 1000，STAR-501 といったアクリル系ハイパーブランチポリマーが開発されている[6)]。このようなハイパーブランチ系フォトポリマーはデンドリマー鎖どうしの絡み合いが軽減されることに起因し，多くの有機溶媒に対し高い溶解性を示し，低い溶液粘度を維持できる。ポリマー自体の固有粘度も，同じ平均分子量の直鎖状ポリマーに比べて低く扱いやすい。さらに，デンドリティック高分子はアモルファス性であるため，成膜性に優れ，容易に均一な塗膜を調製できるという利点もある。

以上のような研究背景を踏まえると，ハイパーブランチポリマーではなく，分岐欠陥のないデンドリマーを活用し，末端官能基のすべてを分子債表面に配置できれば，フォトポリマーの化学的/物理的特性をさらに高められるものと考えられる。しかしながら，煩雑な合成を要するデンドリマーを用いたフォトポリマーの事例は極めて少ない。一例として，世代数の低いアリル末端型デンドリマーをエン・チオール系 UV 硬化材料へと展開した系が Nilsson らにより近年報告されている[7)]。そこで本章では，近年，当研究室で提唱しているポリオール/ポリアクリレートデンドリマーの大量合成法と末端修飾法について概観し，それらを骨格母体として用いた新規なデンドリマー型フォトポリマーについて，最近の成果を含めて議論したい。

2　デンドリティックフォトポリマーの大量合成

前節で概観してきたように，これまでに報告されているデンドリティックフォトポリマーの大半が，ハイパーブランチポリマーを用いたものである。構造が明確なデンドリマーを用いて新たなフォトポリマー材料を構築するには，デンドリマーを大量合成できることが大前提となる。デンドリマーの大量合成法に関する報文はそれほど多くないが，「クリック反応」を用いた簡易合成例がいくつか報告されている[8)]。クリック反応とは，2001 年に Sharpless らにより提唱された反応系であり，温和な反応条件で，目的とする結合があたかも「カチッ」（clicking）と音をたてて形成することにちなんで命名された。その中心的な役割を果たしているのが，アジドとアルキンからトリアゾール環が生じる反応であり，副反応なく迅速にこれら2つのパーツを結合させることができる[9)]。より簡便なクリック反応系として，近年注目されているのがチオールエン型のクリック反応である。チオールエン反応は，チオール化合物とエン化合物（またはイン化合物）

とが良好に付加反応を起こすことを利用したものであり，マイケル付加とラジカル付加の2種類が知られている。いずれも古くから知られている反応系ではあるが，近年になってクリック反応の一員として再注目され，2010年頃から多くの総説が発表されている[10]。著者らは，近年，前者のマイケル付加を利用した，簡便なデンドリマーの大量合成を検討している[10d, 11]。また，後者のラジカル付加を利用して，エン・チオール型UV硬化材料へと展開している[12]。本節ではまず，骨格母体となるデンドリマーの大量合成原理について簡潔に解説する。

2.1 クリックケミストリーを基盤としたデンドリマー骨格母体の大量合成

チオールエン・クリック反応を利用して，デンドリマーやハイパーブランチポリマーをはじめとする樹状高分子化合物を合成する試みは，近年になっていくつか報告されている。多くの場合，α-チオグリセロールなどのヒドロキシ基含有モノチオール誘導体を，コア分子である多官能アクリル化合物にチオールエン付加させ，ポリオール誘導体を得る反応を起点にしている[13]。アクリル化合物は，塩基性触媒の存在下でメルカプト化合物と良好に付加反応を起こし（クリック過程），この反応はマイケル付加反応として良く知られている。一方で，アクリル基とヒドロキシ基は全くマイケル付加反応を起こさない。以上のような高い反応選択性があるため，本クリック過程を通して末端にヒドロキシ基が選択的に露出する。多くの場合，この末端ヒドロキシ基とカルボン酸誘導体をエステル化することによりさらなる世代拡張が行われる。

著者らは，同様なチオールエン・クリック反応（マイケル付加反応）によりポリオールデンドリマー（OH4，図1）合成した後，この末端ヒドロキシ基にさらに「クリック反応」を行うこと

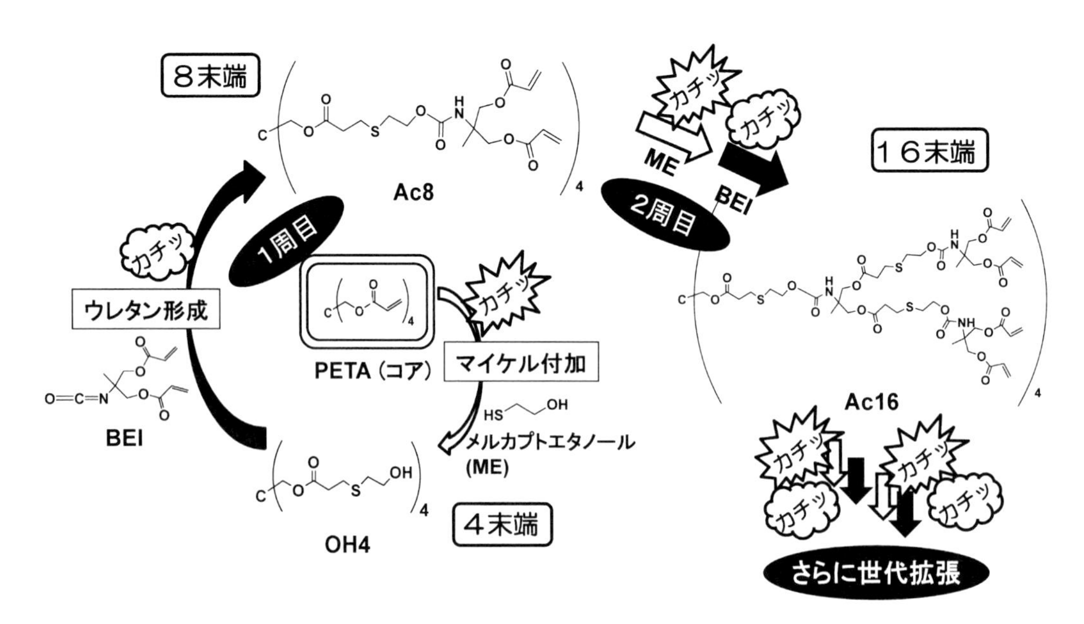

図1　多段階交互付加（AMA）法によるデンドリマー合成のイメージ

により，より簡便に世代拡張反応ができないか検討を行った。その際着目したのが，昭和電工株式会社から市販されているイソシアネートモノマー（BEI，図1）である。ヒドロキシ基とイソシアネート基は，スズ触媒存在下で容易に付加し100%の収率でウレタン形成しうるため[14]，これを2回目の「クリック反応」と捉えることができる[10d)]。すなわち，マイケル付加とウレタン形成反応という「ダブルクリック反応」を行うことにより，図1に示すように，再びアクリル基を末端に露出することができ，その末端数は2倍に増加する。もう一度ダブルクリック反応を行えば，得られるデンドリマーの末端アクリル数はさらに2倍になる。図1に示す反応系では，ダブルクリック反応を繰り返すことにより，末端アクリル基数が4，8，16個と増加していることに着目したい。一連のデンドリマー合成法は，2種類の付加反応を「交互」に「多段階」で繰り返すことにより容易にデンドリマーの世代拡張が可能であることから，筆者らは本手法を「多段階交互付加（Alternate Multi-Addition，AMA）法」と呼ぶことを提唱している[10d, 11]。

AMA法を用いることにより，16末端ポリオール/ポリアクリレートデンドリマーを100グラムスケールで簡便に合成することが可能となり，GPC測定から見積もられる分子量分布（M_w/M_n）は1.04-1.07程度であり，単分散性にも優れていることが分かった。

AMA法のもう1つの利点は，デンドリマーのワンポット合成が可能なことである。2種類の「付加反応」のみを用いており，系内に脱離基等の不純物が生成しないためである。また，同一溶媒（THF）で世代拡張を行えること，用いる触媒がお互いの付加反応に影響を及ぼさないこと，といった要素もワンポット合成を行うのに好都合である。現在では，32末端ポリアクリレートデンドリマーをワンポットで行うことに成功している。デンドリマーのワンポット合成に関する報文はいくつか知られているが[15]，AMA法は全工程をワンポット化できるユニークで稀有な事例である。

2.2　デンドリマーの末端修飾

2.1節で述べた手法により得られるデンドリマーの末端には，アクリル基やヒドロキシ基が多数存在するため，合成化学的に容易に末端修飾が行える。ポリアクリレートデンドリマーに関しては，図2に示すように，チオール誘導体[16]やアミン[12]を容易にマイケル付加させることができるため，末端修飾は簡単である。デンドリマー骨格母体合成で行うダブルクリックに次ぐ“3回目のクリック反応”と捉えることができる。最終目的物の純度を上げるためカラムクロマト精製を行う場合も，目的の世代まで拡張させ末端修飾を行った後に1回だけ行えば良いため，合成工程を大幅に短縮できる。このような手法により，著者らはポリアクリレートデンドリマーとジアリルアミンを用いて，ポリアリルデンドリマー（図3a）を高収率で得た[12]。このようなポリエンデンドリマーは，ポリチオール誘導体および光重合開始剤と混合することによりエン・チオール型UV硬化材料として機能しうる。詳細については次節で述べる。

他の末端修飾法として，得られたポリオールデンドリマーと所望のカルボン酸誘導体とのエステル化反応が挙げられる。本反応はクリック反応とは言い難いが，カルボン酸塩化物に変換すれ

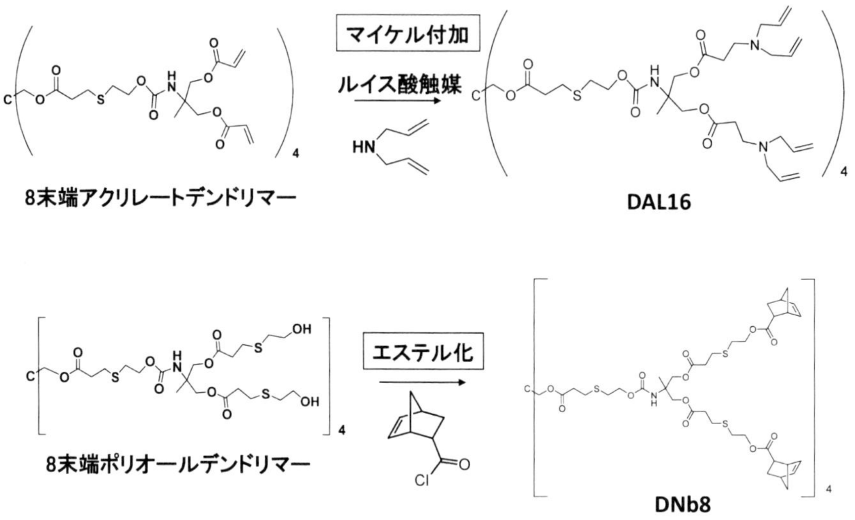

マイケル付加
ルイス酸触媒
HN
8末端アクリレートデンドリマー
DAL16
エステル化
8末端ポリオールデンドリマー
DNb8

図２　デンドリマーの末端修飾の事例

ポリエンデンドリマー
(a) アリル末端型
DAL4
DAL8
DAL16
(b) ノルボルネン末端型
DNb4
DNb8
DNb16
(c) ポリチオール
SH6
(d) 光重合開始剤
Ir-369

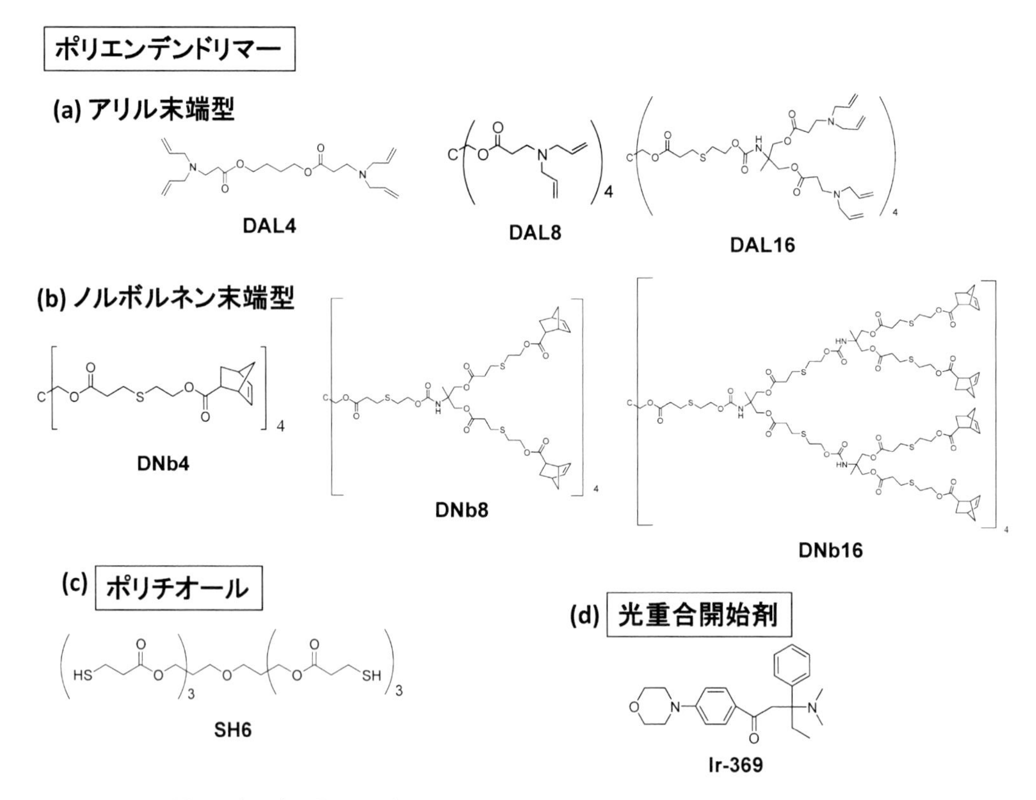

図３　本研究で用いるデンドリマー型エン・チオールフォトポリマー組成物

ば，ポリオールデンドリマーと迅速にエステル化するため，末端修飾は容易である。本手法を利用し，もう1つのポリエンデンドリマーであるポリノルボルネンデンドリマー（図3b）を合成できた[12]。次節で述べるように，ノルボルネン誘導体はアリル誘導体に比べ約10倍エン・チオール光重合活性が高いため[17]，有用なフォトポリマー材料となりうる。

3 デンドリマーを用いたUV硬化材料の特性評価

3.1 エン・チオール光重合[17]

先述したように，チオールエン反応には2種類あり，その1つが，今回のデンドリマー合成に利用したマイケル付加である。もう1つがラジカル型の付加反応であり，1905年にPosnerらにより初めて報告されている[18]。その後，Morganらによりフォトポリマー材料[19]へと展開され，現在では，エン・チオール光重合反応として，アクリル/メタクリル型の連鎖的な光重合反応に並んでUV硬化材料に利用されている。エン・チオール光重合は，大気中の酸素により過酸化物ラジカルが生じても鎖長伸長が停止しないため，ラジカル反応でありながら酸素阻害を受けない。また，課題となっていた臭気の問題も，チオール化合物の高分子量化などにより軽減することができ，近年注目を浴びている[17,20]。

エン・チオール光重合のメカニズムを式1に示す。UV照射により生じたラジカル種（In・）がチオール誘導体から水素を引き抜きチイルラジカル（R-S・）が生じることにより（過程①），⑴チイルラジカルがオレフィンに付加し，新たなラジカル種が生じる過程（過程②），⑵およびこのラジカル種が別のチオール部位からさらに水素を引き抜きチイルラジカルが再生する過程（過程③）という2段階の反応が逐次的に繰り返されて重合が起こる。以上の過程は，ラジカル種同士のカップリング反応（ラジカル再結合（停止）反応，過程④）が起こるまで繰り返されるため，オレフィンとチオールをともに2官能以上に多官能化しておくと光重合に伴い高分子量化

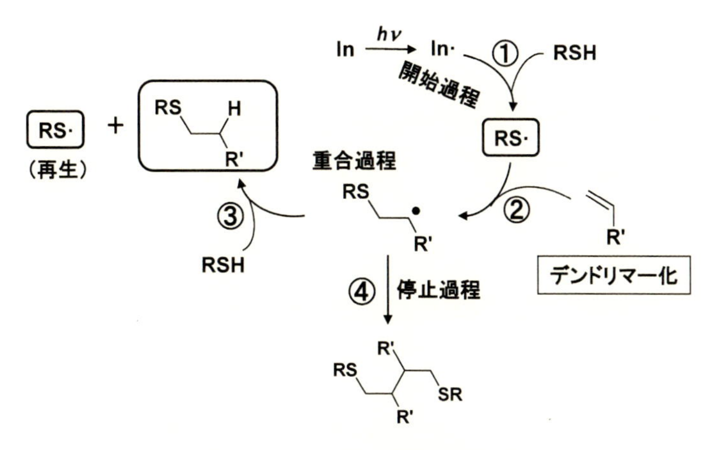

式1　エン・チオール光重合のメカニズム

する。本系のポリアリルデンドリマー（**DAL(*n*)**，n=4-16，図 3a）の場合も，汎用の 6 官能ポリチオール（**SH6**，図 3c），および光重合開始剤（**Ir-369**，図 3d）と混合することでエン・チオール光重合が進行する[12]。本樹脂は，UV 光照射前は鉛筆硬度で 6B 以下の柔粘な状態であるが，UV 照射（365 nm）により硬化し，H 程度の硬度を示すようになる。FTIR スペクトル測定より，いずれの塗膜も UV 照射によりメルカプト基の伸縮振動吸収帯（ν_{SH}，2570 cm^{-1} 付近）および C=C 結合の伸縮振動吸収帯（$\nu_{C=C}$，1630-1670 cm^{-1}）の吸収強度が減少しており，エン・チオール光重合反応が良好に進行していることが明らかとなった。

3. 2 ポリアリルデンドリマー系 UV 硬化材料の特性評価

ポリアリルデンドリマー系フォトポリマーの UV 硬化特性を調べるため，PET 基板上に調製した塗膜に 365 nm の紫外単色光を照射し，鉛筆硬度測定を行った。塗膜硬度を UV 照射エネルギーに対してプロットした結果（感度曲線）を図 4a に示す。本結果より，硬度に必要な紫外光照射量は，**DAL4/SH6**，**DAL8/SH6**，および **DAL16/SH6** 塗膜で，それぞれ 2500，140，70 mJ cm^{-2} である。すなわち，デンドリマーの末端アリル数増加に伴い，硬化速度が大幅に向上することが分かった。以上の結果は，アリル基がデンドリマー末端に局所的に濃縮されたことに起因し，チイルラジカルとの付加反応性（式 1 の過程②）が向上したためと考えられる。また，**DAL16/**

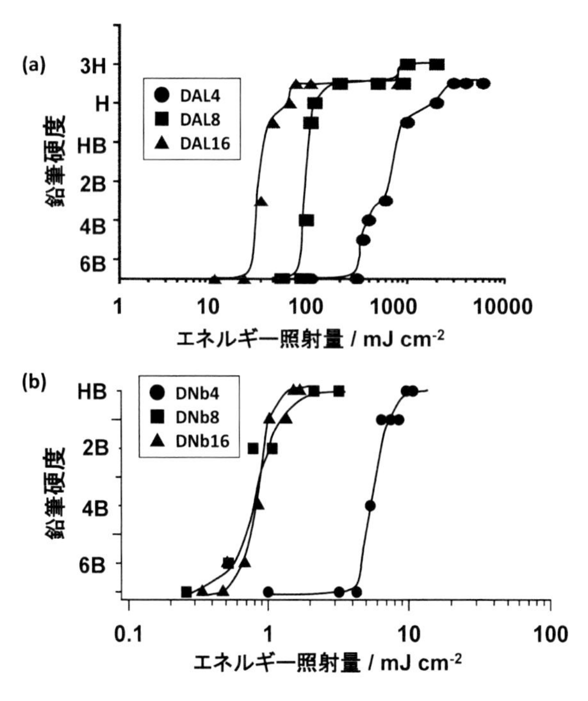

図 4 デンドリマー型紫外線硬化材料の硬化特性
(a)末端アリル型，(b)末端ノルボルネン型

SH6 塗膜の重合収縮率を比重測定により求めたところ，3%程度に抑制できることが分かった。これは，分岐鎖どうしの絡み合いを抑制できるというデンドリマーの特徴を反映しているものと考えられる。すなわち，デンドリマー型UV硬化材料は，「光照射により迅速に硬化し縮みにくい」という高性能な光硬化挙動を示すことが分かった。

本デンドリマー樹脂の粘度は，デンドリマーの世代により大きく異なる。最も高世代の **DAL16/SH6** 塗膜では16000 mPa・sであるのに対し，**DAL4/SH6** 塗膜では500 mPa・s である。それぞれ，トマトペーストとトマトジュースくらいの粘度に匹敵する。そこで，アリル基とメルカプト基の官能基モル濃度を等しく保ち，任意の比で2種類のポリアリルデンドリマー(**DAL16** と **DAL4**）を混合することにより多成分混合樹脂（**DAL16/DAL4/SH6**）を調製した[12d, 21]。全アリル化合物に対する **DAL4** の重量分率 X_w を変化させると，$0<X_w<0.35$ の領域で，感度と重合収縮率は200–290 mJ cm^{-2} および3.2–3.8%であり，ほぼ一定値に保たれることが分かった。すなわち，UV硬化樹脂性能を低下させることなく，16000–3000 mPa・s の範囲で粘度制御が行えることが分かった。本成果は，本UV硬化樹脂を光ナノインプリントなどの微細加工技術へと応用展開する際に重要になると考えている。

3.3　ポリノルボルネンデンドリマー系UV硬化材料の特性評価

つぎに，末端エン部位としてノルボルネンを導入したデンドリマー（ポリノルボルネンデンドリマー，**DNb(*n*)**，$n=4-16$，図3b）について，同様にエン・チオール塗膜（**DNb(*n*)/SH6**）を調製した[12]。図4bに示す通り，これらの塗膜がHBまで硬化するのに必要な紫外光照射エネルギー量は，**DNb4/SH6**，**DNb8/SH6**，および **DNb16/SH6** 系塗膜で，それぞれ9.6，2.1，1.5 mJ cm^{-2} である。すなわち，ノルボルネン系樹脂においても，デンドリマーの末端官能基数の増加に伴い感度が向上する。さらに興味深いことに，同じ末端数で感度を比較した場合，ノルボルネン系塗膜はアリル系塗膜に比べて50～70倍も感度が高いことが分かる。先述したように，ノルボルネン誘導体のエン・チオール活性は，一般的に，アリル誘導体の10倍程度であることが知られており，これはノルボルネン部位の環状構造の歪みにより，炭素ラジカルがチオールから水素を引き抜く過程（式1中の過程③）が促進されるためと考えられている[17]。今回の結果から，デンドリマー骨格を用いることより，さらに5～7倍の感度向上を見込めることが分かる。詳細なFTIRスペクトル解析を行うと，ポリアリルデンドリマー系樹脂では，ラジカル再結合により消費されるオレフィン部位は8%程度にとどまるのに対し，今回のポリノルボルネンデンドリマー系樹脂では，約40%ものオレフィン部位がラジカル再結合により消費されていることが分かった[21]。すなわちポリノルボルネンデンドリマー系における高いエン・チオール光重合活性の発現要因として，⑴デンドリマー末端へのノルボルネンの局所濃縮効果（式1中の過程②の促進），⑵ノルボルネン自体の高いエン・チオール活性（式1中の過程③の促進），⑶ラジカル―ラジカル再結合反応の促進（式1中の過程④の促進）の3つが関与しているものと考えられる。ポリノルボルネンデンドリマー系樹脂では，式1に示す②～④の過程すべてを活性化することができ，それらが相乗的に作用し合うことにより，特異的に高感度なUV硬化能が発現したものと考えられる。本UV硬化樹脂は重合活性が高い反面，保存安定性に欠ける点が克服すべき課題である。溶媒を濃縮除去した状態で室温放置すると，暗所においても数時間で固化してしまう。今後，安定剤の種類や添加量の検討，樹脂組成の最適化など実用的な観点からの工夫が必要となろう。

4 デンドリマーを利用した化学増幅型レジスト

大量合成可能なデンドリマーをフォトポリマーへと応用展開したもう1つの事例として，末端に9-フルオレニルメチルオキシカルボニル（Fmoc）基を局在させたデンドリマー（**DBA16**，図5）を紹介したい[22]。Fmoc基を含む誘導体は，式2に示すように，光塩基発生剤（PBG）から生じたアミンにより分解し，新たにアミンを生成する。そのため，露光後加熱（PEB）により，系内のアミン濃度が非線形的に増大する。本反応は塩基増殖反応（Base-amplifying（BA）reaction）と呼ばれ，有光，市村らにより初めてフォトポリマー材料に応用展開された反応系である[23]。Fmocデンドリマーを汎用のエポキシ樹脂（**PGMA**，図5），および光塩基発生剤（PBG，図5）とともに塗膜処理し，UV照射（365 nm）とおよび100℃で15分間PEBを行うと，塗膜内にアミンが増殖するとともに**PGMA**の架橋反応が進行する。その結果，露光部が有機溶媒（PGMEA）に不溶化するため，ネガ型レジストとして機能する。塗膜中に存在するFmoc基濃度を 1.0×10^{-3} mol/gに保ち，それぞれのフォトポリマーの感度を不溶化試験により評価した。感度は末端の塩基増殖基数に依存し，それぞれ1700 mJ cm^{-2}（末端数4），90 mJ cm^{-2}（末端数8），15 mJ cm^{-2}（末端数16）であった。すなわち，塩基増殖基をデンドリマー末端に局在させることにより，分子表面で効率の良い塩基増殖反応を誘起できることが分かった。

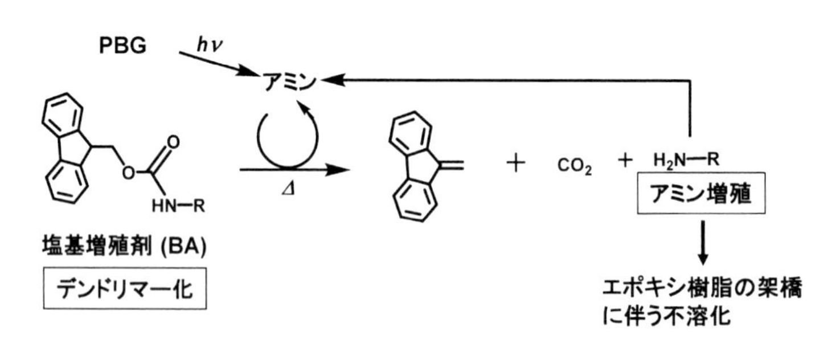

式2　塩基増殖反応のメカニズム

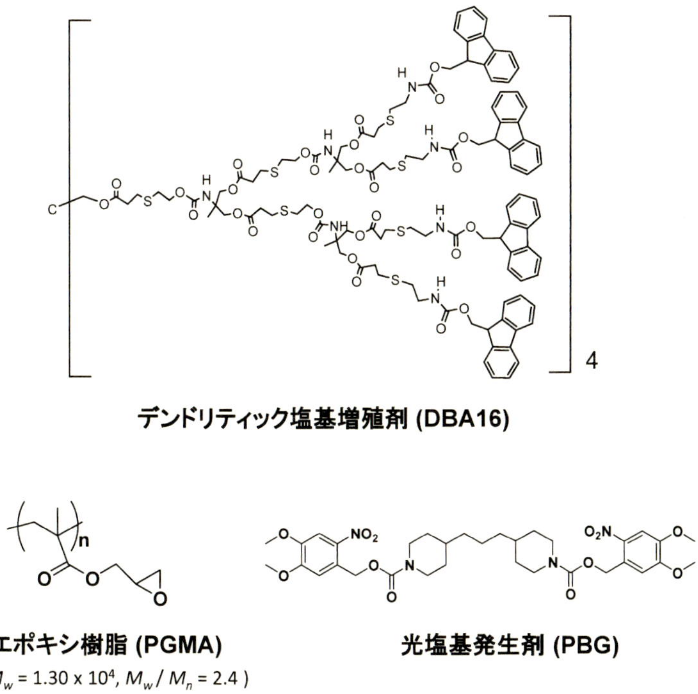

デンドリティック塩基増殖剤 (DBA16)

エポキシ樹脂 (PGMA)
(M_w = 1.30 x 10^4, M_w / M_n = 2.4)

光塩基発生剤 (PBG)

図5　デンドリマー型塩基増殖性フォトレジスト組成物

5　おわりに

本稿では，大量合成可能なデンドリマー骨格の末端にオレフィン部位を局所濃縮することにより，従来のエン・チオール系UV硬化材料の感度を飛躍的に改善できるとともに重合収縮率も低減できることを示した。反応性希釈剤を適切に添加することにより，UV硬化材料としての性能をほとんど低下させることなく樹脂粘度を制御することも可能となった。エン・チオール光重合反応は大気中の酸素阻害を受けないことが1つの利点であり，本章で述べた最も良好なUV硬化樹脂では，大気中において1.5 mJ cm^{-2} 程度の紫外光照射で光硬化が起こる。デンドリマー型フォトポリマーのもう1つの事例として，塩基増殖能を有するFmoc基をデンドリマー末端に導入することにより，化学増幅型レジストへと展開した。デンドリマー型塩基増殖剤と汎用の光塩基発生剤，エポキシ樹脂とともに塗膜処理し，UV照射とPEBを施すことにより，高感度なネガ型レジストとして機能することを確認できた。今後，露光や加熱条件等を最適化するとともに，安定性の確保，粘度制御などの手法が確立できれば，興味深いフォトポリマー材料になるものと期待している。

謝辞

本研究の一部は，科学研究費助成事業（若手 B，課題番号：23710134）からの研究助成，および原料提供（BEI：昭和電工㈱，PETA：新中村化学工業㈱）により遂行された。また，市村國宏先生（東京工業大学・名誉教授）に多大なるご助言をいただいた。

文　献

1) (a)青井啓悟，柿本雅明，「デンドリティック高分子」，株式会社エヌ・ティー・エス，2005. (b) J. M. Fréchet and D. A. Tomalia, "Dendrimers and other dendritic polymers, ", John Wiley & Sons, Ltd, 2001. (c) E. Buhleier, W. Wehner and F. Vögtle, *Synthesis*, 1978, 155. (d) D. A. Tomalia, H. Baker, J. Dewald, M. Hall, G. Kallos, S. Martin, J. Roeck, J. Ryder and P. Smith, *Polym. J.*, 1985, *17*, 117. (e) G. R. Newkome, Z-Q. Yao, G. R. Baker and V. K. Gupta, *J. Org. Chem.*, 1985, *50*, 2003

2) (a)青木健一，市村國宏，月刊ファインケミカル，2015, *44*, 13. (b)青木健一，最新フォトレジスト材料開発とプロセス最適化技術（第 5 章）p. 73，シーエムシー出版（2017）

3) M. Johansson, E. Malmström and A Hult, *J. Polym. Sci. Part A. Polym. Chem.*, 1993, *31*, 619

4) (a) W. Shi and B. Rånby, *J. Appl. Polym. Sci.* 1996, *59*, 1937. (b) W. Shi and B. Rånby, *J. Appl. Polym. Sci.* 1996, *59*, 1945. (c) W. Shi and B. Rånby, *J. Appl. Polym. Sci.* 1996, 59, 1951. (d) H. Huang, J. Zhang and W. Shi, *J. Photopolym. Sci. Tech.* 1997, *10*, 341. (e) W. Wei, Y. Lu, W. Shi, H. Yuan and Y. Chen, *J. Appl. Polym. Sci.* 2001, *80*, 51. (f) W. Wei, H. Kou, W. Shi, H. Yuan and Y. Chen, *Polymer* 2001, *42*, 6741. (g) H. Kau, A. Asif and W. Shi, *J. Appl. Polym. Sci.* 2003, *89*, 1500

5) (a) M. Johansson, T. Glauser, G. Rospo and A. Hult, *J. Appl. Polym. Sci.* 2000, *75*, 612. (b) H. Wei, H. Kou and W. Shi, *J. Coat. Tech.* 2003, *75*, 37. (c) Q. Fu, L. Cheng, Y. Zhang and W. Shi, *Polymer.* 2008, *49*, 4981

6) 猿渡欣幸，LED-UV 硬化技術と硬化材料の現状と展望：発光ダイオードを用いた紫外線硬化技術 p. 223，シーエムシー出版（2010）

7) (a) C. Nilsson, N. Simpson, M. Malkoch, M. Johansson and E. Malmström, *J. Polym. Sci. Part A：Polym. Chem.*, 2008, *46*, 1339. (b) C. Nilsson, E. Malmström, M. Johansson and S. M. Trey, *J. Polym. Sci. Part A：Polym. Chem.*, 2009, *47*, 589

8) (a) P. Wu, A. K. Feldman, A. K. Nugent, C. J. Hawker, A. Scheel, B. Voit, J. Pyun, J. M. J. Fréchet, K. B. Sharpless, V. V. Fokin, *Angew. Chem., Int. Ed.*, 2004, *43*, 3928. (b) R. K. Iha, K. L. Wooley, A. M. Nyström, D. J. Burke, M. J. Kade, C. J. Hawker, *Chem. Rev.*, 2009, *109*, 5620

9) (a) H. C. Kolb, MG. Finn, K. B. Sharpless, *Angew. Chem., Int. Ed.*, 2001, *40*, 2004. (b) M. G. Finn, H. C. Kolb, V. V. Fokin, K. B. Sharpless（北山 隆訳），化学と工業，2007, *60*, 976

10) (a) C. E. Hoyle and C. N. Bowman, *Angew. Chem. Int. Ed.*, **2010**, *49*, 1540. (b) G. Franc and A. K. Kakkar, *Chem. Soc. Rev.*, **2010**, *39*, 1536. (c) A. B. Lowe, C. E. Hoyle and C. N. Bowman, *J. Mater. Chem.*, **2010**, *20*, 4745. (d)青木健一，クリックケミストリー：基礎から実用まで（第12章）p. 112, シーエムシー出版（2014）
11) (a) K. Aoki, K. Ichimura, *Chem. Lett.*, **2009**, *38*, 990. (b) K. Aoki, K. Ichimura, *Bull. Chem. Soc. Jpn.*, **2011**, *84*, 1215
12) (a) K. Aoki, K. Ichimura, *J. Photopolym. Sci. Tech*, **2008**, *21*, 75. (b) K. Aoki, M. Yamada, K. Ichimura, *J. Photopolym. Sci. Tech*, **2013**, *26*, 257. (c) K. Aoki, M. Yamada, K. Ichimura, *J. Photopolym. Sci. Tech*, **2015**, *27*, 529. (d) K. Aoki, R. Imanishi, M. Yamada, *Prog. Org. Coat.*, **2016**, *100*, 105
13) (a) K. Aoki, R. Sakurai and K. Ichimura, *J. Photopolym. Sci. Tech*, **2007**, *20*, 277. (b) C. Nilsson, N. Simpson, M. Malkoch, M. Johansson and E. Malmstrom, *J. Polym. Sci. Part A：Polym. Chem.*, **2008**, *46*, 1339
14) K. Wongkamolsesh and J. E. Kresta, ACS Symp. Ser., **1985**, *270*, 111
15) (a) S. P. Rannard, N. J. Davis, *J. Am. Chem. Soc.*, **2000**, *122*, 11729. (b) M. Okaniwa, K. Takeuchi, M. Asai, M. Ueda, *Macromolecules*, **2002**, *111*, 6232. (c) F. Koç, M. Wyszogrodzka, P. Eilbracht, R. Haag, *J. Org. Chem.*, **2005**, *70*, 2021. (d) C. Ornelas, J. R. Aranzaes, E. Cloutet, D. Astruc, *Org. Lett.*, **2006**, *8*, 2751
16) (a) K. Aoki, T. Hashimoto and K. Ichimura, *J. Photopolym. Sci. Tech*, **2014**, *27*, 529. (b) 青木健一，市村國宏，光機能性高分子材料の新たな潮流：最新技術とその展望（第5章）p.263, シーエムシー出版（2008）
17) (a) A. F. Jacobine, "*Curing in Polymer Science and Technology III*", Elsevier：London, 1993, p219 (Chapter 7), (b) C. E. Hoyle, T. Y. Lee and T. Roper, *J. Polym. Sci. Part A：Polym. Chem.*, **2004**, *42*, 5301
18) T. Posner, *Ber.*, **1905**, *38*, 646
19) C. R. Morgan, F. Magnotta and A. D. Ketley, *J. Polym. Sci. Polym. Chem. Ed.*, **1977**, *15*, 627
20) 市村國宏，UV 硬化の基礎と実践，米田出版（2010）
21) K. Aoki, R. Imanishi, *J. Photopolym. Sci. Tech.* **2017**, *30*, 421
22) (a) K. Aoki and K. Ichimura, *Macromol. Chem. Phys.* **2009**, *210*, 1303. (b) K. Aoki, T. Hashimoto and K. Ichimura, *J. Photopolym. Sci. Tech.* **2014**, *27*, 529
23) K. Arimitsu, M. Miyamoto and K. Ichimura, *Angew. Chem. Int. Ed.* **2000**, *39*, 3425

第4章　アモルファス分子材料の光機能発現

中野英之*

1　はじめに（アモルファス分子材料とは）

一般に，物質はその融点以下では平衡熱力学的に安定な結晶状態をとる。しかし，液体を冷却して融点以下に下げても，何らかの理由で結晶化せず，過冷却液体として存在する場合があり，さらにある温度領域よりも低い温度になると，粘度が高くなりすぎて，見かけ上，凍結・固化された状態となる。このような状態は熱力学的観点からは「ガラス状態」とよばれ，液体の流動性が凍結されてしまう温度をガラス転移温度（Tg）とよぶ。ガラス状態では，構成する原子・分子は結晶のような規則正しい配列・配向性はもたず，液体のようにばらばらの配向状態で凍結されていて，構造学的には「アモルファス（無定形）状態」である。日常生活で通常「ガラス」と称されるシリカガラスは，アモルファスガラス状態となっている無機材料の典型例であり，構造材料として重要である。このほかにも，太陽電池などへの応用されるアモルファスシリコンを始め，さまざまな無機アモルファス材料が知られている。有機材料についてみてみると，高分子系材料の多くがアモルファス状態をとることが知られている。高分子系アモルファス材料は一般に，成型加工性に優れ，とくに均一・透明な膜を種々の方法で容易に形成できることから有用である。これに対し，有機低分子系化合物は一般に高分子に比べるとすぐに結晶化してしまい，通常の低分子系有機物質を室温付近で安定なアモルファスガラス状態とすることは困難である。しかし，適切な分子設計を行うことにより，室温以上で安定なアモルファスガラス状態を容易に形成する低分子系材料を生み出すことが出来る。筆者が以前に所属していた研究グループでは，このような材料を「アモルファス分子材料」と名付け，さまざまなアモルファス分子材料を開発して，それらの分子構造とアモルファスガラス形成能やガラス状態の安定性との相関を調べ，アモルファス分子材料創製のための分子設計指針を示してきた。また，熱力学的非平衡状態であるガラス状態からの緩和過程など基礎物理化学的に興味深い課題に取り組むとともに，アモルファス分子材料への光・電子機能の付与と物性評価，ならびに光・電子デバイスへの応用に関する研究を行ってきた[1~3]。その後，多くの研究者がアモルファス分子材料に注目し，とくに光・電子デバイス用の材料を中心に，さまざまなアモルファス分子材料が開発されるようになってきた。

著者らもアモルファス分子材料の創製研究の一端を担ってきており，そのなかで最近，アモルファス分子材料が示すいくつかの新しい光機能を見出している。本稿ではその一部を紹介する。

---

* Hideyuki Nakano　室蘭工業大学　大学院工学研究科　教授

2　フォトクロミックアモルファス分子材料とフォトメカニカル機能

フォトクロミズムとは，物質の色彩が特定の波長の光（ここでは可視光だけでなく紫外線も含む）の照射により変化し，別の波長の光照射あるいは加熱などの処理により色彩が元に戻る現象である。有機フォトクロミック材料が示す可逆的な色彩変化は，光照射に伴って分子の構造が可逆的に変化することに基づいている。分子構造の変化により，色彩だけでなく屈折率などの光学的性質も大きく変化することから，光メモリーや光スイッチなどへの応用が期待されて脚光を浴びていた時期があったが，実用化に向けての課題が多く，有機フォトクロミック材料の応用研究のブームはいったん去ってしまっていたように思われた。しかし最近，有機フォトクロミック材料に光照射を行うと，それに伴ってマクロなレベルで動いたり変形したりするメカニカル挙動（フォトメカニカル挙動）が報告されるようになり，有機フォトクロミック材料が新たな注目を集めている[4]。

筆者らは，フォトクロミック機能を有するアモルファス分子材料，すなわち“フォトクロミックアモルファス分子材料”の設計・合成と物性ならびにフォトクロミック反応特性の解明などの研究を行ってきた。これまでに，アゾベンゼン，ジチエニルエテン，スピロオキサジンなどのフォトクロミッククロモフォアを有するフォトクロミックアモルファス分子材料を創出し，それらの溶液中ならびにアモルファス膜状態におけるフォトクロミック特性を明らかにしている[5~7]。これらの中で，アゾベンゼン系フォトクロミックアモルファス分子材料（図1）は，さまざまなフォトメカニカル挙動を示す重要な材料系である。

アゾベンゼン誘導体は，光照射に伴って trans–cis 異性化反応に基づいたフォトクロミズムを示す（図2)。上述のアゾベンゼン系フォトクロミックアモルファス分子材料の場合，それらの trans–体と cis–体はほぼ同じ波長領域に電子吸収帯を有しているため，たとえば 488 nm のレー

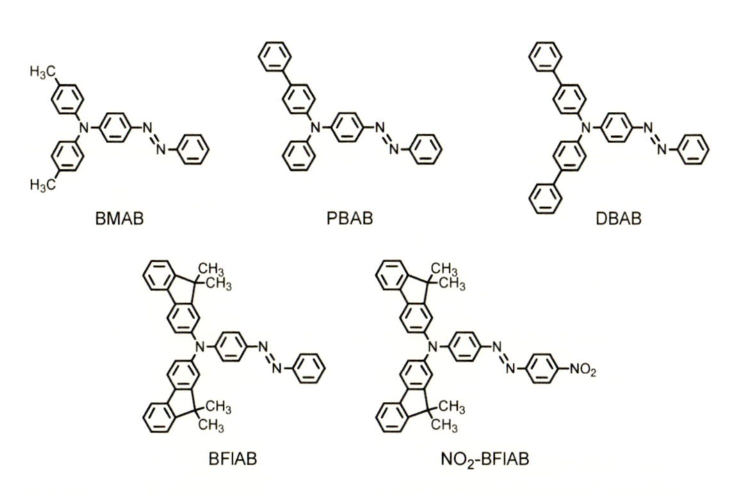

図1　アゾベンゼン系フォトクロミックアモルファス分子材料の例

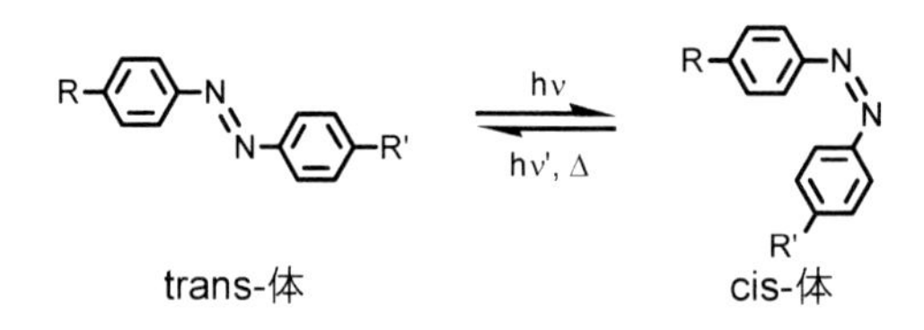

図２　アゾベンゼン誘導体の光異性化反応

ザー光を照射すると，trans-体から cis-体への光異性化反応だけでなく，生成した cis-体が再び光を吸収して trans-体に戻る反応も進行する。したがって，レーザー光が照射されている部分ではアゾベンゼン部位が trans–cis–trans の構造変化を繰り返していることになる。下記で述べる光誘起物質移動が関わるフォトメカニカル挙動が Tg 以下で観測されるのは，このような trans–cis–trans の構造変化の繰り返しによって材料が軟化し，分子が動きやすくなっていることが関与していると考えられる。

アゾベンゼン系フォトクロミックアモルファス分子材料を適当な形状に成形・製膜し，さまざまな条件下でレーザー光を照射すると，試料の形状やおかれている環境，光照射条件などに応じてさまざまなフォトメカニカル挙動を示す。その例を模式的に図３に示す。これらの現象はいずれも，照射する 488 nm のレーザー光の偏光方向に大きく依存している。そのメカニズムの詳細は未だ不明であるが,「アゾベンゼン系分子が trans–cis–trans の構造変化を繰り返すことにより，膜や粒子などが軟化して分子が動きやすくなると同時に，分子が照射光の偏光方向と平行に振動・移動しようとする」と考えると説明できる。以下，それぞれのフォトメカニカル挙動について簡単に紹介する。

a）アモルファス膜における光誘起 SRG 形成[8~10]

アゾベンゼン系フォトクロミックアモルファス分子材料の膜に，488 nm のレーザー光の二光波を干渉露光すると，膜表面に干渉縞に対応する凹凸のレリーフ回折格子（表面レリーフ回折格子：SRG）が形成される。形成されるレリーフの高低差は分子の構造変化だけでは説明できないため，干渉露光下で分子が移動している（光誘起物質移動）と考えられる。この現象は，照射するレーザー光の偏光方向に大きく依存しており，干渉縞と平行な偏光を用いるより，干渉縞と垂直（分子が動く方向と平行）の偏光を用いた場合の方がより SRG 形成能に優れる。このことは，分子が偏光方向と平行に移動しようとしていることを示唆しており，この偏光成分の光強度が強い部分から弱い部分に向かって物質が移動することによって干渉縞に対応した凹凸が形成されると考えられる。同様の現象は，アゾベンゼン系高分子膜を用いてすでに報告され，活発に研究がなされていたが[11]，高分子系に比べて，低分子系材料であるフォトクロミックアモルファス分子材料の方が一般に SRG 形成速度は速い[12]。

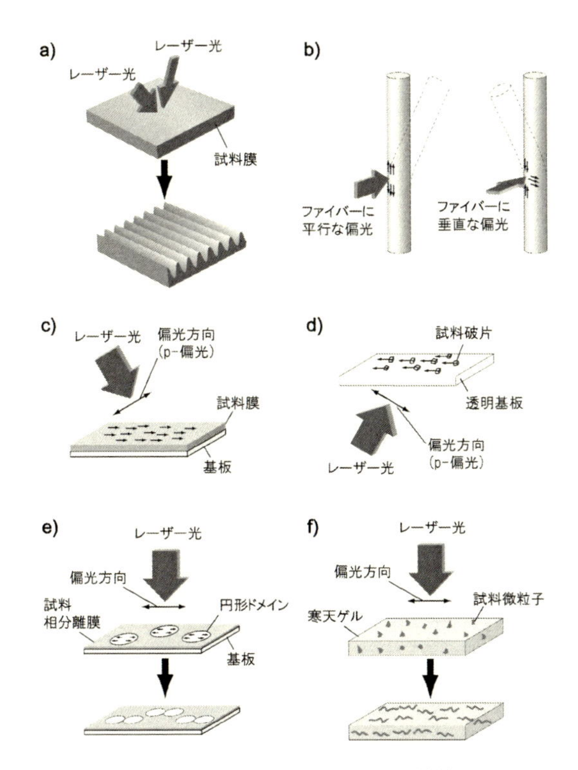

図3　アゾベンゼン系フォトクロミックアモルファス分子材料が示すフォトメカニカル挙動
a）アモルファス膜における光誘起SRG形成，b）分子ファイバーの光屈曲，c）アモルファス膜表面における光誘起物質流動，d）分子ガラス粒子の光移動，e）相分離膜の光構造変化，f）寒天ゲル中の微粒子の光変形。“→”は物質移動の方向を示している

b）分子ファイバーの光屈曲[13,14]

加熱融解させたアゾベンゼン系フォトクロミックアモルファス分子材料をTg付近まで冷却し，ピンセットなどで引っ張ると容易にアモルファスマイクロファイバーが形成される。これに488 nmのレーザー光を照射するとファイバーは屈曲するが，その屈曲方向は照射するレーザー光の偏光方向に依存する。ファイバーの軸と平行な偏光を照射した場合には光源から逃げる方向に，ファイバー軸に垂直な偏光を照射した場合には光源に近づく方向に屈曲する。これは，ファイバーの光照射部分の表面付近で物質移動が誘起されることに基づいている。ファイバー軸に平行な偏光を照射した場合には，光照射表面付近の分子がファイバー軸に沿ってこの面を引き伸ばすように動くためにファイバーは光源から逃げる方向に屈曲する。一方，ファイバー軸に垂直な偏光を照射した場合には，光照射表面付近の分子がファイバー軸と平行に移動するのに伴い，上下からこの部分に分子が流れ込むような力が働くため，ファイバーは光源に向かって屈曲すると考えられる。

c) アモルファス膜表面における光誘起物質流動[15]

アゾベンゼン系フォトクロミックアモルファス分子材料の膜に,（干渉露光ではなく）レーザー光のp-偏光一光波を膜に対して斜め方向から照射すると，膜表面付近で物質流動が誘起される。流動が誘起されていることは，膜中に分散した量子ドットの発光位置の移動で確認できる。s-偏光を照射した場合や，光を垂直に照射した場合には，このような流動は観測されない。p-偏光を斜めに照射した場合，膜中の分子は偏光方向と平行に，すなわち膜の表面に対して斜めに振動しようとするが，膜の奥に向かうより膜の表面に向かう方向に動きやすいため，結果として膜中の分子が表面に向かって斜めに移動していき，表面で流動となって観測されると考えられる。流動の速度は，材料の種類や光照射条件などに依存しているが，概ね毎分1 μm程度のものが得られている。

d) アモルファス分子ガラス粒子の光移動[15]

アゾベンゼン系フォトクロミックアモルファス分子材料の融液を冷却して得られたガラス状態試料（分子ガラス）を砕いて作製した粒子を透明基板上に置き，これに基板を通して下から斜めにp-偏光のレーザー光を照射すると，粒子が基板上を移動する。前述のように，粒子の光照射面付近で物質が流動しようとするが，この面がガラス基板と接触しているため，流動しようとする力の反作用で粒子が移動すると考えられる。したがって，粒子の移動方向は前述の物質流動の方向とは逆になる。

e) 相分離膜の光構造変化[16]

アゾベンゼン系フォトクロミックアモルファス分子材料の一つであるBFlABとポリ酢酸ビニルを重量比1：4で混合してスピンコート法で作製した膜を加熱処理すると，相分離して円形のドメインが形成される。この膜に，488 nmのレーザー光の偏光を照射すると，円形のドメインが偏光方向に引き伸ばされるように変形していき，最終的に偏光方向に並んだ二つのドメインにわかれる。これは，相分離によって生成した円形ドメインの主成分がBFlAB分子であり，BFlAB分子が偏光方向と平行に動こうとしてドメインの形状を変化させていくためと考えられる。

f) 寒天ゲル中の微粒子の光変形[17, 18]

アゾベンゼン系フォトクロミックアモルファス分子材料の分子ガラスを細かく砕いて作製した微粒子を寒天ゲル中に固定し，ここにレーザー光の偏光を照射すると，微粒子がレーザー光の偏光方向に引き伸ばされた特異な構造に変化する。これは，微粒子中のアゾベンゼン系分子が偏光方向と平行に振動・移動していくためと考えられる。さまざまな方向からの観察により，粒子がレーザー光の進行方向には伸びずに偏光方向と平行な方向にのみ伸びることが確認されている。なお，微粒子が伸長していく際に，伸長方向と垂直な方向にうねる運動も観測され，このうねり運動は光を照射し続ける限り継続されるため興味深いが，そのメカニズムは未解明のままである。

3　発光性アモルファス分子材料とメカノクロミック発光機能

蛍光は，ひとの視覚に強い印象を与えるため，イルミネーションをはじめとした身近な装飾品から，有機ELなどの最先端科学技術の分野に至るまで広く応用されている。アモルファス膜状態で発光性を有するアモルファス分子材料は，有機ELの根幹を担う材料として活発な研究がなされている。

最近では，有機EL用をはじめとするこれまでの発光材料の研究から新たに，外部刺激に応答して発光色が変化する材料が注目を集めている。なかでも，摩砕や加圧などの機械的な刺激に応答して固体蛍光色素の発光色が可逆的に変化するメカノクロミック発光現象は興味深い[19,20]。この現象は一般に，機械的な刺激によって結晶中の分子配列が変化し，それに伴って分子間相互作用が変化するために発光色が変化すると考えられている。この他にも，構成している分子の特性，結晶構造，分子間相互作用の種類などの様々な要因がメカノクロミック発光現象に関与していると考えられ，この現象の学術的理解を深めていく観点から，また，将来さまざまな実用的な応用展開をはかっていく観点から，新たなメカノクロミック発光材料の開発と発現機構の解明は興味ある重要な研究課題である。

筆者らも，新たなメカノクロミック発光材料の創製とメカニズムの解明に関する研究を進めており，なかでも発光性のジアリールアミノベンズアルデヒド系アモルファス分子材料（図4）は重要な研究対象である。

代表的なジアリールアミノベンズアルデヒド系アモルファス分子材料であるBMABAの溶液は紫外光励起により蛍光を発するが，その発光色は溶剤の種類によって変化する[21]。これらの溶液の電子吸収スペクトルは溶媒の種類にほとんど依存しないのに対し，発光スペクトルは溶媒の極性の増大とともに長波長側にシフトしていく。これは，BMABAが励起状態でねじれ分子内電荷移動（TICT）構造をとっており，溶媒極性の増大とともにTICT状態がより安定化されるためと考えられる。

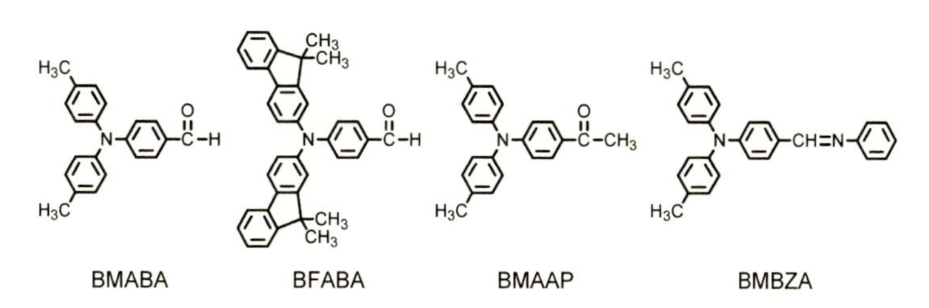

図4　ジアリールアミノベンズアルデヒド系アモルファス分子材料の例

BMABAは溶液だけでなく凝集状態（結晶ならびにアモルファス状態）でも発光するが，その発光色は凝集構造に依存しており，結晶状態では淡青色に発光するのに対し，結晶を加熱融解させた後に冷却して得られるアモルファス状態では，結晶よりも発光スペクトルが長波長側にシフトして黄緑色に発光する[21)]。これは，結晶状態では，励起された分子のTICT状態への構造変化が妨げられるため高いエネルギー状態からの短波長の蛍光を発するのに対し，アモルファス状態では，自由体積の存在により励起された分子の構造変化が可能となり，エネルギー緩和したTICT状態からの長波長の蛍光が観測されるためと考えられる。

さらに，BMABAはメカノクロミック発光を示す[21)]。結晶状態で淡青色に発光している試料をスパチュラなどですり潰す（摩砕する）と発光色が黄緑色に変化し，しばらく放置するともとの発光色に戻る。これは摩砕によって結晶格子が崩れてアモルファス化し，その後，アモルファス化した部分が再び結晶化することに基づく。BMABAのTgは8℃と比較的低くアモルファス状態が不安定であり，周囲に結晶核が存在するとすぐに結晶化してしまうため，比較的低温でないとこの現象は観測されない。これに対し，Tgが86℃であるBFABAでは，摩砕によってアモルファス化された部分が結晶化しにくく安定に存在するために，変化した発光色は室温で長期間保持できる。発光色を元に戻す場合には加熱処理を行なって結晶化させる[22)]。BMAAPもBMABAと同様のメカノクロミック特性を示すほか[23)]，BMBZAは結晶状態ではほとんど発光が観測されず，摩砕で得られるアモルファス状態で発光が増強するため，ON-OFFタイプのメカノクロミック発光特性を示す[24)]。

このようなメカノクロミック発光機能のほかにも，BMABAのアモルファス膜に溶剤蒸気にさらすと溶剤の種類に応じて発光色が変化するベイポクロミック発光を示すことや[25)]，BMABAと有機酸との混合膜に息を吹きかけることによって蛍光発光をON-OFFできることも明らかになっており[26)]，今後もさまざまな機能が付加された発光性アモルファス分子材料の開拓が期待される。

4 おわりに

アモルファス分子材料は，高分子材料と比べて“分子の構造が明確で分子量分散がない”，“機能発現に関わるクロモフォアの濃度を極度に高くすることができる”，“溶融状態や溶液からの成型だけでなく蒸着法による製膜も可能である”，などさまざまな特徴がある。さらに，凝集状態において同一の材料で100％結晶の状態から100％非晶の状態まで大きくモルフォロジーを変化させることも可能である。合成技術，合成手法の進展により，分子内に機能発現部位を導入した分子を容易に設計・合成できるようになってきており，今後，これまでになかったような新たな機能を有するアモルファス分子材料も次々と開拓されていくと期待される。

文　　献

1) Y. Shirota *et al.*, *Chem. Lett.*, 1145 (1989)
2) Y. Shirota, *J. Mater. Chem.*, **10**, 1 (2000)
3) Y. Shirota, *J. Mater. Chem.*, **15**, 75 (2005) ほか
4) 入江正浩ほか, フォトクロミズムの新展開と光メカニカル機能材料, シーエムシー出版 (2011)
5) T. Tanino *et al.*, *J. Mater. Chem.*, **17**, 4953 (2007)
6) H. Utsumi *et al.*, *J. Mater. Chem.*, **12**, 2612 (2002)
7) D. Nagahama *et al.*, *J. Photopolym. Sci. Tech.*, **21**, 755 (2008)
8) H. Nakano *et al.*, *Adv. Mater.*, **14**, 1157 (2002)
9) H. Nakano *et al.*, *J. Mater. Chem.*, **18**, 242 (2008)
10) H. Nakano *et al.*, *Dyes Pigm.*, **84**, 102 (2009)
11) S. K. Tripathy *et al.*, *J. Mater. Chem.*, **9**, 1941 (1999)
12) H. Ando *et al.*, *Mater. Chem. Phys.*, **113**, 376 (2009)
13) H. Nakano, *J. Mater. Chem.*, **20**, 2071 (2010)
14) H. Nakano *et al.*, *Micromachines*, **4**, 128 (2013)
15) H. Nakano and M. Suzuki, *J. Mater. Chem.*, **22**, 3702 (2012)
16) R. Ichikawa and H. Nakano, *Lett. Appl. NanoBioSci.*, **4**, 260 (2015)
17) R. Ichikawa and H. Nakano, *RSC Adv.*, **6**, 36761 (2016)
18) H. Nakano *et al.*, *J. Phys. Chem. B*, **122**, 7775 (2018)
19) Y. Sagara and T. Kato, *Nat. Chem.*, **1**, 605 (2009)
20) Z. Chi *et al.*, *Chem. Soc. Rev.*, **41**, 3878 (2012)
21) K. Mizuguchi *et al.*, *Mater. Lett.*, **65**, 2658 (2011)
22) K. Mizuguchi and H. Nakano, *Dyes Pigm.*, **96**, 76 (2013)
23) K. Okoshi and H. Nakano, *J. Photopolym. Sci. Tech.*, **27**, 535 (2014)
24) S. Manabe *et al.*, *Rapid Commun. Photosci.*, **3**, 38 (2014)
25) 小椋硬介, 中野英之, 高分子論文集, **72**, 199 (2017)
26) H. Nakano *et al.*, *ChemistrySelect*, **1**, 1737 (2016)

第5章　ビスアントラセン薄膜の光誘起表面レリーフ

生方　俊*

1　はじめに

微細加工の基幹技術であるリソグラフィー法は，空間的にパターンを有する光照射を施すことで，レジスト材料の局所的な光反応により未露光部と露光部の間で溶媒に対する溶解性の差が生じ，精巧な加工を可能としている。一方，アゾベンゼン含有高分子薄膜にパターン露光を施すことで薄膜構成物質の移動に基づいて表面レリーフ（Surface Relief：SR）と呼ばれる凹凸が形成する現象が報告された[1,2]。このSR構造は，消去・再形成が可能であり，リソグラフィー法とは原理・特徴を異にした新規な微細加工技術として，基礎・応用の両面から強い関心を集めている[3~8]。特に，パターン露光を施すだけの簡便さ，および消去書き換え可能な可逆性のために，様々な光学素子への応用の提案がなされてきた[3,7]。しかし，アゾベンゼン化合物は可視領域に強い吸収帯を有するために，光学素子としての利用においては，使用可能な波長領域を制限する。

そのような背景の中，アゾベンゼン化合物を含まない新しいSR形成材料が発表されている[9~16]。筆者らも種々の化合物の検討を行い，いくつかの低分子フォトクロミック化合物のアモルファス薄膜においてSRが形成されることを見いだしている[17~19]。これらの低分子フォトクロミック化合物ではその分子量の小ささから移動が容易であり，高効率にSRが形成されるという長所がある。しかし，低分子量であるために薄膜の熱的および機械的安定性に欠けるという短所もあった。

一方，汎用高分子であるポリスチレン薄膜においてもSR形成が可能であることが見いだされた[20,21]。このポリスチレン薄膜のSR形成においては，その分子量の大きさから形成したSRが安定であるという長所があるが，光反応性基を持たないので，SR形成のために非常に大きな露光エネルギーを必要するという短所もあった。

そこで，光学素子への応用へ向けたSR形成材料の創製を目的として，低分子と高分子の両者の長所を併せ持つ新たな材料開発に着手した。すなわち，パターン光照射前はソフトで動きやすい低分子でありながら，パターン光照射によりSRが形成された後は安定な高分子へと変化する光連結性分子材料の開発である。本章では光連結性分子材料としてビスアントラセン薄膜を用いたSR[22]について紹介する。

＊　Takashi Ubukata　横浜国立大学　大学院工学研究院　准教授

2 光連結性分子材料とその光反応

光連結性分子材料として，2つのアントラセン部分がスペーサーを介して結合したビスアントラセン分子に注目した。アントラセンは近紫外光の中でも長波長側のUV-A領域の紫外光（例えば波長365 nm）が照射されると［4+4］環化付加反応により二量体が形成されることが知られている[23,24]。一方，環化付加反応した光二量化体は，近紫外光の中でも短波長側のUV-C領域の紫外光（例えば波長254 nm）の照射もしくは加熱により逆環化付加反応が進行し，元のアントラセンに戻る。ビスアントラセン分子が分子内で光二量化するとその分子量は変化しないが，分子間で光二量化すると分子量は2倍になる。したがってビスアントラセン分子の分子間の逐次光二量化は最終的に高分子量体を形成する[25~27]。数種類のビスアントラセン分子を合成し，それらの薄膜中における光応答特性を検討した。その中でも室温下において良質なアモルファス薄膜を形成し，二量化体形成の光感度が高いビスアントラセン（BA）の結果について紹介する（図1）。BAは9-アントラセンカルボン酸と1,5-ジブロモペンタンおよび4,4'-ビフェニルジオールとの二段階の反応によりトータル収率41%で得た。また，合成した化合物の熱物性を示差走査熱量測定（DSC）により評価した。BAは初回の昇温過程において153℃に結晶融解に起因する吸熱ピークが観測されたが，それ以降の降温-昇温過程では結晶化とその融解を示すピークは観測されず，昇温過程において31℃にガラス転移によるベースラインシフトのみが観測された。

BAのクロロホルム溶液（濃度1.1 wt%）を調製し，洗浄したガラス基板上にスピンコートすることで無色透明なアモルファス薄膜（膜厚0.1 μm）を得た。BA薄膜は，4週間後においても薄膜は変化せず，安定なアモルファス薄膜を形成することを確認した。

BA薄膜にUV-A（365 nm）を照射し，薄膜中におけるアントラセン部分の光反応性について評価した。BA薄膜に窒素雰囲気下，75℃にて照射強度（0.155 mW cm^{-2}）の紫外光を照射したときの吸収スペクトル変化を図2(a)に示す。アントラセン発色団に起因する300-400 nmの吸光度の減少が観察され，薄膜中においてアントラセン基が光反応を示していることがわかる。なお，露光条件は後述するSR形成の条件に合わせてある。10分間あるいは20分間露光後の薄膜の光反応率を369 nmの吸光度の減少率から見積もると60.5%，72.4%と見積もられる。また，分子

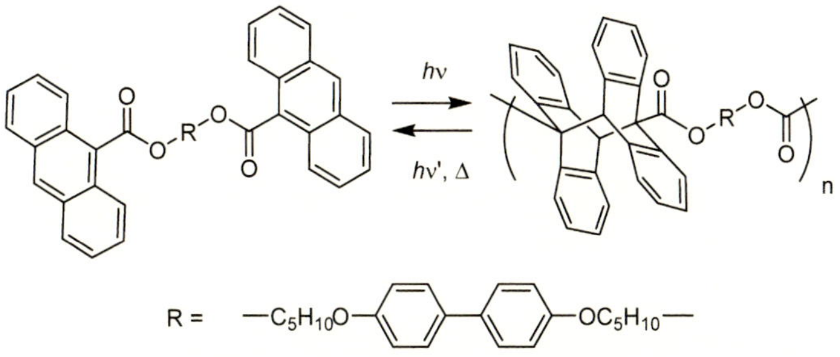

hν
hν', Δ
n
R = $-C_5H_{10}O-$(biphenyl)$-OC_5H_{10}-$

図1　ビスアントラセン化合物（BA）の構造とその光重合

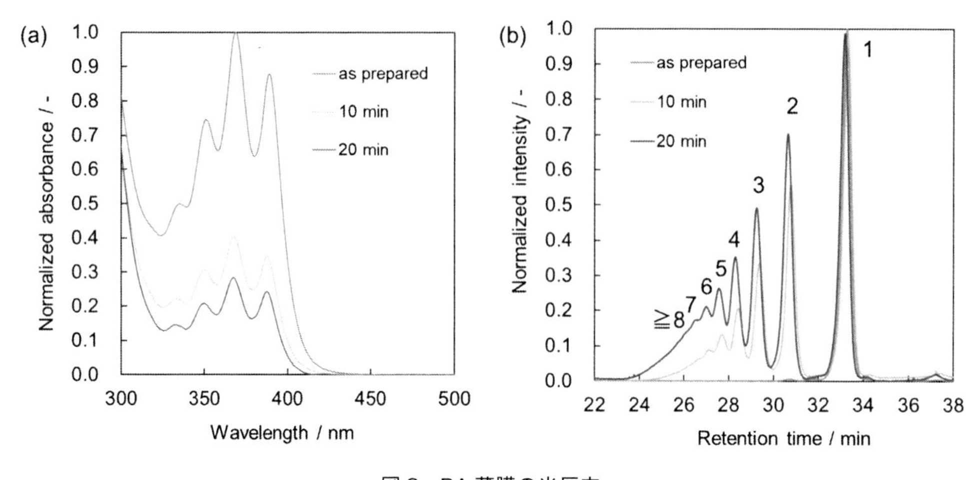

図2　BA 薄膜の光反応
(a)紫外可視吸収スペクトル変化，(b)GPC チャート変化

間の光二量化反応を確認するために，各時間露光した薄膜および露光前の薄膜をクロロホルムに浸漬して完全に溶解させ，その溶液をゲル浸透クロマトグラフィー（GPC）を用いて評価した。その結果，元の BA に帰属される保持時間 33 分のピークの他に，2 量体から 7 量体のピークが確認された（図 2(b)）。8 量体以上のピークの分離はできていないが，光反応により少なくとも 8 量体以上が生成し，BA 薄膜においてオリゴマー程度に分子量が増加することが明らかとなった。光反応率を計算すると，10 分間あるいは 20 分間露光後の薄膜の光反応率はそれぞれ 60.1%，69.7% と見積もられた。紫外可視吸収スペクトルによるアントラセンに起因する吸光度の減少率から見積もられた光反応率と GPC により検出された両末端に残存しているアントラセン高分子量化体中に含まれる複数のアントラセン二量化部から見積もられた光反応率の一致は，BA の光反応は分子間の光二量化によるものであることを示す。

3　光連結性分子材料の表面レリーフ

次に，BA 薄膜の SR 形成能を評価した。図 3(a)は，温度 75℃，周期 6 μm のフォトマスクを用いて，照射強度 0.15 mW cm^{-2}，照射時間 10 分の条件で UV-A（365 nm）を照射した BA 薄膜の原子間力顕微鏡（AFM）像を示す。照射後には周期構造による干渉色が目視にて確認され，高低差約 75 nm，周期 6 μm の規則的な凹凸構造が観察された。また，スリット状マスク（ライン幅 3 μm）を介して露光を行った BA 薄膜の AFM の断面形状より，この SR 形成は未露光部から露光部への未反応の BA 分子の移動によるものであることがわかった（図 3(b)）。

また，SR を形成させるにはパターン露光だけでなく，パターン露光中または露光後に BA 薄膜をそのガラス転移温度（T_g）以上に加熱する必要があることがわかった。図 4(a)に形成する SR の高低差の露光中の温度依存性を示す。SR の高低差は，露光時の温度が高くなるにつれて，

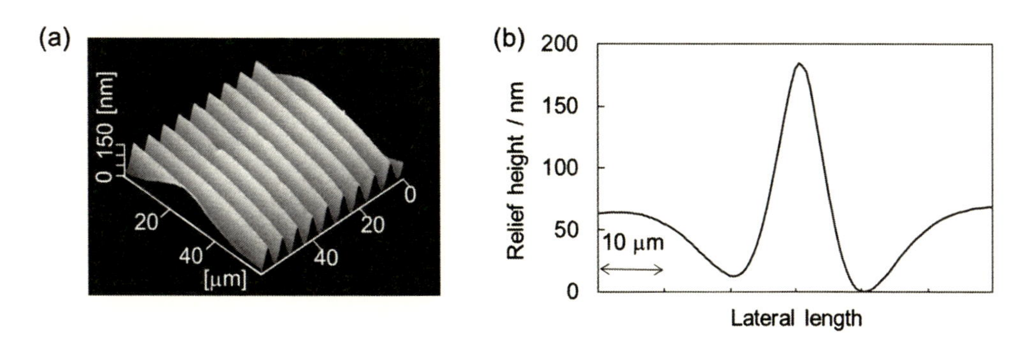

図3　BA 薄膜に形成する SR 構造
(a)格子状マスクを用いた SR の鳥観図，(b)スリット状マスクを用いた SR の断面図

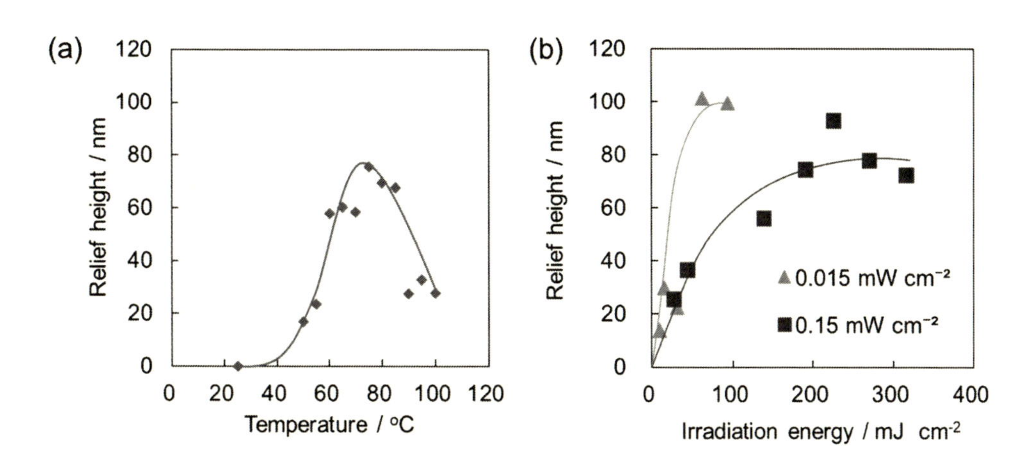

図4　形成する SR の高低差の種々の依存性
(a)温度依存性，(b)光強度および露光エネルギー量依存性

徐々に増加し，BA の T_g より約 40-50℃高い温度において SR 形成能が最大となり，それ以上の高温において，徐々に減少した。これは加熱による分子の運動性の向上と膜の平滑化の寄与との競合の結果であることが考えられる。この現象はスピロオキサジン[19]およびポリスチレン[20]薄膜を用いた SR においても観察されている。スピロオキサジン薄膜，ポリスチレン薄膜，BA 薄膜に形成する SR について，最も大きな高低差が得られる温度とそれぞれの薄膜形成材料の T_g との差は，スピロオキサジン薄膜が最も小さくほぼ同じ温度であるのに対して，ポリスチレン薄膜，BA 薄膜の順に大きくなった。この結果は，BA 薄膜の露光領域において高分子量化反応が効率良く進行したことと関連すると考えられる。

BA 薄膜上に SR を形成させるための露光エネルギー量は，以前に検討された材料と比較すると大幅に抑えられることがわかった。図4(b)は，露光時の温度を一定にして形成された SR 構造の高低差の露光エネルギー量依存性を示す。露光エネルギー量が多くなると高低差は増大し，飽和に達した。0.015 mW cm^{-2} の照射光強度では，72 mJ cm^{-2} の露光エネルギー量で約 100 nm の高低差の SR が形成された。このような小さい露光エネルギー量は，相転移型液晶性アゾベンゼン高分子薄膜で報告されている最高感度の SR システムに匹敵した[6]。高感度に SR が形成する理由として，BA 薄膜中におけるアントラセンの二量化効率が非常に高いことが挙げられる。BA 薄膜中における光反応を蛍光スペクトルの変化を用いて調査すると，光反応の進行に伴って，希薄溶液中で観察されるアントラセンの蛍光よりも長波長側で観察される蛍光が優先的に消失していることが観察された。このことから，BA 薄膜中でアントラセンの二量化前駆体が形成されており，BA 薄膜中において二量化反応量子収率が向上したと考えている。さらに，BA 薄膜において T_g 以上の加熱により SR が形成されるが，未反応の低分子量 BA の大きな移動度のため，高感度に SR 形成が達成されたと考えている。

SR の応用に向けての別の重要な要件として，SR 構造が長期保存に対して安定であり，熱的に耐久性があることが挙げられる。BA 薄膜の SR は，暗所室温下で少なくとも 3 週間は形状が変化しないことが確認された。次に，加熱時の SR 構造の安定性が評価された。図 5 の丸プロットは，BA 薄膜に形成した SR を段階的に 10 分間ずつ加熱後急冷した SR の高低差の変化を示す。BA 薄膜に形成した SR は 75℃付近まで SR 構造を保ち，80℃以上の加熱で高低差は減少し，100℃でほとんど SR 構造が消失した。SR 構造の減衰は，元々の T_g よりも 50℃ほど高温で起こることがわかった。これは BA の高分子量化によるものと考えられる。この熱に対する安定性は，図 5 の他の記号のプロットによって示されるように，SR 形成後の UV-A（0.15 mW cm^{-2}）の均一照射（三角：5 分，四角：10 分，菱形：20 分）によってさらに向上した。これは，パターン露光において未露光領域の BA の高分子量化によって引き起こされたと考えられる。

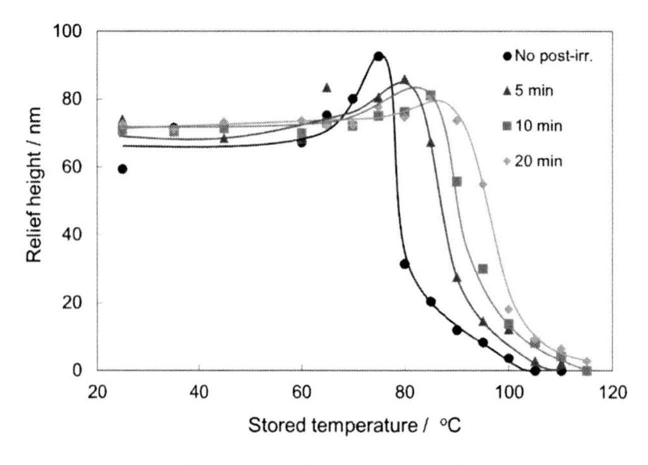

図 5　形成した SR の加熱に対する高低差の変化

4　おわりに

本章では，光連結性分子材料としてビスアントラセンのアモルファス薄膜へのパターン紫外露光により形成する表面レリーフを紹介した。この表面レリーフ形成に必要とされる露光エネルギー量は0.1 J cm^{-2} 未満であり，これは以前に報告された最も高感度のSR形成システムのそれに匹敵する。得られたSR構造は暗所室温下で少なくとも3週間は安定であり，75℃までその構造が維持された。今後さらなる露光エネルギー量の低減および安定性の向上，さらには可逆性についての研究を進めることにより，光連結性分子材料による表面レリーフを真に実用に耐えうるものにしたいと考えている。

謝辞

本研究を行うにあたり，横山泰名誉教授（横浜国立大学大学院工学研究院）から多大なる協力と有益な助言を賜りました。また，本研究に関わる実験は，学生諸氏（中山恵，園田泰史，井村紗知子）により遂行されたものです。これらの方々に感謝いたします。

文　　献

1)　P. Rochon, E. Batalla, A. Natansohn, *Appl. Phys. Lett.*, **66**, 136 (1995)
2)　D. Y. Kim, S. K. Tripathy, L. Li, J. Kumar, *Appl. Phys. Lett.*, **66**, 1166 (1995)
3)　N. K. Viswanathan, D. Y. Kim, S. Bian, J. Williams, W. Liu, L. Li, L. Samuelson, J. Kumar, S. K. Tripathy, *J. Mater. Chem.*, **9**, 1941 (1999)
4)　K. G. Yager, C. J. Barrett, *Curr. Opin. Solid State Mat. Sci.*, **5**, 487 (2001)
5)　A. Natansohn, P. Rochon, *Chem. Rev.*, **102**, 4139 (2002)
6)　T. Seki, *Macromol. Rapid Commun.*, **35**, 271 (2014)
7)　A. Priimagi, A. Shevechencko, *J. Polym. Sci., Part B：Polym. Phys.*, **52**, 163 (2014)
8)　M. Hendrikx, A. P. H. J. Schenning, M. G. Debije, D. J. Broer, *Crystals*, **7**, 231 (2017)
9)　S. Yamaki, M. Nakagawa, S. Morino, K. Ichimura, *Appl. Phys. Lett.*, **76**, 2520 (2000)
10)　N. Kawatsuki, T. Hasegawa, H. Ono, T. Tamoto, *Adv. Mater.*, **15**, 991 (2003)
11)　P. S. Ramanujam, R. H. Berg, *Appl. Phys. Lett.*, **85**, 1665 (2004)
12)　B. Stiller, M. Saphiannikova, K. Morawetz, J. Ilnytskyi, D. Neher, I. Muzikante, P. Pastors, V. Kampars, *Thin Solid Films*, **516**, 8893 (2008)
13)　K. Aoki, K. Ichimura, *Polym. J.*, **41**, 988 (2009)
14)　K. Okano, S. Ogino, M. Kawamoto, T. Yamashita, *Chem. Commun.*, **47**, 11891 (2011)
15)　N. Kawatsuki, H. Matsushita, T. Washio, J. Kozuki, M. Kondo, T. Sasaki, H. Ono, *Macromolecules*, **47**, 324 (2014)
16)　J. W. Park, S. Nagano, S.-J. Yoon, T. Dohi, J. Seo, T. Seki, S. Y. Park, *Adv. Mater.*,

26, 1354 (2014)
17) T. Ubukata, S. Fujii, Y. Yokoyama, *J. Mater. Chem.*, **19**, 3373 (2009)
18) A. Kikuchi, Y. Harada, M. Yagi, T. Ubukata, Y. Yokoyama, J. Abe, *Chem. Commun.*, **46**, 2262 (2010)
19) T. Ubukata, S. Fujii, K. Arimimatsu, Y. Yokoyama, *J. Mater. Chem.*, **22**, 14410 (2012)
20) T. Ubukata, Y. Moriya, Y. Yokoyama, *Polym. J.*, **44**, 966 (2012)
21) J. M. Katzenstein, D. W. Janes, J. D. Cushen, N. B. Hira, D. L. McGuffin, N. A. Prisco, C. J. Ellison, *ACS Macro Lett.*, **1**, 1150 (2012)
22) T. Ubukata, M. Nakayama, T. Sonoda, Y. Yokoyama, H. Kihara, *ACS Appl. Mater. Interfces*, **8**, 21974 (2016)
23) H. Bouas-Laurent, A. Castellan, J.-P. Desvergne, R. Lapouyade, *Chem. Soc. Rev.*, **29**, 43 (2000)
24) H. Bouas-Laurent, A. Castellan, J.-P. Desvergne, R. Lapouyade, *Chem. Soc. Rev.*, **30**, 248 (2001)
25) F. C. De Schryver, L. Anand, G. Smets, J. Switten, *Polym. Lett.*, **9**, 777 (1971)
26) R. O. Al-Kaysi, R. J. Dillon, J. M. Kaiser, L. J. Mueller, G. Guirado, C. J. Bardeen, *Macromolecules*, **40**, 9040 (2007)
27) H. Kihara, M. Motohashi, K. Matsumura, M. Yoshida, *Adv. Funct. Mater.*, **20**, 1561 (2010)

第6章　有機半導体を用いる可視光光触媒

長井圭治*

要旨

有機半導体を水中や気相中において光照射することによって，光触媒作用が得られる。有機半導体の幅広い吸収波長の可変性により，可視光や近赤外光への応答も容易である。汚れの分解，消臭・脱臭，抗菌・殺菌，有害物質の除去などのいわゆる環境浄化型光触媒の形では，高効率に働くことが実証されて，実用応用の検討が進んでいる。高分子膜との複合化とその積層により，ハイスループットのリアクターの構築が可能である。また，マイクロ流体デバイスにより，低コストに大量生産することも可能である。こうした光触媒として用いた際の安定性については，有機半導体自身の分解速度と反応基質との酸化還元速度との比によって決まり，例えばフタロシアニンでは反応気質との反応速度が速いため安定性に優れる。光吸収に対する反応速度の比である量子収率はp-n接合体とすることで高めることができる。バイアス存在下では水の水素と酸素への分解も実証されている。一方p-n接合体では熱力学的な利得エネルギーの損失が大きいという欠点となり，これに打ち勝つための新手法の開発が，SKPM法による表面電位の解析を通して提案されている。

1　はじめに

有機半導体の魅力は物質と製造プロセスの多様性と軽量性など，数多い。光エネルギー変換をめざすとき，太陽電池は実用段階にあるので，有機太陽電池の研究では低コストと高性能化が常に求められている。太陽電池が起電力（電圧）と電流への変換であるのに対して，光触媒では，化学反応の活性化に光エネルギーが用いられる。有機半導体の応用を考えた際に無機半導体が良い手本となる。無機半導体光触媒では，酸化チタン（TiO_2）がもっとも応用され，特に消臭機能において最も効果が見られた。さらに，汚れの分解，消臭・脱臭，抗菌・殺菌，有害物質の除去などのいわゆる環境浄化型光触媒として世の中に定着している。紫外線にしか応答しないTiO_2光触媒に対して，可視光応答の新しい光触媒が求められている。そして多くの可視光応答型光触媒が開発されてきた。ただし，そのほとんどは種々の遷移元素を含むものであり，一般消費材には馴染まない。そもそも，光触媒研究の歴史では，太陽光エネルギーを燃料や食料などに変換する人工光合成が長年にわたり研究されてきている。本節で述べる有機半導体光触媒は，著

---

*　Keiji Nagai　東京工業大学　化学生命科学研究所　准教授

者らが有機薄膜太陽電池の活性層をそのまま気相や水相において，光触媒とすることができることを見出したものである。これは，

1）完全有機系で金属を全く含まず，
2）全可視光に光量子収率で応答し，
3）高分子膜との複合化により，酸化反応と還元反応を膜の表と裏でサイト分離でき，
4）これにより層状の膜を積層して高効率な反応システムの構築が可能である。さらに，
5）マイクロ流体デバイスにより，低コストに大量生産することも可能である。
6）助触媒を用いれば，水分解が可能であり，水素と酸素を発生できる。

こうした特徴は，有機薄膜太陽電池同様にp-n接合体とした点に負うところが大きい。本節では，p-n接合型有機半導体光触媒の原理から悪臭物質分解例と高効率な利用法，低コスト製造法を述べる。さらに人工光合成を目指した取り組みに関して述べる。

2 有機薄膜太陽電池との相違点

一般に，太陽電池などの光エネルギー変換では，吸収された光エネルギーが，他のエネルギー（例えば，電気エネルギー，化学エネルギーなど）に変換される。有機薄膜太陽電池でも同様であり，まず光吸収が固体物理の言葉でいうn型またはp型半導体による行われ，最終的に電池となる。つまりp型とn型に電位差を生じさせ，この電圧を有する電力として利用する。光起電力V_{OC}はp型半導体の価電子帯上端とn型半導体伝導帯の下端のエネルギー差となる。この途中はやや複雑であり，光吸収した分子からp-n接合面への励起子拡散，pn接合面での電荷分離（＝キャリア生成），キャリアの電極への移動という連続的過程が入る。光吸収からキャリア

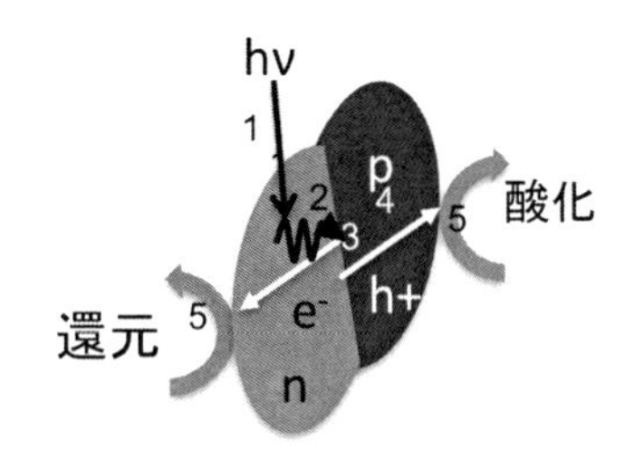

1)光吸収
2)励起子拡散
3)電荷分離
4)伝導
5)キャリア回収(酸化還元)

図1　p-n接合型有機半導体光触媒の原理図

発生までは電極と接触させないp-n二層膜でも，近赤外光の反射により自由電子の検出が確認されており[1]，この順番でプロセスが進むことが裏付けられている。

光触媒として，この有機半導体p-n接合体を用いる場合も同様の原理が働くと考えられる。つまり，光吸収から始まり，励起子拡散，電荷分離が起こり，伝導した後に，最後のキャリア回収過程が酸化還元反応の形で起こる（図1）。

こうした原理に基づいた考察，理解は光触媒の高効率化や長時間使用した際の劣化を検討する際にも大変役立つ[2]。ここで最も重要な原理を述べたい。それは，ここに述べた5つのプロセスの速度が等しいことが触媒として働くために必要なことである。等しくない場合は，過剰な速度のプロセスが副反応を引き起こすことを意味する。例えば，光強度が強いと光吸収量が増えるが，ほかの4つのプロセスのいずれかが，この光吸収速度に追随できなくなると，逆反応を起こして，速度が一致するようにつじつまを合わせる。しかし，これができない場合には自身の破壊などの副反応が起きてしまう。とりわけ注意したいのは，酸化反応と還元反応の速度が一致することである。反応基質との酸化還元反応は，太陽電池の場合に電極への電子注入や正孔注入であるのとは大きく異なるため，使用する場所や反応基質の濃度に合わせて光触媒を総合的に設計する必要がある。理論上は，p型半導体の価電子帯の上端が酸化力を示し，n型半導体の伝導帯の下端が還元力に対応する。

具体的な有機半導体として，n型にはフラーレン（C_{60}）及びその誘導体やペリレン誘導体（PTCBIなど）が利用できるのは，有機薄膜太陽電池と光触媒で変わらない。一方p型にはフタロシアニン類（例えばH_2Pc）が酸化反応を引き起こすが，有機薄膜太陽電池で有効なP3HTはそれ単独では光酸化触媒として有効でなく，ここにフタロシアニンを被覆させて反応速度を加速させる（助触媒と呼ぶ）ことで光触媒となる[3]。

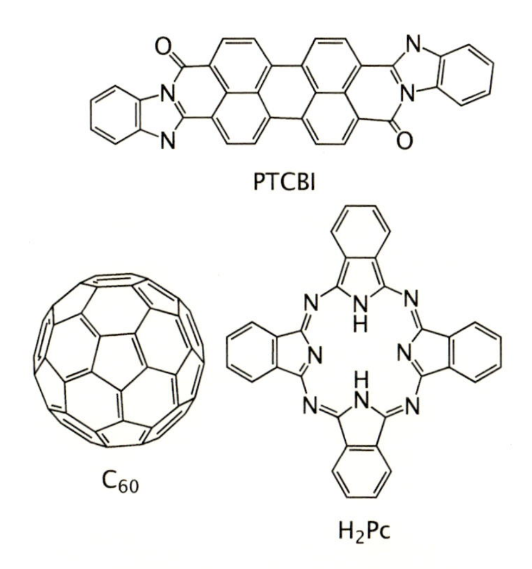

図2　光触媒として作用する有機半導体分子

3　有機半導体光触媒の具体例

3.1　気相中の反応

従来の光触媒はマイクロ・ナノ粒子であり，スプレーなどのコーティングにより用いられることが多い。高分子膜上に塗布すれば，自立膜化させることができる。有機半導体を高分子膜との複合化させて自立膜型光触媒として用いる場合には，単に膜化させるだけでなく，膜の表裏で酸化還元反応のサイト分離させることが可能である。この形態は太陽電池に見られるような pn 接合の二次元薄膜化をそのまま生かしたものである。

この際の高分子膜に，力学強度を求める構造材としての役割だけでなく，反応基質の取り込みの機能を併せ持たせて，更に高性能化させた。これによるメリットは，悪臭除去速度の向上である。人によるが，人間の鼻は悪臭に敏感であり，ガスクロマトグラフィーなどの分析の下限近くでも感じることができる場合がある。こうした低濃度の悪臭の分解速度はいかに光触媒の酸化力が高くてもその触媒サイトへの拡散速度が支配してしまう。こうした場合には，光照射の有無によらずに悪臭物質を取り込むような吸着剤，吸収剤との複合化が効果的である。問題は吸着剤を長時間使い続けると吸着飽和を起こしてしまうことであり，通常はその交換を行う。光触媒と組み合わせた場合には，光照射時に吸着された悪臭物質が分解されるために吸着性能が維持される。

悪臭物質の分解例としてアミンが挙げられる。酸を大量に含むナフィオン膜を高分子基体として用い，塩基性反応基質の濃縮機能を併せ持たせた。その上に H_2Pc，PTCBI を順に積層し，酸化力が Nafion 膜に面した光触媒とした。悪臭物質である，トリメチルアミン（TMA）分解に対して，気相中で光触媒として機能することを確認した[4)]。約 0.5 L の容器に設置した 1 cm^2 のフィルム状光触媒で 40 ppm の TMA が 10 分で 1/10 となることがわかった。この濃度は人間の鼻では強烈な悪臭として感じるレベルであり，光触媒を悪臭除去に用いる際の最も高い濃度に位置づけられると考えられるので，10 分以内の除去というのは現実的な除去性能に位置づけられる。しかも，光照射下では TMA を繰り返し投入しても同様の脱臭が可能で，10 回程度の投入後の翌日にも同様のアミン脱臭が可能であった。分解生成物に関しては，ほぼ定量的に CO_2 が検出されている。分解生成物に関しては，ほぼ定量的に CO_2 が検出されている。また脱酸素下では CO_2 は検出されず，微量の混入酸素との反応に基づくと考えられる CO が検出された。

3.2　水相中の反応

低濃度の気相反応では，拡散速度が支配的となり，光触媒は悪臭物質を待ち続ける形になってしまう。つまり，本来の光触媒の性能がオーバースペックとなるため，効率の算出には向かない。そのため効率の見積もりのための実験は水中で行った。

光強度の弱い条件 3.6 $\mu W/cm^2$ で波長を変えて光照射し，各々の波長の光で発生する CO_2 発生量を調べた結果が図 3 である。これを作用スペクトルと呼ぶ。照射光子数あたりの CO_2 分子数

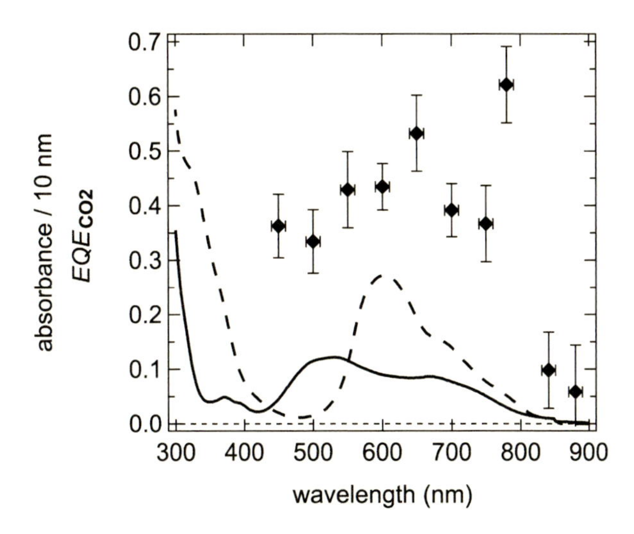

図3　トリメチルアミンの光触媒的酸化に関する作用スペクトル（◆）とフタロシアニン（破線），PTCBI（実線）の吸収スペクトル

として40-50%となる。この効率の算出は，式(1)の反応を仮定したことに相当する。特に赤色光領域で高量子収率で光触媒反応が起こっていることを示している。このような著しい高効率は中間体からCO_2までの酸化に自動酸化反応などの暗反応を含まれるためと考えている。

$$(CH_3)_3N + 3h+ \rightarrow \text{中間体（未検出）} \rightarrow 3CO_2\text{（検出）} \quad (1)$$

3.3　高効率リアクター設計[5)]

酸化チタン（TiO_2）をはじめとする無機光触媒においては，実用レベルに有機物の酸化分解が展開されている一方で，利用にふさわしい場所とそうでない場所が明らかになってきた。もっともチャレンジングなのは，水中での利用である。水は様々な物質を溶解するため，悪臭の吸収も行うが，温度上昇などにより，溶解物質の放出が起こった場合には逆に悪臭源となる。その意味でも，水中の揮発物質の分解は重要である。水中では，光触媒の利用が難しい。これは，紫外線や青色光などの短波長の光の強度が十分に得られないことが一因である。PTCBIは780 nmまでの長波長にも光量子収率な光触媒であり，応答波長の問題は解決済みである。

水処理におけるもう一つの問題は，気相にくらべて拡散が遅く，多くの接触面積を確保することが必要になることである。従来の光触媒による水処理で，接触面積を高めると光の取り込みが不利になるため，ランプを特別に設計したり，光ファイバーによって外部の太陽光を導入する等の方法が採られた。高分子膜型光触媒では，そうした方法を採らなくても，二十層以上に積層して，少ない太陽光の照射面積で，大量の水処理が可能となるシステムを構築することが可能である。積層化が可能になったのは，有機半導体の光触媒作用と膜厚の関係を調べた結果に基づいて

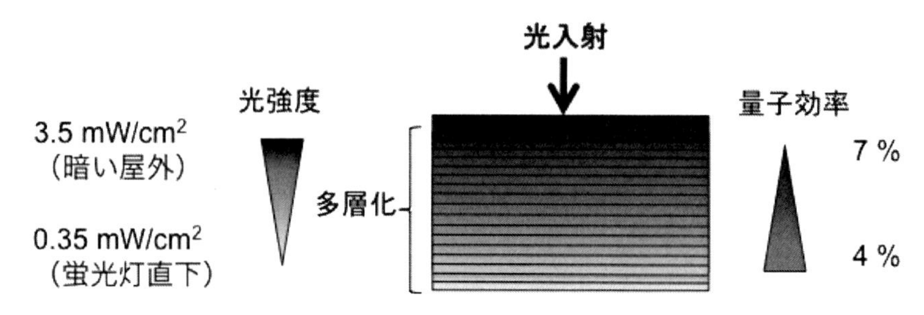

図4　高分子膜型光触媒を積層した模式図と，600 nm の単色光をこれに照射した際の吸収光に対する CO_2 発生効率（式1の反応を仮定した場合の量子収率）

いる。一般に光強度が強くなると，光から光触媒作用への変換効率（量子収率）が下がる。一方で，膜厚を薄くしても，量子収率はさほど低下しなかった。この関係を利用して，各層の厚みを極端に薄く（合計20 nm）して，積層数を24にまで稼げた。最も暗くなる層でも150 μW/cm^{2}という，室内に置かれる蛍光灯に相当する強度を確保することができる。またこの強度での光触媒的酸化力を表す量子収率が7%もあるので，この範囲内の光触媒反応で処理できるような汚染水を浄化することができる。また，有機材料に懸念される安定性についても，45日以上の連続実験（24h/日）を行い，有機半導体には大きな劣化の起こらないことも確認できた。

4　ナノ構造制御製造の低コスト化，大量生産[6~8)]

以上のように可視光に応答して光触媒作用が見られたことから，その実用応用が期待される。その意味では低コスト，低環境負荷型の合成法が望まれる。これまで述べた高分子膜型可視光応答光触媒は，蒸着法によりpn接合体を形成させるため設備費がかかる。湿式法ではそれがきわめて簡便化される。これは従来，有機結晶のナノサイズ化に再沈法と呼ばれる簡便な方法[9)]を応用したものである。これは，良溶媒の高濃度溶液を貧溶媒に急激に分散させるものである。フラーレンやポルフィリンなどの有機半導体分子にも適用されてきた例では，良溶媒にはキシレンなどの非極性溶媒が，貧溶媒にはアルコールなどの極性溶媒が用いられてきた。この溶媒の組み合わせで，ポルフィリンとフラーレンの混合溶液から再沈殿させると，相互積層ユニットからなる単一相のナノ結晶が得られる。

我々は良溶媒に極性のN-メチルピロリジノン（NMP）を，貧溶媒に水を用いることによって，相互積層ユニットを形成せず二相の結晶が得られることを見出した。この二つは弱く結合しているようであり，電極上にキャストして電気化学特性や光電気化学特性を調べると，pn接合体に類似した電流の増大が見られる。

また懸濁液のままで，無バイアス光触媒として作用し，種々の揮発性有機物をCO_2にまで分解させることが可能である。これまでにCO_2発生を確認をした例としては，有機アミンのほか，チオール，アルデヒド，カルボン酸類などがある。一般にn型半導体ではショットキー接合による光電荷分離のために光触媒的酸化反応を引き起こす。実際にフラーレン単独でも，光照射によってCO_2が発生する。ただし，CO_2発生量を比較すると，フタロシアニンナノ粒子とフラーレンナノ粒子の混合物は，両者の平均値を発生するのに対し，二相系は平均値はもちろん二倍量のフラーレンの光触媒作用よりも多いCO_2発生となった。光触媒系でも同様の揮発性有機物の酸化の後，キャリヤのホールが酸素により消費され，触媒のサイクルとなると考えられる。

このナノ粒子は合成が簡便なだけでなく，蒸着型で必要とした吸着剤がなくても光触媒作用が観測される。合成時に主に水を溶媒として用いる点も環境低負荷合成として利点である。またこうしたナノ粒子を自己組織化により基板上に配列させて薄膜化させることも可能である[8]。また更に，ナノサイズを10 nmに制御して大量合成できるマイクロ流体デバイスをも開発した。この製造装置は，ベンチャー企業に技術移転済みであり，そこで製造された光触媒は試作品として市販されているので，興味のある方は問い合わせされたい。

5　人工光合成に向けた課題

5.1　水分解への展開

この数年有機半導体を用いた水の光分解の研究が活発化している。筆者は弘前大学の阿部教授と共同で，有機半導体への可視光照射による酸素発生[10]と水素発生[11]を世界に先駆けて成功している。これらの反応は多電子酸化，多電子還元である点が困難なところだが，助触媒を複合化させることにより反応速度が高まる。酸素発生では，フタロシアニンの中心金属をコバルトとしたり，酸化イリジウムを助触媒とすることが有効である。水素発生では，白金が有効な助触媒であることが知られているが，それだけではC_{60}^-の還元力が不足しているために水素発生に至らない。ただし，20分以上の長時間に渡り光照射すると，C_{60}^{2-}が生成しこれを経由する還元反応により水素が発生することが確かめられている。

最近のトレンドは原子堆積法をはじめとした方法による有機半導体への金属酸化物の被覆により，助触媒機能を持たせるとともに，有機層を保護して安定性を高めることである。この方法を有機薄膜太陽電池に用いられているP3HT-PCBMなどの材料に適用することで光量子収率の大幅な向上が見られている[12,13]。

5.2　エネルギー利得向上への新設計

p-n接合体とすることにより，電荷分離効率が高まり，反応速度論的には有利となった。しかしそのトレードオフとして，酸化力，還元力の低下が起こってしまった。その解決法として2つを提案したい。ひとつは，より長波長の光吸収で同等の反応を引き起こさせる電荷移動吸収帯励起である。電子供与性分子と電子受容体分子の会合により新しくどちらにも存在しない長波長の吸収が起こることが知られている。ここで取り上げたPTCBI/H_2Pcにおいてもp-n接合界面に

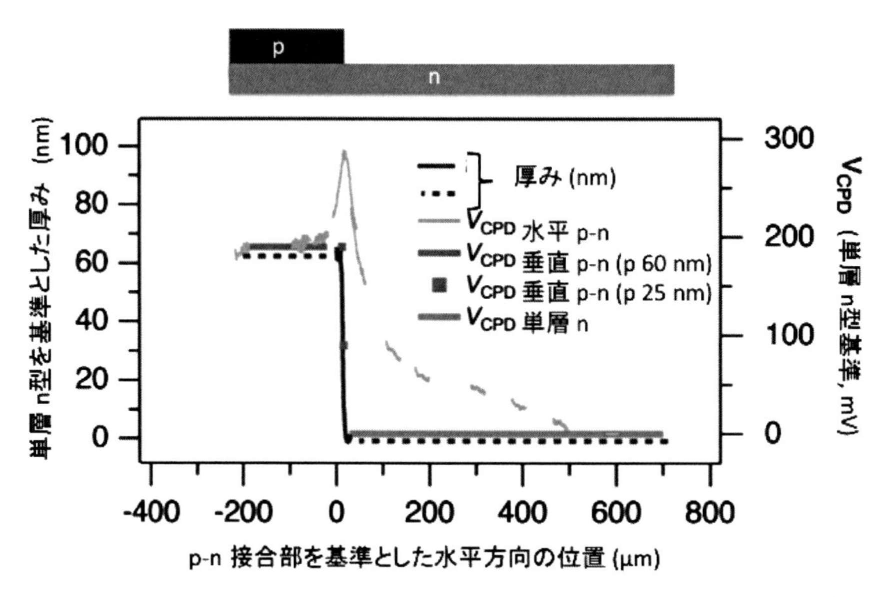

図5　ステップ状の水平方向p-n接合部の表面電位と，垂直方向p-n接合表面電位[16)]

おいては，この電荷移動錯体が形成されていると考えられる[14)]。この吸収体への光照射でも，図1の電荷分離以降のプロセスが進み，酸化還元を引き起こすことができると考えられる。実際に，光電気化学実験ではあるが，酸化反応を起こすことが可能なことが確かめられている[15)]。特に，PTCBIとH_2Pcの共蒸着膜では，電荷移動錯体の形成が多くなると考えられるが，実際に共蒸着膜では二層膜よりも光照射に対する酸化反応の効率が向上する。この電荷移動錯体の吸収波長はエネルギーの低い長波長側に現れるので，光子エネルギーに対するエネルギー利得が向上したと言うことができる。

もう一つの設計は，p-n接合を膜面内方向に形成させることである[16)]。近年のケルビンフォースプローブ顕微鏡を用いると，微小領域の電位分布を測定することが可能である。この手法により，有機薄膜太陽電池の断面の電位構造が明らかにされつつある[17)]。我々は，断面ではなく，水平面にp-n接合を形成させて，その電位構造をケルビンフォースプローブ顕微鏡により観測した。その結果，接合線付近に0.1 V程度プラス側にシフトした極大値が現れることが明らかとなった（図5）。この電位は0.1 V分の酸化力が増強されたと解釈することができる。そこで，この接合線の多くなるp-n接合体をマスク蒸着により作成し，その光電気化学特性や光触媒特性を調べた。光電気化学実験の結果は実際に，0.1 V少ないバイアス電位でも光照射時に酸化電流が見られ，光触媒実験の結果でも酸化生成物の増加が観察された。

以上の2つの設計はどちらも素材を全く変えずに，ナノ，もしくはマイクロサイズの接合を変えるだけで起こる興味深い方法である。また，他の有機半導体分子を用いても同様の効果が期待できるので，エネルギー利得向上へ向けた新しい光触媒設計法として重要と考えている。

6　おわりに

有機半導体の幅広さにより，可視全域の光エネルギーを吸収して利用できる。また，重金属を含まない点は安全性はもちろん，元素戦略的観点からも大きなメリットである。そのため，無機光触媒では困難な大量・高濃度物質を適用対象とした新しい光触媒技術の開発へと展開できるものと期待できる。長期安定性や低コスト化も向上が進みつつあり，実用上のニーズ（使用箇所・対象物質）に基づき，様々の応用が考えられる。

謝辞

本研究の一部は科学研究費補助金，五大学物質・デバイス領域共同研究拠点共同研究課題，として行われたものである。

文　　献

1)　K. Nagai, H. Yoshida *et al.*, *Appl. Surf. Sci.*, **197-198**, 808-813 (2002)
2)　長井圭治，阿部敏之，高分子論文集，**70** (9), 459-475 (2013)
3)　T. Abe, K. Nagai *et al.*, *Chem. Phys. Lett.*, **549** (1), 77-81 (2012)
4)　K. Nagai, T. Abe *et al.*, *ChemSusChem*, **4**, 727 (2011)
5)　K. Nagai, Y. Yasuda *et al.*, *ACS Sustain. Chem. Eng.*, **1**, 1033 (2013)
6)　S. Zhang, K. Nagai *et al.*, *ACS Appl. Mater. Interfaces*, **3**, 1902 (2011)
7)　S. Zhang, K. Nagai *et al.*, *J. Photochem. Photobiol. Part A Photochem.*, **244**, 18 (2012)
8)　A. Prabhakarn, K. Nagai *et al.*, *Appl. Catal. B Environmental*, **193**, 240 (2016)
9)　H. Kasai *et al.*, *Jpn. J. Appl. Phys.* **31**, L1132 (1992)
10)　T. Abe, K. Nagai *et al.*, *Angew. Chem. Internl.*, **45** (17), 2778-2781 (2006)
11)　T. Abe, K. Nagai *et al.*, *J. Phys. Chem. C*, **115**, 7701 (2011)
12)　C. D. Windle, S. Chandrasekaran *et al.*, Molecular Design of Photocathode Materials for Hydrogen Evolution and Carbon Dioxide Reduction, Chapter 10 pp. 251-286 in "Molecular Technology : Energy Innovation", Eds. H. Yamamoto, T. Kato, ISBN : 9783527341 Wiley **2018**
13)　L. Steier, S. Holliday, *J. Mater. Chem. A*, **6**, 21809 (2018)
14)　M. Hiramoto, H. Fujiwara, M. Yokoyama, *Appl. Phys. Lett.*, **58**, 1062-1064 (1991)
15)　M. F. Ahmad, K. Nagai *et al.*, *Electrochemistry*, **86**, 235 (2018)
16)　M. F. Ahmad, K. Nagai *et al.*, *NPG Asia Mater.*, **10**, 630 (2018)
17)　M. Chiesa, L. Bürgi *et al.*, *Nano Lett.* **5**, 559 (2005)

第1章　液晶ブロック共重合体薄膜における
ミクロ相分離構造の動的光配向制御

永野修作*

1　はじめに

生体では，ナノスケール以下の分子の動きをメゾスケール，マクロスケールまで伝搬，増幅し，情報伝達のみならず動力にまで変換する分子プロセスがいとも簡単に行われている。しかしながら，このような分子増幅プロセスを人工的に構築することは容易ではなく，分子の動きをよりマクロスコピックな系へと繋げる階層的な分子組織が必要である。液晶は，流動的でありながら分子の自己集合的な配向・配列に基づく構造秩序を示す[1)]。ネマティック液晶を利用した液晶素子が好例であるように，数マイクロメートル以上の大面積領域まで高度な分子配向秩序を再現よく形成し，きわめて協同的に分子配向をスイッチすることができる[1)]。また，様々なナノオーダーの分子秩序構造（液晶構造）を巨視的に発現し[1)]，その構造自体を階層構造として利用することができる。よって，分子組織構造に液晶構造を階層的に取り入れることで，分子レベルよりより大きなナノ構造体の配向制御，さらには，動的な配向制御が見込まれる。

液晶は，リオトロピック液晶とサーモトロピック液晶に大別される。リオトロピック液晶は，分子レベルのミクロな相分離によるもので，石けんミセルの構造が良い例となる。一方，サーモトロピック液晶性は，ネマティック液晶のような棒状などの異方的な形状を持つ分子によって発現し，排除体積効果により議論される。ブロック共重合体は，互いに非相溶な高分子鎖がつながった構造を持ち，ナノオーダーの規則的な相分離構造（ミクロ相分離構造）を形成する[2~4)]。このミクロ相分離構造は，次世代リソグラフィーに有用な構造であり，その配向制御はきわめて重要な課題である[2~4)]。液晶の観点からは，ミクロ相分離構造はリオトロピック液晶に分類される。ブロック共重合体にサーモトロピック液晶性の側鎖型液晶ブロック鎖を導入すると，リオトロピック液晶のミクロ相分離にサーモトロピック液晶の分子配向秩序を持った興味深い液晶階層構造が形成される[5~7)]。

側鎖型液晶ブロック鎖とアモルファスブロック鎖からなる液晶ブロック共重合体は，側鎖型液晶-コイル型と呼ばれ，古くから数多くの研究がある[8)]。側鎖型液晶-コイル型の特徴は，巨視的に配向するサーモトロピック液晶性から長距離秩序性の高いミクロ相分離構造が形成されること，ブロックドメイン間のミクロ相分離界面（inter material dividing surface，IMDS）が液晶

＊　Shusaku Nagano　名古屋大学　ベンチャービジネスラボラトリー／大学院工学研究科
有機・高分子化学専攻　准教授

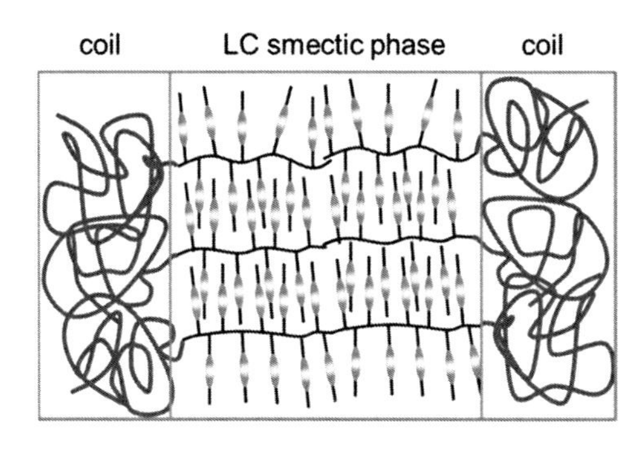

図１　側鎖型液晶-コイル型液晶ブロック共重合体のミクロ相分離界面の模式図
液晶メソゲン基の配向とミクロ相分離界面（IMDS）が平行になる

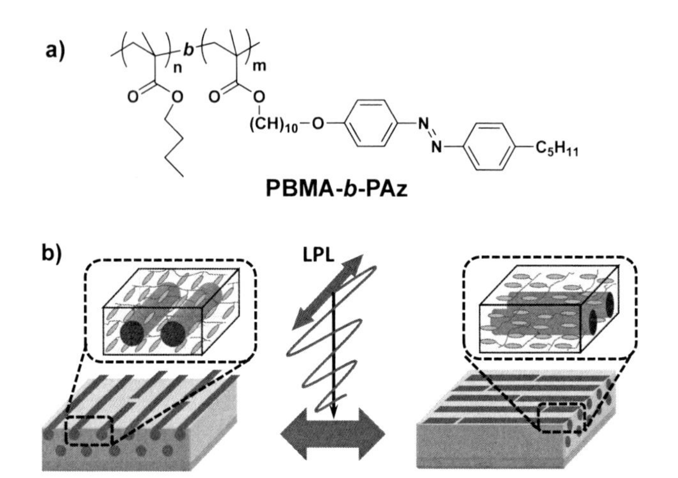

図２　側鎖型液晶性アゾベンゼンブロック共重合体 PBMA-b-PAz（a）とスメクチック液晶相および
シリンダー構造の面内光配向スイッチングの模式図（b，動的光配向）
液晶温度下，直線偏光の電場の方位角を変えるだけで，リアルタイムに配向がスイッチする

メソゲン基の配向方向と平行に形成される（図１）ため，液晶メソゲン分子配向によりメゾスケールのミクロ相分離構造の配向が誘起できることである[8~10]。ミクロ相分離構造を光により並べることができれば，電極や基板表面の細工も必要としない，大面積にて書き換え可能，さらに光パターニング可能な配向プロセスを提供できる[5,6,11]。アゾベンゼン分子は，直線偏光の照射により光異性化を繰り返し，偏光電場方向と垂直に再配向する性質を持つ（Weigert 効果）[12~16]。側鎖型液晶-コイル型の液晶ブロック共重合体にアゾベンゼンを組み込めば，ミクロ相分離構造の光配向制御が可能である[5,6,17]。ミクロ相分離構造の光配向制御は，永野，関ら[18,19]および Yu，池田ら[20]の日本の研究グループよって同時期に見いだされた。ポリエチレンオキサイド（PEO）[19,20]やポリスチレン（PS）[18]からなるコイル鎖のシリンダー構造をもつスメクチック液晶性アゾベンゼンブロック共重合体薄膜にて行われ，シリンダー構造の光一軸配向やその書き換えが報告され

ている。最近，筆者らの研究グループでは，液晶鎖に比較し，低いガラス転移温度（T_g）と表面自由エネルギーを示すポリ（ブチルメタクリレート）をコイルブロックに持つ液晶性アゾベンゼンブロック共重合体（PBMA-*b*-PAz，図2a）を合成し，液晶温度下，照射する直線偏光の方位角によりアクティブに配向方向を変えるミクロ相分離構造の動的配向制御（図2b）を報告している[21~24]。本稿では，PBMA-*b*-PAz 薄膜の液晶相およびシリンダー構造の配向性，ならびに，光配向変化におけるアゾベンゼン分子の光応答から液晶相，メゾスコピックなミクロ相分離シリンダー構造へと階層的に伝搬する光配向メカニズムを明らかにした研究を紹介したい。

2　低い表面エネルギーを持つコイル鎖を持つ液晶性ブロック共重合体薄膜の配向性と光応答

排除体積効果によれば，棒状メソゲン分子は自由界面にて垂直に配向する傾向が強い[25,26]。PEO や PS ブロック鎖を持つ液晶性アゾベンゼンブロック共重合体の薄膜は，液晶部のホメオトロピック配向性により安定な垂直配向シリンダーを形成する（図3a）。彌田らは，この性質を利用し，大面積かつ高秩序の垂直配向ミクロ相分離シリンダー構造を達成し，ナノテンプレートしての様々な応用を示している[27,28]。しかしながら，熱力学的に安定なホメオトロピック配向性の

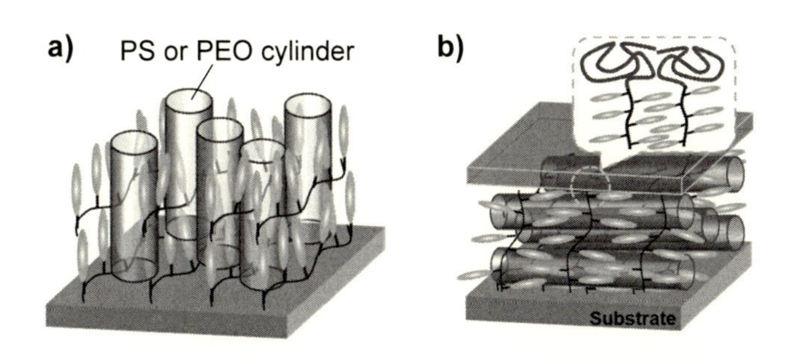

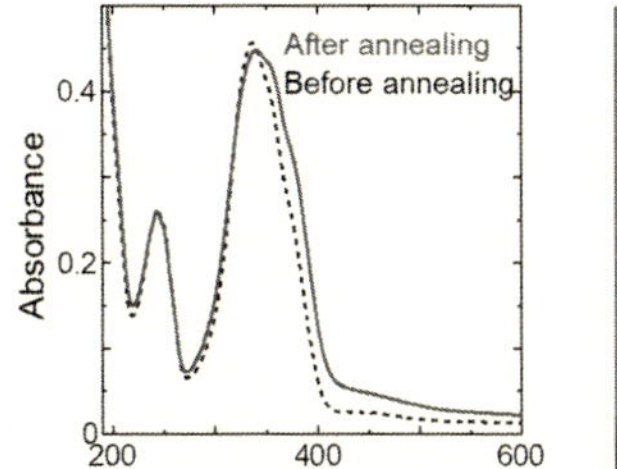

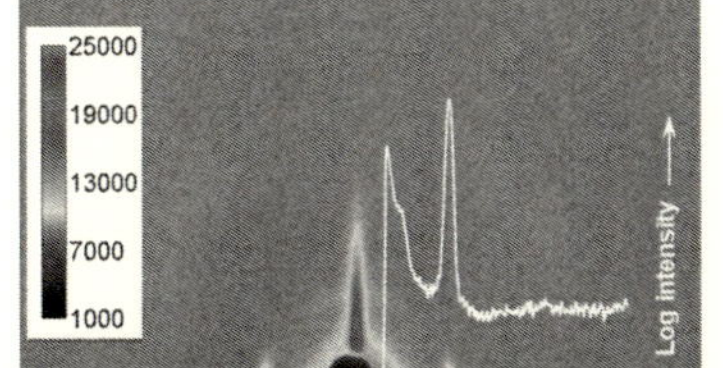

図3　側鎖型液晶-コイル型液晶ブロック共重合体薄膜の配向構造の模式図

(a)コイル鎖が PEO や PS の場合，(b)表面自由エネルギーの低い PBMA の場合，PBMA-*b*-PAz 薄膜の加熱前後の吸収スペクトル(c)および加熱後の GI-SAXS 測定の2次元像(d)：PBMA-*b*-PAz 薄膜は，加熱前後にて吸収スペクトルがほぼ変化せず，GI-SAXS 測定ではスメクチック液晶相の散乱面内方向のみに現れるため，アゾベンゼンメソゲンはランダムプレーナー配向となっている

液晶相および垂直配向性のシリンダー構造の薄膜は，面内配向制御には不向きな配向であり，偏光により面内一軸配向を誘起するには，それぞれ基板と平行に配向させるプロセスが不可欠となる[5,6,16]。そこで，筆者らは，ブロック共重合体薄膜の表面偏析構造に着目し，液晶性アゾベンゼンブロック共重合体のコイル鎖に低い表面自由エネルギーを持つPBMAを導入した。

高分子薄膜の自由界面では，表面にて自由エネルギーを最小とするような成分の表面偏析が起こることが知られている[29,30]。ブロック共重合体薄膜においては，表面張力の弱いブロック鎖にて表面が覆われるため，ミクロ相分離のラメラ構造内の配列順序が自由界面から決定されることや[4,31]，内部構造はシリンダー構造であっても表面にはラメラ構造が形成されることが多い[32,33]。予想されるようにPBMA-*b*-PAz薄膜は，液晶相およびミクロ相分離シリンダー構造が基板に対してそれぞれ平行な配向を示す（図3b）ことがアニール処理前後のUVスペクトルの比較（図3c）や斜入射X線散乱（GI-SAXS）測定（図3d）から明らかとなった[21,22]。これは，側鎖型液

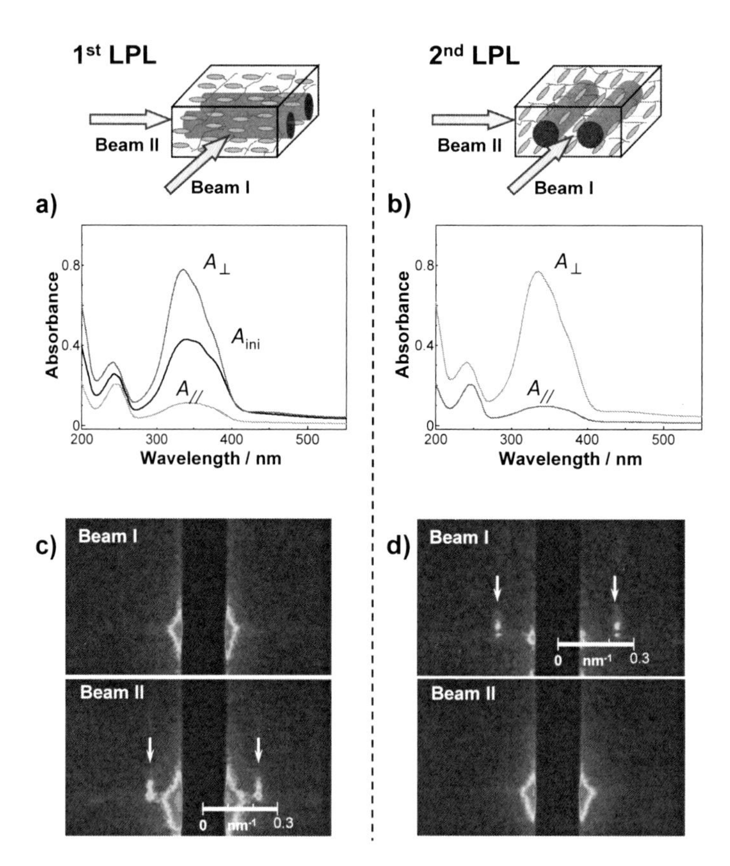

図4　(a)液晶温度（90℃）にて直線偏光照射したPBMA-*b*-PAz薄膜の偏光吸収スペクトル および(b)方位角方向に偏光電場を90°変えて照射した後の偏光吸収スペクトル（図中のA_{ini}，$A_\perp$および$A_{//}$はそれぞれ，未照射時，照射偏光に対して垂直および平行方向の吸収スペクトルを示す）。(c)および(d)各偏光照射後，上段に対応するX線入射（Beam I およびII）に対して測定したシリンダー構造由来の2次元GI-SAXS像

晶-コイル型ブロック共重合体の IDMS は，メソゲンに対して平行に形成されるため，ランダムコイルブロックが表面に偏析，表面を覆うことで，メソゲンがランダムプレーナー配向となったものと考察できる（図 3b）[22,34,35]。PBMA-*b*-PAz 薄膜の表面が，PBMA ホモポリマーと同様の水との接触角を示すことや，原子間力顕微鏡（AFM）にて表面観察を行っても，ミクロ相分離由来のモルフォロジーは観察されない。すなわち，表面自由エネルギーの低い PBMA が空気界面を覆い，アゾベンゼン液晶のランダムプレーナー配向が誘起されたことが示唆されている。

表面自由エネルギーの低い PBMA ブロックの表面偏析により，PBMA-*b*-PAz 薄膜のアゾベンゼンメソゲンおよびミクロ相分離シリンダー構造は熱的に“安定”に平行配向する。よって，この薄膜はアゾベンゼンメソゲンのランダムプレーナー配向により高い光応答性を示す[21,22]。P5Az10MA ブロックの液晶温度にて 436 nm の直線偏光（LPL）の照射を行うと，アゾベンゼンの吸収バンドに高い二色性が現れ（図 4a），GI-SAXS 測定からシリンダー構造も直線偏光の電場と垂直な方向に一軸配向する（図 4c）。さらには，偏光の向きを 90° 変えて偏光照射を行うと，これらのナノ構造はただちに対応する向きへ再配向する（図 4b，d）。この再配向変化は，一定温度下にて何度でも書き換えができるアクティブな光配向制御が可能であり，従来のミクロ相分離ナノパターンの静的な利用にとどまらず，アクティブな新たな機能を示すものである。

3　液晶性ブロック共重合体の動的光配向のメカニズム

PBMA-*b*-PAz 薄膜のシリンダー構造が液晶性ブロックの偏光応答により配向・再配向を繰り返す，このアクティブ配向制御において，アゾベンゼン分子の光再配向が，液晶相，ミクロ相分離構造の配向変化に階層的に伝搬するメカニズムは，“動的”なミクロ相分離構造の光配向の学術的のみならず応用的な観点からも重要な知見となる。そこで，PBMA-*b*-PAz 薄膜の光再配向過程を，偏光照射下，リアルタイム GI-SAXS 測定をシンクロトロン放射光を用いて遂行し，PAz のスメクチック液晶相およびミクロ相分離シリンダー構造の配向変化の“動き”を詳細に追跡した[21,22]。

PAz スメクチック相とシリンダー構造由来の散乱ピークは，照射偏光を 90° 向きを変えることで，消失および出現を繰り返し，光再配向過程をリアルタイム観察できることがわかった（図 5）。液晶相およびシリンダー構造の消失・出現過程は，数分（約 300 秒）にて起こり，高分子鎖の緩和過程としてはかなり速い速度にて光再配向が遂行されることが判明した。また，液晶相およびシリンダー構造のピーク強度の時間変化を詳細に解析すると，消失および出現過程ともに全く同期していることが明らかとなった。さらに，この光再配向過程のピーク強度推移の同期は，応答温度や分子量によってもほとんど変化がないことも掴んでいる[24]。得られた結果は，液晶相とミクロ相分離構造の配向変化が同時に起こっていることを強く示し，配向変化過程でナノ構造を維持していることを示唆する[22,23]。つまり，これらの再配向変化は，規則性の低い等方相やディスオーダー相を経るのではなく，液晶構造や相分離構造を保ったまま，規則的なナノ構造を持つド

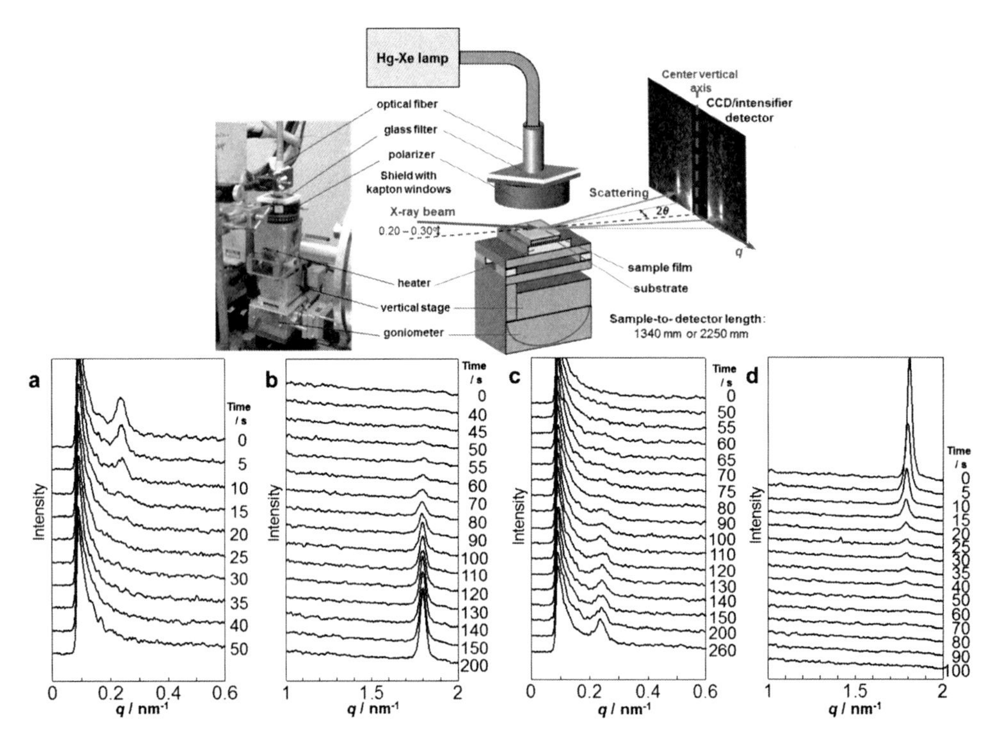

図５　偏光照射下リアルタイム GI-SAXS 時分割測定のセットアップ（上図）および得られたミクロ相分離構造（a，c），液晶相（b，d）の散乱ピークの消失および出現プロファイル
偏光の照射により液晶構造およびミクロ相分離構造のナノ構造が実際に動いている様を捉えた

メインが回転することより，遂行されることを意味する[22]。

この階層的な光再配向過程のさらなる理解のため，再配向中間過程の捕捉および配向ドメインの大きさを解明する試みを行った[22]。初期一軸配向，中間過程および一軸再配向の三つの光配向状態と加熱処理後の無配向状態の PBMA-*b*-PAz 薄膜を調製し，GI-SAXS 測定における散乱ピークの半値幅および偏光顕微鏡観察による光配向過程の液晶ドメインの観察およびそのサイズを解析した。その結果，興味深いことに，光再配向中間過程では，無配向状態の液晶ドメインサイズよりも大きな直径約 100～300 nm のドメインが観察された。さらに，これらの光配向中間過程の TEM 観察の結果から，液晶ドメイン内にてミクロ相分離シリンダー構造が保たれていることも明らかにした。よって，これらの結果は，リアルタイム観察の結果を支持し，ミクロ相分離の配向変化は規則構造を保ったドメインが回転する機構であることを突きとめた。

GI-SAXS 測定によるリアルタイム観察によるピーク強度の推移と２色比の変化を，偏光照射量に対してプロットし，光配向挙動の考察を進めると動的光配向は３つの明確な過程をともなって進行していることがわかる（図６）[22]。ステージ１での急激な X 線散乱ピークの減少は，露光により系内のアゾベンゼンのシス体が増加し，組織構造の揺らぎが生じたことに由来すると理解できる。この際，２色比は保たれており，構造の消失や配向方向の変化は，起こっていない。ス

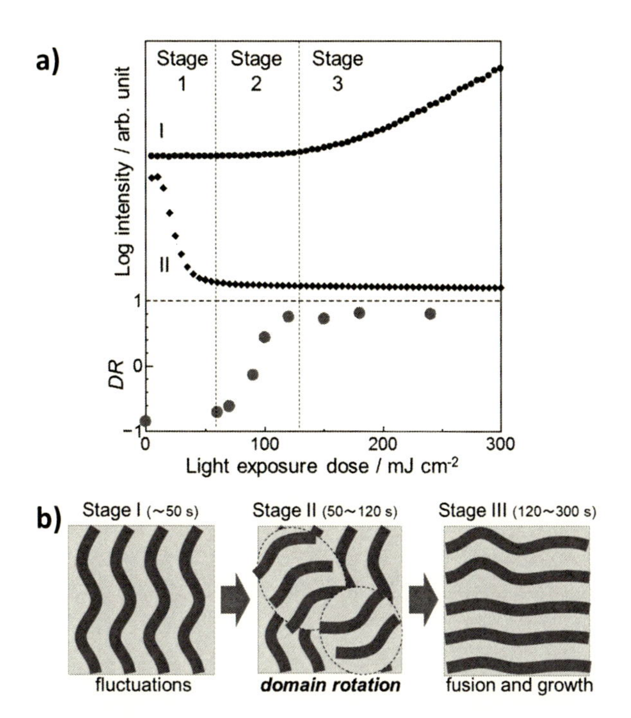

図6　(a) PBMA-*b*-PAz 薄膜に液晶温度にて偏光を照射した時の液晶相由来の散乱ピーク強度（上段：出現過程，下段：減衰過程）およびアゾベンゼン基に対応する２色比の推移。(b)ミクロ相分離シリンダー構造の再配向過程の模式図
明確な３段階の過程を経ており，① 照射により液晶相およびミクロ相分離構造が大きく揺らぐ過程（~50 s），② 配向ドメインが回転し，実際に配向変化が起こる過程（50~120 s），③ 配向変化が完了したドメインがつながって成長し，長距離秩序が整っていく過程（120~300 s），にて再配向が行われる。なお，二色比（*DR*）は，$DR = (A_{//} - A_{\perp}) / (A_{//} + A_{\perp})$ にて定義した（$A_{\perp}$ と $A_{//}$ は，初期配向の際に照射した偏光に対し，垂直および平行に偏光吸収スペクトルの測定軸をとったことを示す）

テージ2は，DR の変化が観察され，アゾベンゼンメソゲンの配向方向が変化する過程である。この過程において，液晶相及びミクロ相分離構造を内包した数 100 nm 程度の液晶ドメインを保持しながら配向方向が変化している。ステージ3は，緩やかな GI-SAXS ピークの出現が見られるため，ステージ2にて分割されたドメイン構造が一軸配向モノドメインへ，液晶相およびミクロ相分離構造の高次構造が徐々に再成長する過程と理解できる。

4　おわりに

本稿では，液晶性ブロック共重合体の形成する階層的な液晶構造とその動的光配向について紹介した。ナノオーダー構造が可逆的にリアルタイムに動く“アクティブ”なミクロ相分離構造の配向制御と階層的な配向メカニズムを述べた。ナノ材料の研究は，より微細なリソグラフィー技術を目指したものや固定化されたナノ構造に触媒機能や発光機能などを付与するアプローチが主流である。また，ミクロ相分離構造をナノテンプレートとしてリソグラフィー分野に用いる研究は，現在も盛んに行われている研究分野である[36~40]。これに対し，本研究は，ナノ材料分野に動的な機能を提案する新たな学術分野を切り開くものと考えている。光応答性液晶ブロック共重合体の動的な配向制御は，液晶分子設計による液晶配向制御，ミクロ相分離構造の相変化，非偏光や偏光の組み合わせにより，様々な高分子ナノ構造の“動き（モード）”が可能である。本研究の面内一軸配向以外にも，様々な液晶配向モードを利用したシリンダー構造の面内-面外配向モードや回転モードも視野に入れ研究を遂行し，今後，ナノ材料の時空間制御手法として展開したい。

謝辞

本研究を行うにあたり，関隆広教授（名古屋大学大学院工学研究科）から多大なる協力と有益な助言を賜りました。また，本稿の実験にかかる内容は，当研究グループの名古屋大学大学院工学研究科 原光生助教，佐野誠実氏，小飯塚祐介氏，村瀬智也氏，永島悠樹氏によって進められたものです。また，放射光施設を用いたGI-SAXS実験は，雨宮慶幸先生（東京大学大学院新領域創成科学研究科）ならびに篠原佑也先生（テネシー大学）との共同研究のもと遂行いたしました。

文　　献

1) P. J. Collings, *et al.*, “Introduction to liquid crystals：chemistry and physics”, CRC Press (1997)
2) I. W. Hamley, “Developments in block copolymer science and technology”, John Wiley & Sons (2004)
3) M. Lazzari, *et al.*, “Block copolymers in nanoscience”, John Wiley & Sons (2007)
4) O. K. C. Tsui, *et al.*, “Polymer thin films”, World Scientific (2008)
5) S. Nagano, *The Chemical Record*, **16**, 378 (2016)
6) S. Nagano, *Polym. J.*, **50**, 1107 (2018)
7) S. Nagano, *Langmuir* (2018)
8) G. Mao, *et al.*, *Acta Polym.*, **48**, 405 (1997)
9) M.-a. Adachi, *et al.*, *Polym. J.*, **39**, 155 (2007)
10) M. Tokita, *et al.*, *Macromolecules*, **40**, 7276 (2007)
11) 永野修作, “市村國宏 監修 光機能性高分子材料の新たな潮流-最新技術とその展望-第4章 液晶相を利用したナノ構造体の光配向制御”, シーエムシー出版 (2008)
12) F. Weigert, *et al.*, *Naturwissenschaften*, **17**, 840 (1929)
13) K. Ichimura, *Chem. Rev.*, **100**, 1847 (2000)
14) T. Ikeda, *J. Mater. Chem.*, **13**, 2037 (2003)

15) V. G. Chigrinov, *et al.*, "Photoalignment of liquid crystalline materials : physics and applications", John Wiley & Sons (2008)
16) T. Seki, *Polym. J.*, **46**, 751 (2014)
17) 永野修作, *et al.*, 液晶, **15**, 288 (2011)
18) Y. Morikawa, *et al.*, *Chem. Mater.*, **19**, 1540 (2007)
19) Y. Morikawa, *et al.*, *Adv. Mater.*, **18**, 883 (2006)
20) H. Yu, *et al.*, *J. Am. Chem. Soc.*, **128**, 11010 (2006)
21) S. Nagano, *et al.*, *Angew. Chem.*, *Int. Ed.*, **51**, 5884 (2012)
22) M. Sano, *et al.*, *Macromolecules*, **47**, 7178 (2014)
23) M. Sano, *et al.*, *Macromolecules*, **48**, 2217 (2015)
24) M. Sano, *et al.*, *Soft Matter*, **11**, 5918 (2015)
25) H. Kimura, *et al.*, *J. Phys. Soc. Jpn.*, **54**, 1730 (1985)
26) 木村初男, 液晶, **10**, 159 (2006)
27) S. Asaoka, *et al.*, *Macromolecules*, **44**, 7645 (2011)
28) Y. Tian, *et al.*, *Macromolecules*, **35**, 3739 (2002)
29) K. Tanaka, *et al.*, *Macromolecules*, **31**, 5148 (1998)
30) H. Yokoyama, *et al.*, *Macromolecules*, **37**, 939 (2004)
31) E. Huang, *et al.*, *Macromolecules*, **32**, 5299 (1999)
32) C. S. Henkee, *et al.*, *J. Mater. Sci.*, **23**, 1685 (1988)
33) H. Huinink, *et al.*, *J. Chem. Phys.*, **112**, 2452 (2000)
34) K. Fukuhara, *et al.*, *Angew. Chem.*, *Int. Ed.*, **52**, 5988 (2013)
35) K. Fukuhara, *et al.*, *Nat. Commun.*, **5**, 3320 (2014)
36) T. Isono, *et al.*, *Macromolecules*, **51**, 428 (2018)
37) K. Azuma, *et al.*, *Macromolecules*, **51**, 6460 (2018)
38) R. Nakatani, *et al.*, *ACS applied materials & interfaces*, **9**, 31266 (2017)
39) T. Wang, *et al.*, *ACS applied materials & interfaces*, **9**, 24864 (2017)
40) H. Yu, *Prog. Polym. Sci.*, **39**, 781 (2014)

第2章　光反応を利用したメソ構造ハイブリッド材料の動的制御

原　光生[*1]，関　隆広[*2]

1　はじめに

本書はおもに光機能有機・高分子材料の動向に焦点が当てられているが，本節では，無機材料との接点，すなわち有機-無機ハイブリッド材料の光応答機能を紹介する。特に界面活性剤の分子集合体が形成するメソ構造に着目し，これを基盤とした光機能材料を紹介する。必ずしも最新の成果でない内容も含まれるが，ユニークなアプローチであり新たな息吹として捉えたい。

前半では，湿度応答や配向制御に着目したメソ構造の動的な特性を活かした有機-無機ハイブリッド薄膜の新たな研究動向を主に紹介し，後半に有機-無機ハイブリッド材料薄膜のパターン露光物質移動による光レリーフ形成プロセスを紹介する。

2　メソ組織体の動的な構造制御と配向制御

有機無機メソ構造体は様々な方法で調製することができ，特にリオトロピック液晶を鋳型にして調製する手法がよく用いられる。金属アルコキシドのゾル-ゲル法によってリオトロピック液晶の自己集合構造を固定することで，メソ構造を無機物質に転写する手法である。有機無機メソ構造体が比較的簡便に得られるだけでなく，鋳型を除去すればメソポーラス無機材料へと展開できる。一種類のリオトロピック液晶を用いた場合でも前駆体の組成によって異種の有機無機メソ構造体を得ることができ，また金属アルコキシドの選択で無機物質を変えることもできるため，材料調製の応用に富んだ手法といえる。

しかし，リオトロピック液晶が本来有する環境応答性は，無機物質と混合することで消失する傾向にあった。これは，無機物質による相の安定化と，材料調製過程における溶媒留去のためである。有機無機複合後であってもメソ構造やその配向を任意に変化させ，かつ特定のメソ構造を固定するシステムの開発は，有機無機メソ材料およびリオトロピック液晶にとっての新展開といえよう。本著では，有機無機複合膜におけるリオトロピック液晶のオンデマンドな相転移の誘起と光固定手法に関する筆者らの最近の取り組みを中心に紹介する。

＊1　Mitsuo Hara　名古屋大学　大学院工学研究科　有機・高分子化学専攻　助教
＊2　Takahiro Seki　名古屋大学　大学院工学研究科　有機・高分子化学専攻　教授

2.1　無機マトリクス中での液晶相の湿度制御と光固定[1)]

複合材料からなる膜に溶媒蒸気を曝露すると，膜の形態を保持したまま複合材料の特定成分の濃度を変化させることができる[2~4)]。本稿ではこの手法を模倣して，潮解現象によって有機無機複合材料中の有機成分（リオトロピック液晶）の濃度変化を誘起する。また，無機物質の一部にリンカー部位を導入し光固定を試みた結果も紹介する。

吸湿性および光架橋基を有する無機物質として，ポリシロキサン主鎖の PSAV を設計した。2種類のシランカップリング剤（APDMOS，VDMOS，図1）と塩酸を混合し，重縮合反応を経て PSAV を合成した（図2a）。PSAV のバルク体は，湿度の増加にともない重量が増加した（図2b）。スピンキャスト薄膜（膜厚約 330 nm）においても同様の挙動が観測され，湿度 90%では乾燥した膜（湿度 0%のときの膜）の約 1.6 倍の重量となった。一方，基板のみ（コントロール）の測定においては，これほどの顕著な重量増加は観測されなかった。アミン塩酸塩を有するポリ

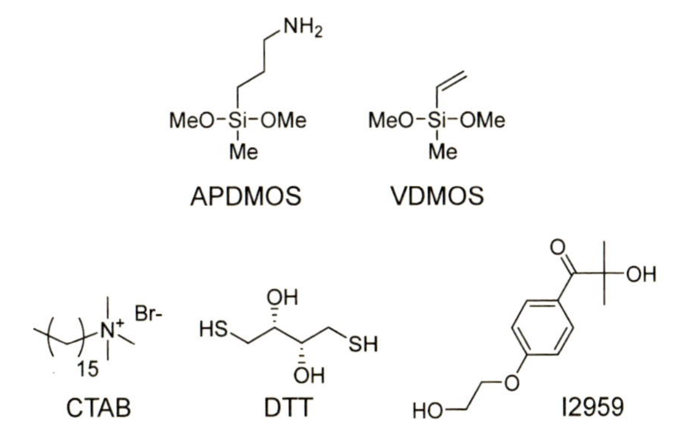

図1　本節で用いた化合物の構造式

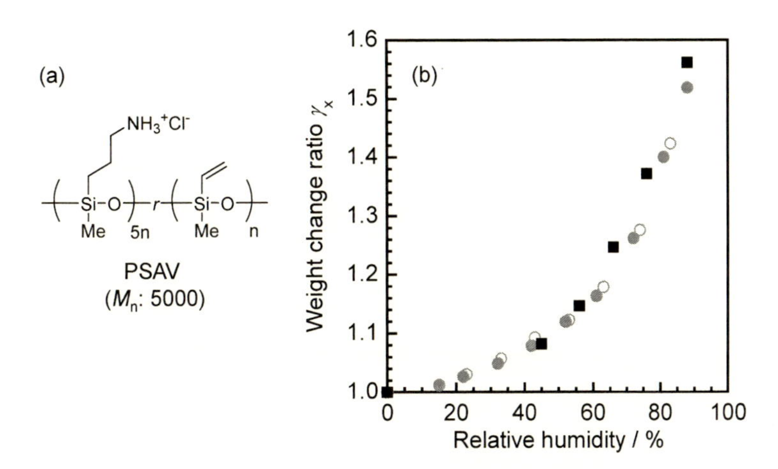

図2　(a) PSAV の構造式，(b) PSAV 重量の湿度依存性[1)]
(■：バルク（加湿過程），●：フィルム（加湿過程），○：フィルム（除湿過程））

シロキサンは吸湿性を示すことが報告されており[5]，加湿による膜重量の増加はPSAVの吸湿に起因すると考えられる。加湿および除湿過程における膜重量のヒステリシスは観測されず，PSAVは周囲の湿度に良好に応答する材料であることがわかった。また，PSAVと架橋剤DTT，光ラジカル発生剤I2959を含む重水溶液の^{1}H NMRスペクトル測定の結果，紫外光照射後に6 ppm付近のアルケン水素に起因するピークが消失した。PSAVのビニル基とDTTのチオール基との間でチオール・エン反応が進行したためと考えられる。

PSAVをいくつかの種類の界面活性剤ごとに混合させた膜を調製したところ，ノニオン性界面活性剤との混合膜においてPSAVと界面活性剤がマクロスコピックに相分離する様子が観察された。アニオン性界面活性剤と混合させた場合は，溶媒中で沈殿が生じ，イオンコンプレックスの形成が示唆された。カチオン性界面活性剤と混合した場合のみ均質な膜を調製することができた。よって，PSAVと同じ電荷を有する界面活性剤は，PSAVと良く相溶することがわかった。また，カチオン性界面活性剤とPSAVとの混合膜は，PSAV単独膜と同様に吸湿能を有していた。

カチオン性のリオトロピック液晶材料CTABと無機物質PSAVからなる有機無機複合膜のナノ構造を斜入射X線回折（GI-XRD）測定によって評価した。湿度50%において面間隔$d=2.6$ nmの周期構造に由来するピークと，その面間隔に対して1/2，1/3，1/4のd値を示すピーク群が基板面外（out-of-plane）方向に観測された（図3a，左）。また，$2\theta=15°$以上の広角領域にも複数のスポット状ピークが複雑に観測されたため，複合膜中でCTABはラメラ状の結晶構造を形成していると判断した。この複合膜を湿度90%の高湿度環境に曝したところ，1次ピークの面間隔シフト（2.6 nm→4.4 nm）が生じ，かつピークの出現パターンが変化した（図3a，中央）。1次ピークは，方位角方向に30°ごとに観測された。1次ピークのすぐ広角側には$d=2.5$ nmの周期構造に由来するピークが観測され，1次ピークに対して$1/\sqrt{3}$の面間隔であった。また，湿度50%において観測されたような，$2\theta=15°$以上の広角領域の結晶様ピークは観測されなかった。これからの結果から，湿度90%では複合膜中のCTABはヘキサゴナル液晶相を形成していることがわかった。この構造変化の挙動は，CTABの相図[6]と良く一致した。一方，CTAB単独からなる膜においてはこのような構造変化は観測されなかった。CTABを吸湿性の無機物質PSAVと複合化することで，有機無機複合後においてもCTABの液晶相転移を誘起することに成功した。また，この相転移挙動には可逆性があり（図3a，右），CTABは湿度に応じて自己集合状態を組み換えた。

CTABとPSAV，DTT，I2959からなる複合膜においても，湿度50%から90%への加湿によって同様の液晶相転移が観測されたが（図3b，左と中央），湿度90%の高湿度環境に膜を曝した状態で紫外光を照射したところ，除湿後もヘキサゴナル様の散乱が観測された（図3b，右）。光照射によってCTABの液晶相が光固定されたことがわかる。

図4にこのプロセスのスキームを示す。メソ組織材料あるいは有機成分を除去したメソポーラス材料は膨大な研究が進められているが，これまでは，目的とする構造を得るために界面活性剤

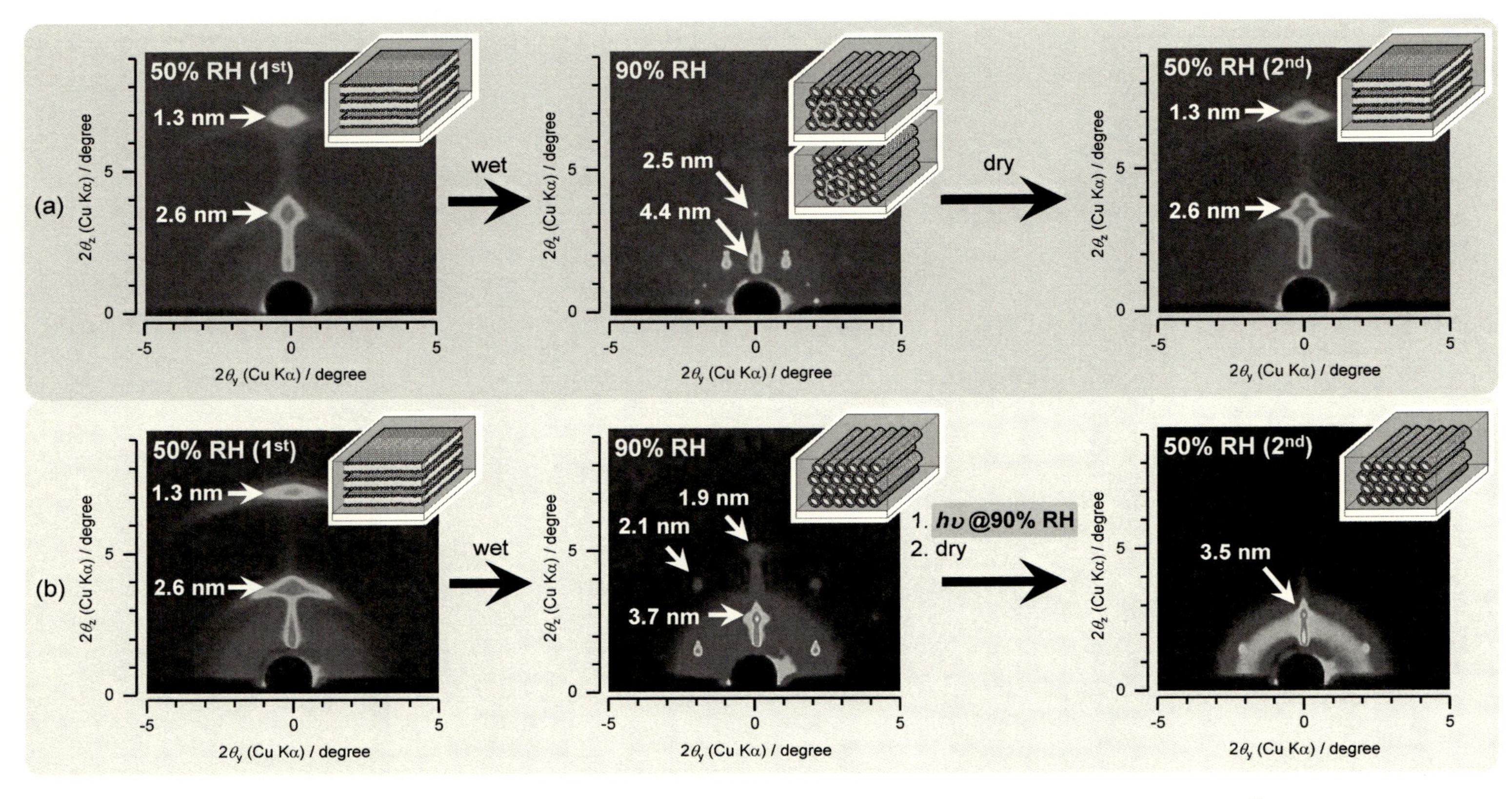

図3　PSAV-CTAB 膜の湿度制御 GI-XRD 回折像（a：DTT と P2959 未添加，b：DTT と P2959 添加）[1]

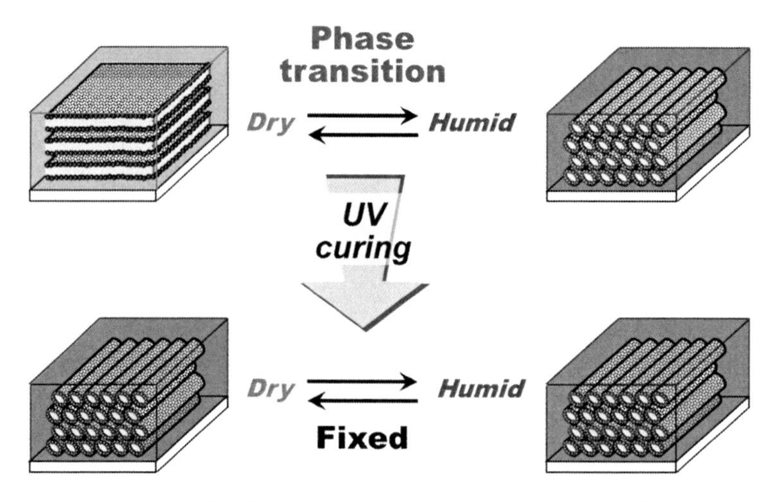

図４　湿度変化によるメソ構造の変換と光固定の模式図[1]

を含むゾル材料の相図に基づいた組成を設定し，得られたメソ構造を作成しておいて化学架橋を施すのが常法である。これに対して本研究では，膜調整後の湿度の環境変化で相図の位置を変えてメソ構造を変換でき，必要なメソ構造にて光を用いて固定することのできる新しいゾル-ゲル材料の方法論といえる。

なお，90%から50%へ除湿した際の高次ピークの消失やピーク強度の低下，そして面間隔の減少は，脱湿によるマトリクスPSAVの収縮とそれにともなうCTABの秩序構造の低下が原因と考察している。現段階ではメソ構造の完全な光固定とはいえないが，このような光をトリガーとした固定[7~10]はメソ構造のパターニングへの展開に有用であるため，現在は光パターニングに取り組んでいる。PSAVはアニオン性もしくはノニオン性界面活性剤とは良好に相溶しないが，シランカップリング剤を変更することでそれらの界面活性剤と相性の良い吸湿性ポリシロキサンも合成することが可能であり，様々な界面活性剤との複合化を視野に入れた研究も進行中である。

2.2　有機無機メソ構造体の自発的な垂直配向[11]

液晶材料を用いることの利点の一つに，メソ構造の巨視的な配向制御が簡便なことが挙げられる。これまでに，リオトロピック液晶とゾル-ゲル法の組み合わせによる，有機無機ナノ構造の配向制御手法が多く報告されてきた[12,13]。メソチャネルは大きな比表面積を有するため，配向を制御することで触媒担体や吸着剤としての利用が期待できる。特に，メソチャネルを基板面に対して垂直方向に並べることができれば，光・電気機能性材料への展開が期待できる。メソチャネルの垂直配向手法は，すでに世界中で様々に取り組まれてきた[13~17]。筆者らも液晶分子と基板表面との間のππ相互作用を利用した垂直向手法を開発した[18]。しかし筆者らの系も含めて，既報の垂直配向手法のほとんどは煩雑な製膜条件や特殊な装置を必要とし，プロセスに依存しないメソ構造の垂直配向手法はわずかである。

メソチャネルの垂直配向のために製膜時の工夫が必要であった理由は，汎用的な界面活性剤（例えば図1のCTAB）のヘキサゴナル相がメソチャネルの鋳型として使われてきたためと考えている。近年になり，界面活性剤を工夫することで簡便に垂直配向を達成する報告がなされはじめた[19, 20]。筆者らも，リオトロピック液晶材料に着目することで，簡便な製膜工程によるメソチャネルの垂直配向を試みる。

本著では，サーモトロピック液晶性のアゾベンゼンブロック共重合体におけるミクロ相分離構造の垂直配向性を利用する。サーモトロピック液晶性アゾベンゼンブロック共重合体は，ポリエチレンオキシド（PEO）ブロック鎖[21〜23]やポリスチレン（PS）ブロック鎖[24]等のブロック鎖との組み合わせによってアゾベンゼン分子の垂直配向を誘起できる。それに伴い，シリンダー状ミクロ相分離構造も垂直配向する。特に，両親媒性ブロック共重合体は親水-疎水型の相分離をするため，水系溶媒中での自己集合構造の形成，すなわちリオトロピック液晶性の発現も期待できる。実際に，二段階の原子移動ラジカル重合法にて合成した両親媒性ジブロック共重合体PMEO-*b*-PAz（図5a）は，サーモトロピック液晶性とリオトロピック液晶性を示した。

テトラエトキシシランの加水分解・重縮合体を主成分とするシリカ前駆体溶液にPMEO-*b*-PAzを添加し，スピンキャスト法にて石英ガラスあるいはシリコンウェハーへ厚さ約120 nmのPMEO-*b*-PAz/シリカ複合膜を調製した。スピンキャスト直後の残留溶剤を含む膜へアニール処理を施すと，その後のGI-SAXS測定において約27 nm周期の構造に由来する散乱が基板面内（in-plane）方向のみに観測された（図5b）。また，より広角側を検出対象としたGI-SAXS測定

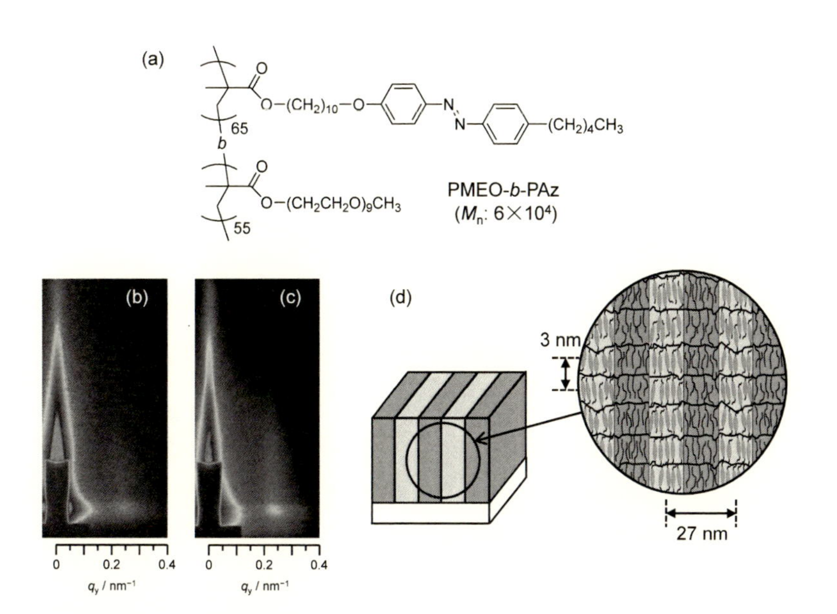

図5　(a) PMEO-*b*-PAzの構造式，(b, c) GI-SAXS像（b：VUV処理前，c：VUV処理後），(d) PMEO-*b*-PAzとシリカからなる膜のメソ構造モデル

においては，約3 nm周期の構造に由来する散乱がout-of-plane方向のみに観測された。27 nmの周期はPMEO-*b*-PAzのミクロ相分離周期に近い値であることがバルク試料のSAXS測定からわかっており，また，3 nmの周期はアゾベンゼンが形成するスメクチック相の層間隔に良く一致する。つまり，ミクロ相分離構造は基板に対して垂直に配向したことがわかる（図5d）。一方，アニール処理を施さなかった膜は，散乱を生じなかった。よって，PMEO-*b*-PAzのミクロ相分離構造の垂直配向は，PAzブロック内でアゾベンゼンが形成するスメクチック相の配向に誘発されたと推察できる。

PMEO-*b*-PAz/シリカ複合膜へUVオゾン処理を行ったところ，in-plane方向の散乱がより鮮明化した（図5c）。膜の表面の原子間力顕微鏡（AFM）像からは，ミクロ相分離周期と等しい縞模様が観察された。これらの結果は，UVオゾン処理によって膜の有機物質が除去されたことを示唆している。AFMの形状像で一見穴に見える部分であっても，穴の内側と外側でストライプが連続している様子が位相像から確認でき（図6），AFM像は垂直配向ラメラ構造に由来のモルフォロジーだと判断した。PMEO-*b*-PAzの自発的な垂直配向性を利用することで，垂直配向メソポーラスシリカ膜の簡便な調製法を開発した。基板への前処理が不要かつ基板の種類に制約もなく，またスピンキャスト後のアニール処理のみで垂直配向シリカメソ構造が得られる点は，メソ材料を応用するにあたり魅力的な要素の一つであろう。

垂直配向メソポーラス膜のさらなる機能化を目指し，チタン系の無機物質と複合させた研究も紹介する。チタン系のゾルとPMEO-*b*-PAzの混合溶液からスピンキャスト膜を調製し，焼成によってアナターゼ結晶型チタニアをマトリクスとする垂直配向メソポーラス膜を得た（細孔径は

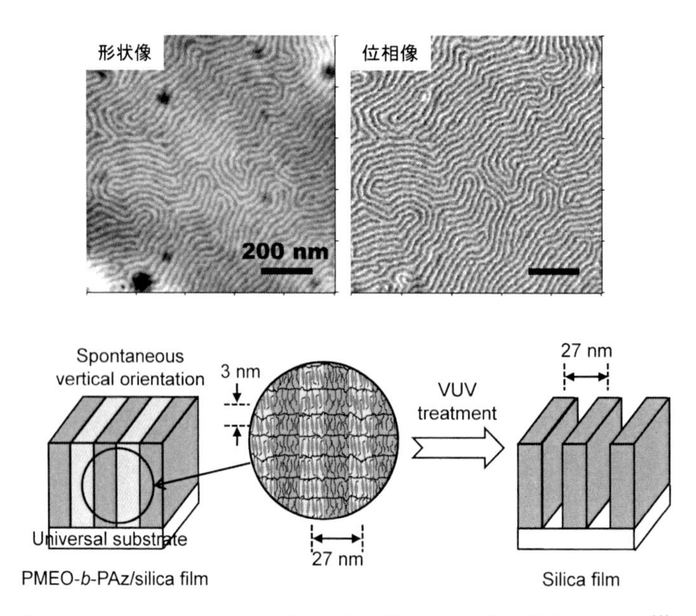

図6　PMEO-*b*-PAzとシリカからなる膜のAFM像と調製スキーム[11)]

約20 nm)。この膜は，可視領域の光に対して約100%の透過率を示し，非常に均質かつ透明であった。増感色素N719をメソ細孔へ導入した垂直配向チタニア膜を色素増感太陽電池（DSSC）のチタニア電極として用いたところ，疑似太陽光（AM1.5，1SUN）照射下で発電した。光エネルギーから電力への変換効率は0.04%と非常に低いが，導入された単位色素量あたりに換算すると，チタニアナノ粒子膜からなるコントロール電極に比べて約1.5倍高い変換効率であった。膜厚，色素の導入方法，DSSCセルの組み立て方，電流-電圧測定の条件等，電池性能の精査のためにはまだ多くの検討を要するが，垂直配向メソポーラス構造の有用性の一例を提示できた。

2.3　クロモニック・メソ構造の光配向[25,26]

リオトロピック液晶の“メソ構造”のみならず“分子骨格に起因する機能”にも着目することで，鋳型を除去せずとも有用な材料を調製できる場合がある。リオトロピック液晶の分子機能団に着目した研究を最後に紹介する。

可視領域に吸収を有し，かつリオトロピック液晶性を示す化合物群がある。これらの液晶性色素化合物は，クロモニック液晶とよばれる[27,28]。クロモニック液晶は高いオーダーパラメータを有する二色性フィルムの原材料として利用される場合が多いが，その分子配向を恒久的に保持することは難しい[29,30]。配向制御されたクロモニック液晶相を無機物質で安定化できれば，光学特性を保持した新たな有機無機複合メソ材料の創出が期待できる。

本研究で着目したクロモニック液晶B67（図7）は，ディスク状の分子であり，水系溶媒中にて分子どうしが会合して，一定の濃度以上でディスコティックカラムナー液晶相を形成する[31]。B67とシリカゾルからなる混合溶液を石英ガラス上へ塗布し，スピンキャスト法にて厚さ約650 nmのB67/シリカ複合膜を調製した。しかし，吸収スペクトルからは，膜中のB67が水溶液中とは異なる会合状態であることが判明し，リオトロピックカラムナー相のシリカによる固定化には至らなかった。詳細な解析の結果，B67層とシリカ層が交互に積層したラメラ構造であることが明らかとなった。このラメラ構造はB67にとっての新規構造であり，大変興味深い知見である。製膜過程での溶媒揮発にともない極性の低いB67がゾル中でカラムナー相を形成できなくなり，最終的にB67層とシリカ層が相分離してラメラ構造へと構造転移したと推察している。また，アニオン性のB67と負電荷に帯電するシリカマトリクスとの間にはたらく静電的反発も相分離の要因の一つと考えられる。濃厚なシリカゾル中でB67カラムを安定に存在させるために，両者の界面にてメディエータ分子としての作用が期待できる2-(2-アミノエトキシ）エタノール（AEE）を前駆体溶液に添加した。その結果，B67カラムとシリカゾルの相溶性が向上し，カラムナー相のシリカによる固定化を達成した。

ディップコート法にて調製したB67/シリカ複合膜において，カラムナー相は基板の引き上げ方向に平行に配向し，膜は明確な吸収異方性を示した。基板引き上げ時の溶液流動により誘起された配向である。また，光配向と流動配向を組み合わせることで，カラムナー相のマイクロパターニングも達成した（図7）。無機化合物にて安定化しているため，B67の等方点以上でもこ

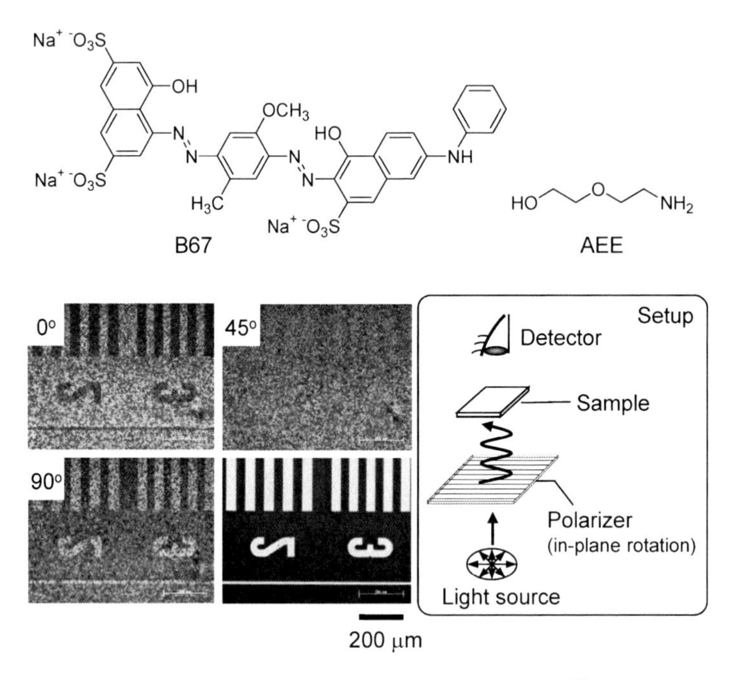

図7　B67-シリカ膜の偏光入射光学顕微鏡像[26)]
（角度は入射させる偏光の面内回転角を示す）

のパターニングは保持された。B67のカラムナー液晶相を単純に固定するのではなく，その配向まで制御することで，カラムナー相の吸収異方性をより効果的に活用した。この手法を用いれば同一面内に二つの吸収軸を有する光学フィルムを大面積で容易に調製可能なため，新たな光学デバイスの創出が期待できる。最近になり，クロモニック液晶をPSAVのような無機フォトポリマーにて組織制御・光制御する研究も展開し始めた。

3　ゾル-ゲル材料における光レリーフ形成

他節でも触れられている，光物質移動によるレリーフ形成のほとんどの研究には，有機系の高分子材料が用いられている[33,34)]。もし機能性無機材料表面にレリーフを構築できれば，こうした光物質移動機能の用途がさらに広がるものと期待される。

3.1　非晶質ゾル-ゲル材料の光レリーフ形成[35,36)]

無機物質とのゾル-ゲル材料において，物質移動を経由したレリーフ形成の報告例は多くないが，非晶質系で2例ある[24,25)]。

表面レリーフ形成に最初にゾル-ゲル材料を導入したのはBiolotのグループである[35)]。彼らはシリカ系にアゾベンゼンとカルバゾールの有機成分を導入し（図8），アルゴンイオンレーザー

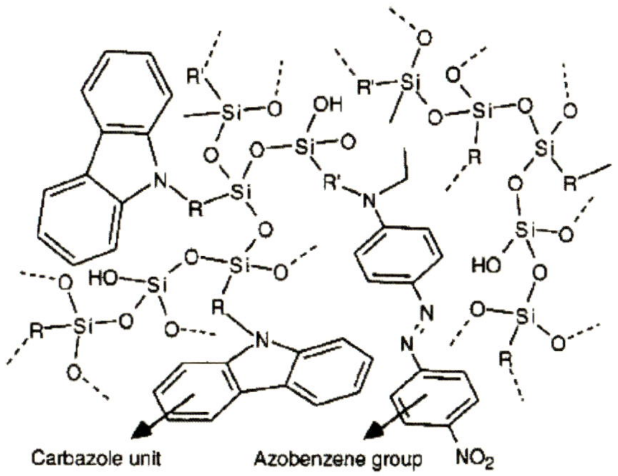

Carbazole unit
Azobenzene group

図8　Biolot らによる光レリーフ用アゾベンゼン-ゾルゲル材料[35)]

for example
nm
600
400
200
0
2
4
6
8
10
0
2
4
6
8

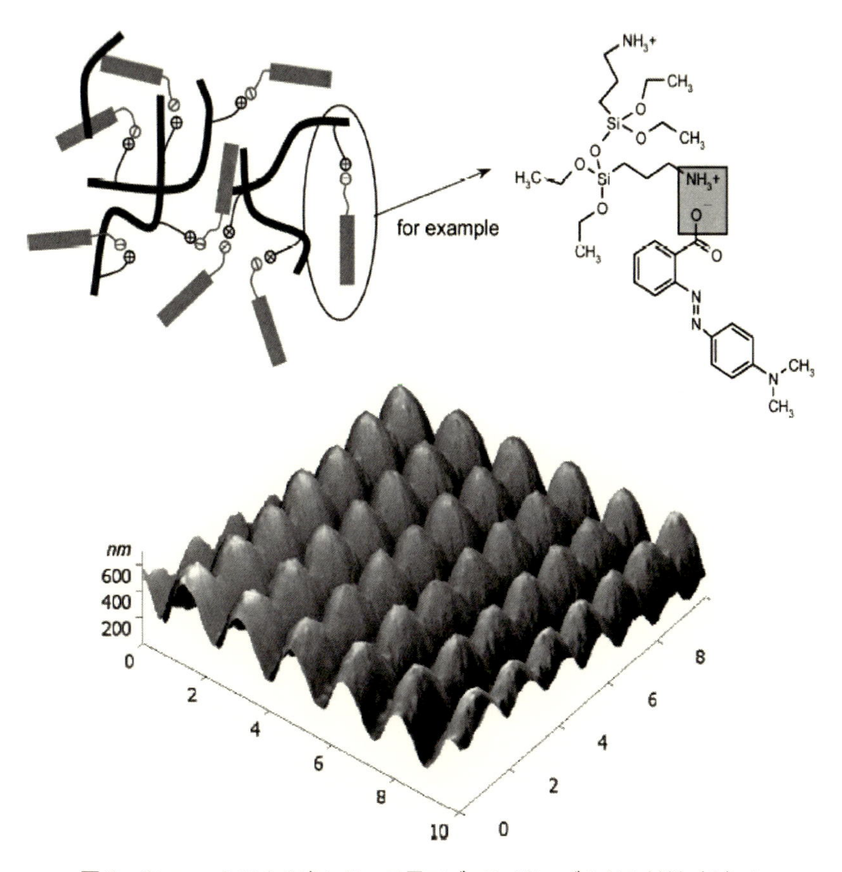

図9　Stumpe らによる光レリーフ用アゾベンゼン-ゾルゲル材料（上）と表面レリーフの例（下）[36)]

(514 nm) の干渉露光にて明確なレリーフが形成されることを示した。カルバゾールの有機成分が入っているのは，架橋の程度を弱めるためである。

Stumpe のグループは[36]，イオン架橋でアゾベンゼンを導入したゾル–ゲル材料を報告している（図 9)。イオン結合でアゾベンゼンを導入しているので，その密度を自由に制御でき，材料設計の自由度が大きく興味深い。アニオン性のアゾベンゼンの置換位置は 4–,4'–位ではなく，カルボキシレートがアゾ基に対してオルト位にあるので，この色素の会合が抑えられ，高濃度のアゾベンゼンをアモルファス状態で材料に導入することができる特徴がある。二段露光も良好に行うことができ，図 9 下に示すように多段階の照射によってやや複雑な表面形状も容易に作成することができる。

3. 2　液晶性ゾルーゲル材料の光レリーフ形成と無機材料への変換[37, 38]

上記の研究例はアモルファスゾルゲル系であるが，液晶性を付与することで異なる物質移動特性が得られる[34, 39, 40]。アゾベンゼンの側鎖型液晶膜では，光相転移を伴い，これを利用することで高効率な物質移動が可能であることがわかっている。液晶性の有機–無機ハイブリッドが開発されれば，新たな特性を持つ機能性光レリーフ材料が創出できると期待される。液晶系の光レリーフ材料では，アゾベンゼン液晶高分子の光相転移が重要な役割を果たしている。著者らは，チタニア系ゾルーゲル材料を検討した。無機成分として，光触媒機能や高屈折率である等の魅力的な特性を有するチタニアを用いることで，シリカ系とは異なる機能材料の調製が期待される。

図 10 に開発したハイブリッド物質の構造を示す（6Az5COO–TiO)。得られたハイブリッド物質は，アゾベンゼン部位と酸化チタンの二量体構造をとっており，熱分析，光学顕微鏡，X 線回折観測からこの材料は層状液晶構造をとることが判明した[37]。側鎖型高分子液晶における主鎖に相当する部分がチタニア成分となっている構造をとる。このハイブリッド材料の薄膜に 125℃にてフォトマスクを介して光照射して得たレリーフ構造も Fig.5 に示す。物質移動は数 10 mJ/cm^2 レベルで開始されており，液晶高分子系に匹敵する高感度で移動が進むとともに，先に紹介した非晶質のゾル–ゲル系と比較すると，10^3～10^5 倍もの高感度化が達成されている。

レリーフ構造を保持したまま有機成分を除去し，熱処理することで，純粋なチタニアのレリーフ膜を作成することもできる[38]。アゾベンゼンの有機成分で光物質移動を誘起しておいて，レリーフ構造を保持したまま無機材料を調製するプロセスは，新たな無機材料の賦形プロセスと言える。そのプロセスを図 11 に示す。6Az5COO–TiO の薄膜（Film A）に 365 nm の紫外光でパターン露光を行い，表面レリーフを作成する（スキーム第 1 段階，Film B)。次にこの膜を低圧水銀灯の 254 nm を照射し光化学的に有機成分を分解する（第 2 段階，Film C)。この状態で 550–650℃に加熱して，有機成分を完全に熱分解するとともに酸化チタンの結晶化を促す（Film D)。こうしてできた，表面レリーフ構造をもった酸化チタン膜はアナターゼの微結晶からなることが X 線回折の情報から得られる。254 nm の紫外線照射を経ずに最初から熱処理を行うと，レリーフ構造は完全に失われて d の状態になってしまうので，レリーフ構造を保ったままで酸化チタ

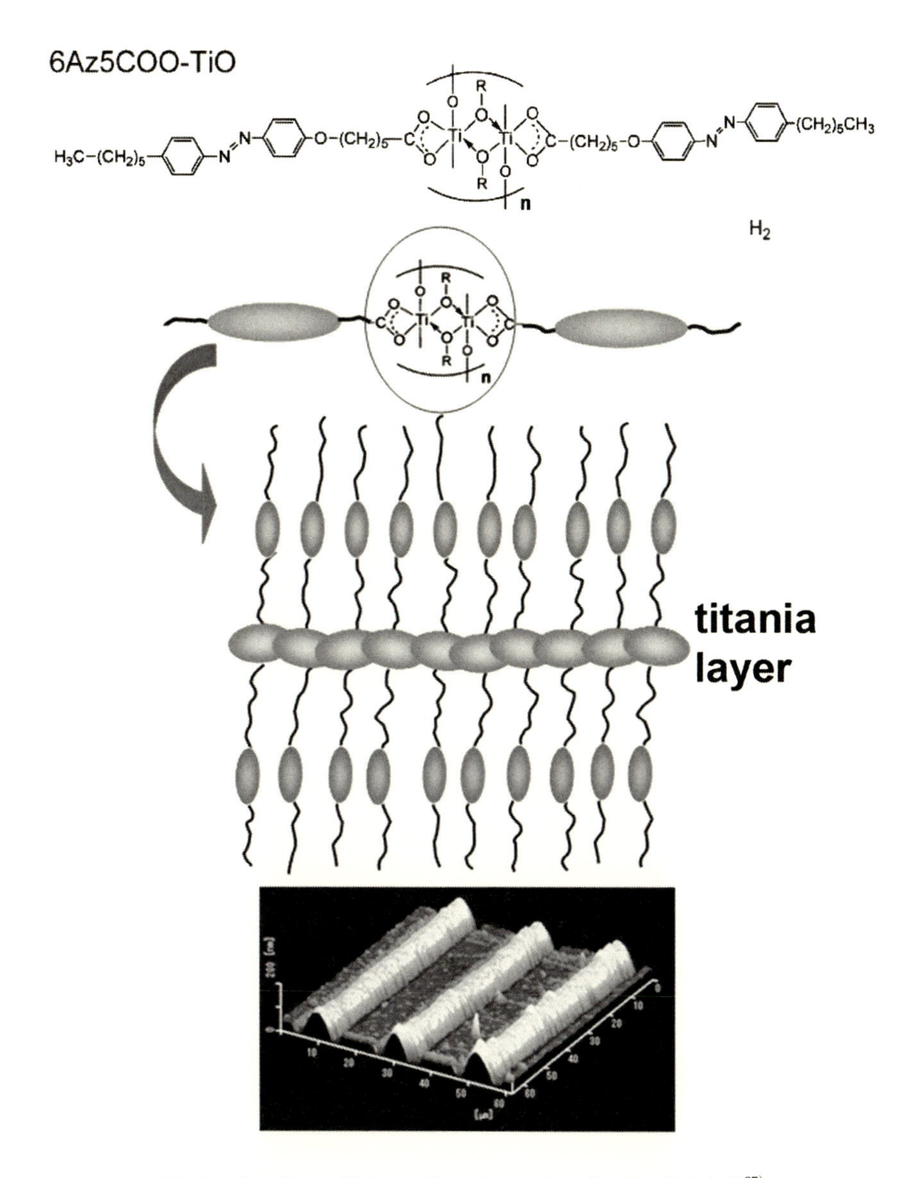

図10　光レリーフ用チタン系アゾベンゼン-ゾルゲル液晶材料[37]

ンレリーフ膜を得るためには段階的な有機物の分解が重要である。光分解で，有機成分がより低い 254 nm の光照射は熱発生も伴っておりこれにより，チタニアのネットワークとして緩い架橋が進むことが，高温処理した際の表面形状を保持できた重要な要因であると思われる。このプロセスで得られる酸化チタンはX線の回折パターンからアナターゼ型微結晶であり，任意のレリーフ構造をもった光触媒や太陽電池などへの応用が期待される。

アゾベンゼンは色づいていることからレリーフ形成後にこれを除去することがしばしば求められる。有機高分子系材料であれば，アゾベンゼンを水素結合などの超分子に導入し高分子を架橋

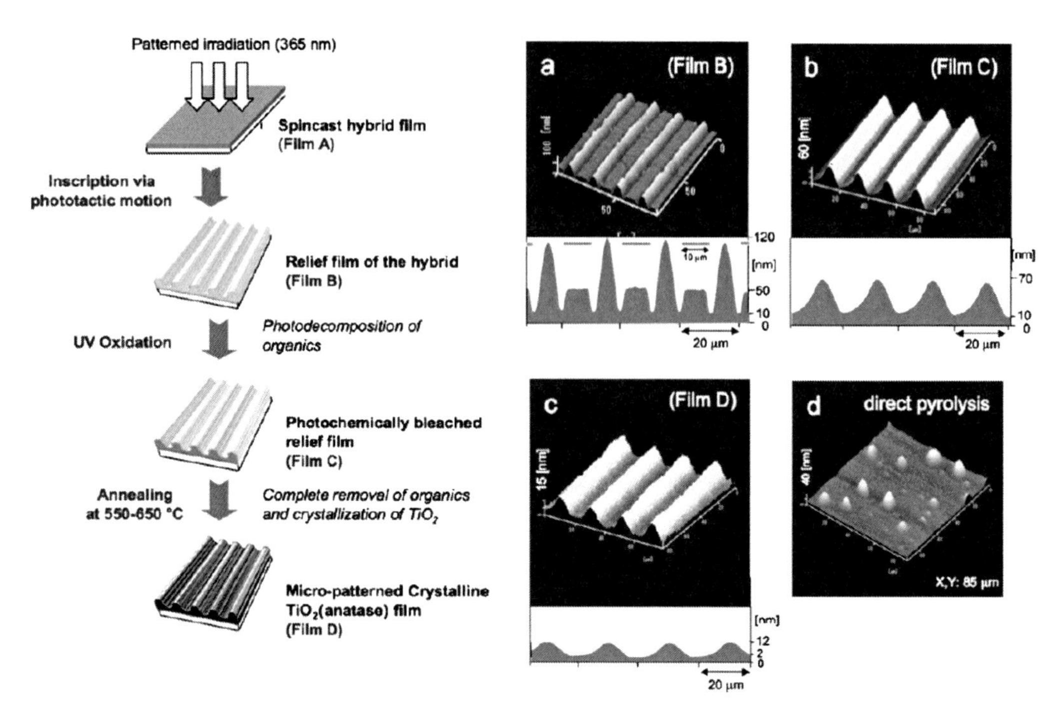

図11　チタン系アゾベンゼン-ゾルゲル液晶材料にレリーフ形成（a）と有機成分除去による酸化チタン（アナターゼ）表面レリーフの形成プロセス[38)]

してから，アゾベンゼンを適切な溶媒にて除去するなどの込み入った操作が必要であるが[41)]，有機–無機ハイブリッド系では，光分解や熱分解の乾式の簡便なプロセスでアゾベンゼン等の有機成分を除くことができる。光物質移動が無機物質の賦形プロセッシングに適用できるとした新たな例である。

4　おわりに

本節では，界面活性剤のリオトロピック系のメソ構造環境応答とその光固定，メソ構造の配向制御と光パターニング，メソ構造を有する無機材料の創成，さらにはゾル–ゲル材料系の光レリーフ形成と無機材料化について紹介した。有機–無機ハイブリッド材料は，結果的に有機材料成分を除去して多孔性メソ材料（メソポーラス材料）へ，あるいは最後に触れたように無機レリーフ構造にすることが多い。しかし，有機成分のもつ動的な特性の役割は極めて重要であり，これまでの研究では，それを活かしてそれを反映させたものは乏しかった。この節で紹介した研究は，有機成分によりアクティブに構造や配向を制御し，望みのタイミングにて無機材料化させるものであり，新たな材料プロセッシングの考え方を提示している。

文　　献

1) M. Hara *et al.*, *Chem. Commun.*, **54**, 1457 (2018)
2) C. Sinturel *et al.*, *Macromolecules*, **46**, 5399 (2013)
3) G. Cui *et al.*, *Macromolecules*, **47**, 5989 (2014)
4) Y. Chen *et al.*, *J. Phys. Chem. B*, **118**, 3207 (2014)
5) Y. Kaneko *et al.*, *Int. J. Polym. Sci.*, 684278 (2012)
6) X. Auvray *et al.*, *J. Phys. Chem.*, **93**, 7458 (1989)
7) D. L. Gin *et al.*, *Acc. Chem. Res.*, **34**, 973 (2001)
8) B. R. Wiesenauer *et al.*, *Polym. J.*, **44**, 461 (2012)
9) J. Yang *et al.*, *Macromolecules*, **25**, 1786 (1992)
10) J. Yang *et al.*, *Macromolecules*, **25**, 1791 (1992)
11) M. Hara *et al.*, *Bull. Chem. Soc. Jpn.*, **86**, 1151 (2013)
12) P. Innocenzi *et al.*, *Chem. Mater.*, **21**, 2555 (2009)
13) A. Stein *et al.*, *Chem. Mater.*, **26**, 259 (2014)
14) H. -C. Kim *et al.*, *Chem. Rev.*, **110**, 146 (2010)
15) K. C. -W. Wu *et al.*, *J. Mater. Chem.* **21**, 8934 (2011)
16) K. Ariga *et al.*, *Bull. Chem. Soc. Jpn.* **85**, 1 (2012)
17) C. Mousty *et al.*, *J. Solid State Electrochem*, **19**, 1905 (2015)
18) M. Hara *et al.*, *J. Am. Chem. Soc.*, **132**, 13654 (2010)
19) C. Ma *et al.*, *Chem. Mater.*, **23**, 3583 (2011)
20) K. -C. Kao *et al.*, *J. Am. Chem. Soc.*, **137**, 3779 (2015)
21) H. F. Yu *et al.*, *ACS Appl. Mater. Interface*, **1**, 2755 (2009)
22) S. Asaoka *et al.*, *Macromolecules*, **44**, 7645 (2011)
23) H. Komiyama *et al.*, *Chem. Lett.*, **41**, 110 (2012)
24) Y. Morikawa *et al.*, *Chem. Mater.*, **19**, 1540 (2007)
25) M. Hara *et al.*, *Langmuir*, **23**, 12350 (2007)
26) M. Hara *et al.*, *J. Mater. Chem.*, **18**, 3259 (2008)
27) J. Lydon, *J. Mater. Chem.*, **20**, 10071 (2010)
28) J. Lydon, *Curr. Opin. Colloid Interface Sci.*, **8**, 480 (2004)
29) J. Wang *et al.*, *Liq. Cryst.*, **44**, 863 (2017)
30) M. Matsumori *et al.*, *ACS Appl. Mater. Interfaces*, **7**, 1107 (2015)
31) C. Ruslim *et al.*, *Langmuir*, **19**, 3686 (2003)
32) A. Natansohn *et al.*, *Chem. Rev.*, **102**, 4139 (2002)
33) N. Viswanathan *et al.*, *J. Mater. Chem.*, **9**. 1941 (1999)
34) T. Seki, *Macromol. Rapid Commun.*, **35**, 1521 (2014)
35) B. Darracq *et al.*, *Adv. Mater.*, **10**, 1133 (1998)
36) O. Kulikovska *et al.*, *Chem. Mater.*, **20**, 3528 (2008)
37) K. Nishizawa *et al.*, *Chem. Mater.*, **21**, 2624 (2009)
38) K. Nishizawa *et al.*, *J. Mater. Chem.*, **19**, 7191 (2009)

39） T. Ubukata *et al.*, *Adv. Mater.*, **12**, 1675（2000）
40） N. Zettsu *et al.*, *Adv. Mater.*, **13**, 1693（2001）
41） N. Zettsu *et al.*, *Adv. Mater.*, **20**, 516（2008）

第3章　シクロデキストリンとフォトクロミック分子による光応答性高分子マテリアル

高島義徳[*1]，大﨑基史[*2]，原田　明[*3]

1　緒言

光や電気などのエネルギーを力学的な仕事に変換する駆動素子（アクチュエーター）の開発において，軽量・柔軟で大きな変形・駆動が期待できる高分子材料での実現は特に近年注目を集めている。高分子アクチュエーターには，ゲル構造の応力変化やイオン分極を利用したものが知られているが，近年では，分子にて構築した超分子（分子マシン）を高分子ネットワークに組み込み，分子マシンのミクロな分子運動をマクロスケールでの変形・動作としてアウトプットする超分子アクチュエーターが大きな発展を遂げつつある。とりわけ分子マシンを光で駆動させるという手法においては，高分子の材料変形におけるボトルネックとなることの多い分子・イオンあるいは電子の拡散過程が不要であるというメリットがあり，素子の高速変形・駆動について高いポテンシャルを秘めているといえる。本項では，ホストゲスト相互作用を用いた超分子アクチュエーターとして，シクロデキストリンと種々のフォトクロミック分子を用いたものについての近年の成果を解説する。

ホストゲスト化学に基づく高分子材料の設計には，主に次の3つのアプローチがあると考える(図1)。第一は，ホスト基とゲスト基を高分子側鎖に修飾し，高分子鎖間でホストゲスト包接錯体を形成させ，これを可逆的な結合とする方法である。高分子鎖同士は動的な架橋でネットワークを形成しているために，柔軟かつ強靭な物性を有しており，特にこの分子設計では，刺激に応じた錯体の形成・解離に基づく機能を付与しやすい[1~3]。第二にロタキサン構造（インターロックされた環と軸）による可動性の架橋が挙げられる。架橋点の自由度を上げることで高い応力緩和特性をもった高分子材料を達成でき，近年は光に反応する材料変形挙動を示すことが判ってきている[4,5]。第三の分子設計として挙げた，刺し違い二量体（[c2]Daisy chain）による高分子架橋体は，分子マシンのスライド運動でポリマー鎖全長を変化できるユニークな特性をもち，高分子ネットワークによる力学特性の直接制御が可能である。

図2に刺激に応答する超分子ゲルアクチュエーターの主な分子設計例を2つ示した。ひとつは，ホストゲストの可逆的架橋部に光刺激応答性を付与する設計である。光刺激によりホストゲ

＊1　Yoshinori Takashima　大阪大学　高等共創研究院／大学院理学研究科　教授
＊2　Motofumi Osaki　大阪大学　大学院理学研究科　特任講師
＊3　Akira Harada　大阪大学　産業科学研究所　特任教授

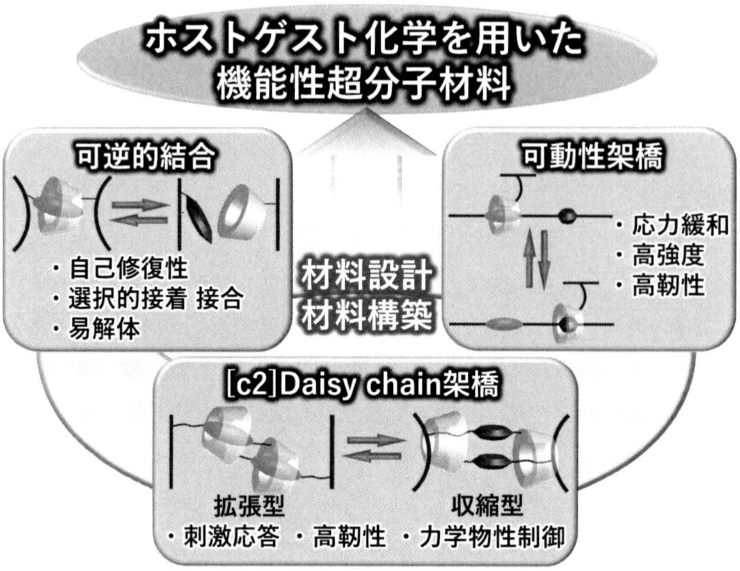

ホストゲスト化学を用いた
機能性超分子材料

可逆的結合
・自己修復性
・選択的接着 接合
・易解体

材料設計
材料構築

可動性架橋
・応力緩和
・高強度
・高靭性

[c2]Daisy chain架橋
拡張型
収縮型
・刺激応答 ・高靭性 ・力学物性制御

図１　超分子を用いた機能性高分子材料

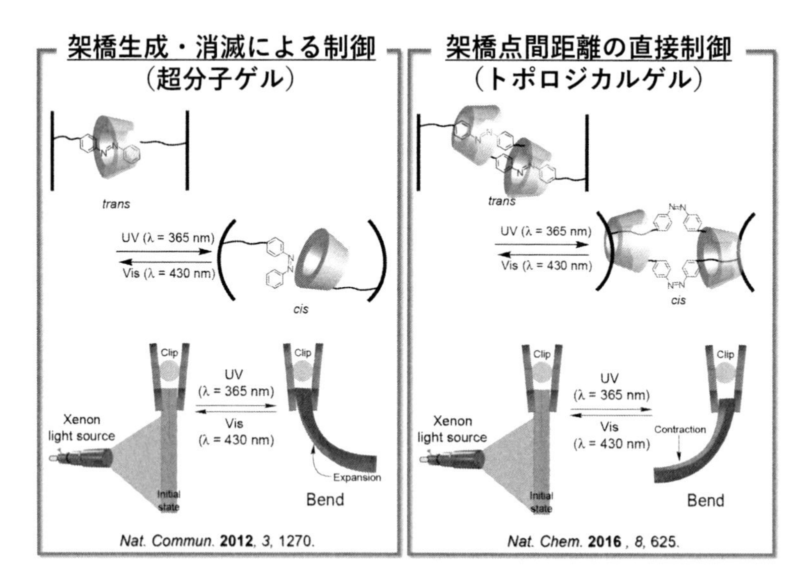

図２　刺激に応答する超分子アクチュエーターの分子設計

スト錯体の形成・解離を起こすことで，ホストゲスト架橋点の生成・消滅を外部刺激で制御できる材料となる。高分子材料の弾性率は架橋密度に比例するため，これにより材料の収縮・膨潤が引き起こされる。

刺激応答性の［c2］Daisy chain を高分子鎖間に導入する手法も有用である。刺激によるホストゲスト錯体の形成・解離は，［c2］Daisy chain の可逆的なスライド運動を誘起する。このスライド運動によって，ポリマー鎖長すなわち架橋点間距離が変化し，その結果，材料の変形を起こすことができる。

以下では，これらの分子設計に基づいた刺激応答性超分子アクチュエーターの研究開発の動向を紹介する。

2　シクロデキストリンとホストゲスト相互作用

シクロデキストリン（Cyclodextrin，CD）は，グルコピラノース（Glucopyranose）単位が α-1,4 結合にて繋がった環状オリゴ糖である。CD 一分子に含まれるグルコピラノース単位の数によって空孔サイズが異なり，α-CD（6 量体），β-CD（7 量体），γ-CD（8 量体）などが広く知られている（図 3）。円筒対称の穴の空いたバケツのような構造であり，環外部が親水性であるのに対し，その空孔内部は疎水的である。そのため，疎水性相互作用によって様々な化合物を環内に取り込み，包接錯体を形成する。その際，CD の空孔サイズに適合したサイズ・形状の化合物を包接する基質選択性・特異性を示す。この性質は分子マシン作製にあたって，選択性やスイッチング機能の発現に利用することができる。

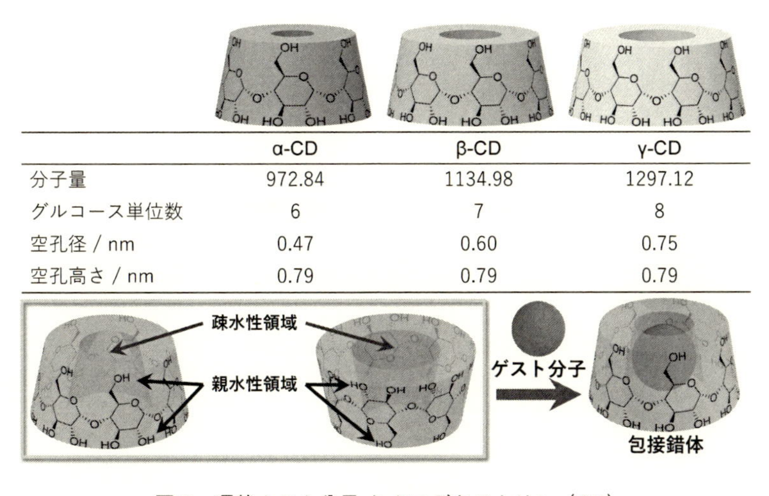

	α-CD	β-CD	γ-CD
分子量	972.84	1134.98	1297.12
グルコース単位数	6	7	8
空孔径 / nm	0.47	0.60	0.75
空孔高さ / nm	0.79	0.79	0.79

図3　環状ホスト分子 シクロデキストリン（CD）

3 ホストポリマーとゲストポリマーを用いた光刺激によるゾル-ゲル転移

言うまでもなく，高分子材料の作製にあたり，ポリマー鎖間の架橋は非常に重要な手段である。図4aに示したように，筆者らは，ポリマー側鎖間にてホストゲスト相互作用からなる可逆的な架橋をデザインし，包接錯体の形成・解離を利用した刺激応答性高分子材料を作製した。

ここでは，材料に刺激応答性を付与するべく，フォトクロミック分子のアゾベンゼンをゲスト分子として用いた。水溶性ポリマー側鎖にアゾベンゼンを修飾したゲストポリマーと，αCDを修飾したホストポリマーを合成した。これらのポリマーの水溶液を混合すると，側鎖間での包接錯体形成によって架橋点が形成され，ヒドロゲルが得られた。このヒドロゲルに対して紫外光を照射し，アゾベンゼンを*cis*化させたところ，ゲルはゾル状態へと変化していき，照射の時間経過とともに粘度が減少していった。その後，このゾルに可視光を照射し，アゾベンゼンを*trans*体に戻すと，再び粘度が回復し，ゲルが再形成された。このように，包接錯体形成・解離による高分子ネットワーク架橋点の生成・消滅によってゾル-ゲル転移を制御できることが分かった[6)]。

4 ホストゲスト修飾ポリマーゲルによる光刺激応答性超分子アクチュエーター

前節のゾル-ゲル状態の可逆的スイッチング系において，ゾル状態ではポリマー間の架橋としての包接錯体は解離しており，個々のポリマー鎖は完全に独立した状態となっている。一般に，

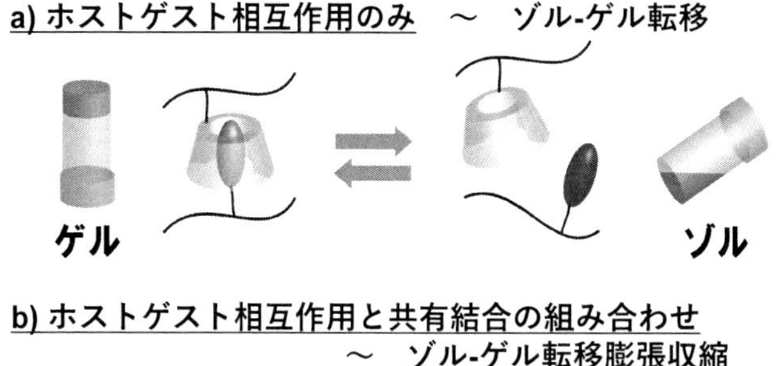

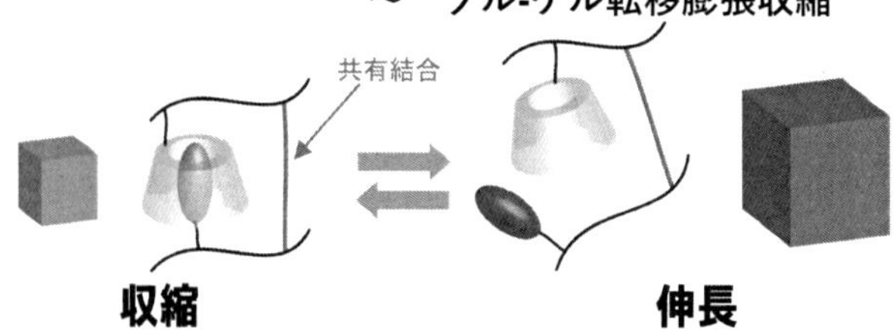

図4　CDとゲスト分子をそれぞれ側鎖に修飾したポリマーからなるホストゲスト架橋型の超分子ヒドロゲル
ゾル-ゲルスイッチング挙動を示す系（上段）に共有結合による化学架橋を導入したゲル（下段）は膨潤伸縮挙動を示す

溶液中でポリマー鎖間に対して化学架橋（共有結合による架橋）を施すと自立したゲルとなる。この化学架橋をホストゲストポリマーに対して部分的に施すことで，ホストゲスト錯体による架橋がすべて乖離している状態でもポリマー鎖同士は完全に孤立（溶解）せず，ゾル化ではなく架橋点数の減少に伴う膨潤挙動として応答が現れると考えた（図4b）。

そこで我々は，光刺激に応答して高分子ネットワークが膨潤収縮し，その変化がマクロスケールのゲル伸縮として発現するアクチュエーターの作製を試みた。ポリアクリルアミドを*N*，*N'*-メチレンビスアクリルアミドにて化学架橋（共有結合による架橋）したゲルに対して，その高分子の側鎖にホスト（αCD）及び光刺激応答性ゲスト（アゾベンゼン）を導入し，ホストゲスト架橋を組み込んだゲルを合成した（図5）。

得られたヒドロゲルを，ホストゲスト相互作用が発現する溶媒（水）と発現しない溶媒（ジメチルスルホキシド（DMSO））に浸して最大膨潤させたところ，DMSO中でのゲルのサイズと比較して，水中ではゲルが大きく収縮していた。さらに，包接錯体形成を阻害する遊離の競争分子（1,7-ヘプタンジオール）をヒドロゲルに加えたところ，ゲルが大きく膨潤した。これらの結果から，化学的な架橋のみならず，αCDとアゾベンゼン間のホストゲスト相互作用による超分子

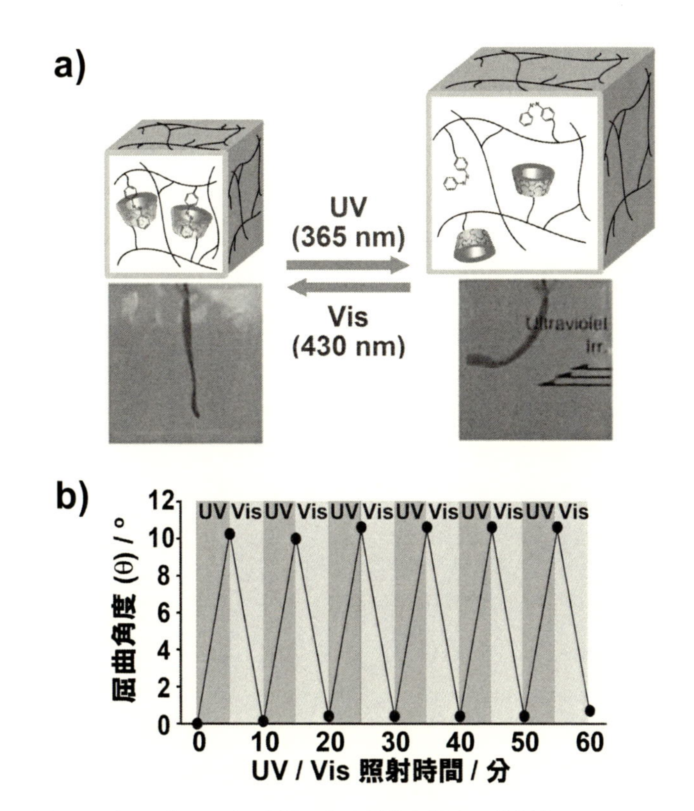

図5　(a)αCDとアゾベンゼンを用いた光刺激応答性の超分子アクチュエーターの模式図と短冊状ゲルが屈曲する様子，(b)紫外光・可視光を交互に照射した際のゲルアクチュエーターの屈曲角度θの変化

架橋もゲルの物性に寄与しており，その形成・解離によって物性を制御できることが明らかとなった。すなわち，超分子架橋をDMSOや競争分子によって阻害すると，ゲルの架橋密度が減少し，ゲルが膨潤させることができるのである。

このヒドロゲルに対して水中で紫外光を照射したところ，ゲルが膨潤した。続けて，このゲルに対して可視光を照射したところ，ゲルのサイズは紫外光照射前の状態に戻った。このサイズの変化は，アゾベンゼンの光異性化に伴ってαCDとの包接錯体が解離・再形成することで，超分子架橋点の数が変化したことに由来する。このように，超分子架橋と化学架橋を組み合わせることで，ゲルの膨潤-収縮系を構築でき，その挙動は光刺激によって制御できることが示された。

アクチュエーター機能の演示として，このヒドロゲルを短冊状に成型し，水中でクリップに吊るし，片方から紫外光を照射した。その結果，ヒドロゲルは光源と反対方向に大きく屈曲した。続けて，可視光を照射すると元の形状に戻った。ゲルの初期状態からの屈曲角度θを計測すると，紫外光・可視光を交互に照射することで何サイクルにも渡って可逆的な屈曲が可能であることが明らかとなった。光エネルギーを駆動力として，人間の腕のような曲げ伸ばし運動を人工の超分子材料において実現できたのである[7]。

この分子設計—すなわち，部分的に化学架橋を施したゲルに刺激応答性ホストゲスト錯体架橋を組み込んだ高分子ネットワーク—は，広く一般に適用可能なアクチュエーターの設計概念である。光の他にも様々な外部刺激に応答する包接錯体を用いて，同様の方法にてゲルアクチュエーターを作製することも可能である。

酸化還元応答を示すβ-シクロデキストリン（βCD）とフェロセンの包接錯体を用いたものを

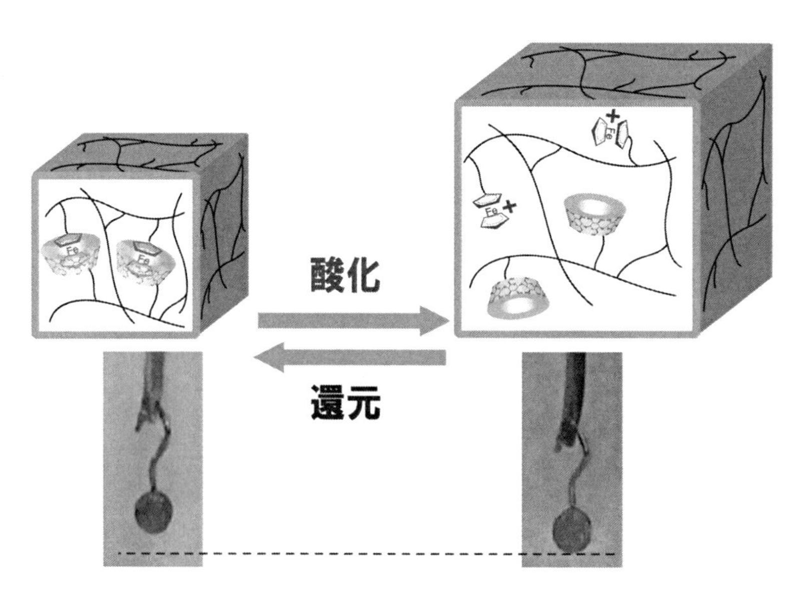

図6　βCDとフェロセンを用いた酸化還元応答性アクチュエーター
アクチュエーターの膨潤・収縮により吊り下げたおもりに力学的仕事を成すことができる

示す。還元状態のフェロセンはβCDと包接錯体を形成するが，酸化したフェロセニウムカチオンはβCDと錯体を形成せず解離している。ここでは，ポリアクリルアミドゲルを主骨格としβCD，フェロセンを導入したヒドロゲルを作製した（図6)。

このヒドロゲルを酸化剤の水溶液に浸漬したところ，中性のフェロセン由来の橙色からフェロセニウムカチオン由来の緑色へと顕著にゲルが変色し，同時にゲルの膨潤が観測された。続けて，還元剤を加えてフェロセニウムカチオンをフェロセンへと還元すると，ゲルの色とサイズが元の状態に戻った。これは，フェロセンの酸化・還元に伴ってβCDとの包接錯体が解離・再形成し，ゲルの架橋点数が増減した結果である。このように，架橋点数の増減に伴う膨潤収縮は，刺激応答性錯体の架橋を組み込んだゲルに一般的な特徴であるといえる。

短冊状のこのゲルにおもりを取り付け，ゲルの酸化・還元を繰り返したところ，ゲルは伸長・収縮を繰り返し，収縮過程では自重以上の重さのおもりを持ち上げることができると分かった。まさに，酸化・還元の化学反応のエネルギーを力学的エネルギーへと変換するアクチュエーターである[8)]。この酸化還元反応は，ゲルへの電圧の印加でも誘起でき，外部からの電気信号に応答して機能する材料とすることもできる。

5　分子マシンのスライドにより伸縮するアクチュエーター

ここまでの架橋密度の変化を駆動力とするアクチュエーターとは異なったアプローチとして，筆者らはポリマー鎖のミクロな分子形態上の伸縮挙動によって駆動するアクチュエーターも作製している。ここではまず，分子マシンとして光感応性のアゾベンゼンとαCDの[c2]Daisy chainに着目した。末端にアミノ基をもつアゾベンゼンとαCDの[c2]Daisy chain，および，4官能性の星形分岐ポリマーの活性エステルとを縮合反応させることで，[c2]Daisy chainを架橋部位に持つポリマーネットワークを形成させた（図7)。このポリマーネットワークでは，ポリマー鎖同士は共有結合で直接結合は一切していない。[c2]Daisy chainのトポロジー構造による機械的な絡み合いで互いに結びついているのみである。ここでは，主鎖ポリマーとしてポリエチレングリコール（PEG）を用いている。4本鎖の星型PEGは[c2]Daisy chainのCDユニットがスライド運動をするレールのような役割を果たし，分子マシンの動きを有効に増幅することを目的とする。また，PEGは比較的ガラス転移点が低いことから，ヒドロゲルのみならずバルクのポリマー材料としても伸縮性が期待される。

作製した[c2]Daisy chainで架橋されたポリマーに対して，水中で紫外光（λ =365 nm）を照射したところ，ヒドロゲルは収縮した。また，収縮したヒドロゲルに可視光（λ =430 nm）を照射することで，ヒドロゲルは膨潤し，元の大きさに戻った。この一連の過程は何度でも可逆的に繰り返すことができた。この変形の方向性は，前節までの架橋密度の増減を駆動力とするゲルアクチュエーター（錯体解離で膨潤，錯体形成で収縮）とは対照的な挙動である。[c2]Daisy chainによって架橋されたゲルは，紫外光刺激を受けると[c2]Daisy chainのCDがアゾベンゼ

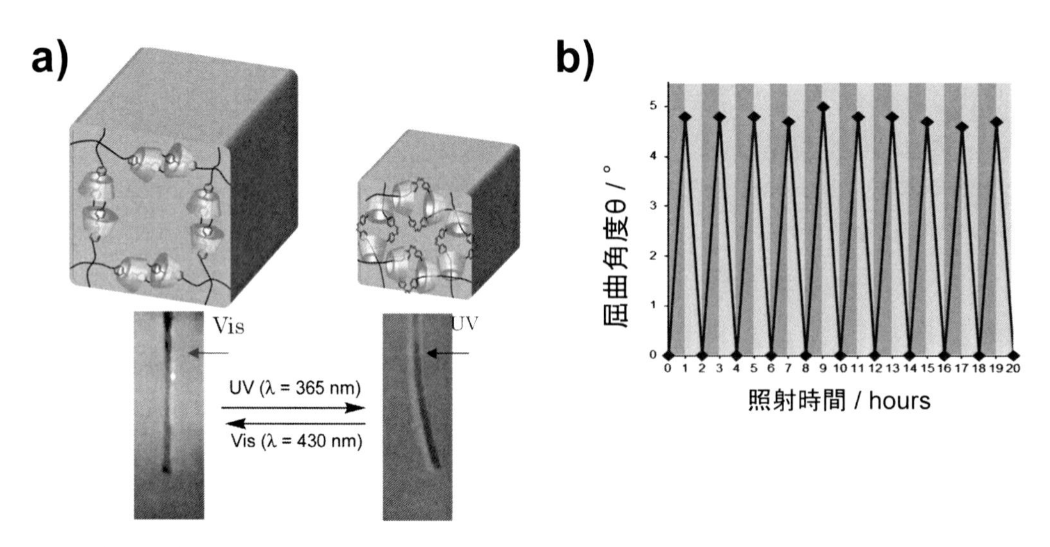

図７ (a) [c2]Daisy chain を架橋点とした光刺激応答性超分子アクチュエーター，(b)紫外光・可視光を交互に照射した際のゲルアクチュエーターの屈曲角度 θ の繰り返し変化

ンから抜け出し，PEG 鎖へと滑り出す。このスライド運動によってポリマー鎖の全体の長さが短くなったために収縮したものと考えられる。これは，外部刺激によるホストゲスト相互作用の変化を分子マシンによってポリマー鎖の構造変化に結び付ける，新しい駆動原理のアクチュエーターであるといえる。このヒドロゲルを短冊状に成型し，吊り下げた状態で片側に光を照射すると，材料の収縮にともないゲル片が屈曲できることが分かった。この過程もまた可逆的に何度も起こすことができた。

[c2]Daisy chain により架橋されたゲルの伸縮挙動は，ヒドロゲルの状態だけではなく，乾燥したゲル（ドライゲル）の状態でも観察された。この駆動は極めて速く，ヒドロゲルで分単位の時間を要した変形が，ドライゲルでは数秒以内に起こった。架橋密度変化を利用したゲルアクチュエーターは，膨潤・収縮に溶媒の出入りが必要なため乾燥状態では応答しないが，[c2]Daisy chain で架橋されたドライゲルは溶媒の出入りが駆動機構にほとんど影響しないため，空気中・乾燥状態でも伸縮挙動を示したと考えられる。このタイプのアクチュエーターの運動が時間のかかる溶媒分子の拡散過程にほとんど依存しないことが，この速い駆動につながったものとみられる。筋繊維のサルコメア中ではアクチンフィラメントとミオシンフィラメントのスライド運動が筋伸縮の原動力となっている。本項のゲルアクチュエーターはより生体系を指向した高効率の変形素子であるといえる[9)]。

光刺激に対するさらに早い応答を得るため，筆者らは，分子マシンの [c2]Daisy chain の光異性化の量子収率がアゾベンゼンの 400 倍となるスチルベンを利用して，[c2]Daisy chain 架橋点型の光刺激応答性超分子アクチュエーターを作製した（図 8）。

まず水中において，*trans*-スチルベンの異性化を誘起する紫外光（UV-A，λ = 360 nm）を照

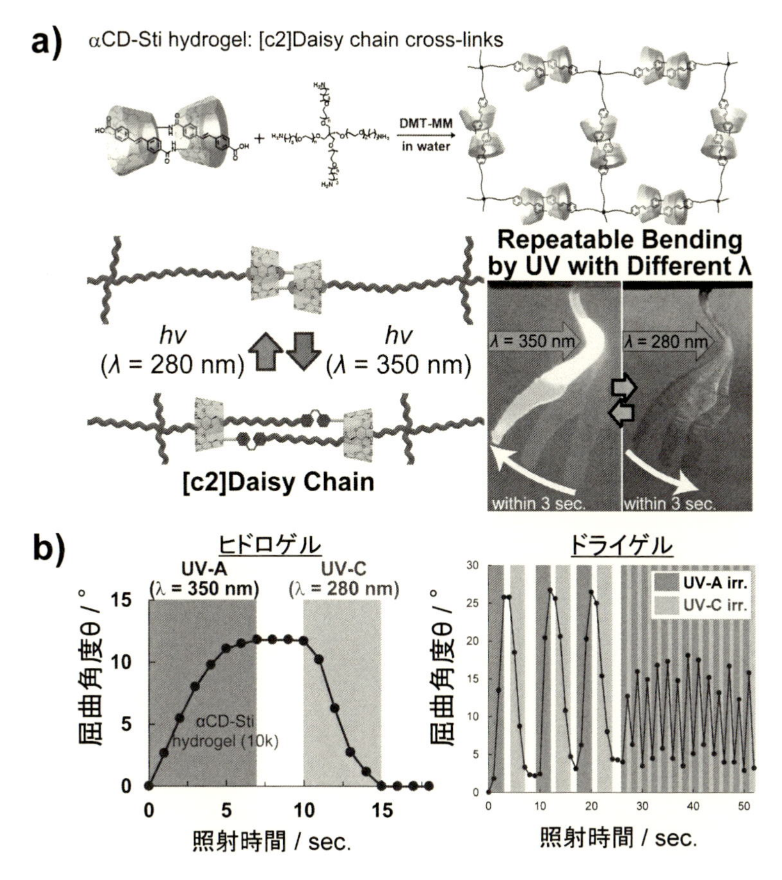

図8　スチルベンをフォトクロミック分子として用いた［c2］Daisy chain 型の光刺激応答性超分子アクチュエーター(a)，高い量子収率の分子マシンを用いることで，水中における高速駆動や乾燥状態における可逆的駆動といったこれまでの諸課題をクリアすることができた(b)

射したところ，スチルベン部位は *cis* 体に異性化が観測され，この異性化速度定数はアゾベンゼンのものより 90 倍大きいことが分かった。このヒドロゲルアクチュエーターを短冊状に成型し，片面に光照射して屈曲させたところ，2.6°/s もの屈曲速度を示した。アゾベンゼンの同条件のヒドロゲルと比べて 1600 倍の速い変形であり，1 時間単位の時間を要した変形がスチルベン型の分子マシンでは数秒以内に成されたのである。材料の変形速度が分子マシンの駆動速度に依存していたのである。さらに，別の紫外光（UV-C，λ = 280 nm）の照射でスチルベンを *trans* 体に戻すことで，この屈曲変形を元に戻すことも可能であり，これらの過程は可逆的である。

空気中，ドライゲルの状態でも，スチルベンを用いたアクチュエーターは優れた性能を示すことが分かり，UV-A に対して 7.0°/s とさらに早い屈曲速度を示した。上記のアゾベンゼンの［c2］Daisy chain 型アクチュエーターは乾燥状態においては元の形状への復帰に課題があったのであるが，スチルベンを用いたドライゲルアクチュエーターは UV-C の照射で元の状態への復元することができ，乾燥状態における可逆的かつ高速な変形を達成することができたのである[10]。

このように，[c2]Daisy chain 型のゲルアクチュエーターは前節までのホストゲスト錯体形成型アクチュエーターと比べて，特に駆動量と速度，実施条件（乾燥状態等）において優れた結果を示してきており，今後ますますの性能向上が期待される。

6　[2]Rotaxane からなる超分子アクチュエーター

[2]Rotaxane（環と棒の2つの構成要素からなるインターロック分子）を架橋点とする高分子ネットワークは，架橋点の自由度が高く，柔軟で強靭な材料の作製に非常に有用である。また，前項の [c2]Daisy chain と比べて合成が比較的容易でもある。筆者らは，[2]Rotaxane 構造を骨格とした新しいタイプの刺激応答性高分子アクチュエーターを作製した。それぞれの末端に縮合基をもつ PEG とアゾベンゼン，二官能性の αCD 誘導体の3種を縮合反応することで，図9a のポリマー架橋体を得た。この分子設計でもポリマー鎖同士は直接共有結合しておらず，[2]Rotaxane 構造を介してのみつながっている。興味深いことに，このヒドロゲルは化学架橋型ゲルの50倍の2800％もの高い破断強度値を示した。[2]Rotaxane 架橋の環動効果がはたらき，応力がゲルネットワーク全体に分散され高い強靭性につながったものと考えられる。

このゲルは一軸伸長させた状態で乾燥させてキセルゲルとすることで，非常に速い光刺激に対する応答を示すようになることが分かった（図9b–c）。紫外光（λ＝365 nm）の照射に対して，延伸したドライゲルは6.0°/s と速い屈曲速度を示した。一方で，比較対象として作製したアゾベンゼンと PEG を直接架橋したゲルでは，そもそもこのような延伸によるアクチュエーターの

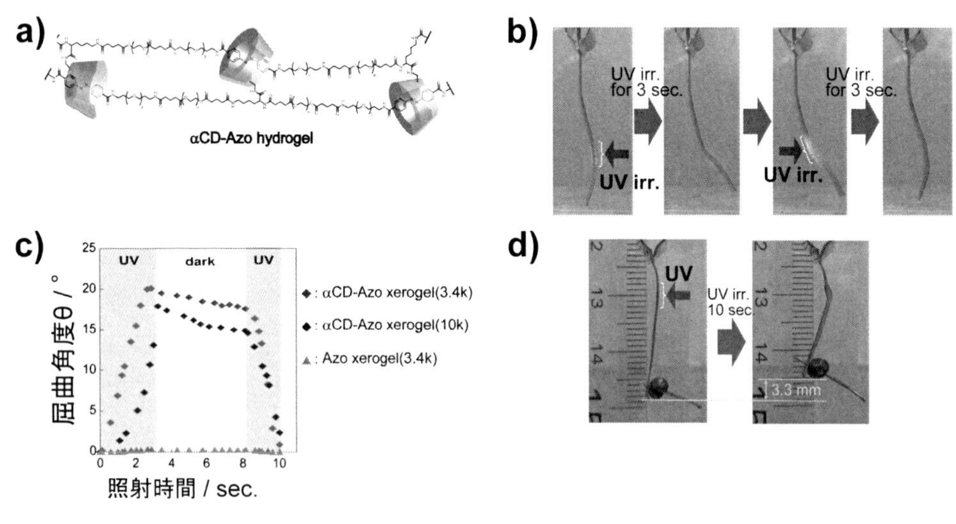

図9　[2]ロタキサン型の超分子アクチュエーター(a)，紫外光に対する屈曲挙動(b)，屈曲角度の時間依存性(c)，アクチュエーターの収縮によりおもりを持ち上げ，光エネルギーを力学的仕事に変換するデモンストレーション(d)

成型自体ができない（引き延ばそうとすると容易に破断する）。[2]Rotaxane 構造を採用することで，材料の延伸が可能になり，一軸延伸によって一方向に配向した分子マシンがこのような高い光刺激応答性を示したものと考えられる。また，力学的仕事を成すことを目的とするアクチュエーターとして実用化するにあたり，アクチュエーター素子自体に強靭性が備わっている点は大きな利点であると考える。

この［2]Rotaxane 架橋ドライゲルの短冊片におもりを取り付け，ドライゲルに紫外光を照射すると，ゲルは速やかに収縮し，おもりに力学的仕事がなされた（図9d）[11]。このように，[c2] Daisy chain 型のみならず［2]Rotaxane 型でも，乾燥材料として光を力学的仕事に変換し，大きく速いアクチュエーションが可能であることが分かった。

7　結言

分子を部品としてホストゲスト相互作用などの非共有結合で組み合わせることで，分子レベルでの駆動機械（分子マシン）が得られる。以上に示したものを含め，近年では分子マシンを巧みに利用することで，ミクロな分子運動をマクロな材料の変形・運動として取り出すことが可能になりつつある。特に，[c2]Daisy chain や［2]Rotaxane を利用した光刺激応答性の高分子アクチュエーターは，変形量・応答速度・可逆性で結果を示しつつあり，実用レベルの駆動に確実に近づいてきている。生体系の分子マシンは非常に効率が良く人工材料の及ばない機能を多々有しているが，このような人工の分子マシンが優れた性能・機能を次々と示しつつある昨今を鑑みると，分子マシンと高分子を組み合わせた機能性材料は今後ますます発展していくものと期待される。

文　　献

1） Nakahata, M., Takashima, Y., Yamaguchi, H., Harada, A. *Nat. Commun.* **2**, 511 (2011)
2） Kakuta, T., Takashima, Y., Nakahata, M., Otsubo, M., Yamaguchi, H., Harada, A. *Adv. Mater.* **25**, 2849-2853 (2013)
3） Nakahata, M., Takashima, Y., Harada, A. *Macromol. Rapid Commun.* **37**, 86-92 (2016)
4） Okumura, Y., Ito, K., *Adv. Mater.*, **13**, 485-487 (2001)
5） Mayumi, K., Ito, K. Kato, K. ：Polyrotaxane and Slide-Ring Materials. RSC Publishing, London (2015)
6） Tamesue, S., Takashima, Y., Yamaguchi, H., Shinkai, S., Harada, A. *Angew. Chem. Int. Ed.* **122**, 7623-7626 (2010)
7） Takashima, Y., Hatanaka, S., Otsubo, M., Nakahata, M., Kakuta, T., Hashidzume, A.,

Yamaguchi, H., Harada, A. *Nat. Commun.* **3**, 1270 (2012)
8) Nakahata, M., Takashima, Y., Hashidzume, A., Harada, A. *Angew. Chem. Int. Ed.* **52**, 5731-5735 (2013)
9) Iwaso, K., Takahsima, Y., Harada, A. *Nat. Chem.* **8**, 625-632 (2016)
10) Ikejiri, S., Takashima, Y., Osaki, M., Yamaguchi, H., Harada, A., *J. Am. Chem. Soc.* **140**, 17308-17315 (2018)
11) Takashima, Y.; Hayashi, Y.; Osaki, M.; Kaneko, F.; Yamaguchi H.; Harada, A.; *Macromolecules*, **51**, 4688-4693 (2018)

第1章　界面光反応を利用する機能性高分子微粒子の創製と特性

北山雄己哉*

1　はじめに

高分子微粒子のモルフォロジィ制御は，微粒子が発現する機能に大きく影響することから，機能性高分子微粒子合成において非常に重要である。その中でも，粒子内部に空隙を有する中空高分子微粒子は，塗料や有機白色顔料などとして工業分野に用いられるだけでなく，空隙に薬剤やイメージング剤を封入しカプセル粒子化することで，ナノリアクター，自己修復材料，ドラッグデリバリーシステムおよび生体内イメージングなどに応用でき，合成化学，材料化学および薬学・医学分野をはじめとした広範な分野へ応用される機能性材料として注目されている[1)]。このような多岐にわたる魅力的なアプリケーションが存在するため，中空高分子微粒子合成法の開発が盛んに行われており，これまでに様々なアプローチが提案されている。本稿では，これまでの中空粒子合成法について概説した後，我々が最近見出した光を利用した新しい中空高分子微粒子創製法について解説する。さらに，その方法をカプセル粒子や異形粒子などの機能性高分子微粒子創製に応用した内容についても併せて紹介する。

2　中空高分子微粒子合成法

これまでに報告されている中空高分子微粒子合成法は，①テンプレート法：空隙を形成するために鋳型となるテンプレートを利用するアプローチと②テンプレートフリー法：テンプレートを利用せず分子の自己組織化を利用するアプローチに大別される（表1）。テンプレート法では，無機微粒子などのテンプレート粒子表面にポリマーシェル層を構築し，テンプレート粒子を除去することで中空高分子微粒子が得られる。Carusoらは，Layer-by-Layer法によって電荷の異なるポリマーを階層的にテンプレート粒子表面に積層させた後に，テンプレート粒子を除去することで中空高分子微粒子を得る手法を開発した[2)]。ここでテンプレート粒子には，SiO_2粒子やAuナノ粒子などの無機微粒子が用いられ，当然ながら，これらの除去にはフッ化水素酸や王水などの危険性の高い試薬を用いる必要があるため大スケールの工業化に適さない。同様のテンプレート法として，無機微粒子をコアとしたシード分散重合，表面開始制御／リビングラジカル重合および界面重合を用いるアプローチも提案されている[3~8)]。また，OkuboおよびMinamiらが

---

* Yukiya Kitayama　神戸大学大学院　工学研究科　応用化学専攻　助教

表1　これまでに報告されている中空・カプセル粒子合成法

中空・カプセル粒子合成法	テンプレート有無	参考文献
Layer-by-layer 法	有（無機微粒子）	2)
シード分散重合法	有（無機微粒子）	3)
表面開始制御/リビングラジカル重合法	有（無機微粒子）	4～6)
界面重合法	有（有機溶媒）	7，8)
相分離自己組織化（SaPSeP）法	有（有機溶媒）	9，10)
ブロックコポリマー自己組織化法	無	11～13)
ブロックポリマーフィルム再水和法	無	14)
ポリイオンコンプレックス型ポリマーベシクル形成	無	15)
重合誘導自己組織化法（PISA）	無	16)

開発した相分離自己組織化（SaPSeP）法も，中空粒子合成のための有力な方法として挙げられる[9,10]。SaPSeP 法では，水中に分散したモノマー滴中でラジカル重合を行う懸濁重合系において，油溶性の架橋性モノマーにトルエンなどの疎水性有機溶媒と相分離促進剤と呼ばれるポリマー種を加えることで，重合時に生じたミクロゲルが界面近傍に自己組織化し，架橋性シェル層を自発的に形成する。その後，疎水性有機溶剤を蒸発させることで中空高分子微粒子を得ることができる。この場合，トルエンなどの有機溶媒が，空隙を形成するためのテンプレートとして機能する。

テンプレートフリー法には，精密合成技術によって合成されたブロックコポリマーやブロックポリペプチドの自己会合によるベシクル形成が含まれる[11~13]。また，両親媒性ブロックコポリマーフィルムの水和によるベシクル形成法[14]やポリイオンコンプレックスを利用したポリマーベシクル形成法[15]もテンプレートフリー中空高分子微粒子合成法として挙げられる。さらに最近では，Armes らによって重合誘起自己組織化（Polymerization-induced Self-Assembly：PISA）法が提案され，制御／リビングラジカル重合過程におけるポリマーベシクルを含む様々なナノ構造体の形成が報告されている[16]。これらのアプローチでは，テンプレート粒子の除去などが必要ないため，上述の危険性の高い試薬を用いる必要はないが，当然ながらポリマーの精密設計が必要である。

3　界面光反応による新規中空粒子創製法

最近筆者らは，真球状高分子微粒子中の光反応性基の界面光二量化反応によって，中空高分子微粒子を合成する方法を新たに開発した。光による二量化反応は，1867 年に Fritzsche らが報告した太陽光下におけるアントラセンの［$4\pi+4\pi$］二量化反応に始まる[17]。その後，シンナモイル基，スチルベン基およびクマリン基などの様々な化合物で［$2\pi+2\pi$］光二量化反応が生じることが見出され，その反応を利用した様々なアプリケーションが報告されている[18]。シンナモイル基は約 280 nm に極大吸収波長を示し，この波長の光照射を行うと，シンナモイル基間で

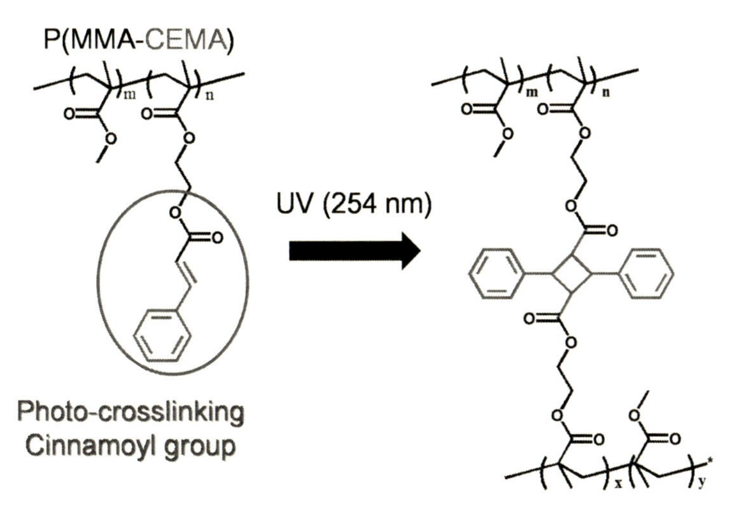

図1　P(MMA-CEMA) の光架橋反応

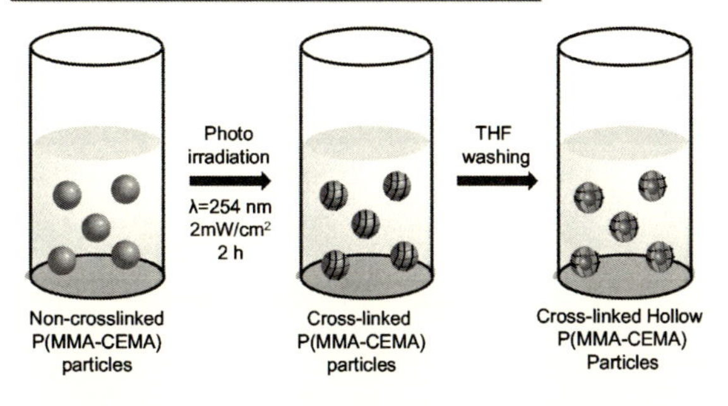

図2　溶媒蒸発法（上段）と界面光反応による中空粒子合成（下段）

［$2\pi+2\pi$］二量化反応を示す。筆者らは，まず光反応性官能基としてシンナモイル基を側鎖に有する高分子であるPoly(methyl methacrylate-*co*-2-cinnamoylethyl methacrylate)（P(MMA-CEMA)：図1）を溶液重合により合成し，溶媒蒸発法（図2）[19,20]によって微粒子化することでマイクロメートルサイズの光反応性高分子微粒子を作製した。さらに，このP(MMA-CEMA)粒子の分散液に対して光照射（$\lambda=254$ nm）を行い，シンナモイル基の［$2\pi+2\pi$］二量化反

応を誘起し，未架橋ポリマーを除去したところ，光学顕微鏡観察から中空高分子微粒子が得られていることが明らかになり，微粒子界面でのみ架橋反応が進行することを偶然見出した[21]。実際，蛍光性モノマーを共重合した光架橋性高分子微粒子に対して界面光反応を行い，得られた微粒子を共焦点レーザー顕微鏡（CLSM）で観察したところ，シェル部のみから蛍光が観察されており，このアプローチで中空粒子が得られることを示した。一方サブミクロンサイズのP(MMA-CEMA）粒子ではほぼ100％光架橋反応が進行しており，P本光反応性ポリマーにおいて光反応が可能な厚みが存在することが示唆された。さらに，様々な光照射面積を有するP(MMA-CEMA）薄膜を用いた基礎検討から，界面から一定の膜厚が光架橋されていることを明らかにしマイクロメートルサイズの真球状高分子微粒子の界面近傍のみが架橋される現象を裏付けている。

この研究で開発した界面選択的光反応を利用した中空高分子微粒子合成法は，大別するとテンプレート法に分類されるが，SiO_2粒子やAuナノ粒子などの無機微粒子（異種テンプレート）を使用する必要はなく，光反応性高分子微粒子自身のコア部をテンプレートとしている点に特徴がある。このアプローチは，光反応性高分子微粒子の界面部分のみをトリミングするイメージと重なり，元となる微粒子を様々に機能化することにより，自在に中空高分子微粒子に機能を付与することができると考えられる。具体的な中空高分子微粒子の機能化については，以降の章で解説

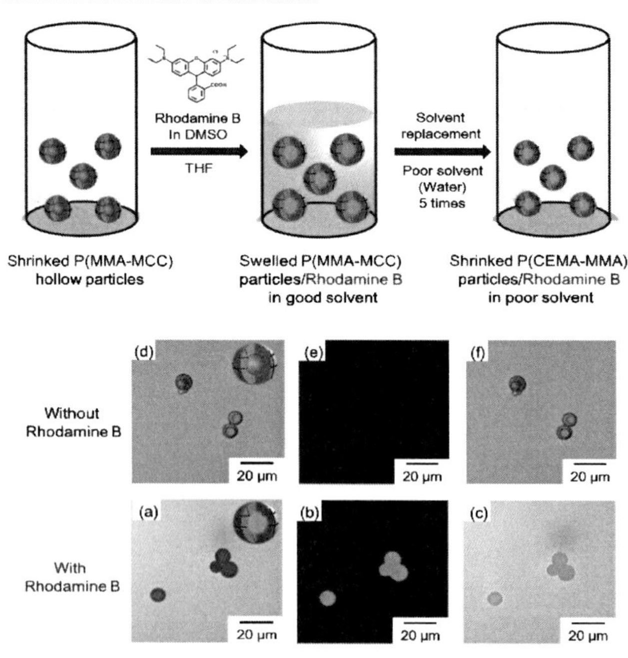

図3　溶媒交換法による架橋性中空高分子微粒子のカプセル化

する。

4　カプセル粒子合成

真球状高分子微粒子の界面光反応によって得られた中空高分子微粒子は，シェル層が架橋されているため，溶媒を良溶媒に置換した場合においても微粒子形状は維持したまま，シェル層が膨潤する。このような膨潤状態では，微粒子内外の物質拡散が生じ，内部に薬物などを導入できる。筆者らは，界面光反応で得られた架橋中空高分子微粒子を，試薬などを溶解した良溶媒に溶媒置換し，その後，急激に貧溶媒に置換しシェル層を収縮させることで，内部に薬剤などを封入したカプセル粒子の合成に成功している（図3）。さらに，この溶媒交換法によるカプセル化は，蛍光色素，モノマーおよび抗がん剤など様々な物質をP(MMA-CEMA）中空粒子に内包できることを明らかにしている[22]。

5　還元刺激応答性カプセル粒子

例えばドラッグデリバリーシステムなどによるキャリアとして応用を見据えた際に，腫瘍組織に到達したキャリアは分解され，薬物を放出することが望まれる。薬物放出のためのトリガーとして様々な環境因子が報告されているが，その中の一つとして細胞室内における高いグルタチオン濃度に基づく還元環境が，しばしばトリガーとして利用される[23,24]。

先にも述べたように界面選択的光架橋反応を利用した中空高分子微粒子合成の特徴として，原料となる光反応性高分子微粒子に様々な機能を付与することで，機能性中空高分子微粒子を創製できると考えられる。このことを実証するために，筆者らは，還元環境によって切断可能なジスルフィド基を有する光反応性モノマーを新たに合成し，界面光反応を応用することで還元刺激応答性を有する中空高分子微粒子の合成を試みている[22]。光架橋性官能基であるシンナモイル基を有し，重合性官能基との間にジスルフィド結合を有する新規モノマー（Methacryloyl cinnamoyl cystamine：MCC）を合成し，ラジカル重合によって新たな光反応性高分子であるP(MMA-MCC）を得た（図4）。この新しい光反応性高分子からなる微粒子に対しても界面選択的光架橋反応が進行し，中空粒子が得られることが示され，さらに本中空粒子においても溶媒交換法によって色素等をカプセル化できることも明らかにしている。さらに，得られた架橋性中空高分子微粒子は，還元環境によってジスルフィド結合が切断されることにより容易に分解することが，還元剤存在下における経時的な濁度測定から示された。一方で，リファレンスとして分子内にジスルフィド結合を有さないCEMAを用いて作製したP(MMA-CEMA）中空粒子の場合，還元環境においても全く分解する様子が観察されなかった。このことから，界面光反応の原料となる光反応性高分子微粒子に機能を付与することにより，得られる中空高分子微粒子にその機能を継承できることを明らかにし，様々な機能性高分子微粒子を創製できる可能性を示した。

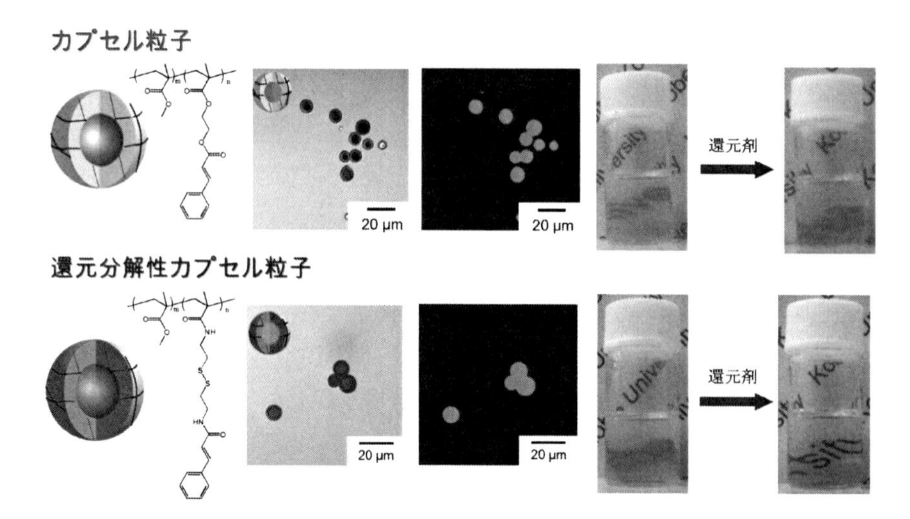

図4　界面光反応によって合成したカプセル粒子および分解性カプセル粒子

6　異形粒子合成への応用

光反応の特徴の一つとして，光照射領域を限定することで，空間制限的な光反応を生じさせることが可能な点にある。近年では，光反応のこの特徴を利用することにより，リソグラフィや表面パターニングが可能となることから様々な分野へ広く光反応が利用されている[25~27]。そのような中で，筆者らはこの光反応の特徴を，高分子微粒子の界面光反応に応用することで，異形高分子微粒子の合成を試みた。これまでは，真球状微粒子を溶媒に分散させた状態で界面近傍選択的な光反応を行っており，微粒子表面にランダムに光架橋が進行するために，結果として全ての粒子表面が架橋されることから，最終的に中空粒子が得られた。このことは言い換えると，微粒子表面を部分的に架橋できれば，その部分のみが残存した異形粒子が得られる可能性があると考えられる。異形高分子微粒子は，その特異な光散乱性やレオロジー特性から広範な工業分野で用いられるだけでなく，生細胞に対して真球状粒子とは異なる特異な相互作用を示すことから高い注目を集めており，これまでにマイクロ流路やエレクトロスプレーを用いる方法などが提案されている[28,29]。

筆者らは，P(CEMA-MMA) 粒子を乾燥させることで非分散状態にし，この状態で一方向から光照射を行う方法を試みたところ，微粒子表面のおよそ半分が架橋したお椀状高分子微粒子が得られた[30]。同一のP(CEMA-MMA) 粒子を分散状態で光照射を行うと，上述と同様の中空粒子が得られたことから，分散状態を制御することにより粒子モルフォロジィを制御できることが示された（図5）。さらに，お椀状高分子微粒子の合成には，十分なシェル強度を担保するための光照射時間が重要な影響を及ぼすことを明らかにしている。また，コモノマー種の影響はほとんど受けず，分散状態制御による光照射領域の調整により，幅広いコモノマー種でお椀状高分子

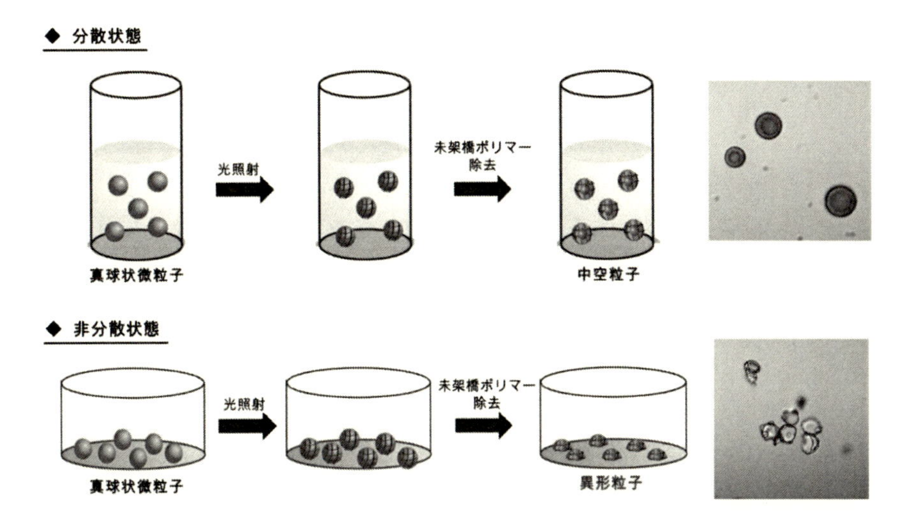

図5　分散状態制御下における界面光反応による粒子形態制御

微粒子と中高分子微粒子を作り分けられることを示した。これらの結果から，光反応性高分子微粒子に対して空間的な光反応制御を実現し，得られる架橋性高分子微粒子のモルフォロジィ制御を達成した。

7　おわりに

本稿で紹介した界面近傍限定的な光二量化反応による中空粒子合成法は，これまでに報告されている方法とは異なり，無機粒子ではなく自身（真球状高分子微粒子）のコア部をテンプレートとして用いる。そのため，コアシェル型粒子を形成するための複雑なステップを必要とせず，原理的に光反応性の真球状高分子微粒子を合成できれば，そのまま中空微粒子化することができるという簡便性をもつ。同時に無機微粒子を除去する際に用いるフッ酸などの危険性の高い試薬を必要とせず，テンプレート除去時のポリマー分解などを考慮する必要がないという利点を有する。また本手法では，還元刺激応答性中空粒子で示したように，真球状高分子微粒子の機能をそのまま中空・カプセル粒子に引き継げるため，中空粒子やカプセル粒子への機能付与も容易に行える。真球状高分子微粒子の合成には様々なアプローチが存在するため，非常に多様なモノマーを原料として中空粒子・カプセル粒子を合成でき，今後さらなる機能化・応用展開が見込める。さらに，紙面の都合上割愛したが，筆者らは本光反応を利用した後天的架橋反応にもとづく分子インプリンティング技術を開発し，標的の分子に対する認識能をもつ高分子微粒子の合成にも成功している[31)]。このように，微粒子界面における光反応に焦点を当てることで，これまでとは全く異なるアプローチで様々な機能性微粒子を合成できる可能性がある。

文　献

1) J. Gaitzsch, *et al.*, *Chem Rev*, **116**, 1053, (2016)
2) J. J. Richardson, *et al.*, *Chem Rev*, **116**, 14828, (2016)
3) X. L. Xu, *et al.*, *J Am Chem Soc*, **126**, 7940, (2004)
4) T. Morinaga, *et al.*, *Macromolecules*, **40**, 1159, (2007)
5) S. Blomberg, *et al.*, *J. Polym. Sci. Part A : Polym. Chem.*, **40**, 1309, (2002)
6) K. Matyjaszewski, *et al.*, *Nat. Chem.*, **1**, 276, (2009)
7) Y. W. Luo, *et al.*, *Macromol. Rapid. Commun.*, **27**, 21, (2006)
8) W. W. Li, *et al.*, *Macromolecules*, **42**, 8228, (2009)
9) H. Minami, *et al.*, *Langmuir*, **21**, 5655, (2005)
10) H. Minami, *et al.*, *Langmuir*, **24**, 9254, (2008)
11) B. M. Discher, *et al.*, *Science*, **284**, 1143, (1999)
12) M. S. Wong, *et al.*, *Nano Letters*, **2**, 583, (2002)
13) I. Kim, *et al.*, *Chem. Commun.*, **50**, 14006, (2014)
14) G. Battaglia, *et al.*, *Nat. Mat.*, **4**, 869, (2005)
15) Y. Anraku, *et al.*, *J Am Chem Soc*, **132**, 1631, (2010)
16) A. Blanazs, *et al.*, *J Am Chem Soc*, **133**, 16581, (2011)
17) J. Fritzsche, *J. Prakt. Chem.*, **101**, 333, (1867)
18) G. Kaur, *et al.*, *Polym. Chem.*, **5**, 2171, (2014)
19) T. Tanaka, *et al.*, *Langmuir*, **26**, 7843, (2010)
20) T. Yamagami, *et al.*, *Langmuir*, **30**, 7823, (2014)
21) Y. Kitayama, *et al.*, *Langmuir*, **32**, 9245, (2016)
22) Y. Kitayama, *et al.*, *Chem. Eur. J.*, **23**, 12870, (2017)
23) A. P. Esser-Kahn, *et al.*, *Macromolecules*, **44**, 5539, (2011)
24) G. Saito, *et al.*, *Adv. Drug. Deliver. Rev.*, **55**, 199, (2003)
25) O. Bertrand, *et al.*, *Polym. Chem.*, **8**, 52, (2017)
26) H. W. Chien, *et al.*, *Biomaterials*, **30**, 2209, (2009)
27) T. K. Claus, *et al.*, *Chem. Commun.*, **53**, 1599, (2017)
28) K. Hayashi, *et al.*, *Small*, **6**, 2384, (2010)
29) H. C. Shum, *et al.*, *Macromol. Rapid. Commun.*, **31**, 108, (2010)
30) Y. Kitayama, *et al.*, *J Colloid Interface Sci*, **530**, 88, (2018)
31) Y. Kitayama, *et al.*, *Macromolecules*, **50**, 7526, (2017)

第2章　光機能化された桂皮酸系バイオポリマー

高田健司[*1]，金子達雄[*2]

1　はじめに

桂皮酸誘導体は広く天然に存在するフェニルプロパノイドの一種であり，シナモンや果物，コーヒーなどの芳香成分として知られている。桂皮酸にはこれら芳香以外にも特徴的な性質があり，紫外線領域の波長の光を照射させることで，桂皮酸中の二重結合が *cis-trans* 異性化および，光［2+2］環化付加反応を引き起こす（図1a）。こうした桂皮酸の光に対する性質を利用した各種光機能性高分子材料が開発されている。例えば，4-ヒドロキシ桂皮酸と3,4-ジヒドロキシ桂皮

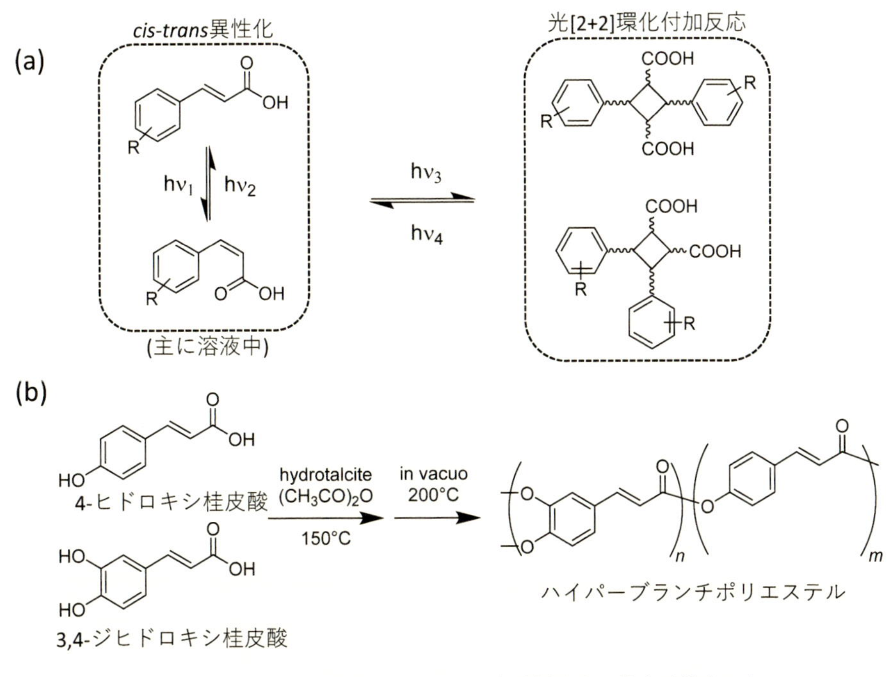

図1　(a)光に対する桂皮酸の反応性，(b)主鎖構造中に桂皮酸構造を含むハイパーブランチポリエステル

＊1　Kenji Takada　北陸先端科学技術大学院大学　先端科学技術研究科
マテリアルサイエンス系　環境・エネルギー領域　特任助教
＊2　Tatsuo Kaneko　北陸先端科学技術大学院大学　先端科学技術研究科
マテリアルサイエンス系　環境・エネルギー領域　教授

酸（カフェ酸）を重縮合させることで桂皮酸構造が主鎖に組み込まれたハイパーブランチポリエステルを合成することができる（図1b）[1,2]。このハイパーブランチポリエステルフィルムに紫外線（λ＝280–450 nm）を照射させることで変形，加熱による更なる変形および，250 nm 以下の波長の紫外線照射により形状を元の状態に回復させることができ，形状記憶フィルムとしての用途が期待できる。また，3,4-ジヒドロキシ桂皮酸と4-ヒドロキシ-3-メトキシ桂皮酸（フェルラ酸）を共重合したものや，3-ヒドロキシ桂皮酸を単独で重縮合したものにおいても同様に紫外線に対して変形する性質を示した[3,4]。これらの性質は，ポリマー主鎖桂皮酸の二重結合部位が，紫外線により *cis-trans* 異性化および，光［2＋2］環化付加反応を引き起こしているためであると確認されている。

一方で桂皮酸は自然界，主に植物から得ることができるため，バイオマス系の化合物であるととらえることもできる。天然もしくは微生物由来のポリマーを「バイオポリマー」と呼ぶが，図1b で挙げた桂皮酸系のポリエステルもまたバイオポリマーである。さらに，天然からは得られにくい置換基を有した特殊な桂皮酸などは，微生物の遺伝子組み換え等により，グルコースを代謝させることで生産することもでき，この場合もまたバイオ由来といえる。例えば，フェニルアラニンを基質としたフェニルアラニンアンモニアリアーゼによる桂皮酸生成反応に着目すれば，フェニルアラニンの芳香環部位にそれぞれの所定の置換基を入れたとしても，芳香族置換された桂皮酸を微生物生産により得ることが可能である。

以上のことから，桂皮酸の特徴である「光による機能化（二量化）」と，微生物による「希少な桂皮酸の生産系を確立」という2つの概念を組み合わせることで，新たな桂皮酸系バイオポリマーの開発が期待できる。特に，桂皮酸の芳香環部位にアミノ基を有する4-アミノ桂皮酸（4ACA）を微生物により生産させ，光により二量化させれば対称性の高い芳香族ジアミンをバイオ由来で得ることができる。桂皮酸誘導体の光二量化は古くから検討されており，図1b にあげたもの以外でもポリマー中に桂皮酸構造を導入することで光により機能を発現するポリマーの例が数多くある。一方で，桂皮酸を光二量化させた化合物を高分子に応用したという例はほとんどなく，特に芳香族ジアミンを原料とした高耐熱性ポリマーを上記の微生物変換戦略により合成できれば，新たなバイオポリマーの創出につながる。以下に，光二量化された桂皮酸誘導体をベースとした各種高性能バイオポリマーの例を紹介する。

2　桂皮酸系ポリイミド

4ACA のアミノ基を塩酸塩化させて，ヘキサンやベンゼンなどの炭化水素系有機溶媒中にて高圧水銀ランプにより 280–450 nm の紫外線を照射させることで，α 型の構造（シクロブタン環に対し芳香環が対角線上に配置した構造）を形成したトルキシル酸を合成することができる。4ACA 塩酸塩の光二量化物の立体構造が α 型であることは Ramamurthy らの研究[5]により明らかにされており，微生物生産された 4ACA を塩酸塩化して紫外線を照射した場合も同様に，α

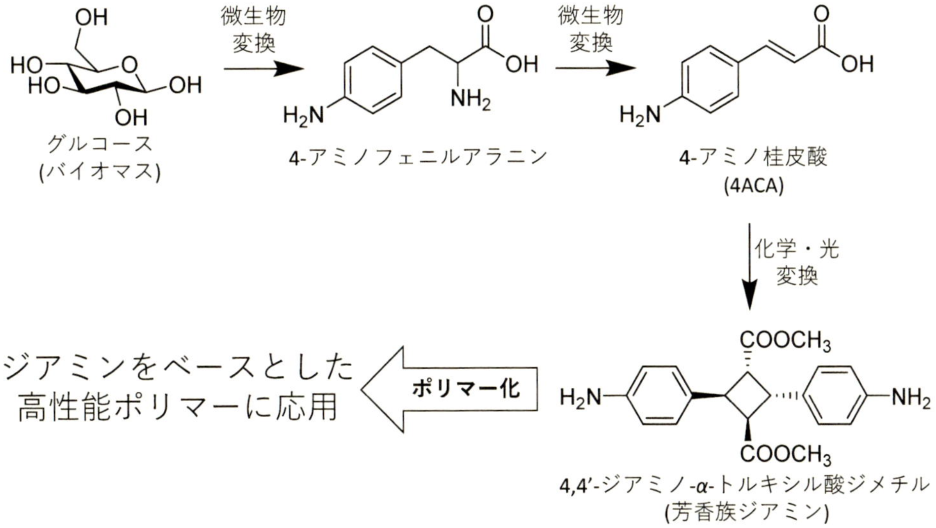

図２　バイオマスから高性能（高耐熱・高強度）ポリマーを合成する

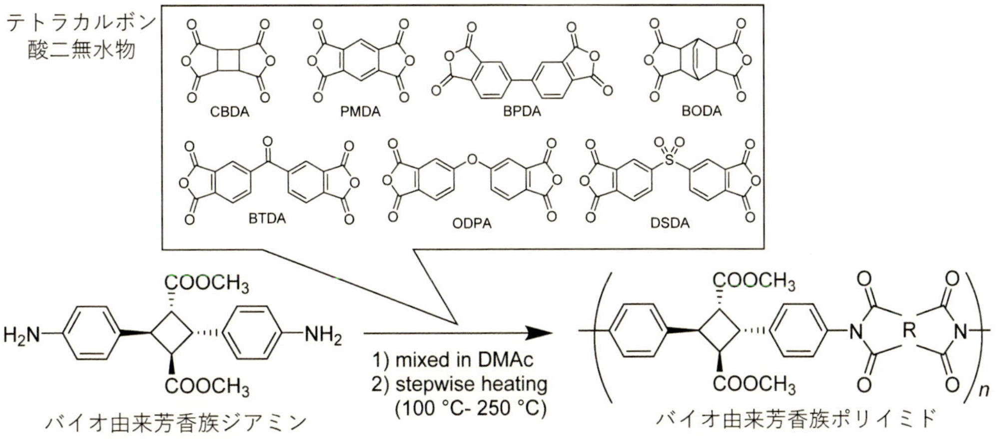

図３　バイオ由来芳香族ジアミンと各種テトラカルボン酸二無水物を反応させることで
バイオ由来芳香族ポリイミドを合成

型トルキシル酸（最終的には4,4′-ジアミノ-α-トルキシル酸ジメチル）とすることが可能であった（図２）[6]。

これら芳香族ジアミンの用途に，高耐熱性ポリマーであるポリイミドの原料としての利用が挙げられる。バイオ由来芳香族ジアミンと各種テトラカルボン酸二無水物をジメチルアセトアミド溶液中で反応させることで，ポリアミド酸とし，反応溶液ごとガラス基板上に塗布させ段階的に減圧加熱処理を施すことで，ポリイミドフィルムを合成することができた（図３）[6]。これらバイ

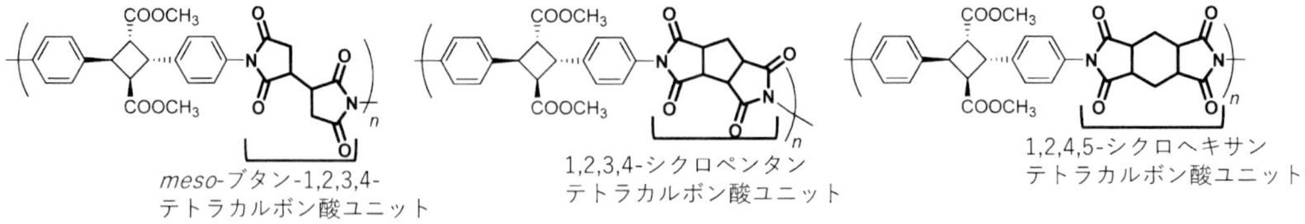

meso-ブタン-1,2,3,4-テトラカルボン酸ユニット　1,2,3,4-シクロペンタンテトラカルボン酸ユニット　1,2,4,5-シクロヘキサンテトラカルボン酸ユニット

図4　非対称な構造やシクロアルカンが導入された有機溶媒可溶性ポリイミド

オ由来芳香族ポリイミドは，石油由来のポリイミドと同様に非常に高い耐熱性能を示し，5%重量減少温度（T_{d5}）は高いもので410℃，そのタイプのバイオポリイミドにはガラス転移温度（T_g）は観測されず，これは耐熱温度400℃超えのバイオポリマーとなる。耐熱性以外での特筆すべき性質として，透明性が高く，ポリイミド特有の黄色さが少なかった点である。これはバイオ由来芳香族ポリイミドの側鎖に光透過性を向上させるメチルエステル基があるためだと考えられる。

4ACAから合成されたバイオ由来芳香族ポリイミドは既存のポリイミド（カプトン™など）と同等の耐熱性能を示したが，有機溶媒に対する耐性も非常に高く，トリフルオロ酢酸や濃硫酸を除くほとんどの有機溶媒に不溶であった。このような性質は，場合によっては取り扱いが困難になるなどの短所となるため，柔軟性がある構造（もしくは非対称構造）のテトラカルボン酸二無水物を用いることで溶解性を付与する検討が行われる。バイオポリイミドの場合も，同様のアプローチで溶解性の付与が可能である。*meso*-ブタン-1,2,3,4-テトラカルボン酸二無水物，1,2,3,4-シクロペンタンテトラカルボン酸二無水物，1,2,4,5-シクロヘキサンテトラカルボン酸二無水物などをバイオ由来芳香族ジアミンの対モノマーとして用いることで，*N*-メチル-2-ピロリドン（NMP），ジメチルスルホキシド（DMSO），*N,N*-ジメチルホルムアミド（DMF），ジメチルアセトアミド（DMAc）などの非プロトン性極性溶媒にも溶解性を示すバイオポリイミドが得られる（図4）[7]。

これらバイオ由来芳香族ポリイミドを合成する際のテトラカルボン酸二無水物は1,2,3,4-シクロブタンテトラカルボン酸二無水物（CBDA）を用いれば，完全なバイオ由来であるといえる。CBDAはバイオ分子であるフマル酸をメタノール中トリメチルシリルクロリドとの反応によるメチル化，光照射による二量化，メチルエステルの加水分解，無水酢酸中での加熱還流および再結晶により合成可能である（図5a）。このように完全なバイオポリマーを合成するためには，テトラカルボン酸二無水物もまたバイオ由来である必要がある。無水マレイン酸及び2,5-ジメチルフランはグルコースなどの微生物変換により得られ，これをDiels-Alder反応させ，濃硫酸中での脱水，過マンガン酸カリウムおよび塩酸処理による加水分解，無水酢酸中での還流及び昇華精製によりメロファン酸二無水物をバイオ由来で合成することができる。このメロファン酸二無水物とバイオ由来芳香族ジアミンを用いることで完全なバイオ由来ポリイミドが合成できる（図5b）。このタイプのポリイミドは，メロファン酸構造に由来する屈曲構造を有していたため，有機溶媒（NMP，DMSO，DMF，DMAcなど）に溶解する性質を示した。また，メロファン酸由

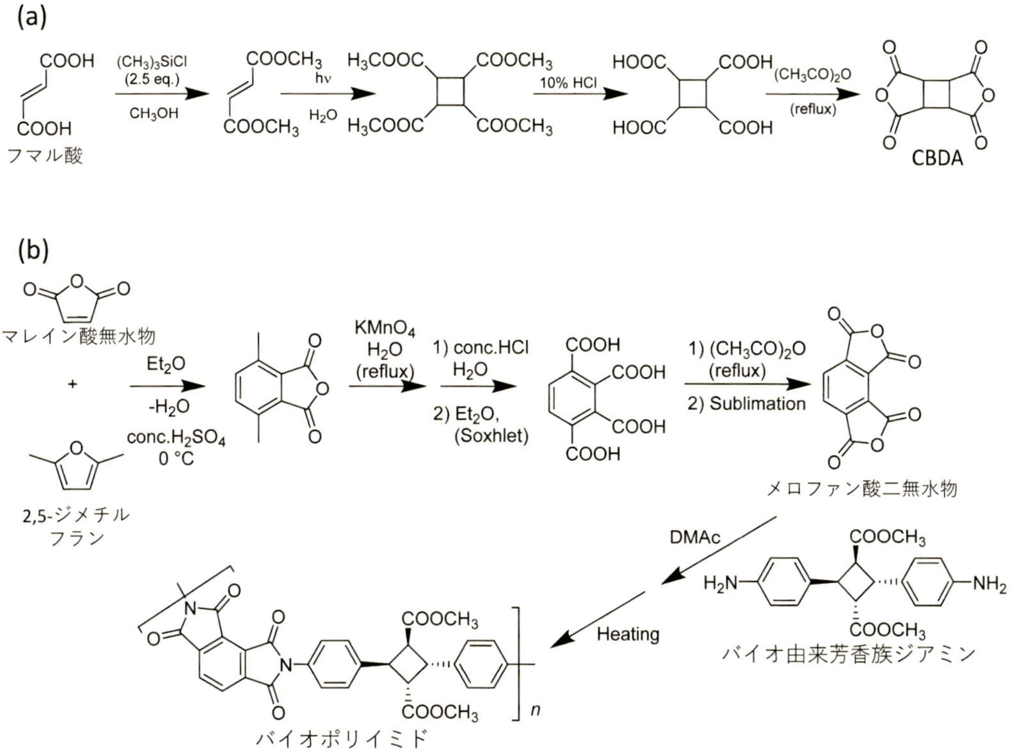

図5　(a)フマル酸から CBDA までの合成経路，(b)マレイン酸無水物と 2,5-ジメチルフランを用いたメロファン酸二無水物の合成とバイオポリイミドの合成

来のバイオポリイミドの T_{d10} は 389℃であり，CBDA を用いたポリイミドとほぼ同様の値を示し，高い耐熱性があることも確認されている。

3　桂皮酸系ポリアラミド

4ACA を光二量化させることでバイオ由来芳香族ジアミンを得ることができた。同様にして，4ACA のアミノ基をアセチル化した後，ヘキサン中に分散させた状態で紫外線を照射させることで，バイオ由来芳香族ジカルボン酸として 4,4′-ジアセトアミド-α-トルキシル酸が合成可能である。また，これらバイオ由来の芳香族ジアミンと，ジカルボン酸を用いて重縮合を行うことで 4ACA 由来の構造のみからなるバイオ由来ポリアラミドが合成できる（図6）[8]。得られた桂皮酸系ポリアラミドは DMF に溶解させることができ，精製したポリマー粉末を DMF に高濃度で溶かし込むことで，フィルムおよび繊維として成型することができた。得られたポリアラミドの熱物性は T_{d10} にして 370℃，T_g は 270℃程度であり，前項の桂皮酸系ポリイミドに続き，高い耐熱性を有していることが確認された。また，フィルム成型体の透明性は光の波長 450 nm に

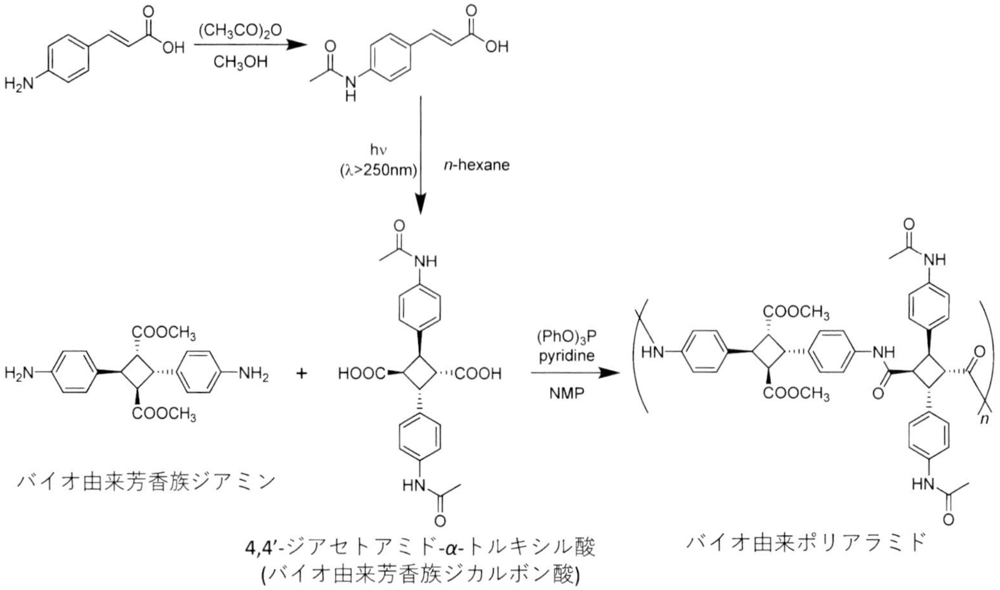

バイオ由来芳香族ジアミン

4,4'-ジアセトアミド-α-トルキシル酸
(バイオ由来芳香族ジカルボン酸)

バイオ由来ポリアラミド

図6　4ACA のみからなる完全バイオ由来ポリアラミドの合成

おいて 90％以上の透過率を示し，芳香族系ポリマーであるにも関わらず高い数値であった。さらに特筆すべき物性は，繊維として成型したポリアラミドの引張強度が約 350 MPa，ヤング率が約 11 GPa であり，高い強度を示していた点である。これは既存の透明性樹脂（ポリカーボネートやポリメチルメタクリレートなど）の強度を超えるものであった。

4ACA を異なる方法で化学修飾することで，4ACA のみからなるポリアラミドが合成できたことを利用して，側鎖が修飾されたポリアラミドについても検討がされている。一例として，ポリマー側鎖にフッ素原子を導入することで，成型フィルムの透明性の向上や樹脂の黄色さを軽減するものがある。芳香族ポリイミドの場合であるが，フッ素原子をポリマー側鎖に導入することにより，モノマー間での電荷の差を縮小させ，さらに，嵩高いフッ素原子（たとえばフルオロアルキル基など）によりポリマー分子鎖のパッキングを疎にすることで電荷移動相互作用が抑制されるため透明性が向上し，ポリマー特有の黄色さが抑制されると考えられている。このような試みはポリアラミドにも適用でき，フッ素化ポリアラミドによる高透明性フィルムの作成が可能である。例えば 4ACA をトリフルオロ酢酸無水物と反応させ 4-トリフルオロアセトアミド桂皮酸とし，これをヘキサンに分散させて紫外線を照射させることでトリフルオロアセチル基を有したバイオ由来ジカルボン酸が得られる。この，トリフルオロアセチル化されたジカルボン酸を用いて，4ACA 由来ジアミンと重縮合させることで側鎖にトリフルオロアセチル基が導入された，フッ素化バイオポリアラミド 1，さらには 4,4'-ジアミノジフェニルエーテルのような芳香族ジアミンを用いることでフッ素化バイオポリアラミド 2 が合成できた（図 7）[9]。フッ素化ポリアラミドの熱物性は，フッ素化されていないものとほぼ同様の数値（T_{d10}，355℃；T_g，274℃）であり，

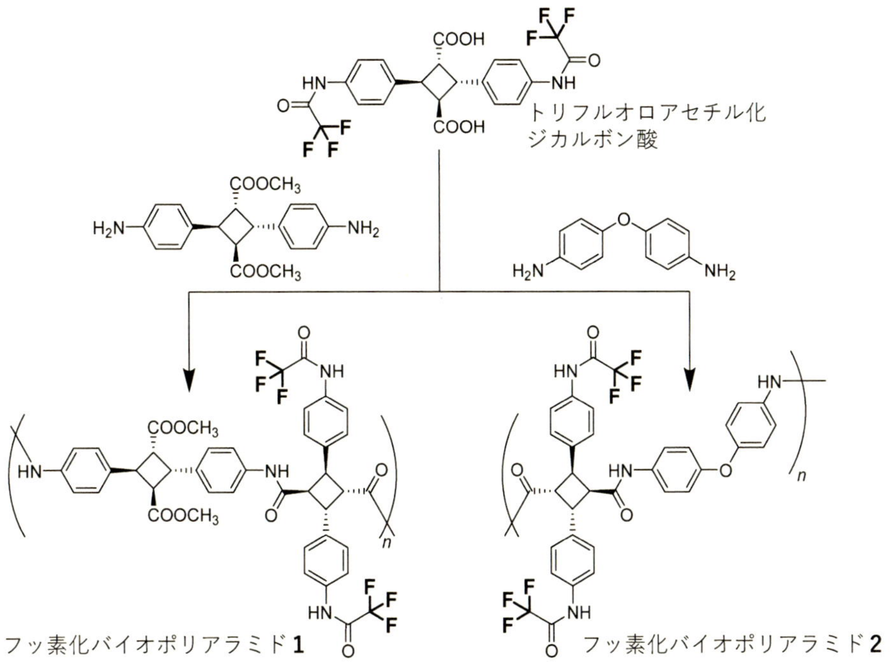

図7　フルオロアセチル基を有した各種バイオポリアラミドの合成

高い値を維持していた。フィルムの透明性も450 nmの波長において90%程度の高い透過率を示し，ポリマーフィルムの黄色さを示すイエローインデックス（YI：D1925）の数値は3.0であり，フッ素化されていないものが4.8であったのに比べて黄色さが抑えられているといえる。

4　おわりに

天然から得られる桂皮酸を応用することで様々な高性能（高耐熱・高強度）ポリマーが得られることを紹介した。微生物生産が可能な4ACAを用いれば，芳香族ジアミンをバイオ由来で合成することが可能である。桂皮酸系ポリイミドは高い耐熱性能を備え，従来の石油系ポリイミドに比べポリマーフィルムの黄色さが少ないことから，透明ポリイミドとして電子材料などの透明基板としての利用が期待できる。桂皮酸系ポリアラミドは高い力学強度を有し透明性も非常に高いという性質を示した。このことから新たなガラス代替材料としての用途展開が期待できる。本稿で紹介した以外にも，バイオ由来芳香族ジアミンとジイソシアナートから合成できるポリウレアなど，ジアミンを原料とした各種ポリマーへの応用が可能であるため，4ACAを基盤とした材料開発は様々な用途展開が期待できる。このように，微生物を利用した物質生産と有機・高分子合成化学の融合により新たな高性能バイオポリマーの合成が可能となってきており，ほとんどの石油由来ポリマーをバイオポリマーに置き換えることも将来的には可能になると考えられる。

謝辞

本稿にて紹介した研究成果は，科学技術振興機構の先端的低炭素化技術開発（JST-ALCA）プロジェクト（課題番号：JPMJAL1010）および日本学術振興会（JSPS）科研費基盤研究（B）（課題番号：15H03864）に基づくものです。また，糖類から4ACAを微生物生産する経路を開発した，ALCA プロジェクトにおける研究支援者である高谷直樹教授（筑波大学生命環境系）及びその研究グループのスタッフに心より感謝します。

文　　献

1） Manu, C. and Kaneko, T. *et al.*, *Adv. Funct. Mater.*, **22**, 3438-3444 (2012)
2） Wang, S-.Q. and Kaneko, T. *et al.*, *Angew. Chem. Int. Ed.*, **52**, 11143-11148 (2013)
3） Yasaki, K. and Kaneko, T. *et al.*, *J. Polym. Sci. Part A*：*Polym. Chem.*, **49**, 1112-1118 (2011)
4） Wang, S-. Q. and Kaneko, T. *et al.*, *Pure Appl. Chem.*, **84** (12), 2559-2568 (2012)
5） Pattabiraman, M. and Ramamurthy, V. *et al.*, *Langmuir*, **22**, 7605-7609 (2006)
6） Suvannasara, P. and Kaneko, T. *et al.*, *Macromolecules*, **47**, 1586-1593 (2014)
7） Dwivedi, S. and Kaneko, T. *et al.*, *Polymers*, **10**, 368 (2018)
8） Tateyama, S. and Kaneko, T. *et al.*, *Macromolecules*, **49**, 3336-3342 (2016)
9） Takada, K. and Kaneko, T. *et al.*, *Polymers*, **10**, 1311 (2018)

第3章　シンナメート系ポリマーの光配向と物質移動

川月喜弘*1，近藤瑞穂*2

1　はじめに

光配向は光反応性材料の薄膜やフィルムに，主に直線偏光を照射することによる異方的な光反応を起点として，自己組織化を促し分子配向させる技術であり，低分子液晶などの自己組織しやすい物質を配向させるための光配向膜と，光によってフィルム中の分子自体を配向させる光分子配向に大別される。光反応のタイプとしてはポリマー中のアゾベンゼンなどの光異性化，桂皮酸エステル（シンナメート）などの光2量化（光架橋），シクロブタン環の光分解等が掲げられ，直線偏光を用いた軸選択的光反応もしくは無偏光での方向選択的光反応が利用される（表1）。

光配向の概念は，1988年に市村，関らによってアゾベンゼンのトランス-シス光異性化を利用した液晶分子の配列状態を可逆的に制御する研究（コマンドサーフェス）により提唱され[1]，以来アゾベンゼンや光架橋性部を含有する種々のポリマー薄膜を用いた低分子液晶の光配向が研究されてきた[2~5]。そのなかで，シンナメートやクマリン類を用いた液晶光配向では，光反応部の軸選択的な光2量化反応によりその表面上で低分子液晶が一軸配向される[6,7]。ここで液晶の配向は可逆的ではないが，液晶ディスプレイの低分子液晶配向膜として注目され，これまで多くのシンナメート系低分子液晶光配向材料が報告されている[2]。

低分子液晶を光配向させる場合には光配向膜自体の分子配向を議論されることは少ないが，アゾベンゼン分子のように軸選択的なトランス-シス-トランス光異性化を繰り返すと，フィルム中のアゾベンゼン分子が偏光軸に対して垂直方向に分子配向する[8,9]。この光分子配向では，光により誘起されたフィルム内の小さな光学的異方性を熱的に増幅させることが可能な場合もあり

表1　光配向材料の種類

光反応	光反応基	用途
光異性化	アゾベンゼン シッフ塩基	低分子液晶配向膜 光メモリー
光架橋	シンナメート クマリン カルコン	低分子液晶配向膜 分子配向フィルム
光分解	シクロブタン環を含む ポリイミド	低分子液晶配向膜

＊1　Nobuhiro Kawatsuki　兵庫県立大学　工学研究科　応用化学専攻　教授
＊2　Mizuho Kondo　兵庫県立大学　工学研究科　応用化学専攻　助教

“バルクでのコマンド効果”と称される[10]。このような光分子配向はアゾベンゼン分子だけでなく，*N*-ベンジリデンアニリンのような軸選択的に光異性化する分子を含有するポリマーフィルムでも実現される[11,12]。

光分子配向は可視光域で透明な光架橋性の高分子液晶フィルムでも見られ，偏光UV光による軸選択的な光架橋反応により形成された小さな光学的異方性を起点として，フィルム自体の液晶性に基づく自己組織化により熱的に異方性が増幅され，安定な分子配向が得られる。我々のグループではシンナメート系の液晶性メソゲンを側鎖に有する高分子液晶の光配向に関する系統的な研究をしてきた[13~15]。それらでは分子配向により大きな光学異方性（複屈折）が得られ，一部は位相差フィルムとして実用化されている[16]。

さらに，光分子配向する材料において，強度変調または偏光変調された光を照射すると配向を伴った凹凸形成が見られる[17,18]。光異性化により光配向する材料では，光強度分布のみならず偏光方向の分布に依存した物質移動が観測される[12,17,18]。一方，光架橋に基づいた光配向性材料では周期的架橋による材料の強度変化に従って物質移動する[19]。

本章では，我々がこれまで研究開発してきたシンナメート系の高分子液晶における偏光光反応と熱的に配向が増幅される光分子配向の原理と分子設計，その光学特性ならびに，光物質移動について紹介する。

2　シンナメートポリマーの光配向

光異性化に基づくアゾベンゼン分子の熱的に増幅される光配向では，照射偏光の電界に対して垂直方向に配向が増幅される[8,9]。これは光配向によって垂直方向に再配向した状態が同じ方向に熱的に増幅されるためである。また電界に平行方向の分子が光反応することで光反応していない垂直方向の液晶性がより有利になり，熱的に垂直方向に配向増幅される場合もある。一方，偏光電界に対して平行方向に配向増幅される材料は限られており，シンナメート系メソゲンを有する高分子液晶[20~23]ならびにシス体をリッチにしたアゾベンゼン含有高分子液晶のred-lightによる光配向[24,25]が報告されている。

表2に我々の開発したシンナメート部を有する光分子配向性の高分子液晶を示す。シンナメート類を有するポリマーは，2重結合部の［2+2］光環化による光架橋や光異性化反応が軸選択的におきる。直線偏光により異方的に光反応すると，フィルムにはわずかな光学的・機械的異方性が付与される。つづいて材料の液晶性を示す温度に加熱すると，熱的に自己組織化が促され偏光電界に対して平行ないしは垂直方向に配向増幅される（図1）。このとき双極子モーメントの大きな3重項光増感剤を複合化ないしは共重合により導入すると，偏光軸選択的な光増感により光配向を効率的に実現できる[21]。

ここで，**1**~**4**は露光量に応じて偏光軸に対して平行ないしは垂直方向，あるいはその両方に再配向し，誘起される複屈折率は0.2以上である。誘起される複屈折率を上げるにはメソゲンの

表2　シンナメート系の光分子配向性高分子

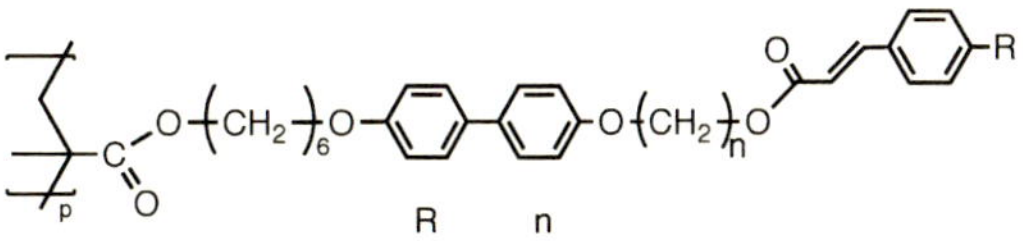

	R	n
1a	OCH_3	2
1b	OCH_3	3

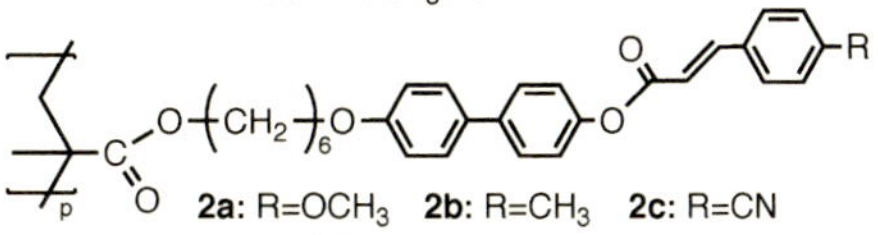

2a: R=OCH_3　**2b**: R=CH_3　**2c**: R=CN
2d: R=CF_3　**2e**: R=F

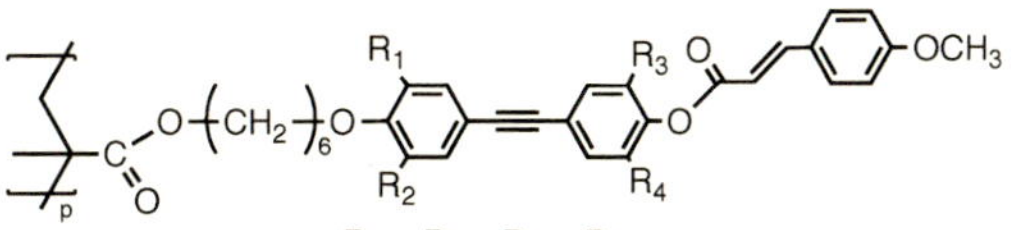

	R_1	R_2	R_3	R_4
3a	H	H	H	H
3b	CH_3	H	H	H
3c	CH_3	CH_3	H	H
3d	CH_3	H	CH_3	H
3e	H	H	CH_3	H
3f	H	H	CH_3	CH_3

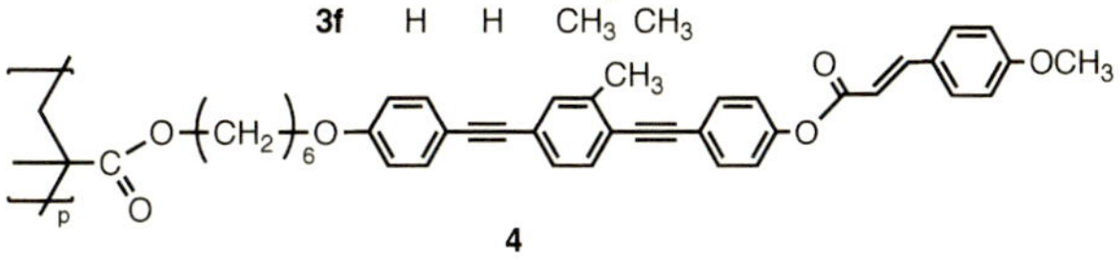

4

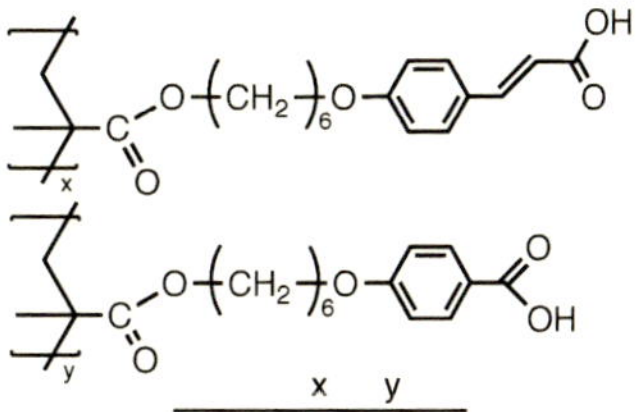

	x	y
5a	100	0
5b	0	100

固有複屈折率を上げればよい。そこで，**3**や**4**のようなトランやビストラン部を液晶コアに有する高分子液晶が合成され，誘起される複屈折率は0.3以上になる[26,27]。この際，材料の溶媒への溶解性が低下するのでトラン部に置換基を導入することで溶解性を向上できる。**1**〜**4**の高分子液晶フィルムおいて，平行方向に配向する要因は，光架橋したメソゲン部がアンカーとして作用し，熱的にその方向へ未反応メソゲンを配向させるためである。すなわち，架橋時にメソゲン全体の直線性も重要となり，**1b**では効率よく平行方向へ配向増幅されるが**1a**では配向増幅の効率は劣る[23]。一方**2a**において光反応量が少ない場合には，光反応したメソゲンはアンカーとして作用しないため従来の材料のように垂直方向に配向増幅される[20]。いずれにおいてもポリマーが液晶性を示すことが重要で，光反応の有無，材料の液晶性の方向による差や自己組織化のしやすさが熱的な再配向増幅の方向を支配する。

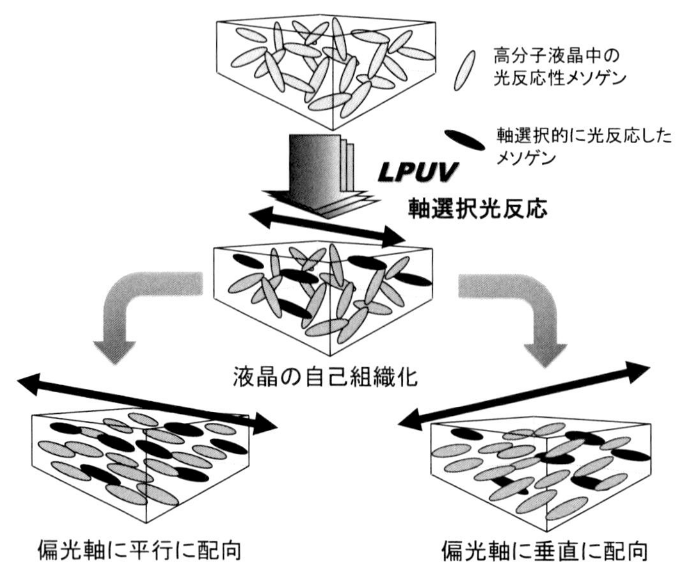

図１　光配向性高分子液晶フィルムの光分子配向の概念図

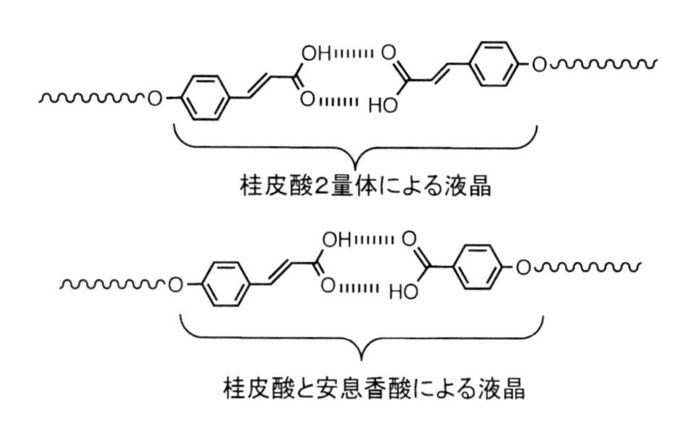

図２　水素結合した安息香酸や桂皮酸２量体による高分子液晶

また，安息香酸や桂皮酸類は水素結合によって２量化することで液晶性を示すことが知られている[28)]。桂皮酸を側鎖に有するポリマー**5a**は単純構造でありながら光反応性の高分子液晶となり，さらに**5b**と共重合やお互いのホモポリマーをブレンドすることによっても液晶性を示し(図２)，誘起される複屈折を制御できる[29, 30)]。また，**1～4**ようにビフェニルやトランによるメソゲンコアをもたず光吸収部自体が液晶メソゲンとなるため光反応性が高く，光分子配向させるために必要なエネルギーは～10 mJ/cm² と非常に小さい[29)]。

上述のようなシンナメート系ポリマーの光配向性材料は，分子配向による大きな複屈折率を示すので，配向したフィルムのみで位相差フィルムとして利用できるとともに，分子配向しているため低分子液晶のアンカリングエネルギーの大きな光配向膜としても有用である[31, 32)]。さらに，

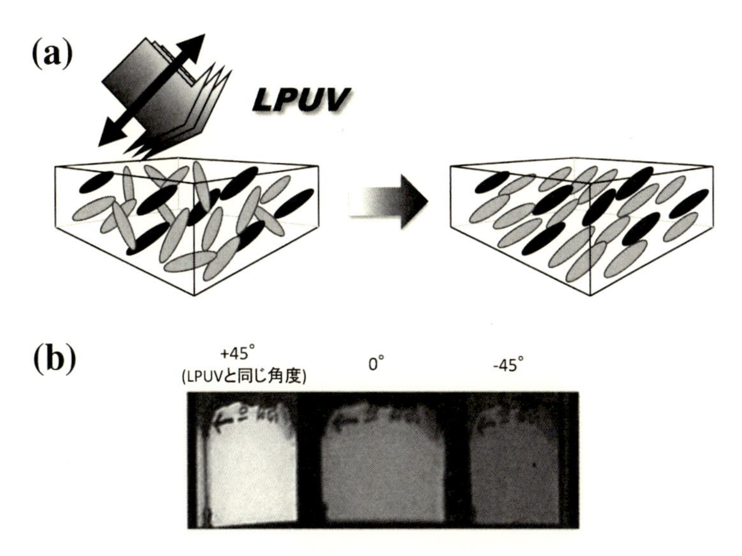

図3　a）斜め露光により傾斜配向フィルムの作成，b）**2a** を用いて作成した傾斜配向フィルムのクロスニコル下での写真

照射する光の偏光度や熱的な配向増幅の条件を調節することで z 方向の複屈折も制御できるため高性能な位相差フィルムが実現される[16]。

さらに偏光電界に平行に配向する材料では，斜め p 偏光を照射すると傾斜した配向構造を得ることができる（図 3a）[33]。図 3b に **2a** を用いて斜め配向した位相差フィルムのクロスニコル下での写真を示す。照射角度に応じて斜めに分子配向しており，配向角度は表面と基板側で幅をもっている。

3　光反応性低分子を複合化したフィルムの光配向

光分子配向は光反応する低分子を光反応しない高分子液晶と複合化することによっても実現される。安息香酸を側鎖に有するポリマー **5b** は液晶性を示し，種々の機能性低分子と水素結合を介して複合化することが報告されている[34~36]。そこで図 4 に示す末端にカルボキシル基を有する光反応性モノマーと複合化したフィルムは，上記と同様に光分子配向が実現される[37,38]。例えば，図 5 に **5b** と **7** の複合化フィルムの偏光吸収スペクトル変化を示す[38]。直線偏光により光反応基が軸選択的に光反応し，続いて **5b** の液晶温度でアニールすることで偏光軸に対して垂直方向に配向増幅されるとともに，**7** の吸収が消失している。これは複合体フィルムが軸選択的な光反応したのち，熱処理によって自己組織化と同時に光反応する低分子成分が昇華により除去されたためである。したがって光配向後のフィルムは光に対して安定である。同様の光配向がケイ皮酸モノマーである **6** を用いても可能である[37]。

このような複合化による光分子配向は，光反応性低分子を表面にコーティングすることでも実

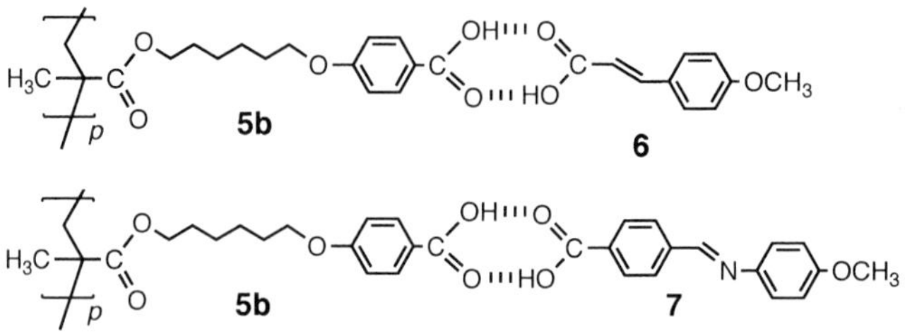

図４　**5b** と複合化することで，**5b** の光配向を実現する光反応性モノマー（**6**，**7**）

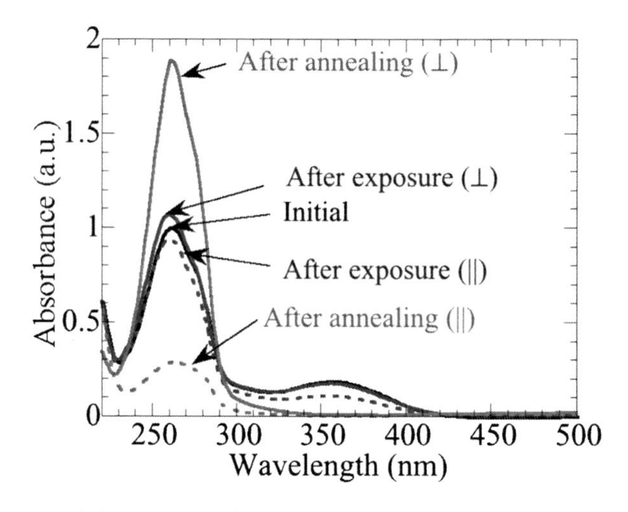

図５　**5b** と **7** の複合化フィルム（**5b**/**7**＝8/2）の光配向時の偏光吸収スペクトル変化
（20J 露光後 170°C でアニール）

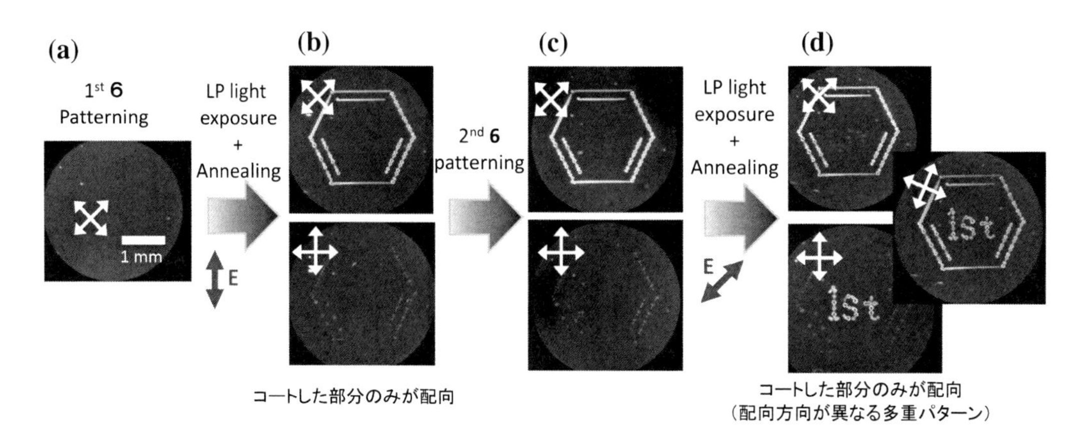

図６　**5b** に **6** をインクジェットでコーティングして光配向したフィルムの偏光顕微鏡写真
(a) **6** をパターンコート，(b) 偏光 UV 照射後アニール，(c) **6** をパターンコート（2 回目），
(d) 偏光 UV を 45 度傾けて照射後 アニール

現できる。**5b** に水素結合性の **6** や **7** をインクジェットによりコーティングすると低分子がコートされた部分のみに光配向性があり，その他の部分は **5b** のみであるので光反応しない。インクジェット以外にも，昇華やカリグラフィなどの方法で光反応性モノマーをコートすればよい。図6は選択的にインクジェットで **6** を２回パターン化コートする際に光配向の方向を回転してパターン配向したフィルムの偏光顕微鏡写真である[39]。光配向後はフィルムには光反応性がなく光耐性がある。

4　光物質移動

シンナメートポリマーは光架橋により，溶媒に不溶となるとともに機械的強度が上がる。一般の光架橋性高分子でもフォトマスクを通した露光により，凹凸構造の形成が報告されている[40]。本章のシンナメート系高分子液晶フィルムにおいても光照射後の熱処理により分子配向を伴った凹凸構造が得られる[41]。同様に，強度変調ホログラフィーでは分子配向を伴った凹凸構造が得られ，一方偏光変調ホログラフィーでは凹凸構造のない周期的な分子配向が得られる[26,33]。

たとえば，**2a** フィルムに直線偏光の干渉光を照射すると，図7a のように偏光方向に従った表面レリーフが形成される[33]。これは光強度が高い部分の架橋率が高いこととその部分で分子配向

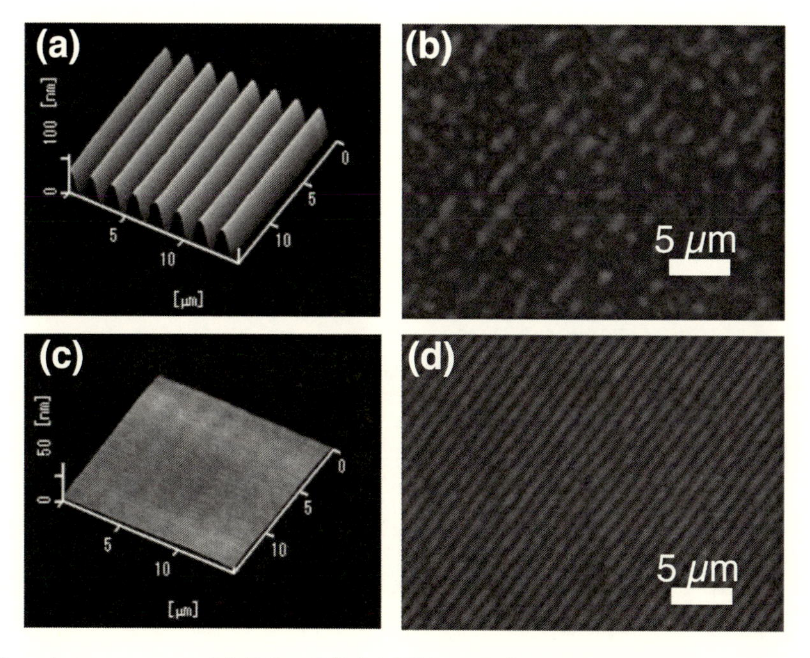

図７　(a, b) **2a** フィルムに直線偏光の干渉光を照射して作成した配向した表面レリーフとその偏光顕微鏡写真，(c, d) **2a** フィルムに左右方向の円偏光干渉光を照射して作成した配向した偏光回折格子の表面と偏光顕微鏡写真

が生じているためである。分子配向した回折格子なので，回折光強度には偏光依存性がある。一方，周期的な偏光分布の光（偏光ホログラフィー）では図7bのように表面凹凸はほとんど形成されず，周期的な配向構造を有した偏光回折格子が得られる[33]。アゾベンゼン含有ポリマーのような光異性化により光物質移動がおこるポリマーでは偏光ホログラフィーにより光物質移動が生じ，分子配向とともに表面凹凸が形成される。しかし，シンナメートポリマーでは光照射時に物質移動はおきないので，分子再配向に基づいた純粋な偏光ホログラムが得られる。このような偏光回折格子は回折光の偏光を制御した種々の光学素子として応用できる[42]。

5　まとめ

シンナメートを含有する高分子液晶フィルムの光配向と物質移動について概説した。シンナメート含有メソゲンの軸選択的な光架橋と熱による自己組織化により，フィルム中のシンナメートメソゲンを分子配向することができる。分子配向の方向はメソゲンの性質に依存し，偏光軸に対して平行ないしは垂直方向に配向される。また，周期的強度をもつ光を用いると，光架橋による物質移動がおき，さらに偏光ホログラフィーによる純粋な偏光ホログラムが得られる。

今後の展開として，表面からの分子配向制御が掲げられる[14]。インクジェットによる表面からの光配向制御はアゾベンゼン系の高分子液晶を用いた先駆的な研究が実施されている[43]。また表面での縮合反応によって光反応性部の選択的導入による光配向も報告されている[44,45]。インクジェットによる選択的な光配向構造の形成は任意の配向構造を容易に形成できるので，複屈折光学素子や，偏光パターン形成などへの応用展開が今後期待される。

文　　献

1） K. Ichimura *et al.*, *Langmuir*, **4**, 1214 (1988)
2） V. G. Chigrinov *et al.*, *Photoalignment of Liquid Crystalline Materials*, John Wiley & Sons, West Sussex, England, (2008)
3） O. Yaroshchuk *et al.*, *J. Mater. Chem.*, **22**, 286 (2012)
4） M. O'Neill and S. M. Kelly, *J. Phys. D : Appl. Phys.*, **33**, R67 (2000)
5） W. M. Gibbons *et al.*, *Nature*, **351**, 49 (1991)
6） M. Schadt *et al.*, *Jpn. J. Appl. Phys.*, **31**, 2155 (1992)
7） M. Schadt, H. Seiberle, A. Schuster, *Nature*, **381**, 212 (1996)
8） K. Ichimura, *Chem. Rev.*, **100**, 1847 (2000)
9） T. Ikeda, *J. Mater. Chem.*, **13**, 2037 (2003)
10） J. G. Meier *et al.*, *Macromolecules*, **33**, 843 (2000)

11) N. Kawatsuki *et al.*, *APL Materials*, **1**, 022103 (2013)
12) N. Kawatsuki *et al.*, *Macromolecules*, **47**, 324 (2014)
13) N. Kawatsuki and H. Ono, *Handbook of Organic Electronics and Photonics*, American Scientific Publishers 301 (2008)
14) T. Seki *et al.*, *Handbook of Liquid Crystals*, **8**, 539 Wiley-VCH (2014)
15) N. Kawatsuki, *Chem. Lett.*, **40**, 548 (2011)
16) http://www.hayatele.co.jp/products/opt.html
17) P. Rochon *et al.*, *Appl. Phys. Lett.*, **66**, 136 (1995)
18) D. Y. Kim *et al.*, *Appl. Phys. Lett.*, **66**, 1166 (1995)
19) N. Kawatsuki *et al.*, *Adv. Mater.*, **15**, 991 (2003)
20) N. Kawatsuki *et al.*, *Macromolecules*, **35**, 706 (2002)
21) N. Kawatsuki *et al.*, *Macromolecules*, **39**, 3245 (2006)
22) N. Kawatsuki *et al.*, *Macromolecules*, **40**, 6355 (2007)
23) N. Kawatsuki *et al.*, *J. Polym. Sci. A Polym. Chem.*, **46**, 4712 (2008)
24) N. Kawatsuki *et al.*, *Macromolecules*, **37**, 5282 (2004)
25) E. Uchida *et al.*, *Polymer*, **47**, 2322 (2006)
26) N. Kawatsuki *et al.*, *Macromolecules*, **41**, 9715 (2008)
27) N. Kawatsuki *et al.*, *Polymer*, **51**, 2849 (2010)
28) G. W. Gray *et al.*, *J. Chem. Soc.*, 4179 (1953)
29) E. Uchida *et al.*, *Macromolecules*, **39**, 9357 (2006)
30) N. Kawatsuki *et al.*, *Macromolecules*, **41**, 4642 (2008)
31) N. Kawatsuki *et al.*, *Jpn. J. Appl. Phys.*, **46**, 339 (2007)
32) K. Goto *et al.*, *SID 2013 Digest*, 537 (2013)
33) N. Kawatsuki *et al.*, *Adv. Mater.*, **13**, 1337 (2001)
34) T. Kato and J. M. Fréchet, *J. Am. Chem. Soc.* **111**, 8533 (1989)
35) Y. Kosaka *et al.*, *Macromolecules*, **27**, 2658 (1994)
36) A. V. Medvedev *et al.*, *Macromolecules*, **38**, 2223 (2005)
37) R. Fujii *et al.*, *Chem. Lett.*, **45**, 673 (2016)
38) S. Minami *et al.*, *Polym. J.*, **48**, 267 (2016)
39) N. Kawatsuki *et al.*, *Langmuir*, **33**, 2427 (2017)
40) T. Ubukata *et al.*, *ACS Appl. Mater. Interfaces*, **8**, 21974 (2016)
41) N. Kawatsuki *et al.*, *Proc SPIE*, **8114**, 10. 1117/12. 892129 (2011)
42) K. Kawai *et al.*, *J. Appl. Phys.*, **119**, 123102 (2016)
43) K. Fukuhara *et al.*, *Nat. Commun.*, **5**, 3320 (2014)
44) N. Kawatsuki *et al.*, *ACS Macro Lett.*, **4**, 764 (2015)
45) N. Kawatsuki *et al.*, *Langmuir*, **34**, 2089 (2018)

第4章　光反応性材料のUV-Vis高次微分スペクトルによる解析

市村國宏*

1　はじめに

光反応性材料には既知の光化学反応が有機，高分子物質に組み込まれる。こうした光機能性材料とする研究開発では，光照射で発現する物性変化が研究対象であるため，光化学反応を深掘りする研究はとても少ない。その背景には，光反応性材料での光反応挙動をその場観察し，定量的に議論することが困難あるいは不可能な場合が多いことが挙げられる。エマルジョンや相分離などの光散乱系や分子結晶のような強い光吸収体では，UV-Vis吸収スペクトルによる定量的な議論ができないためである。光機能性材料の研究では，UV-Vis吸収スペクトルは補足的な位置づけであった。

UV-Vis微分スペクトルを活用する分析は1978年に紹介され[1)a)]，薬学，生化学，コスメティックスなどの分野で活用されている[1)b)～1)f)]。しかし，4次以上の高次微分スペクトルの有用性は分析化学分野で共有されていない。本節では，筆者がUV-Vis高次微分スペクトル法を適用したさまざまな光反応材料系での結果に基づき，材料光化学におけるこの手法の有用性を記述する[2)]。なお，本稿で扱う主たる化合物の構造と略号を図1にまとめる。

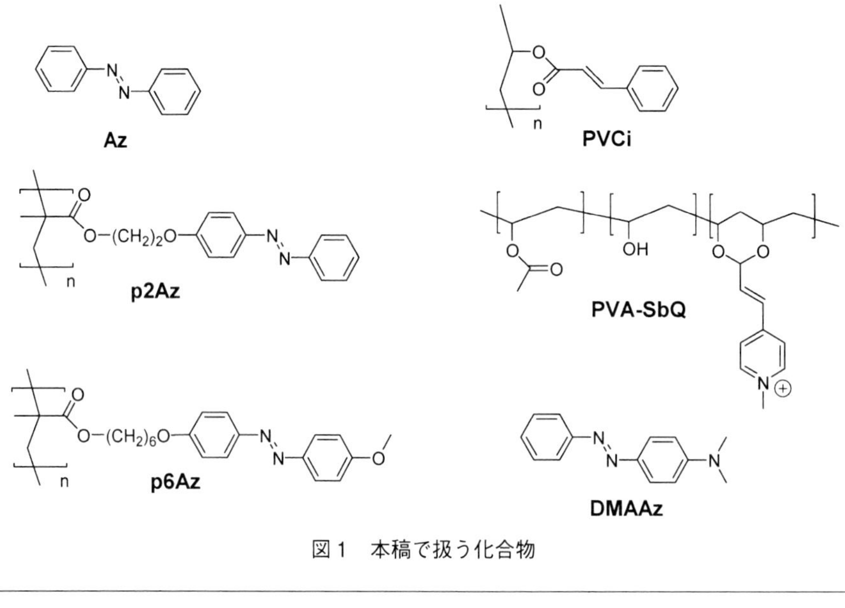

図1　本稿で扱う化合物

*　Kunihiro Ichimura　東京工業大学名誉教授

2　UV-Vis微分スペクトルの概要および特徴

微分スペクトル形状は吸収帯の半値幅（W）に顕著に影響される。その状況は図2に示すアゾベンゼン（Az）溶液の吸収および4次微分スペクトルから垣間見える[2)a),3)]。見慣れた吸収スペクトルは（図2a），$S_0 \rightarrow S_2$ および $S_0 \rightarrow S_1$ の π,π^*-遷移，ならびに，n,π^*-遷移に帰属される3つの吸収帯からなる。これを4次微分変換した結果が図2bだが，$S_0 \rightarrow S_2$ 吸収帯は鋭い微分ピークに変換される一方で，$S_0 \rightarrow S_1$ 吸収帯はノイズが際立つスペクトル形状となり，幅広の n,π^*-遷移吸収帯はベースラインに一致して完全に消失している。$S_0 \rightarrow S_2$ および $S_0 \rightarrow S_1$ 吸収帯に対応する複数の微分ピークはそれぞれ振動準位遷移に対応し，これらの半値幅の大小関係が4次微分スペクトルの形状に反映される。

吸収スペクトルの微分変換とともにSavizky-Golay法によるスムージング処理も市販の分光光度計で実施可能だが[1)c)]，具体的な手順は筆者の文献[3)]以外に示されていなかった。Savizky-Golay法では，適切な多項式次数（以下，sと略す）およびデータポイント数（以下，pと略す）の選択が求められる。平滑化すべきノイズの波長間隔（nm）が $\Delta\lambda_n$ であり，分析したい隣接ピークの波長間隔（nm）が $\Delta\lambda_v$ のとき，ピーク分離を確保するために式（1）に合致するpを選択すればいい[2)d),3),4)]。$s=4$ が $s=2$ よりピークの分離能が高いとされるが，sおよびpを選択してスムージング処理を繰り返す。図2cの場合のように，$s=4$，$p=13$ で3回スムージングを行って目的に適うスペクトルが得られるとき，筆者はその条件を4s13p3と表記している。

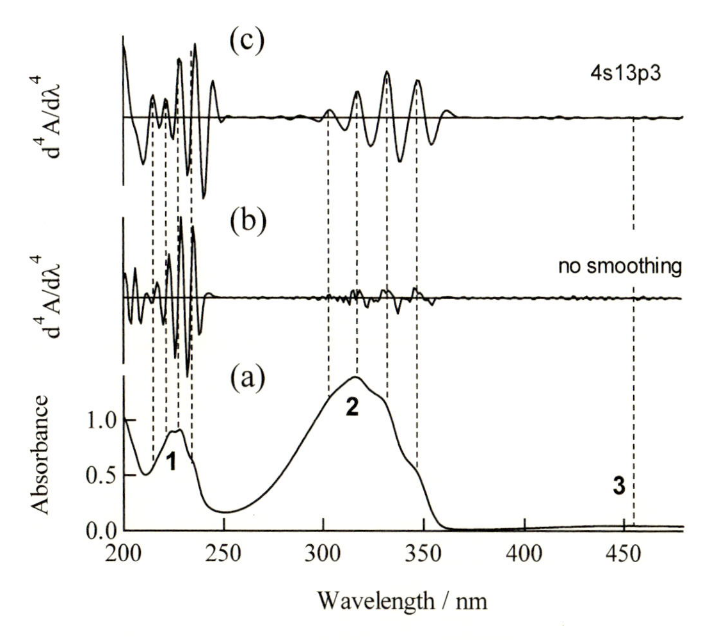

図2　ヘキサン中でのAzの（a）吸収，（b）4次微分変換スペクトルおよび（c）スムージング処理後の4次微分スペクトル

$1+2\times\Delta\lambda_v>p>1+2\times\Delta\lambda_n$　式(1)

微分スペクトルによる解析の基本は，式(2)における Lambert-Beer 則が微分スペクトルでも成り立つことであり，その Lambert-Beer 則は式(3)で表わされる[1)c),2)b)]。ここで，ε，c および l はそれぞれ，吸光係数，濃度および光路長である。

$A=\varepsilon\times c\times l$　式(2)

$d^nA/d\lambda^n=d^n\varepsilon/d\lambda^n\times c\times l$　式(3)

3　アゾベンゼンポリマーの光異性化反応

Az は可逆的な光機能性材料に最も好まれる感光基だが，UV-Vis 高次微分スペクトルによって，これまで見落とされてきた現象が明らかとなる[2)h)]。図 3a は，アゾベンゼンポリマー（p2Az）溶液に紫外線照射したときの吸収スペクトル変化であり，2 つの等吸収点がある。この 4 次微分スペクトルが図 3b であり，振動準位遷移に対応する微分ピークが顕在化する結果，多数の等微分点（Common crossing point）が発生する[3)]。等微分点では，両異性体の $d^n\varepsilon/d\lambda^n$ は同じ値である。371 nm の微分ピークに注目すると，その両側での等微分点はゼロ線に一致し，シス体の $d^n\varepsilon/d\lambda^n$ が無視できる。したがって，371 nm ピークの相対的な D^4 値によって光異性化反応率が容易に得られる。

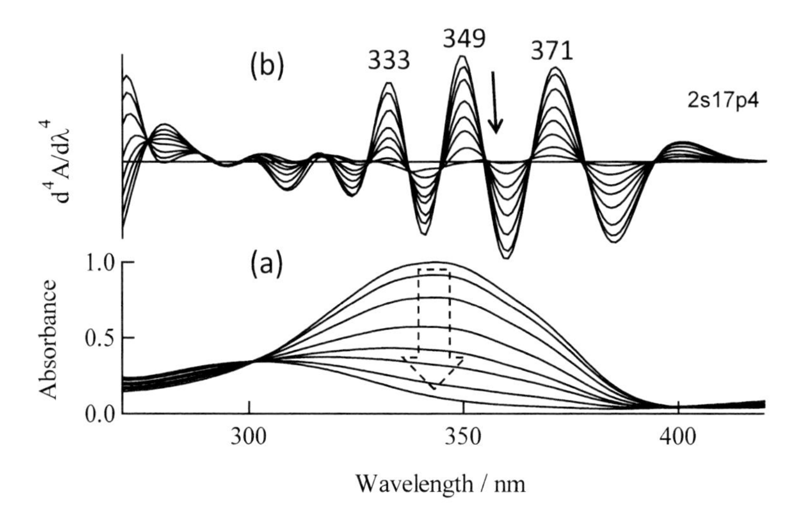

図 3　p2Az のジオキサン溶液に 365 nm 光を照射したときの（a）吸収スペクトル変化および（b）4 次微分スペクトル変化

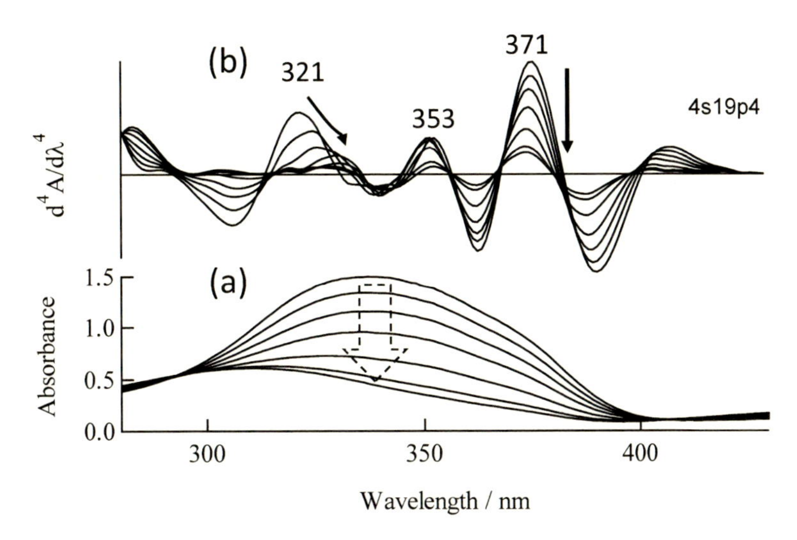

図 4　p2Az 薄膜に 365 nm 光を照射したときの（a）吸収スペクトル変化および（b）4 次微分スペクトル変化

図 4a は，非晶性 p2Az フィルムに紫外線照射したときの吸収スペクトル変化である[5]。2 つの等吸収点があるので，通常はフィルムでも単一の光異性化反応が起こると判定される。図 4b はその 4 次微分スペクトル変化だが，等微分点が認められない点に注目されたい。H–会合体に帰属される 321 nm ピークは複雑な形状変化を示し，光異性化とともに脱会合反応が起こっていることが分かる。一方，371 nm ピークの両側ではスペクトル交差点はゼロ線からずれており，J–会合体も形成していることが強く示唆される。以上の結果は，等吸収点の存在はかならずしも単一反応を意味するのではない，という極めて重要な結論を導く。これまでは，光異性化反応が単一であることを前提として非晶性アゾベンゼンポリマーフィルムの動力学的考察がなされ，反応空間と自由体積の大小関係により固体ポリマーでの光反応性が理解されてきた。こうした状況は再考を要するかもしれない。実際に，p2Az フィルムでは，光異性化反応の一次反応プロットの形状は膜厚に依存する[5]。また，Az の光異性化反応に基づくさまざまな光機能性材料では Az 基が高濃度で導入されることが多いが，等吸収点だけに基づく光反応の単一性を安易に論じることは適切ではない。等吸収点は反応の単一性を示す必要条件ではあるが，十分条件ではないからである[6]。

以上のように，高次微分スペクトルは感光基の会合に関する貴重な情報を与える。その好例が，Az 系液晶性ポリマー（p6Az）の光異性化反応および光再配向挙動である[7]。この液晶性ポリマーの薄膜をスメクチック相となる 85℃で垂直方向から非偏向の 365 nm 光で照射を行い，そのときの吸収スペクトル変化を図 5a に示す[8]。この温度ではシス体はトランス体に熱的に異性化するので，このスペクトル変化はトランス体が基板に対して垂直（光入射）方向へ再配向することに対応する。その 4 次微分スペクトルでは，5 つのピークが出現する（図 5b）。343 nm，363 nm

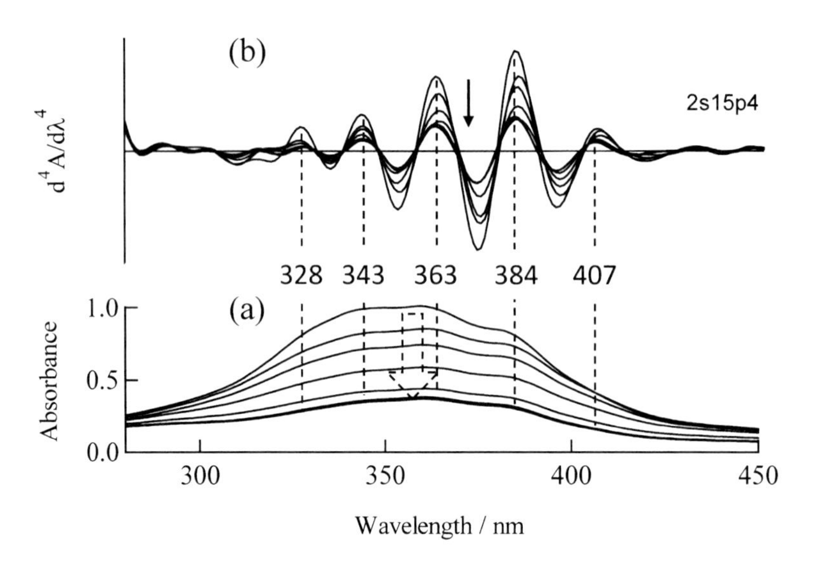

図5　pAz6フィルムに非偏向365nm光を85℃で照射したときの（a）吸収および（b）4次微分スペクトル変化
The Royal Society of Chemistryの許可を得て文献7）より転載

および384 nmのピークは非会合体，328 nmはH-会合体，407 nmはJ-会合体にそれぞれ帰属される。各ピークのD^4値を露光エネルギー量に対してプロットすることにより，非会合体>J-会合体>H-会合体の順に遅くなることが分かる[8)]。

なお，直線偏光照射で発生するp6Az薄膜の二色性は，照射偏光軸に対する偏光モニター光の垂直（As）および平行（Ap）成分における吸光度の関数なので，波長に対する二色性を4次微分することにより，分子種による二色性の大小関係を知ることができる[8)]。高次微分スペクトルは光配向における新規なアプローチとなる。

なお，カーブフィティッテング法によって，アゾベンゼンポリマーでのH-およびJ-会合体を特定しているMenzelら[9)]およびZhao[10)]らの論文がある。彼らの方法で問題なのは，振動準位遷移による弱い吸収帯を非会合体ならびに2種類の会合体に帰属してフィッティングしていることである。たとえば，後者の論文ではフィッティング後のスペクトルは実際のスペクトルと明らかにずれている。この方法に基づく会合体の特定は適切とは言えず，再検討を要する。

4　光二量化型フォトポリマーの光反応挙動

シンナモイル基はさまざまな光機能性高分子に活用されるが，ここでは高分岐ポリシンナメート（D40Ci）の特異的な挙動を取り上げる[11)]。D40Ciは高分岐ポリエステルポリオールと桂皮酸クロリドから合成され，その推定構造の一例を図6に示す。分子量は均一ではなく分子構造も不揃いで，dendritic，linearおよびterminalの3つの部分構造から成るとされるが，いずれの分

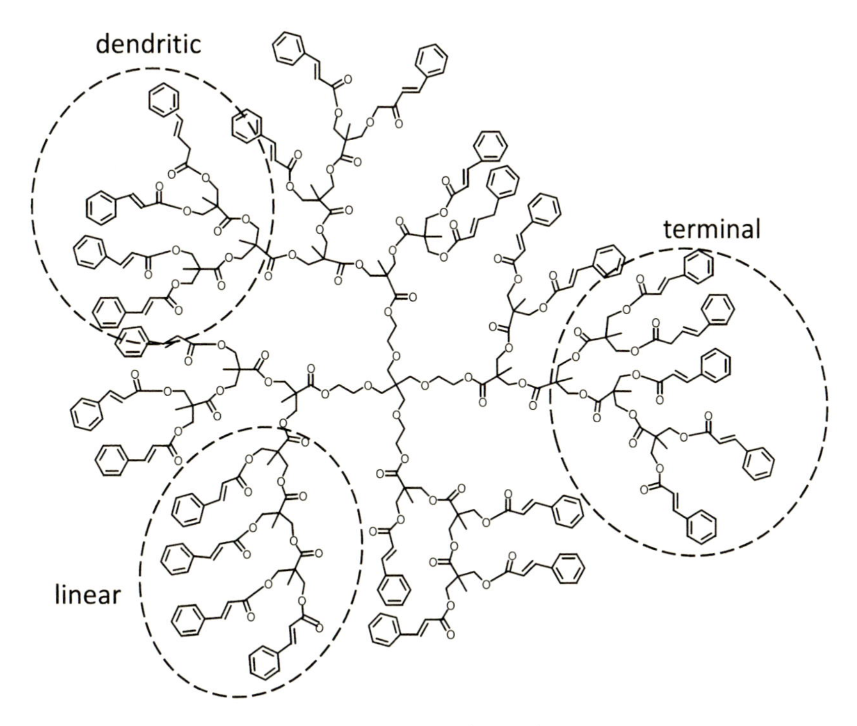

図６　高分岐ポリシンナメート（D40Ci）の分子構造の例

岐鎖末端は1,3-シンナモイルオキシ構造である。D40Ciの比較対象ポリマーが線状のポリビニルシンナメート（PVCi）である（図１）。図7aにPVCi，図7cにはD40Ci薄膜の吸収スペクトル変化をそれぞれ示す。光照射前での両者のスペクトルを比較すると，D40Ciの吸収帯はPVCiよりも10 nm以上の顕著な長波長シフトを示す。溶液スペクトルでも長波長へシフトしており，筆者が知る限り，このような報告例はない。

吸収スペクトルからは長波長シフトに関する情報は得られないが，４次微分変換することによって状況は一変する。図7dを図7bと見比べると，PVCiでの非会合体に帰属される３つのピークに，D40CiでのJ-会合体に帰属される320 nmのピークが上乗せされていることが明瞭である。したがって，非会合体およびJ-会合体それぞれのD^4値によって，個別に光反応が追跡できる。これはUV-Vis吸収スペクトルでは不可能である。非会合体の微分ピーク減少速度はPVCiおよびD40Ciは同程度だが，D40Ciに特有なJ-会合体は速やかに光二量化反応して消失することが判明する[11]。

PVAへ少量のスチリルピリジニウム（Styrylpyridine quaternized）基を導入した高感度水溶性フォトポリマーであるPVA-SbQ[12]の特異的な感光挙動は，その論文の30年後に高次微分スペクトルによって解明された[13]。この光二量化型フォトポリマーに関しても，高次微分変換によって会合体が関与する有用な情報が得られる。

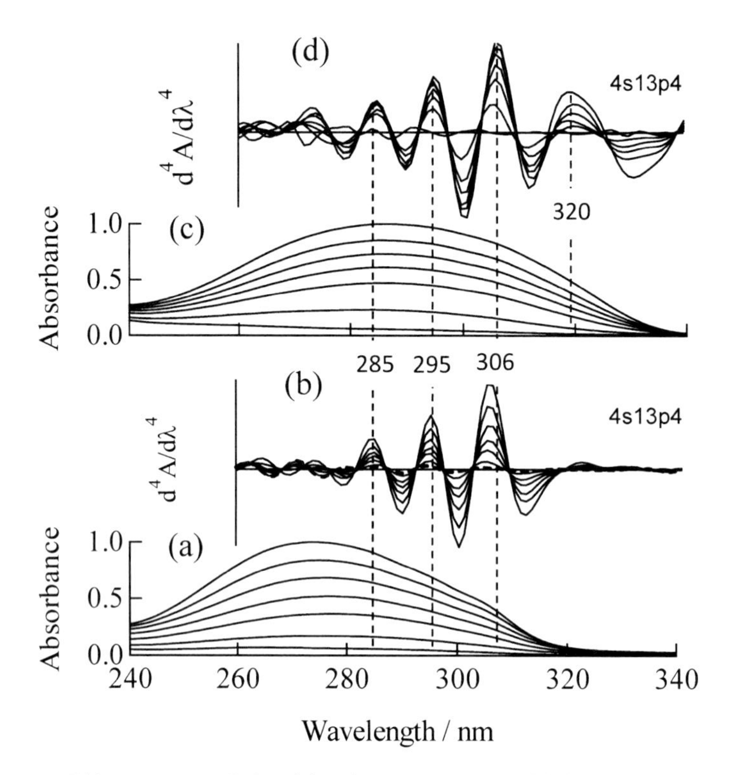

図7　313 nm 照射下での PVCi 薄膜の（a）吸収スペクトルおよび（b）4 次微分スペクトル変化，ならびに，DCi40 薄膜の（c）吸収スペクトルおよび（d）4 次微分スペクトル変化
The Royal Society of Chemistry の許可を得て文献 8）から転載

5　結晶光化学反応の解析

分子結晶の光化学反応における非破壊的な研究手法は X 線構造解析と粉末 X 線回折が基本であり，赤外吸収スペクトル，蛍光スペクトルあるいは拡散反射スペクトルなどが補完的な役割を果たす。しかし，構造解析に適した単結晶は活性光に対して完全吸収体であるため，UV-Vis 吸収スペクトルによる結晶光化学反応の解析は困難もしくは不可能である。また，吸光度が 1 以下の微結晶の希薄分散液では，強い光散乱が定量分析を阻害する。このため，UV-Vis 吸収スペクトルは結晶光化学の動力学的研究に用いられていない。

一方，UV-Vis 微分スペクトルでは光散乱に起因するバックグラウンドが消去されるので，結晶光化学反応の解析が可能となる[2)i)]。筆者は Az[14)] および 4-ジメチルアミノアゾベンゼン（DMAAz）[15)] の微結晶を水中に希薄分散させ，それぞれの固相光異性化反応を UV-Vis 高次微分スペクトルによって検討した[2)j)]。その結果，それぞれの固相光異性化反応は単一ではなく，表面層とバルク相とで異なる速度で光異性化するという推論を得ている。ここでは，DMAAz の結晶光化学反応の解析結果を記す[15)]。

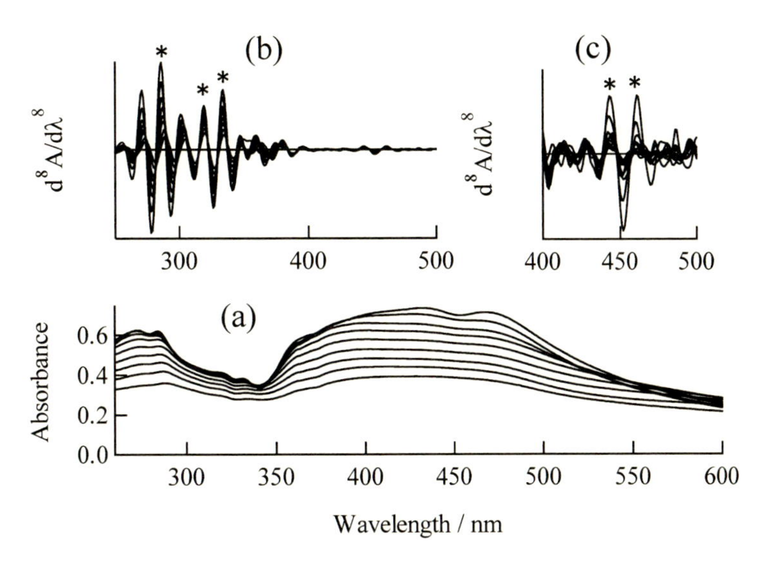

図8　DMAAzの微結晶水分散液に365 nm光を照射したときの（a）吸収スペクトル変化，ならびに，（bおよびc）8次微分スペクトル変化
*印は反応速度を評価するために用いる微分ピークを示す。日本化学会の許可を得て文献4）から転載

図8aはDMAAz微結晶の水分散液に365 nm光を照射したときの吸収スペクトル変化であり，それを微分変換した結果が図8bと図8cである。ここでは，ピーク分離が良好な8次微分を採用している。260 nmから500 nmまでの8次微分スペクトル変化では（図8b），400 nmまでの波長領域で振動準位遷移による鋭い微分ピークが顕在化し，およそ450 nmには微弱ながら2つのピークが認められる。この波長領域での縦軸を拡大したスペクトル変化が図8cである。

図8bおよび図8cで*印を付した微分ピークの減少は光異性化反応に基づくので，それぞれの8次微分値（D^8）を用いて一次反応プロットすると，図9に見るように，初期の非常に速い反応とそれに続くゆっくりとした反応から成り立っていることが明らかとなる。つまり，DMMAz結晶の光異性化反応は2つの反応過程から成り，それらはDMAAz結晶の最表面層とバルク相に対応するとして説明できる。関連する事実として，筆者らは分子結晶と疎水化シリカナノ粉体の乾式ミリング法で調製されるコア・シェル型ハイブリッド粉体では，数nm程度のシェル層としての分子結晶の融点はシェル層の厚みの逆数に比例して降下することを見いだしている[16)]。この挙動は金属ナノ粒子と同じ理論式に合う。DMMAzも同様な融点降下を示す[2)k)]。こうした融解挙動は，結晶最表面層の分子では結晶格子からの束縛が緩和されていることを強く示唆する。シングルnmの結晶構造はブラッグ反射の限界を越えることを考えると，UV-Vis高次微分解析はブラックボックスともいうべき結晶表面層への貴重なアプローチとなる。Az系単結晶で観察される光照射による表面グレーティング形成，単結晶の形状変化，結晶-液体相変化といった巨視的特性変化の理解に資するであろう。

つぎに，ヘキサトリエン誘導体である*ZEZ*-DPH1から*EEE*-DPH1への単結晶での片道光異

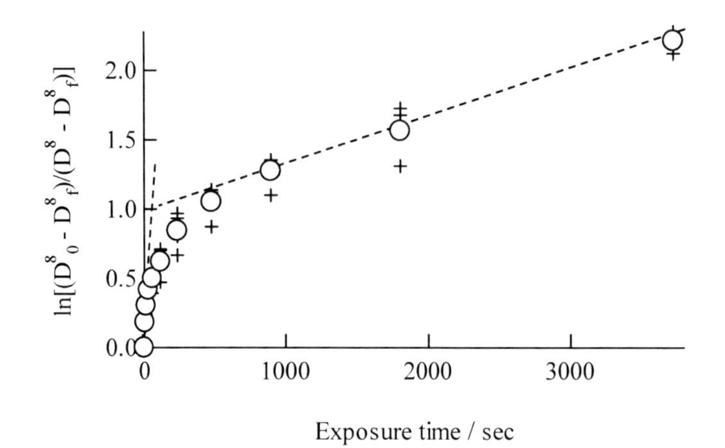

図9　286 nm，319 nm および 334 nm，ならびに，444 nm および 461 nm における
8 次微分値による DMAAz 結晶光異性化反応の一次反応プロット

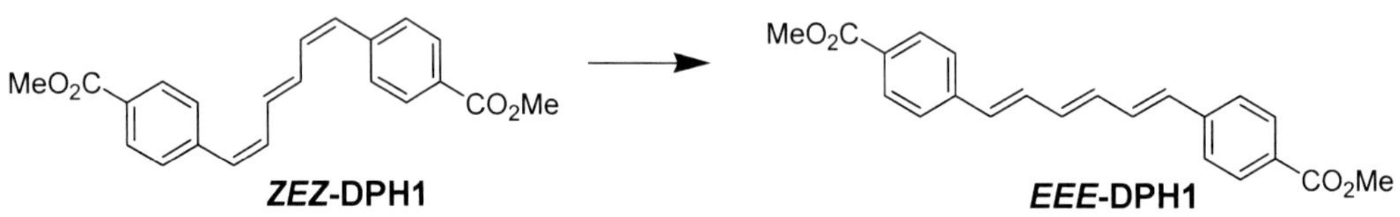

***ZEZ*-DPH1**　→　***EEE*-DPH1**

図10　*ZEZ*-DPH1 の結晶光異性化反応

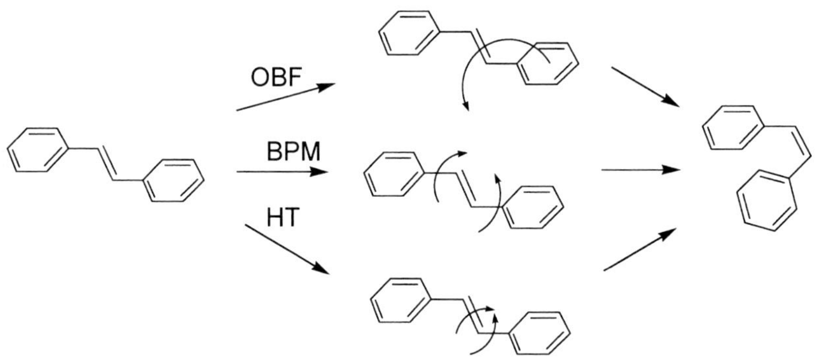

図11　C＝C 結合の光異性化反応メカニズム
（OBF：One-bond flip，BPM：Bicycle-pedal-motion，HT：Hula-twist）

性化反応を取り上げる（図 10）[17]。この固相光異性化反応の興味深い点は，大きな反応空間を要すると想定されるにもかかわらず，光反応が単結晶で完結する事実にある[18]。ところで，C＝C 結合の光異性化反応に関して，図 11 に示す 3 つの反応機構が提案されている。古典的な OBP 機構では反応空間が大きく，とくに，C＝C–C＝C や C＝C–C＝C–C＝C のような共役オレフィンの固相光異性化反応を説明できない。そこで，*cis*-レチナールの光異性化反応を説明するため

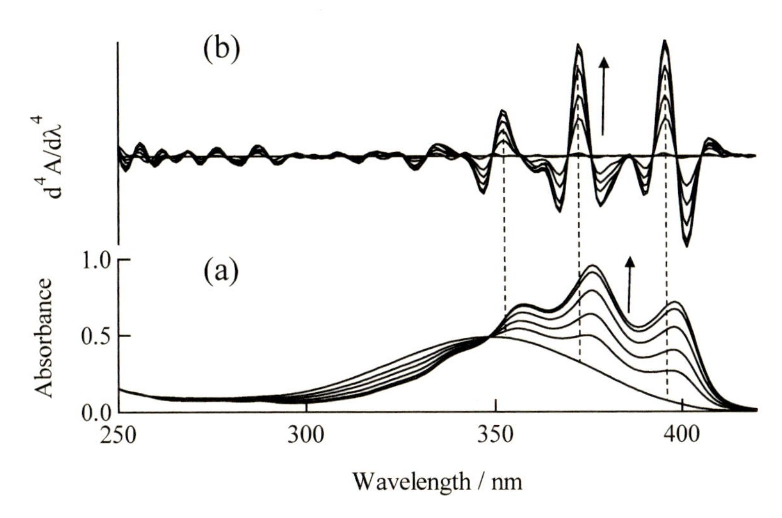

図12　*ZEZ*-DPH1 のヘキサン溶液に紫外線を照射したときの (a) 吸収，および，(b) 4次微分スペクトル変化
The Royal Society of Chemistry の許可を得て文献15) から転載

に提案されたのが自転車ペダルの動きを模した BPM 機構であり[19]，その後 HT 機構も提案された[20]。BPM 機構によれば *ZEZ* 体は *EEE* 体へ一挙に光異性化する一方で，HT 機構では *EEZ* 体を経て逐次的に光異性化することが想定される。したがって，*ZEZ*-DPH1 結晶での光異性化反応がいずれの機構によるかが焦点となる。

図 12a は DPH1 のヘキサン溶液に紫外線（＞365 nm）照射したときの吸収スペクトル変化であり，等吸収点が出現している。図 12b は 4 次微分スペクトル変化であり，多くの等微分点が認められることから，*ZEZ* 体は直接的に *EEE* 体へ光異性化し，BPM 機構にしたがうと結論される[18]。なお，図 12a に見るように，*EEE*-DPH1 の吸収スペクトルは顕著な微細構造を示し，4 次微分スペクトルには回転準位遷移の吸収帯が顕在化している。芳香族多環化合物のように，この共役トリエンは剛直な直鎖構造である点でとても興味深い。

つぎに，*ZEZ*-DPH1 の塩化メチレン溶液を溶融シリカ基板上に滴下する drop-cast 法[17]によって吸光度が 0.4 以下の微結晶薄膜層を調製し，紫外線を照射したときの吸収スペクトル変化を測定した。図 13a に見るように光反応性は確認できるが，ベースラインのずれが顕著なため，その変化からそれ以上の知見は得られない。図 13b は 4 次微分スペクトル変化である。多くのスペクトルが重なっているために分かりにくいが，等微分点が認められ，結晶光異性化反応も BPM 機構に沿って起こると判定される[17]。

図 13b からでは判別しにくいが，4 次微分スペクトルのピークは光照射により極大値を経て減少する。これらの D^4 値を露光時間に対してプロットすると，その増加速度が異なる 2 つの反応と D^4 値がゆっくり減衰する反応からなる 3 つのプロセスが示唆される。さらに，結晶薄膜の光照射に伴う XRD ピーク強度の変化から，サンプル薄膜は 2 種類の *ZEZ*-DPH1 結晶からなり，

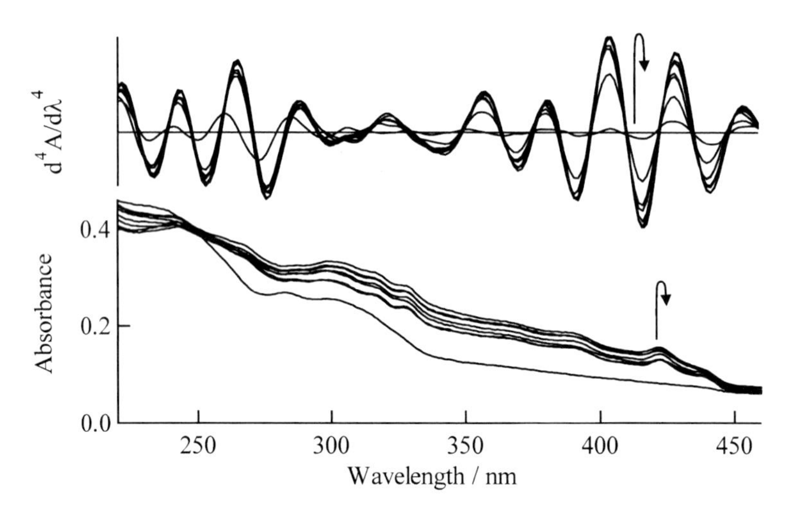

図13 *ZEZ*-DPH1の微結晶薄膜に紫外線を照射したときの（a）吸収，および，（b）4次微分スペクトル変化
The Royal Society of Chemistryの許可を得て文献15）から転載

それぞれが異なる反応速度で同一の結晶構造である*EEE*-体へ光異性化すること，その後のゆっくりとした反応は*EEE*-体の光酸化反応に対応することが結論される[17)]。

このように，UV-Vis高次微分スペクトルは分子結晶光化学の動力学的アプローチを可能とし，さらにX線構造解析やX線回折手法を組み合わせることが効果的となる。

6 これからの課題

UV-Vis吸収スペクトルでのノイズが高次微分変換によって大幅に増幅することに起因して，高次微分スペクトルは，分光光度計の光学系に由来するノイズ，スキャンスピードなどの異なる測定条件に起因する再現性欠如，などへの懸念が指摘されてきた。さらに，スムージング条件が人為的に選択されることもネガティブな評価の要因とされ，材料科学分野でUV-Vis微分スペクトルが活用されることはなかった。こうした懸念事項を払拭すべく，シミュレーションに基づくスムージング手順を提案した[2)d),2)m),3)]。さらに，6種類のUV-Vis分光光度計を用いて同一サンプルを測定し，その吸収スペクトルから得られる高次微分スペクトルが良好な再現性を示すことを確認した[2)e),4)]。本節での解析例はこうした検証結果に基づいている。

今後の課題は，この手法のScope and Limitationを明らかにすることである。たとえば，ジアリールエテン光閉環体は可視波長領域での吸収帯の半値幅が大きいために，高次微分スペクトル解析に適さない[2)i)]。この場合は開環体に着目すればよい。このように，他の光反応系での検討を積み重ねることが求められる。

文　　献

1) a)G. Talsky, L. Mayring and H. Kreuzer, *Angew. Chem., Int. Ed.*, **17**, 785 (1978)；b)C. B. Ojeda, F. S. Rojas, J. M. C. Pavon, *Talanta*, **42**, 1195 (1995)；c)S. Kuś, Z. Marczenko and N. Obarski, *Chem. Anal.* (Warsaw), **41**, 899 (1996)；d)J. Karpińska, *Talenta*, **64**, 801 (2004)；e) 北村, 薬学雑誌, **127**, 1621 (2007)；f)F. S. Rojas, C. B. Ojeda, *Anal. Chim. Acta*, **635**, 22 (2009)
2) a) 市村, ファインケミカル, **46** (11), 49 (2017)；b) 同誌, **46** (12), 52 (2017)；c) 同誌, **47** (1), 58 (2018)；d) 同誌, **47** (2), 66 (2018)；e) 同誌, **47** (3), 69 (2018)；f) 同誌, **47** (4), 46 (2018)；g) 同誌, **47** (5), 50 (2018)；h) 同誌, **47** (6), 68 (2018)；i) 同誌, **47** (7), 65 (2018)；j) 同誌, **47** (8), 43 (2018)；k) 同誌, **47** (9), 42 (2018)；l) 同誌, **47** (10), 68 (2018)；m) 同誌, **47** (11), 43 (2018)
3) K. Ichimura, *Bull. Chem. Soc. Jpn.*, **89**, 549 (2016)
4) K. Ichimura, *Bull. Chem. Soc. Jpn.*, **90**, 411 (2017)
5) K. Ichimura, *Chem. Lett.*, **47**, 1247 (2018)
6) a)G. D. Christian, P. H. Dasgupta and H. A. Schug, "*Analytical Chemistry, 7th ed.*," Wiley, New York, 2013, pp.528-529；b) 今任・角田監訳, 「クリスチャン分析化学II. 原書7版　機器分析編」, 丸善出版 (2017), pp.53-54
7) a)M. Han, S. Morino and K. Ichimura, *Macromolecules*, **33**, 6360 (2000)；b)M. Han and K. Ichimura, *Macromolecules*, **34**, 90 (2001)；c)M. Han and K. Ichimura, *Macromolecules*, **34**, 82 (2001)
8) K. Ichimura and S. Nagano, *RSC Adv.*, **4**, 52379 (2014)
9) H. Menzel, B. Weichart, A. Schmidt, S. Paul, W. Knolls, J. Stumpe and T. Fischer, *Langmuir*, **10**, 1926 (1994)
10) X. Tong, L. Cui and Y. Zhao, *Macromolecules*, **37**, 3101 (2004)
11) K. Ichimura, *J. Mater. Chem. C*, **2**, 641 (2014)
12) K. Ichimura, S. Watanabe, *J. Polym. Sci. Part A：Polym. Chem.*, **20**, 1419 (1982)
13) K. Ichimura, S. Iwata, S. Mochizuki, M. Ohmi, D. Adachi, *J. Polym. Sci. Part A：Polym. Chem.*, **50**, 4094 (2012)
14) K. Ichimura, *Phys. Chem. Chem. Phys.*, **17**, 2722 (2015)
15) K. Ichimura, *Bull. Chem. Soc. Jpn.*, **89**, 1072 (2016)
16) K. Ichimura, K. Aoki, H. Akiyama, S. Horiuchi and S. Horie, *J. Mater. Chem.*, **20**, 4784 (2010)
17) Y. Sonoda, M. Goto and K. Ichimura, *Photochem. Photobiol. Sci.*, **17**, 271 (2018)
18) Y. Sonoda, Y. Kawanishi, S. Tsuzuki and M. Goto, *J. Org. Chem.*, **70**, 9755 (2005)
19) A. Warshel, *Nature*, **260**, 679 (1976)
20) R. S. H. Liu, *Acc. Chem. Res.*, **34**, 555 (2001)

第１章　光スイッチ機能をもつ蛍光分子の設計と合成

森本正和[*1]，入江正浩[*2]

1　光スイッチ型蛍光分子とそれを用いた超解像蛍光イメージング

蛍光は，少量の分子を高感度に検出するのに有効であり，光学的検出技術の著しい進歩により単一の分子でさえも検出することが可能になっている。これまでに数多くの蛍光分子が合成され，微量分析やバイオイメージングなど，材料科学から生命科学にわたる様々な分野で利用されてきた。非蛍光状態（off 状態）と蛍光状態（on 状態）との間で切りかえが可能な「光スイッチ機能」が蛍光分子に備わったとき，その応用範囲はさらに拡がる。光スイッチ型蛍光分子は，光により異性化反応を示すフォトクロミック分子と蛍光発色団とを共有結合で連結することで構築できる。例えば，ジアリールエテンフォトクロミック分子とビス（フェニルエチニル）アントラセンとを連結した分子（図 1a）は，開環体の状態では蛍光を示すが，紫外光の照射により閉環体へと異性化すると，アントラセン部位からジアリールエテン閉環体部位への励起エネルギー移動により蛍光が消光される[1)]。このように，on 状態から off 状態へと切りかわる turn-off 型蛍光スイッチングを示す分子は，単一分子光メモリなどへの応用が期待される。

近年の蛍光顕微鏡技術の進歩は，その空間分解能を大きく向上させた。従来の光学顕微鏡の空

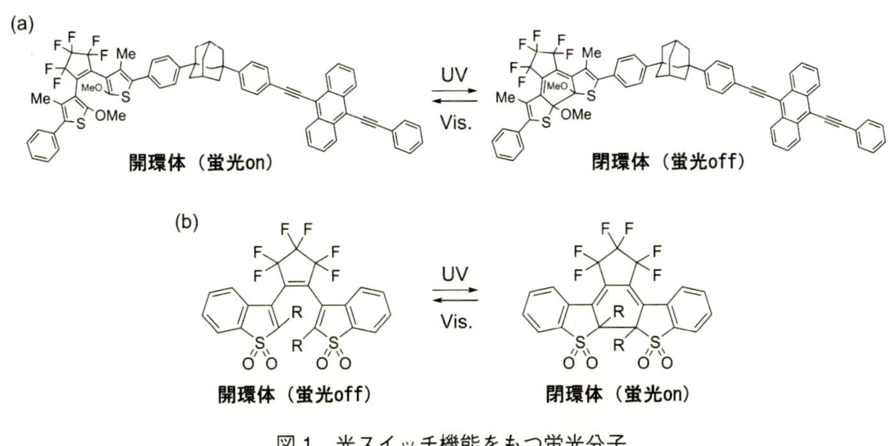

図１　光スイッチ機能をもつ蛍光分子
（a）turn-off 型，（b）turn-on 型

＊1　Masakazu Morimoto　立教大学　理学部化学科　教授
＊2　Masahiro Irie　立教大学　未来分子研究センター　副センター長

間分解能は，光の回折限界のために，用いる光の波長の半分程度に制限されている。しかし，暗状態と蛍光状態との切りかえが可能な光スイッチ機能を有する蛍光プローブ分子を用いることで，回折限界を超える高い空間分解能でのイメージングが可能となった。この超解像蛍光顕微鏡は，従来の光学顕微鏡では到達できなかった細胞内小器官などの微細構造の観測を可能とし，バイオイメージングにおいて革命をもたらした。超解像蛍光顕微鏡の開発に貢献したMoerner, Betzig, Hellは2014年ノーベル化学賞を受賞している。超解像蛍光顕微鏡は，主にはcoordinate-targeted methodとcoordinate-stochastic methodの二つに分類される。前者にはSTED（stimulated emission depression）顕微鏡[2]やRESOLFT（reversible saturable（switchable）optical linear fluorescence transition）顕微鏡[3]があり，後者にはPALM（photoactivated localization microscopy）[4]やSTORM（stochastic optical reconstruction microscopy）[5]がある。PALM/STORMでは，単一の蛍光プローブ分子の位置を重心解析により決め，その後光スイッチ機能により消光させることを繰り返し行うことにより，位置決めされた蛍光分子からなる画像を得て，それらの画像を積算することで超解像蛍光イメージを構築している。

可逆的に光スイッチ可能な蛍光分子は，RESOLFT顕微鏡およびPALM/STORMの両方に応用することができる。しかし，上述のturn-off型蛍光スイッチ分子は，多くの場合，その蛍光消光が不完全であるため，単一蛍光分子の検出を可能とする暗いバックグラウンドが必要なPALM/STORMへの応用は限定的である。超解像蛍光顕微鏡には，光照射により効率的かつ瞬間的に蛍光活性化されるturn-on型蛍光スイッチ分子の開発が必要である。

Turn-on型蛍光スイッチ分子として，ジアリールエテンフォトクロミック分子の一種である1,2-bis(2-alkyl-1-benzothiophen-3-yl)perfluorocyclopenteneのスルホン誘導体が見出されている（図1b）[6]。この分子は，閉環体が蛍光を示すという特性をもち，紫外光の照射により可視域に吸収をもつ閉環体が生成すると，可視光励起により蛍光を示すようになる。本項では，turn-on型蛍光スイッチングを示すジアリールエテンスルホン誘導体について，超解像蛍光顕微鏡への応用の要件を満たすための光応答特性の制御，およびこれらの誘導体の超解像バイオイメージングへの応用について解説する。

2　スルホン化ベンゾチオフェンを有する蛍光性ジアリールエテン誘導体

ジアリールエテンは，光の照射により開環体と閉環体の間で異性化することで可逆的に色変化するフォトクロミック分子である[7]。図2に示す1,2-bis(2-methyl-1-benzothiophen-3-yl) perfluorocyclopentene（**1**）は，熱的に不可逆な光異性化反応を示し，また繰り返し耐久性に優れている[8]。無色の開環体**1a**の溶液に紫外光を照射すると閉環体**1b**が生成し，溶液は赤色に着色する。赤色の溶液に450 nm以上の可視光を照射すると，**1b**が**1a**に戻り，溶液はもとの無色に戻る。**1a**および**1b**はいずれも微弱ながらも蛍光を示すことが知られている。**1a**および**1b**の蛍光量子収率はそれぞれ0.012および～0.0001と報告されている[9,10]。

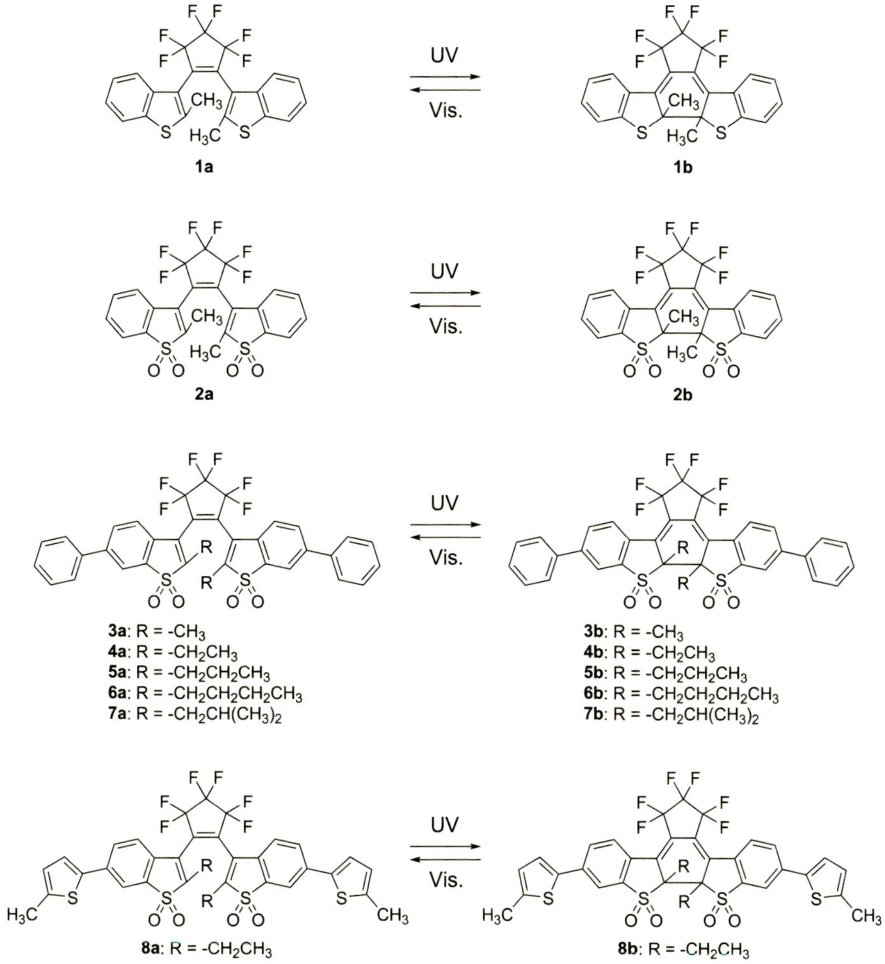

UV / Vis.

1a ⇄ 1b

2a ⇄ 2b

3a: R = $-CH_3$　3b: R = $-CH_3$
4a: R = $-CH_2CH_3$　4b: R = $-CH_2CH_3$
5a: R = $-CH_2CH_2CH_3$　5b: R = $-CH_2CH_2CH_3$
6a: R = $-CH_2CH_2CH_2CH_3$　6b: R = $-CH_2CH_2CH_2CH_3$
7a: R = $-CH_2CH(CH_3)_2$　7b: R = $-CH_2CH(CH_3)_2$

8a: R = $-CH_2CH_3$　8b: R = $-CH_2CH_3$

図2　ジアリールエテン 1-8

ジアリールエテン **1** のベンゾチオフェン環の硫黄原子（-S-）を酸化し，スルホン（$-SO_2-$）へと変換することで蛍光特性が改善する[11]。スルホン化ベンゾチオフェンを有するジアリールエテン開環体 **2a**（図2）は無色であるが，紫外光の照射により生成する閉環体 **2b** は可視域に吸収をもち，淡黄色を示す。**2b** は **1b** と比較して大きく短波長シフトしている。また，**2b** は 400 nm 光励起により青緑色の蛍光を示す。**2a** および **2b** の蛍光量子収率はそれぞれ 0.025 および 0.011 であり，**1a**，**1b** よりも高い値を示した。

1 およびそのスルホン化誘導体である **2** はいずれも turn-on 型蛍光スイッチングを示すが，それらの蛍光量子収率は低く，このままでは超解像蛍光顕微鏡へ応用することは困難である。実際に応用するためには，①モル吸収係数の増大，②吸収スペクトルおよび蛍光スペクトルの長波長シフト，③蛍光量子収率の増大が必須である。**2** のベンゾチオフェン環の 2 および 2' 位に直鎖も

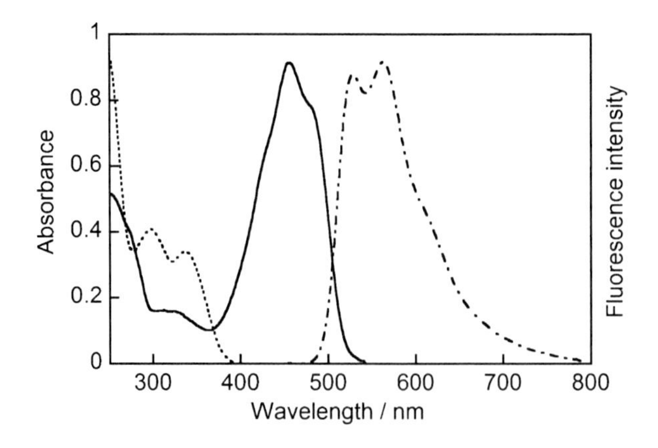

図３　ジアリールエテン４の 1,4-ジオキサン中での吸収・蛍光スペクトル（2.0×10^{-5} M）
点線：開環体 **4a** の吸収スペクトル，実線：閉環体 **4b** の吸収スペクトル，
破線：閉環体 **4b** の蛍光スペクトル

表１　ジアリールエテン 2-8 の光化学的・光物理的特性（2 については酢酸エチル中，3-8 については 1,4-ジオキサン中での値）
λ_{max}：吸収極大波長，ε：モル吸光係数，Φ_{oc}：閉環反応量子収率，Φ_{co}：開環反応量子収率，
Φ_f：蛍光量子収率

	開環体，a		閉環体，b		
	λ_{max}/nm ($\varepsilon/10^4$ M^{-1} cm^{-1})	Φ_{oc}	λ_{max}/nm ($\varepsilon/10^4$ M^{-1} cm^{-1})	Φ_{co}	Φ_f
2	276（0.37），308（0.41）	0.22 [a]	398（2.10）	0.061 [d]	0.011
3	296（1.8），335（1.4）	0.61 [b, c]	443（5.1）	1.2×10^{-3} [e]	0.64
4	298（1.9），336（1.5）	0.62 [b, c]	456（4.6）	5.9×10^{-4} [e]	0.87
5	297（2.0），336（1.6）	0.58 [c]	456（4.5）	9.0×10^{-4} [e]	0.89
6	298（2.0），336（1.6）	0.56 [c]	456（4.5）	1.2×10^{-3} [e]	0.85
7	300（1.9），336（1.5）	0.53 [b]	460（4.2）	1.0×10^{-2} [e]	0.80
8	330（2.4），374（2.5）	0.23 [c]	506（5.8）	$< 1.0\times10^{-5}$ [e, f]	0.78

[a] 312 nm 光照射下，[b] 313 nm 光照射下，[c] 330 nm 光照射下，[d] 398 nm 光照射下，[e] 450 nm 光照射下，
[f] 488 nm 光照射下

しくは枝分かれのアルキル基を導入し，さらに 6 および 6' 位にフェニル基を導入することにより，これらの要件を満たす光スイッチ機能分子の合成に成功した[6, 12, 13)]。表１に，合成した化合物の光化学的・光物理的特性を示す。また図３には，2 および 2' 位にエチル基を有する **4** の吸収スペクトルと蛍光スペクトルを示す。開環体 **4a** は可視域に吸収帯をもたず，溶液は無色であるが，紫外光の照射により可視域に吸収帯をもつ閉環体 **4b** が生成し，溶液は黄色に変化する。**4b** の吸収極大波長は 456 nm であり，**2b** のそれと比較して大きく長波長シフトしており，閉環体のモル吸収係数（ε）も 2.2 倍大きい。**4b** は緑色の蛍光を示す。また，蛍光量子収率も著しく増大した。2 および 2' 位にノルマルプロピル基，6 および 6' 位にフェニル基を有する閉環体 **5b** の蛍光量子収率は 0.89 であり，**2b** の蛍光量子収率（0.011）の約 80 倍にもなっている。表１から分

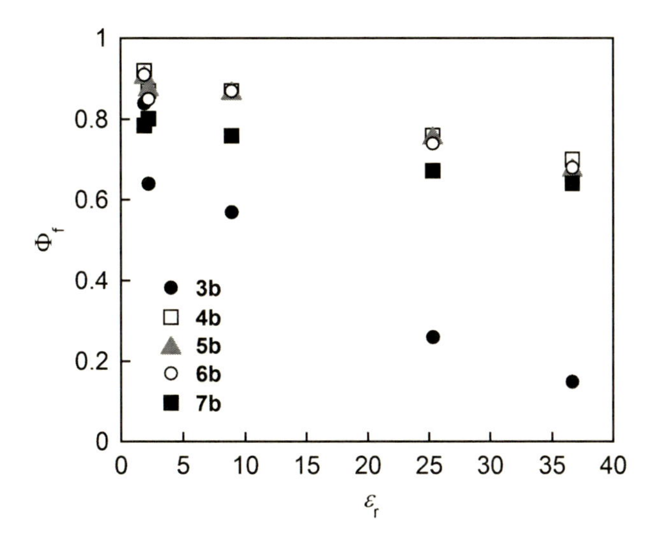

図4　閉環体 3b-7b の蛍光量子収率（Φ_f）と溶媒の比誘電率（ε_r）との関係
ε_r＝1.89（ヘキサン），2.22（1,4-ジオキサン），8.93（ジクロロメタン），
25.3（エタノール），36.64（アセトニトリル）

かるように，開環体 **3a-7a** の吸収極大波長は類似しているが，閉環体の吸収極大波長は，2および2′位の置換基をメチル（**3b**）からエチル（**4b**），ノルマルプロピル（**5b**），ノルマルブチル（**6b**），もしくはイソブチル（**7b**）に変えると，有意に長波長シフトしている。このことから，2および2′位のアルキル置換基が閉環体の電子構造に影響を与えていることが示唆される。

バイオイメージングへ応用するためには，高極性溶媒中においても優れた蛍光特性を示すことが求められる。図4には，閉環体 **3b-7b** の蛍光量子収率（Φ_f）と溶媒の比誘電率（ε_r）との関係を示した[13]。メチル基を有する **3b** の蛍光量子収率は，溶媒の極性が高くなると著しく減少する。これとは対照的に，エチル基，ノルマルプロピル基，ノルマルブチル基，およびイソブチル基を有する **4b-7b** の蛍光量子収率は高極性溶媒中においてもそれほど減少しない。高極性のアセトニトリル（ε_r＝36.63）中において，メチル基を有する **3b** の蛍光量子収率は 0.15 であるのに対して，エチル基を有する **4b** の蛍光量子収率は 0.70 である。置換基による蛍光特性の違いは，以下のように説明することができる。メチル基を有する **3b** では，高極性溶媒中においてスルホン部位と極性溶媒分子との間の分子間相互作用により無放射失活過程が加速されるため，蛍光量子収率は著しく減少する。しかし，2および2′位にかさ高いアルキル置換基が導入されると，スルホン部分が極性溶媒分子の接触から保護され，無放射失活過程が抑制される。このため，かさ高いアルキル置換基を有する **4b-7b** では，高極性溶媒中においても比較的高い蛍光量子収率が維持されたと考えられる。

図5には，ベンゾチオフェンの2および2′位にエチル基を，6および6′位にメチルチエニル基を有する誘導体 **8** の吸収スペクトルと蛍光スペクトルを示している[12]。閉環体 **8b** の吸収極大

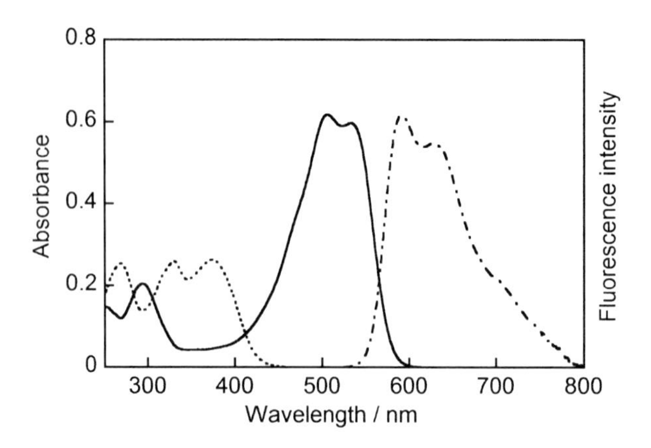

図5　ジアリールエテン8の1,4-ジオキサン中での吸収・蛍光スペクトル（1.0×10^{-5} M）
点線：開環体**8a**の吸収スペクトル，実線：閉環体**8b**の吸収スペクトル，
破線：閉環体**8b**の蛍光スペクトル

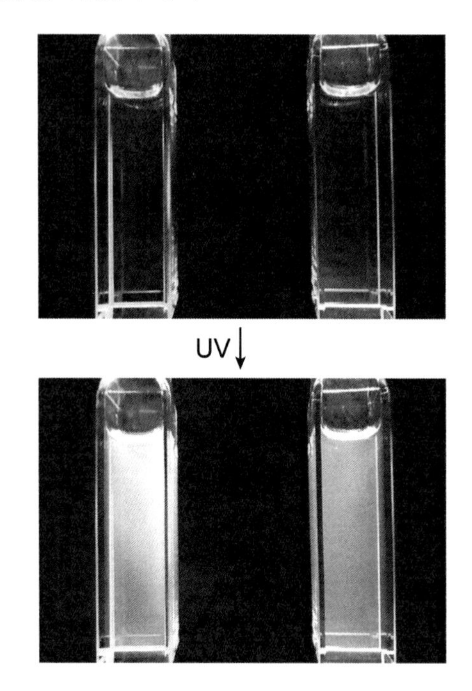

図6　ジアリールエテン4（左，488 nm光励起下）および8（右，532 nm光励起下）の
紫外光照射による蛍光変化（1,4-ジオキサン溶液）

波長は506 nmであり（表1），フェニル置換誘導体**4b**よりも長波長である。**8b**は532 nm光励起により橙色の蛍光を示し，1,4-ジオキサン中での蛍光量子収率は0.78である。**8b**は熱的および光化学的に安定であり，可視光の照射によって開環体へはほとんど戻らず，開環反応量子収率は10^{-5}未満である。

図6に，ジアリールエテン**4**および**8**の蛍光スイッチングの写真を示す。開環体**4a**および**8a**

はそれぞれ 488 nm 光および 532 nm 光の照射下で蛍光を示さないが，365 nm の紫外光を照射すると蛍光性の閉環体 **4b** および **8b** が生成し，緑色および橙色の蛍光発光が瞬時に現れる。

3　開環反応量子収率の制御

超解像蛍光顕微鏡においては蛍光プローブ分子の光スイッチ機能を利用するため，分子の光反応量子収率を制御することが重要である。例えば，ジアリールエテン **4** の switch on の操作に関わる閉環反応量子収率は 0.62 と大きいが，switch off の操作に関わる開環反応量子収率は 5.9×10^{-4} とかなり小さい（表1）。このような小さな開環反応量子収率は PALM/STORM に適している。一方，RESOLFT においては，開環反応量子収率が 10^{-3}〜10^{-2} であることが望ましい[14]。異なる原理に基づく超解像蛍光顕微鏡に対応するためには，適切な化学修飾を施すことにより開環反応量子収率を制御する必要がある。

開環反応量子収率を制御するためのアプローチとして，ベンゾチオフェンの 6 および 6′ 位の化学修飾が挙げられる（図7）。6 および 6′ 位に置換基をもたない **9b** の開環反応量子収率は 0.18 であるのに対して，6 および 6′ 位に π 共役性のフェニル基を有する **4b** の開環反応量子収率は 5.9×10^{-4} である（表1，2）。このことは，閉環体の π 共役長を変化させることによって開環反応量子収率を制御できることを示している。例えば，酸化されたベンゾチオフェンとその 6 および 6′ 位のフェニル基との二面角を大きくすることで分子の平面性を低下させ，π 共役長を制限すれば開環反応量子収率は増大すると考えられる。表1,2 に示すように，**4b** の吸収極大波長は 456 nm であるが，6 および 6′ 位フェニル基のオルト位にフルオロ基を有する **10b**，メチル基を一つある

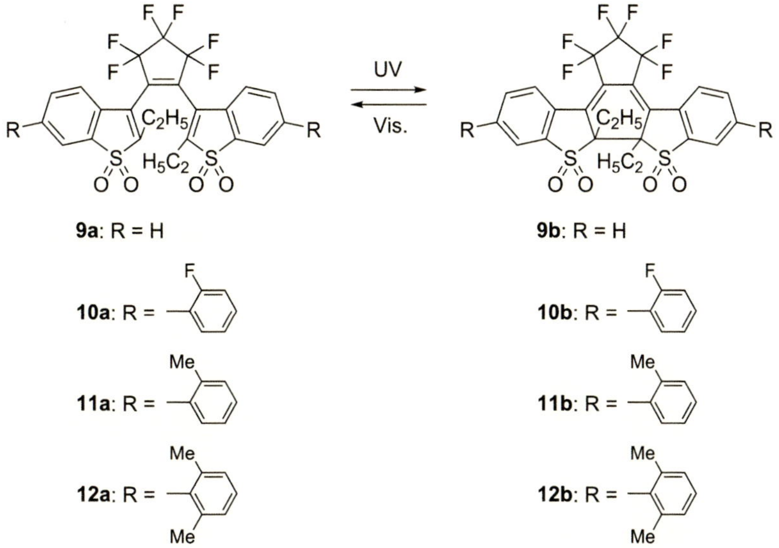

9a: R = H　**9b**: R = H
10a: R = 2-フルオロフェニル　**10b**: R = 2-フルオロフェニル
11a: R = 2-メチルフェニル　**11b**: R = 2-メチルフェニル
12a: R = 2,6-ジメチルフェニル　**12b**: R = 2,6-ジメチルフェニル

図7　ジアリールエテン 9-12

表2　ジアリールエテン 9-12 の 1,4-ジオキサン中での光化学的・光物理的特性
λ_{max}：吸収極大波長，ε：モル吸光係数，Φ_{oc}：閉環反応量子収率，Φ_{co}：開環反応量子収率，
Φ_f：蛍光量子収率

	開環体，a		閉環体，b		
	λ_{max}/nm (ε/10^4 $M^{-1}cm^{-1}$)	Φ_{oc}	λ_{max}/nm (ε/10^4 $M^{-1}cm^{-1}$)	Φ_{co}	Φ_f
9	275 (0.52), 310 (0.52)	0.28[a]	414 (1.8)	0.18[c]	0.22
10	293 (1.7), 328 (1.4)	0.58[b]	445 (4.2)	2.8×10^{-3} [d]	0.79
11	289 (1.2), 326 (1.0)	0.63[b]	441 (3.7)	3.2×10^{-3} [d]	0.84
12	285 (0.97), 320 (0.82)	0.59[b]	430 (3.5)	1.8×10^{-2} [d]	0.79

[a] 313 nm 光照射下，[b] 330 nm 光照射下，[c] 405 nm 光照射下，[d] 450 nm 光照射下

いは二つ有する **11b** および **12b** の吸収極大波長はそれぞれ 445 nm，441 nm，430 nm と短波長シフトしている[15)]。これは，**10b-12b** ではオルト位のフルオロ基もしくはメチル基の立体障害により，ベンゾチオフェンとフェニル基との二面角が大きくなり，閉環体分子の π 共役長が制限されたためである。実際に，X 線結晶構造解析によれば，ベンゾチオフェンとフェニル基との二面角は，**4b** では 30.2° であるのに対して，**10b**，**11b**，**12b** ではそれぞれ 35.9°，60.1°，および 65.7° と大きくなっている。このような分子の平面性の低下およびそれに伴う π 共役長の制限は開環反応量子収率にも影響をおよぼす。**4b** の開環反応量子収率は 5.9×10^{-4} であるのに対して，**10b**，**11b**，**12b** の開環反応量子収率はそれぞれ 2.8×10^{-3}，3.2×10^{-3}，1.8×10^{-2} と増大する。**4b** に対して，ジメチル置換体である **12b** では開環反応量子収率に約 30 倍の増大がみられる。その一方で，ジアリールエテン **4** と **10-12** との間で，閉環反応量子収率や閉環体の蛍光量子収率にはそれほど大きな変化はない。

開環反応量子収率を増大させる別の方法は，ベンゾチオフェンの 2 および 2' 位すなわち反応点の炭素原子にイソブチル基を導入することである[6,16)]。反応点にイソブチル基を有する **7b** の開環反応量子収率は 1.0×10^{-2} であり，エチル基を有する **4b**（開環反応量子収率 5.9×10^{-4}）よりも約 17 倍大きい（表 1）。

このように，オルト置換基をもつフェニル基の導入，あるいは反応点へのイソブチル基の導入は，開環反応量子収率を 10^{-3}～10^{-2} にまで増大させるのに有効であり，RESOLFT 顕微鏡への適用の可能性を拡げた。

4　超解像バイオイメージングへの応用

上述のように，ビスベンゾチエニルエテンのスルホン誘導体は turn-on 型蛍光スイッチングを示し，適切な化学修飾を施すことで超解像蛍光顕微鏡への適用要件を満たす性能を示す。バイオイメージングへ応用するためには，プローブ分子の水溶性とタンパク質への結合能が不可欠である。これらを満足する分子として，八つのカルボキシル基を有するジアリールエテン **13** が合成

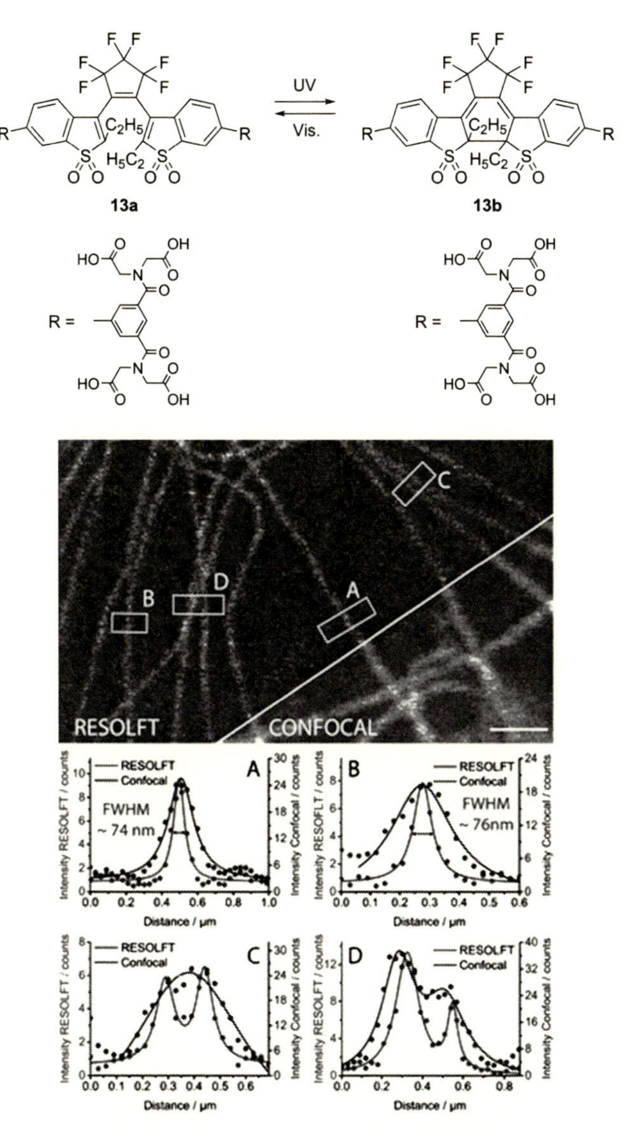

図8　ジアリールエテン13を蛍光プローブとして用いたVero細胞のRESOLFT超解像画像（スケールバーは1 μm），および画像中A～Dにおけるラインプロファイル

された（図8）[17]。この分子は，pH>5の条件下で良好な水溶性を示し，水中で凝集しない。**13b**の開環反応量子収率は$2.0\times10^{-3}\pm3\times10^{-4}$であり，RESOLFT顕微鏡に適している。**13**の八つのカルボキシルのうちの一つを*N*-ヒドロキシスクシンイミドエステルに変換することで，タンパク質と結合させることができる。**13**でラベルした二次抗体を用いることによる，Vero細胞のRESOLFT超解像画像を図8に示す。このRESOLFT超解像イメージングにおける光照射シーケンスは以下の通りである。まず，開環体**13a**に対して355 nmビームを照射することで閉環体**13b**を生成させ，蛍光on状態とし，そのあと中心の光強度がゼロのドーナツ型488 nmビーム

により開環反応を誘起し，周辺部分を蛍光 off 状態に切りかえ，中心部分に微小な蛍光スポットを形成させる。中心部分に残った蛍光 on 領域をガウス形状の 488 nm ビームでプローブする。この手法により，74 nm の半値全幅（full width at half minimum；FWHM）で Vero 細胞の α-チューブリンの繊維状構造を可視化することに成功した。

一方，PALM や STORM などの超解像蛍光顕微鏡では，その分解能が単一分子蛍光の局在化の精度に依存するため，10^{-4} 以下の低い開環反応量子収率が必要となる。ベンゾチオフェンの 6 および 6′ 位フェニル基にメトキシ基および八つのカルボキシル基を有するジアリールエテン **14** を用いて，STORM によるバイオイメージングを検討した（図 9）[18]。メトキシ基を有する **14b** の開環反応量子収率は 1.8×10^{-4} であり，先の **13b** のそれよりも小さく，STORM に適している。図 9 に，**14** を蛍光プローブ分子として用いた STORM による Vero 細胞の超解像蛍光画像を示す。興味深いことに，紫外光レーザーを用いず，488 nm レーザーを照射し続けるだけで，**14** の

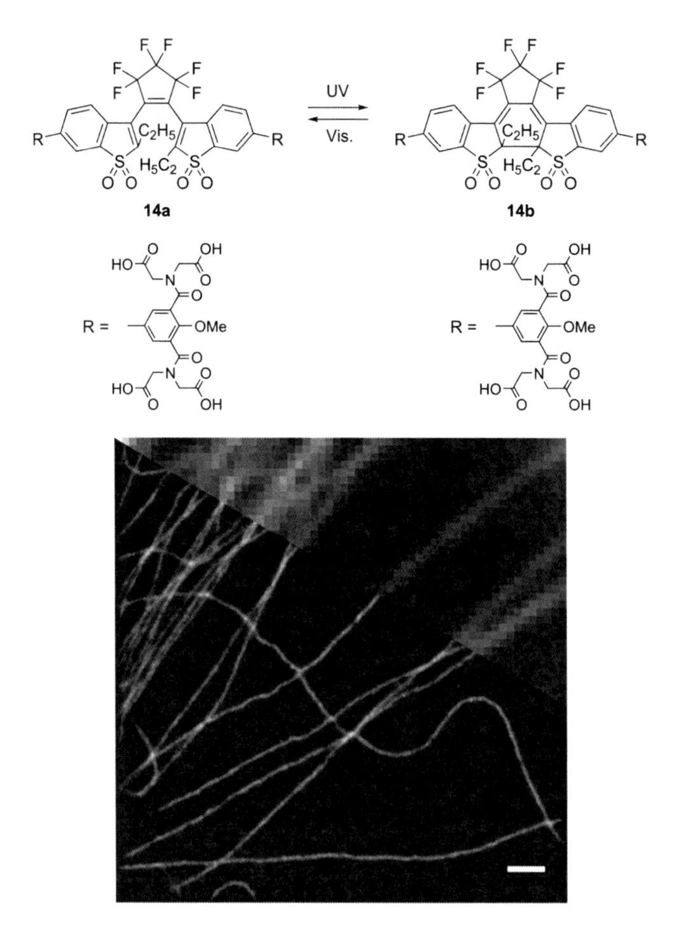

図 9　ジアリールエテン 14 を蛍光プローブとして用いた Vero 細胞の STORM 超解像画像（スケールバーは 1 μm）

蛍光の活性化と不活性化が連続的に起こり，単一分子蛍光スポットの局在化および画像積算を行うことでα-チューブリンの微細構造を観測することが可能となった。488 nm 光による蛍光スイッチングは，開環体の紫外域の0-0遷移吸収帯よりも長波長の可視域に存在する弱い吸収帯（hot bands）における光励起により閉環反応が進行するためと考えられている[19, 20]。生体試料を損傷しうる紫外光は用いず，単一波長の可視光のみを使用するこの画像化技術は，バイオイメージングにおいてきわめて有効な手法と考えられる。

5　まとめと今後の展望

スルホン化ベンゾチオフェンを有するジアリールエテンは，光照射によりoff状態からon状態へと変化するturn-on型蛍光スイッチングを示し，適切な化学修飾を施すことによりその光応答機能を合理的に設計し，制御することができる。また，水溶性とタンパク質への結合能を有する分子を用いることで，RESOLFT顕微鏡あるいはSTORMによる超解像バイオイメージングが可能であることが実証された。このような蛍光性ジアリールエテンを用いる超解像蛍光イメージングは，生体系のみならず材料系にも応用可能である。例えば，ジアリールエテンを用いたPALMによる，両親媒性ブロック共重合体のナノ構造の超解像蛍光イメージングが報告されている[21〜23]。

超解像蛍光顕微鏡の技術は現在進歩を続けている。2017年にHellらは，MINFLUX（minimal emission fluxes）という新しい超解像蛍光イメージング法を提案しており，この方法ではわずか1 nmだけ離れた個々の分子を区別して可視化することができる[24]。蛍光性ジアリールエテンはMINFLUX顕微鏡にも応用できる可能性がある。革新的な顕微鏡法の開発とともに，それに適用可能なプローブ分子を合成することにより，この分野は一層発展し，生体系や材料系における未知の構造や機能の発見と理解に貢献するものと期待される。

文　　献

1）M. Irie *et al., Nature,* **420**, 759 (2002)
2）S. W. Hell, J. Wichmann, *Opt. Lett.,* **19**, 780 (1994)
3）S. W. Hell *et al., Appl. Phys. A,* **77**, 859 (2003)
4）E. Betzig *et al., Science,* **313**, 1642 (2006)
5）M. J. Rust *et al., Nat. Methods,* **3**, 793 (2006)
6）M. Irie, M. Morimoto, *Bull. Chem. Soc. Jpn.,* **91**, 237 (2018)
7）M. Irie *et al., Chem. Rev.,* **114**, 12174 (2014)
8）M. Hanazawa *et al., J. Chem. Soc., Chem. Commun.,* 206 (1992)

9) Y. -C. Jeong *et al., Tetrahedron*, **62**, 5855 (2006)
10) S. Shim *et al., J. Phys. Chem. A*, **107**, 8106 (2003)
11) Y. -C. Jeong *et al., Chem. Commun.*, 2503 (2005)
12) K. Uno *et al., J. Am. Chem. Soc.*, **133**, 13558 (2011)
13) Y. Takagi *et al., Photochem. Photobiol. Sci.*, **11**, 1661 (2012)
14) P. Dedecker *et al., J. Am. Chem. Soc.*, **129**, 16132 (2007)
15) Y. Takagi *et al., Tetrahedron*, **73**, 4918 (2017)
16) M. Morimoto *et al., Materials*, **10**, 1021 (2017)
17) B. Roubinet *et al., Angew. Chem. Int. Ed.*, **55**, 15429 (2016)
18) B. Roubinet *et al., J. Am. Chem. Soc.*, **139**, 6611 (2017)
19) Y. Arai *et al., Chem. Commun.*, **53**, 4066 (2017)
20) R. Kashihara *et al., J. Am. Chem. Soc.*, **139**, 16498 (2017)
21) O. Nevskyi *et al., Angew. Chem. Int. Ed.*, **55**, 12698 (2016)
22) O. Nevskyi *et al., Small*, **14**, 1703333 (2017)
23) Z. Qiang *et al., ACS Macro Lett.*, **7**, 1432 (2018)
24) F. Balzarotti *et al., Science*, **355**, 606 (2017)

第2章　高速フォトクロミック分子を基盤とする高次複合光応答

武藤克也[*1]，阿部二朗[*2]

1　はじめに

光と分子の相互作用によって可逆的に色が変化する現象はフォトクロミズムとして知られている。フォトクロミック分子は，光吸収により電子環状反応やシス―トランス異性化，結合解離反応を起こし，電子状態の異なる異性体へと変化する。生成した異性体は，異なる波長の光照射または熱により元の異性体へと戻る。アゾベンゼンやジアリールエテン，スピロピランなど，これまでに広く用いられているフォトクロミック分子は，二状態の双安定性を利用した調光材料や光記録材料，フォトメカニカル現象などの材料科学分野のみならず，薬効制御や膜電位制御，薬物送達システム，オプトジェネティクスなどの生命科学分野でも幅広く活用されてきた[1~5]。一方で，網膜中のロドプシン内に存在するフォトクロミック分子であるレチナールは，光吸収によるシス―トランス異性化反応に伴う構造変化により周囲のオプシンタンパク質の立体構造を変化させることで光情報伝達の開始役を担っている。光照射によるレチナールの構造異性化サイクルは数ミリ秒以内に完結することが特徴であり，その結果，ヒトの目は数十ミリ秒程度の速い現象に追随することが可能となる。しかし，これまでに開発されてきた多くの人工フォトクロミック分子の中では，ミリ秒以下の速度で繰り返しスイッチ可能な高速フォトクロミック分子の報告は数少なく[6~9]，生体機能や材料機能の高速光スイッチはあまり注目されてこなかった。われわれはこれまでに，ラジカル解離型フォトクロミック分子であるヘキサアリールビイミダゾール(HABI)[10,11]を基に，二分子のイミダゾリルラジカルを架橋し，媒体中における散逸を抑制することで高速な熱戻り反応を示す架橋型イミダゾール二量体（PC-ImD，PABI）を開発してきた(図1)[12~16]。架橋型イミダゾール二量体に紫外光を照射するとC-N結合が解離し，着色体としてビラジカルを生成する。ビラジカルの再結合速度は，マイクロ秒からミリ秒オーダーにかけて調節可能であり，架橋型イミダゾール二量体の高速フォトクロミズムは実時間ホログラム材料や高速蛍光スイッチなどへの応用が可能である[17~21]。さらに，イミダゾリルラジカルとフェノキシルラジカルを架橋したフェノキシルイミダゾリルラジカル複合体（PIC）は，合成が簡便であることに加え，フォトクロミズムに伴いヘテロラジカル対を生成する最初の例である[22,23]。PICに適切な置換基を導入すると，ナノ秒から数十秒までの非常に広い時間スケールをカバーできる分

＊1　Katsuya Mutoh　青山学院大学　理工学部　化学・生命科学科　助教
＊2　Jiro Abe　青山学院大学　理工学部　化学・生命科学科　教授

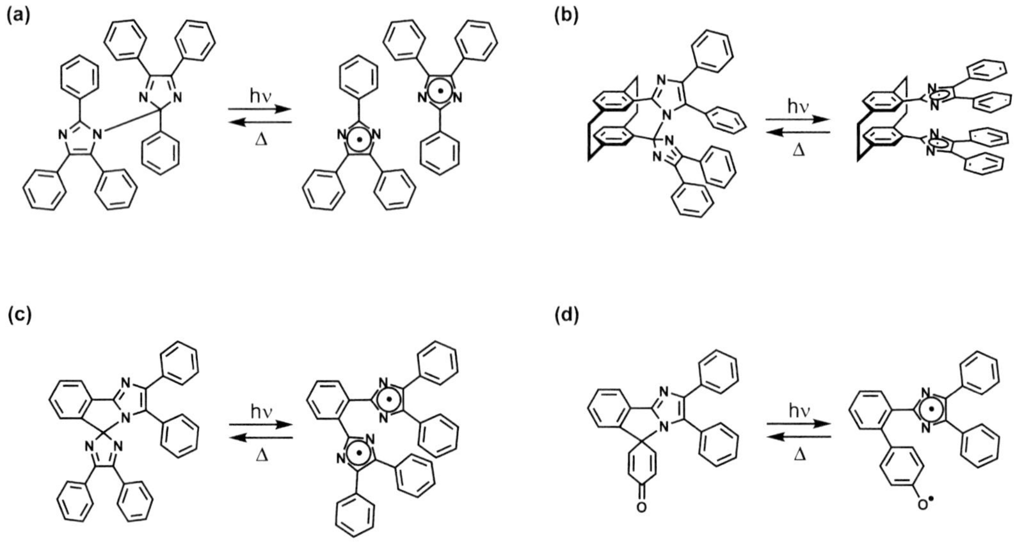

図1 (a) HABI, (b) PC-ImD, (c) PABI, および(d) PIC のフォトクロミズム

子を開発可能であり，幅広い応用分野に対して適切な熱戻り速度を有する分子をオンデマンドで合成することが可能となった。

フォトクロミック反応を含め通常の光反応は，基本的に Stark-Einstein 則に従うため，一分子が一光子を吸収することで進行する。エネルギーの大きな光子が吸収されれば，分子はより大きなエネルギーを獲得するが，Kasha 則により光化学反応は最低励起状態から進行するため，吸収した光のエネルギーを全て化学反応に活用することはできない。そこで近年では，一光子一分子応答を超える光化学反応を目指し，高位電子励起状態からの光化学反応の開拓・応用の必要性が提案されている[24]。そのような観点から，近年われわれは，段階的二光子吸収過程を利用することで高次複合光応答を示す高速フォトクロミック分子を開発した。これらの分子は，光強度に応じてフォトクロミック特性が変化し，光強度閾値は過渡種の熱消色速度によって自在に調節できる。本稿では，イミダゾリルラジカルを基盤とした高機能フォトクロミック分子の高次複合光応答について詳細に述べる。

2 段階的二光子吸収を利用した可視光増感フォトクロミック反応[25]

架橋型イミダゾール二量体の最低励起一重項（S_1）状態は，イミダゾール環間の C-N 結合に関する解離型ポテンシャルであるため，光吸収により励起状態へ電子が遷移することで C-N 結合が均等開裂し，発色体としてビラジカルを生成する。この $S_1 \leftarrow S_0$ 遷移は量子化学計算によると HOMO-LUMO 遷移に帰属され，LUMO は C-N 結合部位が反結合性軌道となっている。また，量子化学計算と電気化学測定より HOMO-LUMO 準位を求めることで，$S_1 \leftarrow S_0$ 遷移には波

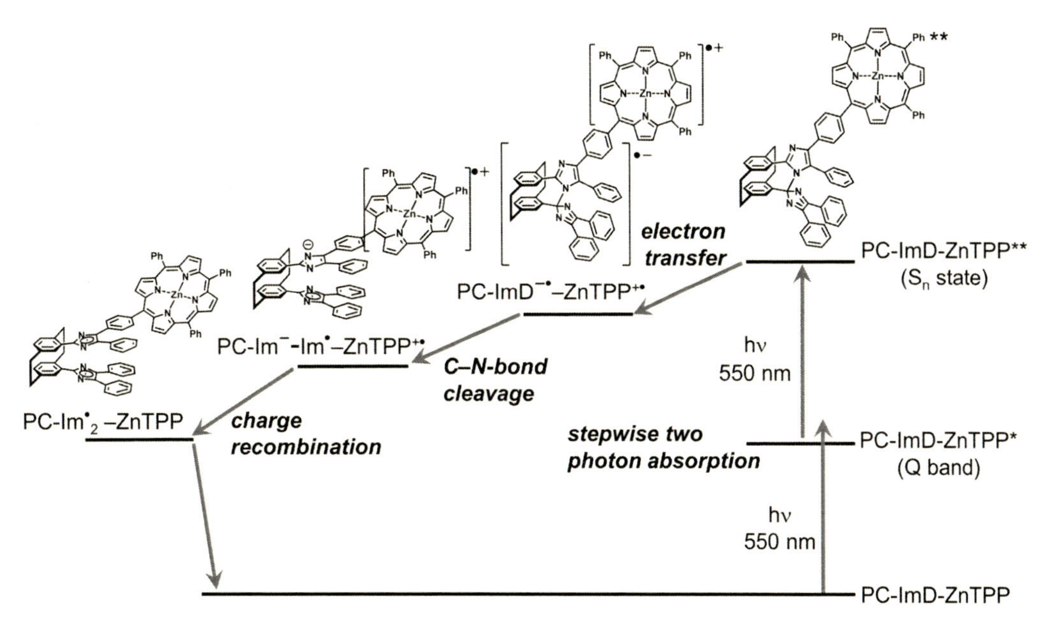

図2　PC-ImD-ZnTPP の段階的2光子誘起フォトクロミズム

長 450〜500 nm 程度の光のエネルギーが必要であることが明らかとなっている[26]。しかし，架橋型イミダゾール二量体の HOMO と LUMO は，互いに直交する二つのイミダゾール環にそれぞれ局在しているため遷移確率が極めて小さく，可視光照射によりフォトクロミック反応を進行させることはできない。そこでわれわれは，亜鉛ポルフィリン（ZnTPP）を一重項増感剤として導入した架橋型イミダゾール二量体（PC-ImD-ZnTPP）を合成し，ZnTPP の高励起状態からの電子移動を利用したフォトクロミック反応の高感度化を達成した（図2）。PC-ImD-ZnTPP の吸収スペクトルは，PC-ImD に由来する吸収帯に加えて，可視光領域に ZnTPP に特徴的な吸収帯（423 nm に Soret 帯，483，511，548，589 nm に Q 帯）を有する。励起光として，波長 532 nm，強度 0.06 mJ/mm^2 のピコ秒パルスレーザーを用いて PC-ImD-ZnTPP を励起し，時間分解吸収スペクトル測定を行ったところ，光励起により ZnTPP 部位の S_1 状態が生成し，励起三重項（T_1）状態へと時定数 2.0 ns で項間交差した後，T_1 状態が時定数 6 ns で基底状態へと戻る過程が観測された。蛍光寿命測定から求めた ZnTPP の S_1 状態の寿命は，交換交差の時定数と等しいことから，ZnTPP の S_1 状態は PC-ImD 部位の増感機構には関与していないことがわかる。一方で，励起光強度を 1.2 mJ/mm^2 に増大した場合は，励起後数十ピコ秒の時間領域では ZnTPP カチオンに特徴的な過渡吸収スペクトルが観測され，さらに 300 ps 後には PC-ImD のビラジカルに由来する過渡吸収スペクトルが観測された。先行研究において，イミダゾール二量体の LUMO に電子を注入すると，生成したラジカルアニオン種がさらに自発的に結合解離反応を起こしラジカル種を生成することが分かっている[26]。また，PC-ImD-ZnTPP のビラジカルの生成量は，励起光強度の2乗に比例して増大した。以上のことを踏まえると，ZnTPP の段階的

2光子吸収により生成した高励起状態からPC-ImD部位へと電子移動が進行することで，ビラジカルが生成したことが明らかにされた。このように色素の高励起状態からの電子移動過程を利用した光化学反応の増感例は非常に少なく，将来的に近赤外光で誘起可能な段階的二光子フォトクロミック分子の開発に繋がる重要な知見を与えている。

3 二つのフォトクロミック部位の相乗効果を利用した高次複合光応答[27,28]

一光子吸収では到達できない高励起状態を作り出す手法として，段階的二光子反応は有用な手法の一つである。段階的二光子吸収の効率は中間状態の寿命に大きく依存し，ピコ秒やサブナノ秒の寿命の短い電子励起状態を中間状態として用いると二光子吸収確率が下がるため，効率よく誘起するためにはパルスレーザーなどの高強度励起光源を必要とする。反対に，T_1状態や希土類金属の電子状態などの比較的長寿命な電子状態を利用すれば，二光子反応の励起光強度の閾値を下げることができ，LEDなどの安価な連続光源を励起光として用いることができる[29,30]。このような二光子応答系は，励起光の強度に対して非線形的な応答を示すため，一定の強度以上の光を透過または吸収する光学素子（過飽和（逆過飽和）吸収体）への応用や，光の回折限界を超える高い空間分解能を利用した局所的な光化学反応の誘起などが期待できる。さらに，光合成のZスキームに代表されるように，反応中間体や過渡種を段階的二光子吸収過程の中間状態として利用すれば，励起光強度に対して非線形応答を示す高機能光応答分子の分子設計が多様になる。

われわれは，PC-ImDの光照射により生成するビラジカルを中間状態として利用することで，効率的に段階的二光子反応が進行する新たなフォトクロミック分子の開発を行った（図3）[27]。一分子内にPC-ImD部位を二つ有するPC-bisImDは，355 nmのレーザーパルス（1 mJ）を照射すると一光子反応により片方のPC-ImD部位のC-N結合が解離し，可視光領域にブロードな吸収帯を有するビラジカルを生成する。このビラジカルの吸収スペクトルはPC-ImDのビラジカルの吸収スペクトルとほぼ等しい。ビラジカルは半減期約66 msで元の二量体へと熱的に戻るが，再結合反応前にさらに一光子を吸収すると，ビラジカルが増感剤として働き，もう一方のPC-ImD部位が反応しテトララジカルを生成する。実際に，355 nmのレーザーパルス（1 mJ）を照射しビラジカルを生成した後，遅延をかけて420 nmのレーザーパルスを照射し，ビラジカルを選択的に励起すると，600 nmに極大吸収波長を有する新たな吸収帯が出現した。二つのPC-ImD部位が反応した場合，生成した二つのビラジカルは中央のフェニル基を介して相互作用し，閉殻構造であるキノイドへと原子価異性化する。600 nmの特徴的な吸収帯はキノイド構造であるBDPI-2Yとほぼ等しく，赤外吸収スペクトル測定からもBDPI-2Y骨格の生成が示唆された。また，420 nm照射により生成したキノイドの生成量を，355 nmのレーザーパルスに対する420 nmのレーザーの遅延時間に対してプロットすると，一光子反応で生成するビラジカルの熱戻り反応速度に応じてキノイドの生成量が減少したことから，キノイドは確かにビラジカルを経由した段階的二光子反応により生成することが明らかとなった。さらに，PC-bisImDの溶液に，

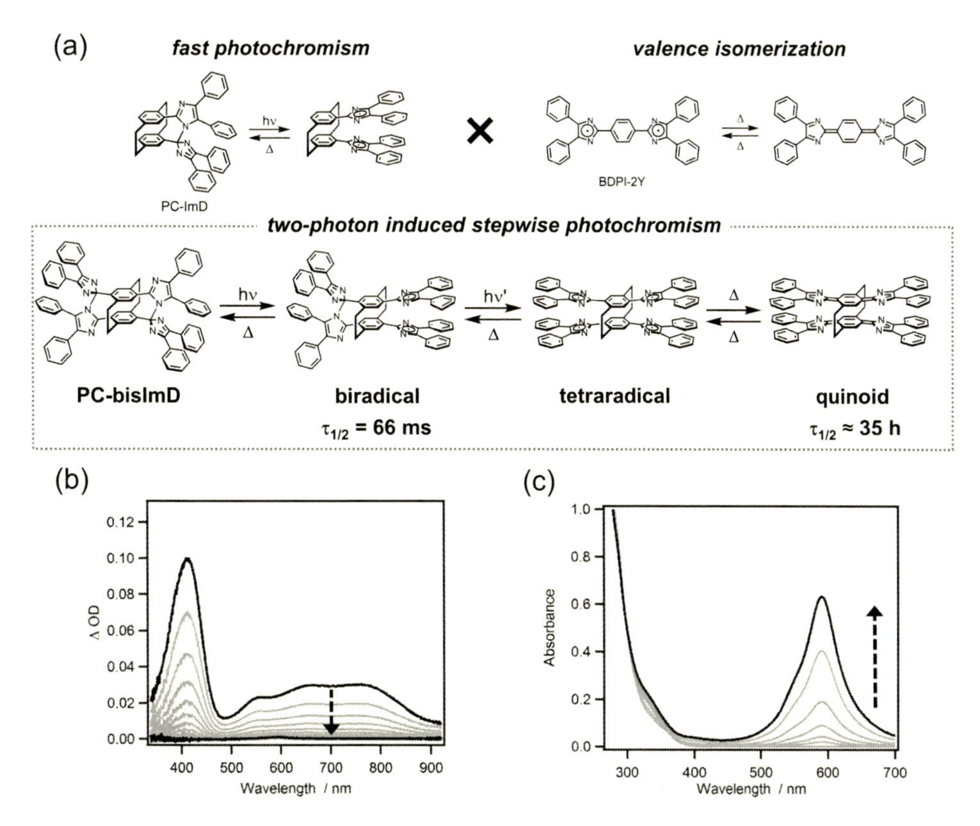

図3　(a)PC-bisImD の段階的2光子誘起フォトクロミズム，(b)ビラジカルの吸収スペクトルと熱戻り反応，および(c)強励起によるキノイドの生成と吸収スペクトル

弱い紫外光または可視光のみを照射しても色の変化は起きないが，紫外光と可視光を同時に照射すると速やかにキノイド種に由来する青色へと変化した。これらの結果より，PC-bisImD は励起光条件を適切に選択することで，フォトクロミック反応を非線形的に制御可能な新しい高速フォトクロミック特性を示すことが明らかとなった。

さらにわれわれは，この段階的二光子フォトクロミック分子の設計指針を PIC に適用することで三種類の bisPIC 誘導体（*p*-bisPIC，*m*-bisPIC，bisTPIC）を合成し，光反応生成物の熱戻り反応を数百ナノ秒から秒の領域で制御可能な系を見出した（図4）[28]。*p*-bisPIC と *m*-bisPIC に 355 nm の弱いナノ秒レーザーパルス（0.2 mJ）を照射すると，半減期が 0.40 μs，0.65 μs のビラジカルをそれぞれ生成する。一方で，励起光強度を約 6 mJ まで上昇させると，ビラジカルに加えて段階的2光子反応生成物であるキノイド種が生成し，*p*-bisPIC と *m*-bisPIC のキノイド種のそれぞれの半減期は 8.0 μs，3.6 μs と求められた。*p*-bisPIC と *m*-bisPIC のキノイド種の熱戻り反応速度は，キノイド種の安定性に大きく依存する。*p*-bisPIC では電子的に等価な二つのイミダゾリルラジカル（または二つのフェノキシルラジカル）の間で反強磁性的相互作用によりキノイド種を生成するのに対し，*m*-bisPIC では非等価なイミダゾリルラジカルとフェノキシル

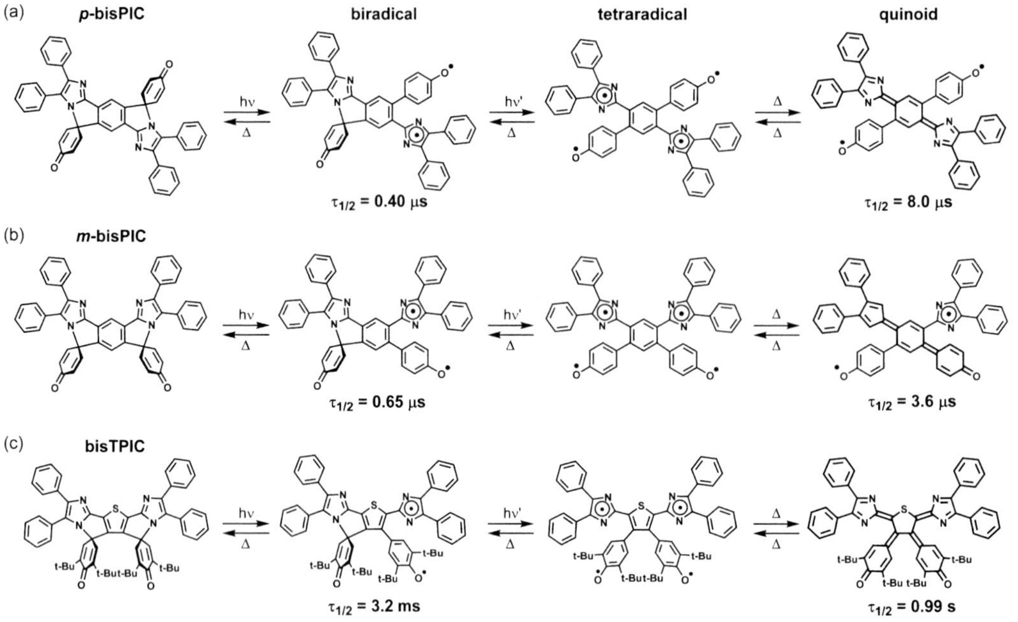

図4 (a) *p*-bisPIC, (b) *m*-bisPIC, および(c) bisTPIC の段階的2光子誘起フォトクロミズム

ラジカルの間で相互作用する。そのため，軌道相互作用の原理として知られるように，等価なラジカル同士で相互作用し結合性軌道を生じる場合はエネルギー的により安定化する。よって，*p*-bisPIC のキノイド種は *m*-bisPIC のキノイド種よりも安定化し，熱戻り反応が低速化したと考えられる。一方，二つの PIC をチオフェンで架橋した bisTPIC は，一光子反応で半減期 3.2 ms のビラジカルを，二光子反応で半減期 1 s のキノイドを生成し，その熱戻り反応は大幅に低速化することがわかった。PIC の架橋基をフェニル基からチエニル基へと変化させると，アクセプター性を有するフェノキシルラジカルがチオフェンのドナー性により安定化されることが先行研究より明らかとなっている[23]。また，PIC の開環体の電子状態は，正確には開殻ビラジカル構造と閉殻キノイド構造の共鳴構造として記述される。PIC の熱戻り反応速度はビラジカル性が高いほど速くなるため，芳香族性の小さいチオフェンの導入は開環体のキノイド性を大きくし，結果として熱戻り反応速度は小さくなる。実際に，bisTPIC の二光子反応により生成するキノイドの半減期はビラジカルと比較して大幅に低速化した。時間分解赤外吸収スペクトル測定よりフェノキシル部位のカルボニル基に由来する赤外吸収ピークは 1615 cm^{-1} に観測され，二光子反応生成物は C=O 二重結合性が高いことが示唆された。これは，上述のチオフェンの芳香族性に加え，bisTPIC の二光子反応生成物は構造的に閉殻構造を形成可能なため，大きなキノイド性を獲得した結果，熱戻り反応が秒スケールまで低速化したと考えられる。以上より，過渡的に生成するラジカル間の相互作用を効果的に制御することで，励起光強度に依存してフォトクロミック特性が数百ナノ秒から秒に渡る時間スケールにおいて変化する分子設計指針を与えることに成功した。

4　可視光強度に依存して異なる色調変化を示す複合フォトクロミック分子[33]

ビナフチルを架橋基として用いたフェノキシル―イミダゾリル複合体（BN-PIC）は，ビナフチル基とイミダゾール環の間でC-N結合を形成したオレンジ色の発色体が安定体として得られ，可視光照射により消色体へと変化する逆フォトクロミズムを示す[31,32]。逆フォトクロミック分子は，生体透過性が高く，エネルギー的に優しい可視光を励起光として用いることができるだけでなく，光照射により消色するため励起光が物質内部まで透過しやすく，魅力的な可視光応答スイッチとして注目されている。また，自然界には可視光強度に応じて異なる挙動を示す光応答系が存在している。例えば，水田や溝などに多く生育する藻類のフシナシミドロは，弱い光の下では光に向かう正の光屈性（phototropism）を，強い光の下では光から逃れる負の光屈性を示す。また，植物の光合成系では強光下では過剰な光エネルギーを熱として放出し，反対に弱光下では量子収率の高い物質を生み出し，より光エネルギーを集める機構としてキサントフィルサイクルが働いている。このように，植物は時々刻々と変化する光環境に巧みに対応する光環境応答系を備えており，人工フォトクロミック分子においても可視光強度に対して異なる応答を示す新たな光応答分子の創生が期待される。

そこで，逆フォトクロミック分子であるBN-PICと，正フォトクロミック分子であるチオフェン架橋型PIC（TPIC）を結合させることで，可視光強度に応じて逆フォトクロミズムと正フォトクロミズムを制御可能なバイフォトクロミック分子を開発した（図5）[33]。逆フォトクロミック分子の発色体はTPICと弱く共役しているため，発色体は正フォトクロミック分子の可視光増感剤としての役割も担っており，一波長の可視光照射のみで正逆両方のフォトクロミズムを誘起することができる。この化合物は450 nmにBN-PICに由来する吸収帯を有しており，470 nmのナノ秒パルスレーザーを照射するとBN-PICの450 nmの吸収帯の減少に加えて，TPIC部位のラジカル種に由来する740 nmに極大吸収波長を示すブロードな吸収帯が新たに観測された。この結果より，正フォトクロミック反応と逆フォトクロミック反応の効率を算出すると，それぞれ0.005および0.09と求められ両者の反応効率には約18倍の差が存在することがわかった。また，過渡種の熱戻り反応速度についても，正フォトクロミック反応では室温半減期が19秒，逆フォトクロミック反応では55分と求められた。このように二つのフォトクロミック部位の光反応効率と熱戻り速度に大きな差が生じる時，各々の反応部位のフォトクロミック反応が光定常状態に達する速度と，過渡種の光定常状態濃度は光強度に依存して大きく変化する。フォトクロミック反応を反応速度論に基づいてシミュレーションすると，弱い可視光を照射した場合は逆フォトクロミック反応が優先的に進行し，反対に強い可視光照射では瞬時に正フォトクロミック反応が進行することが示唆された。実際に470 nm，0.4 mJのレーザーパルスを10 Hzで照射し続けると逆フォトクロミック反応が進行し溶液の色がオレンジ色から黄色へと変化するのに対し，レーザーパルスの強度を10 mJに増大させると，正フォトクロミック反応に基づく緑色への変化が観測された。このように異なる励起光強度の可視光照射によって着色状態の色調が変化

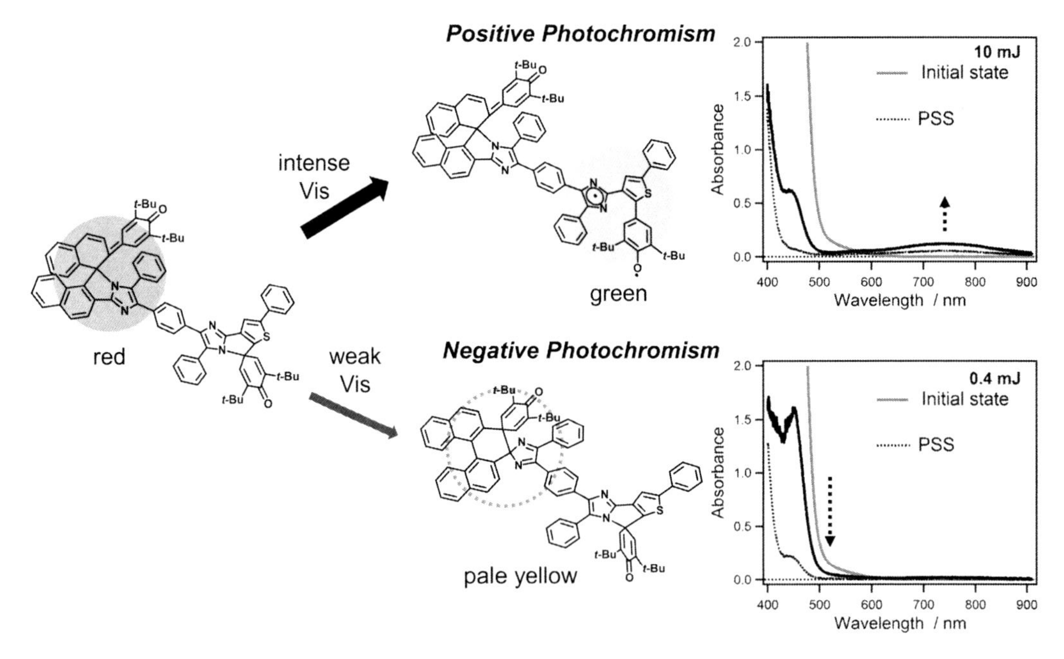

図５　励起光強度に依存して正フォトクロミズムと逆フォトクロミズムを制御可能な可視光応答バイフォトクロミック分子

するバイフォトクロミック分子は，室内光などの背景光に影響されない高選択的光スイッチ分子の実現という観点からも重要な知見を与えている。

5　おわりに

本稿では，イミダゾリルラジカルを基盤とした高速フォトクロミック分子の非線形光応答と，励起光条件に依存して異なるフォトクロミズムを示す高次複合光応答について述べた。フォトクロミック分子は，光照射により大きな電子状態変化や構造変化を起こすため，材料科学分野における磁性・導電性スイッチのみでなく，生体機能の光制御への応用が期待されている。しかし，「生体の窓」と呼ばれる近赤外光領域の光に対して感度を有するフォトクロミック化合物の合成はいまだ限られており，さらに，様々な光応答分子が混在する複雑系において，励起光強度や励起波長に選択的に応答するフォトクロミック化合物の合成は，光応答材料の発展に必要不可欠な重要な課題となることが予想される。そのため，上述のような寿命の長い過渡種を利用し，さらに可視光に応答する逆フォトクロミック分子を用いて，インコヒーレント光に対して非線形応答を示す光応答分子の設計指針の確立や学術基盤の構築が今後期待される。

文　献

1) J. C. Crano and R. J. Guglielmetti, *Organic Photochromic and Thermochromic Compounds* Plenum Press, New York, (1999)
2) H. Dürr and H. Bouas-Laurent, *Photochromism : Molecules and Systems* Elsevier, Amsterdam, (2003)
3) M. Irie, Y. Yokoyama and T. Seki, *New Frontiers in Photochromism* Springer, Japan, (2013)
4) M. Irie, T. Fukaminato, K. Matsuda and S. Kobatake, *Chem. Rev.* **114**, 12174 (2014)
5) H. Tian and J. Zhang, *Photochromic Materials* Wiley-VCH, Weinheim, (2016)
6) K. S. Schanze, T. F. and D. G. Whitten, *J. Org. Chem.* **48**, 2808 (1983)
7) M. Tomasulo, S. Sortino, and F. M. Raymo, *Org. Lett.* **7**, 1109 (2005)
8) J. Garcia-Amorós, A. Bučinskas, M. Reig, S. Nonell, and D. Velasco, *J. Mater. Chem. C* **2**, 474 (2014)
9) C. Poloni, W. Szymański, L. Hou, W. R. Browne and B. L. Feringa, *Chem. Eur. J.* **20**, 946 (2014)
10) T. Hayashi and K. Maeda, *Bull. Chem. Soc. Jpn.* **33**, 565 (1960)
11) T. Hayashi and K. Maeda, *Bull. Chem. Soc. Jpn.* **35**, 2057 (1962)
12) K. Fujita, S. Hatano, D. Kato, and J. Abe, *Org. Lett.* **10**, 3105 (2008)
13) Y. Kishimoto and J. Abe, *J. Am. Chem. Soc.* **131**, 4227 (2009)
14) Y. Harada, S. Hatano, A. Kimoto, and J. Abe, *J. Phys. Chem. Lett.* **1**, 1112 (2010)
15) K. Shima, K. Mutoh, Y. Kobayashi, and J. Abe, *J. Am. Chem. Soc.* **136**, 3796 (2014)
16) H. Yamashita and J. Abe, *Chem. Commun.* **50**, 8468 (2014)
17) N. Ishii, T. Kato, and J. Abe, *Sci. Rep.* **2**, 819 (2012)
18) N. Ishii and J. Abe, *Appl. Phys. Lett.* **102**, 163301 (2013)
19) Y. Kobayashi and J. Abe, *Adv. Optical Mater.* **4**, 1354 (2016)
20) K. Mutoh, M. Sliwa and J. Abe, *J. Phys. Chem. C* **117**, 4808 (2013)
21) K. Mutoh, M. Sliwa, E. Fron, J. Hofkens and J. Abe, *J. Mater. Chem. C* **6**, 9523 (2018)
22) H. Yamashita, T. Ikezawa, Y. Kobayashi and J. Abe, *J. Am. Chem. Soc.* **137**, 4952 (2015)
23) T. Ikezawa, K. Mutoh, Y. Kobayashi and J. Abe, *Chem. Commun.* **52**, 2465 (2016)
24) K. Mori, Y. Ishibashi, H. Matsuda, S. Ito, Y. Nagasawa, H. Nakagawa, K. Uchida, S. Yokojima, S. Nakamura, M. Irie and H. Miyasaka, *J. Am. Chem. Soc.* **133**, 2621 (2011)
25) Y. Kobayashi, T. Katayama, T. Yamane, K. Setoura, S. Ito, H. Miyasaka and J. Abe, *J. Am. Chem. Soc.* **138**, 5930 (2016)
26) K. Mutoh, E. Nakano and J. Abe, *J. Phys. Chem. A* **116**, 6792 (2012)
27) K. Mutoh, Y. Nakagawa, A. Sakamoto, Y. Kobayashi and J. Abe, *J. Am. Chem. Soc.* **137**, 5674 (2015)
28) K. Mutoh, Y. Kobayashi, T. Yamane, T. Ikezawa and J. Abe, *J. Am. Chem. Soc.* **139**, 4452 (2017)

29) S. Baluschev, T. Miteva, V. Yakutkin, G. Nelles, A. Yasuda and G. Wegner, *Phys. Rev. Lett.* **97**, 143903 (2006)
30) P. Duan, N. Yanai and N. Kimizuka, *J. Am. Chem. Soc.* **135**, 19056 (2013)
31) S. Hatano, T. Horino, A. Tokita, T. Oshima and J. Abe, *J. Am. Chem. Soc.* **135**, 3164 (2013)
32) T. Yamaguchi, Y. Kobayashi and J. Abe, *J. Am. Chem. Soc.* **138**, 906 (2016)
33) I. Yonekawa, K. Mutoh, Y. Kobayashi and J. Abe, *J. Am. Chem. Soc.* **140**, 1091 (2018)

第3章　メカノクロミック色素とそれを用いるポリマー薄膜の特性

近藤瑞穂[*1]，川月喜弘[*2]

1　はじめに

延伸や粉砕，圧縮などの機械的刺激によって，吸収や発光色が変化する磨砕応答は，分子レベルの相互作用により発色が変化するため，特別な加工技術を必要とせずとも細胞レベルから建築構造材まで，多様なサイズ・形状において力の発生を検知できるセンサーへの応用が期待され，精力的に研究されている。メカノクロミック色素の多くは少数の色素分子の分子内・分子間相互作用を利用して光学特性を変化させており，センサーの設置が困難な材料の機械的な負荷を検出するための応用例が検討されている。例えば，古海らは，色の変化する材料を凹凸面に押し付けることで，凹凸の変化を色の変化として可視化できることを報告している[1)]。Craig らは PDMS で作製された，空気で伸縮するソフトアクチュエータの構造材にメカノクロミック色素を導入することで，伸縮時の負荷を可視化させることを検討している[2)]。また，彼らは PDMS 上に配線された金属ワイヤの破断伸びと同程度の延伸によって発色変化を示すメカノクロミック材料を用いて断線を視覚的に検知させることも検討している[3)]。

メカノクロミック材料の中でも，分子の凝集状態に依存する材料では，対象の凝集状態を検知するためのプローブとしても利用されており，生体材料内での凝集を検知するセンサーとしての応用も検討されている。Kwak らは脂質吸着による高分子の膨潤に連動して，発光強度が変わる材料を用いることで残留指紋検出への応用を提案した[4)]。また，色素の凝集状態による発光強度の違いを利用して消光状態の色素溶液をマイクロカプセルに封入し，カプセルの破壊に伴う溶液の蒸散と凝集状態の発現による損傷の可視化が Moore らによって報告されている[5)]。以上のように，メカノクロミック材料を高分子に導入した材料では，柔軟性や加工性を利用し，センサーの設置が困難な材料の機械的な負荷を検出する具体的な応用例が提案されてきている。ここでは，メカノクロミック特性を付与した高分子の作製と機能についての概略を紹介する。

2　ポリマー薄膜の作製方法

メカノクロミック色素の発色・発光色変化のメカニズムは固体の分子状態に依存するものが多

＊1　Mizuho Kondo　兵庫県立大学　工学研究科　応用化学専攻　助教
＊2　Nobuhiro Kawatsuki　兵庫県立大学　工学研究科　応用化学専攻　教授

く，色素の固体粉末でも機能するが，刺激を受けた位置や分布を記録・表示する用途を考慮した場合，加工性と柔軟性に優れた高分子として利用できることが望ましく，多様な製膜方法が検討されてきた。主な薄膜形成方法としては①光学的なメカノクロミズム発現②メカノクロミック色素の高分子化③メカノクロミック色素の分散の３つが検討されているが，用いているメカニズムによって最適な手法は異なる。

2.1　光学的なメカノクロミズム発現

色素を用いることなく，メカノクロミズムを発現する高分子材料として，フォトニック構造を有するエラストマーフィルムがある。回折格子などの一次元周期構造[6]や逆オパール構造，コレステリック液晶などの光の波長と同程度の周期構造を有する一部の材料は特定の波長の光を反射・回折する性質を持つ。この周期構造をエラストマーなどの弾性高分子内に固定すると，高分子の弾性変形に応じて反射・回折状態が可逆的に変化するため，機械的な変形と連動した色の変化が観察できるようになる。

2.2　メカノクロミック色素の高分子化

エキシマー形成など，少数の分子の凝集状態や分子内のコンフォメーション変化や化学結合の開裂などを利用するメカノクロミック色素は，色素内に重合性の官能基を導入して重合することにより，高分子化が可能である。例えばスピロピラン誘導体[7]，ナフトピラン[8]，ジアリールビベンゾフラノン[9]，ローダミン[10]など，比較的切断の容易な結合を有する材料を，ポリウレタンをはじめとする高分子主鎖や架橋点に導入し，高分子骨格の変形によって構造変化を誘起する方法が報告されている。テトラフェニルエチレン（TPE）やヘキサフェニルシロールなど，分子内にねじれの生じる材料では，分子の凝集が高まることでコンフォメーションが変化して発光する凝集誘起発光（AIE）を示す。AIE を示す材料を高分子骨格内に導入すると，延伸や磨砕などによって発光や発色変化を観察できる。このような材料では凝集性の変化を利用して細胞内での凝集変化を行うバイオイメージング材料としての応用も注目されている[11]。最近ではコンフォメーション変化をより効率的に行うため，トポロジカルゲルの環動架橋点近傍にメカノクロミック色素を導入し，変形に伴う負荷を集中させることも検討されている[12]。

このような材料では，薄膜を形成する高分子骨格の変形が色素に直接伝搬するため，色の変化が効率よく誘起できる利点がある。

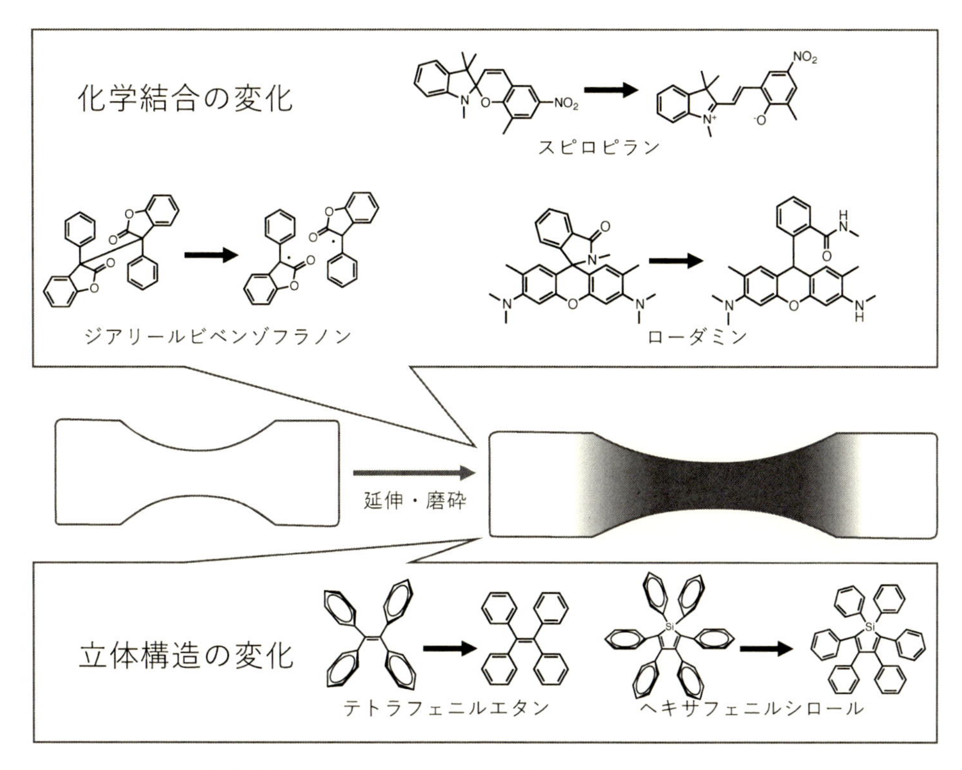

図1　化学構造および立体構造の変化を伴うメカノクロミック色素の一例

2.3　メカノクロミック色素の分散

結晶構造がメカノクロミック特性の発現に寄与している場合は，上記の重合基を導入する方法を用いても重合時に結晶構造が変化するため，メカノクロミック特性を維持できない場合がある。そのため，結晶を維持したまま薄膜化するために，色素の粉末を高分子内に物理的に分散させ，顔料のように用いる方法もある。また，上記の高分子化したメカノクロミック色素をポリマーブレンドとして分散する方法も報告されている[13]。この手法では，分散媒となるポリマーは色素と相互作用が少なければ良いので，材料の制限が少なく，ポリプロピレン[14]，ろ紙[15]などを分散媒として用いることで磨砕をパターニングした材料も報告されている。分散する方法では機能性高分子を媒体として利用することで，色素単体では実現困難な機能発現が期待できる。

ポリビニルアルコール（PVA）は水溶性の高分子であるため，有機化合物の結晶と相互作用しにくく，分散媒として有用である。図2(a)に示す色素をPVAフィルム内に結晶状態で固定することにより，局所的な磨砕による発光のパターニングや，結晶状態の変化についても評価した。作製したフィルムはUV光下でいずれも結晶と同じ青色発光を示し，これらを磨砕することで力学的刺激を与えた部分のみで発光色が変化した。また，濃塩酸を含ませた脱脂綿とともにシャーレ内に10秒程度静置したのちに取り出すと，磨砕部分がオレンジ色に発色し，コントラストが向上することも報告した（図2(b)）[16]。

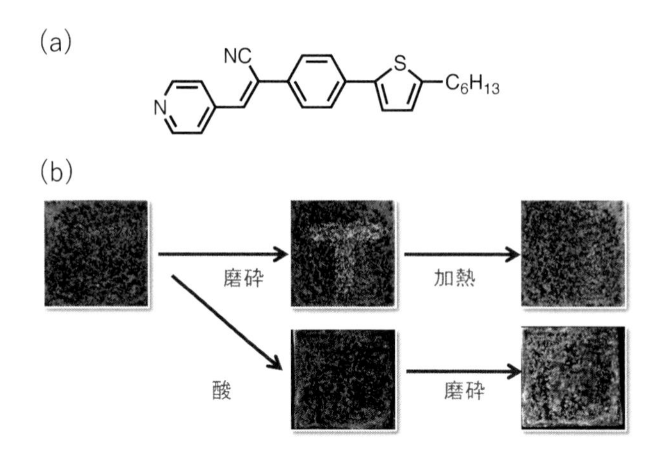

図２　酸応答性色素の分子構造(a)とPVA複合フィルムの発光写真(b)

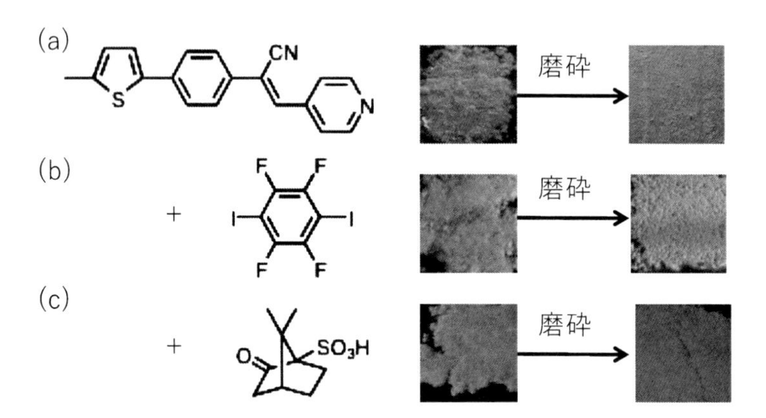

図３　複合化に用いた色素(a)と複合体の磨砕応答性(b)(c)

これは分子末端のピリジル基が塩酸蒸気によってプロトン化され，発光波長が変化するためである。酸による発光波長制御はメカノクロミック色素のπ共役部分に窒素原子などの酸受容体を導入することで容易に実現できる。また，複合化する化合物によって電子状態や凝集構造が変化し，さまざまなメカノクロミック特性を発現できる材料もある。図３(a)の色素ではハロゲン（図３(b)）及び強酸（図３(c)）を作用させることにより，低分子単体とは異なる発光色を示すとともに，複数の磨砕応答色を作り出すことも可能である（図３）[17]。

さらに，複合体の構造によってはメカノクロミック特性そのものが変化する化合物も最近報告した。図４(a)に示す発光性化合物において，単体では液晶性・磨砕応答性を示さないが，酸と複合化させたところ，複合体は液晶性を示すとともに黄緑色から緑色に発光色が変化する一方，別の酸と複合化することで水色から緑色に変化し，波長の移動方向が逆転する複合体が形成できることを報告した図４（b，c）。また，これらの複合体と色素と酸を化学的に結合した色素では，類似した熱特性・磨砕応答性を示すことがわかった。これらの結果から，磨砕応答色素は単一の

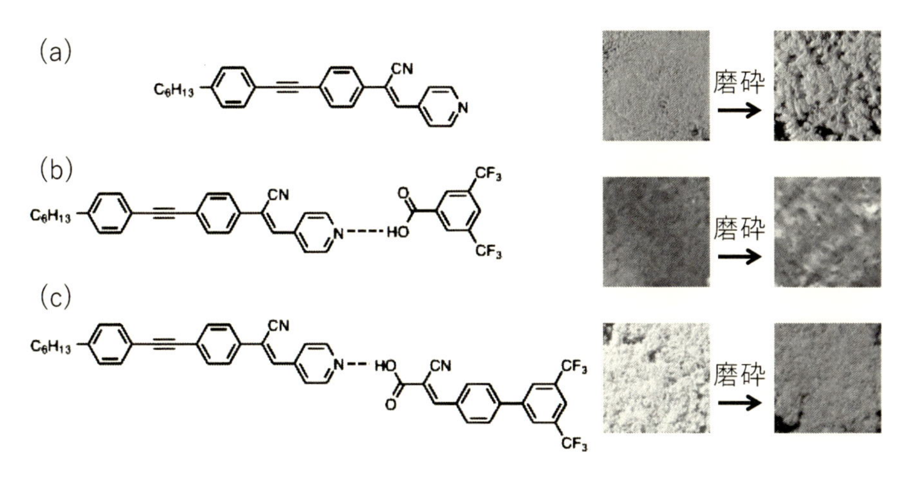

図4　基本となる色素(a)摩砕によって発光波長が長波長シフトする酸複合体(b)と短波長シフトする酸複合体(c)の分子構造と発光写真

化合物で構成しなくても，特定の凝集構造を形成する化合物と同等の構造を形成できれば，いくつかのパーツから形成すれば良いことに加えて，発光波長がシフトする現象が色素の共役構造とは独立した現象であることがわかり，色素の設計がより柔軟に行えることがわかった[18]。

2.4　親和性の高いポリマーへの分散

続いて多くの官能基を導入しやすくするため，ポリメチルメタクリレート（PMMA）の分散媒への適用を検討した。色素を 0.1 wt%分散させた薄膜を作製したところ複合膜は青色発光を示し，メカノクロミズムを発現する固体と同程度の発光色であったが，磨砕によって発光色変化しなかった。そこで，色素を種々の割合で PMMA に混合した複合膜の熱処理前後における PL スペクトルを評価したところ製膜後は色素の添加量が増加するにつれて発光色が長波長側にシフトし，30 wt%以上で同じ発光波長を示した。また熱処理後は 10 wt%以下で大きな変化は見られない一方で，30 wt%以上では極大波長が短波長シフトした。また，それぞれのフィルムの X 線回折測定を行ったところ，熱処理によって発光色変化の見られた 30 wt%，50 wt%のフィルムには色素の結晶と類似したピークがみられ，表面粗さが増大した。発光色変化の確認できた複合膜を磨砕すると，色素同様の発光色変化が繰り返し誘起できることがわかった。以上の結果から，色素の含有量の低い複合膜では，色素が高分子に溶解・分散し，高分子の極性によって青色発光を示す一方，色素を多く含む複合膜においては色素が熱処理により析出・結晶化し，磨砕応答性が発現すると考えられる。

3　液晶の付与と軸選択的応答性

親和性の高いポリマー薄膜を分散媒に適用できることから，側鎖型高分子液晶を分散媒として用いることにより液晶性を利用したメカノクロミズムの機能制御を試みた。これまでにさまざまな分子構造のメカノクロミック色素が報告されており，液晶性を示すメカノクロミック色素も報告されている。液晶は外部刺激によって分子集合構造を大きく変化できるため，感度の向上に加えて凝集状態に対応した多色発光[19]や発光色変化の伝搬制御といった機能も付与できる。また，固体において液晶の凝集構造を部分的に継承できることから，凝集構造の予測・制御が可能である。

さらに，液晶は応力によって分子配向することから，偏光特性の付与された発光色変化など異方的応答性も期待できる。図5(a)に示す液晶性メカノクロミック色素は初期状態では緑色発光を示し，磨砕すると赤色発光を示した。この色素を図5(b)に示す高分子と1：1の重量比で混合し，熱処理後のフィルムにT字状の磨砕をしたところ，磨砕部分がオレンジ色に発光し，偏光板を通して見ると磨砕方向と平行方向に直線偏光発光を示すことが分かった（図5(c)）。磨砕したポリマー薄膜の偏光吸収および偏光発光スペクトルでは，磨砕方向と平行方向の吸収と発光強度が高いことがわかった。配向度Sおよび偏光比Pを以下の式により算出したところ，Sは0.1，Pは1.3となった（図5(d)）[20]。

$$S=\frac{A_{\parallel}-A_{\perp}}{2A_{\perp}+A_{\parallel}}, A_{\parallel}, A_{\perp}$$ は配向方向に対して平行および垂直方向の吸光度

$$P=P_{\parallel}/P_{\perp}, P_{\parallel}, P_{\perp}$$ は配向方向に対して平行および垂直方向の発光強度

液晶性メカノクロミック色素を用いることで軸選択的な磨砕応答性を発現したが，異方性は小さかった。これは初期状態でランダム配向の複合膜を応力配向させるためであり，初期状態の分子配向を制御することでコントラストを向上できるのではないかと考えた。また，分散媒となる

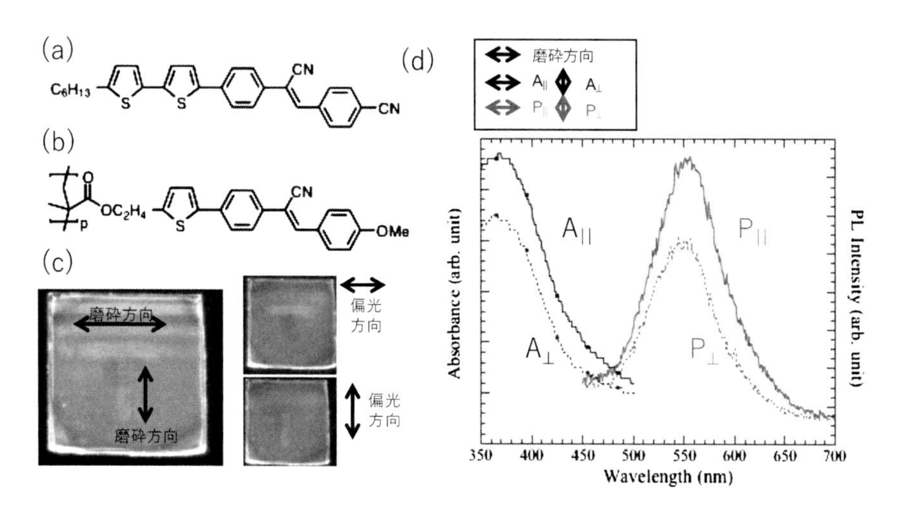

図5　液晶性メカノクロミック色素(a)と発光性液晶高分子の分子構造(b)軸選択的な磨砕応答(c)と偏光吸収および発光スペクトル(d)

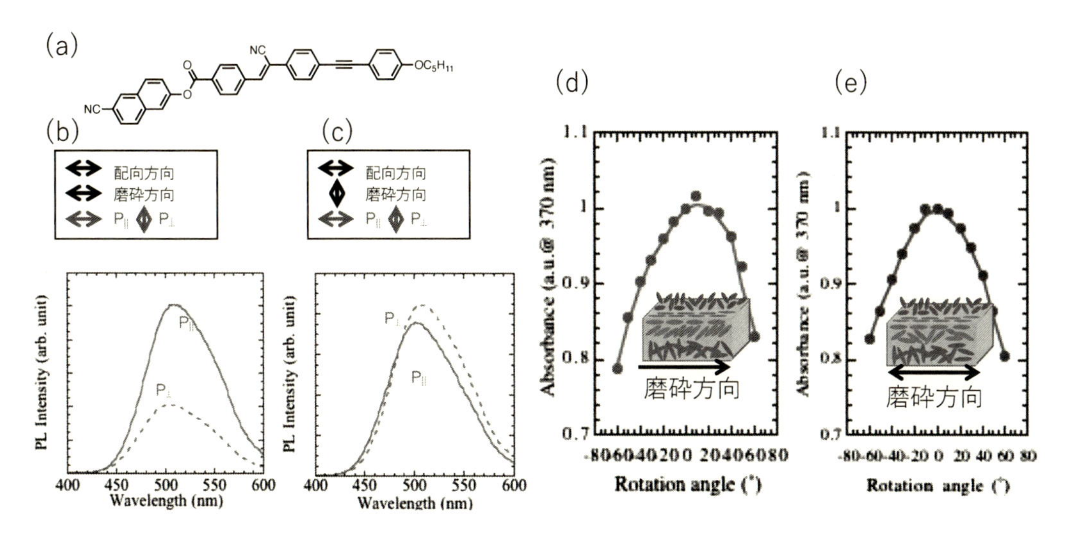

図6　液晶性メカノクロミック色素の分子構造(a)と初期配向に対して平行(b)および垂直(c)に摩砕した複合膜の偏光発光スペクトルと垂直配向膜を一方向(d)および往復摩砕した(e)複合膜の波長 370 nm の吸光度の角度依存性

ポリマー薄膜に発光性を付与して応力配向させるよりも，発光に寄与せず，自発的に配向する材料である方が初期配向を制御する点では有用と考えられる。そこで，図6に示す液晶性メカノクロミック色素を，配向膜を分散媒として用いることで配向させ，軸選択的な磨砕応答性について評価した。初期状態の配向方向と平行および垂直方向に磨砕し偏光 PL を測定した。初期状態の配向と平行に磨砕した複合膜では P＝2.5 となり，高い偏光比を維持する一方，垂直に磨砕した配向膜では P＝0.9 となり，光学異方性が反転した（図6(b)(c)）。これは磨砕によって複合膜の表層の色素が，初期配向に反して再配向できることを示唆している。そこで，垂直配向膜を用いて磨砕方法の異なる配向膜の光学異方性を評価した。磨砕したフィルムは測定光の入射角度の増大に伴い，吸光度が減少していることから蛍光分子は基板平面に対して面内配向していた。p 偏光に対して平行方向に往復して磨砕した薄膜において，測定光の入射角度を大きくしたときのプラス，マイナスのどちらの角度においても同等の吸光度を示した。一方，p 偏光に対して平行方向に一定方向のみ磨砕した薄膜において，測定光の入射角度を大きくしたときの吸光度の角度分布に差が生じた。このときプラス角の方向に磨砕しており，マイナス角と比較すると吸光度が大きく，プラス角方向においてマイナス角と比較すると配向した蛍光分子が多いことが示唆される。これは磨砕方向に対して分子がチルトし，ハイブリッド配向を形成するためと考えられ，磨砕方向の検知が可能であることがわかった（図6(d)(e)）。

4　おわりに

メカノクロミック色素とそれを用いるメカノクロミズムを示すポリマー薄膜の作製方法につい

て概説するとともに，機能性高分子を用いたメカノクロミック複合膜の機能化について紹介した。

ポリマー薄膜の特性を組み合わせることで，より多様な機能を取り入れることが可能となり，新たな応用展開が期待される。

文　　献

1) 府川将司，古海誓一，液晶，**22**，214-221 (2018)
2) G. R. Gossweiler, C. L. Brown, G. B. Hewage, E. Sapiro-Gheiler, W. J. Trautman, G. W. Welshofer, and S. L. Craig, *ACS Appl. Mater. Interfaces*, **7**, 22431-22435 (2015)
3) M. H. Barbee, K. Mondal, J. Z. Deng, V. Bharambe, T. V. Neumann, J. J. Adams, N. Boechler, M. D. Dickey, and S. L. Craig, *ACS Appl. Mater. Interfaces*, **10**, 29918-29924 (2018)
4) G. Kwak, W.-E. Lee, W.-H. Kim and H. Lee, *Chem. Commun.*, 2112-2114 (2009)
5) M. J. Robb, W. Li, R. C. R. Gergely, C. C. Matthews, S. R. White, N. R. Sottos, and J. S. Moore, *ACS Cent. Sci.*, **2**, 598-603 (2016)
6) I. R. Howell, C. Li, N. S. Colella, K. Ito, and J. J. Watkins, *ACS Appl. Mater. Interfaces*, **7**, 3641-3646 (2015)
7) X. Fang, H. Zhang, Y. Chen, Y. Lin, Y. Xu, and W. Weng, *Macromolecules*, **46**, 6566-6574 (2013)
8) M. J. Robb, T. A. Kim, A. J. Halmes, S. R. White, N. R. Sottos, and J. S. Moore, *J. Am. Chem. Soc.*, **138**, 12328-12331 (2016)
9) K. Imato, T. Kanehara, S. Nojima, T. Ohishi, Y. Higaki, A. Takahara and H. Otsuka, *Chem. Commun.*, **52**, 10482-10485 (2016)
10) (a) Z. Wang, Z. Ma, Y. Wang, X. Yao, Z. Xu, Y. Luo, Y. Wei, X. Jia, *Adv. Mater.*, **27**, 6469-6474 (2015) (b) T. Wang, N. Zhang, J. Dai, Z. Li, W. Bai, R. Bai, *Appl. Mater. Interfaces*, **9**, 11874-11881 (2017)
11) X. Zhang, B. Wang, Y. Xia, S. Zhao, Z. Tian, P. Ning, and Z. Wang, *ACS Appl. Mater. Interfaces*, **10**, 25146-25153 (2018)
12) Y. Sagara, M. Karman, E. Verde-Sesto, K. Matsuo, Y. Kim, N. Tamaoki, and C. Weder, *J. Am. Chem. Soc.*, **140**, 1584-1587 (2018)
13) C. Calvino, Y. Sagara, V. Buclin, A. P. Haehnel, A. Prado, C. Aeby, Y. C. Simon, S. Schrettl, and C. Weder, *Macromol. Rapid. Commun.*, **40**, 1800705 (2019)
14) A. Pucci, M. Bertoldo, S. Bronc, *Macromol. Rapid Commun.* **26**, 1043-1048 (2005)
15) X. Zhang, Z. Chi, J. Zhang, H. Li, B. Xu, X. Li, S. Liu, Y. Zhang, and J. Xu, *J. Phys. Chem. B*, **115**, 7606-7611 (2011)
16) M. Kondo, S. Miura, K. Okumoto, M. Hashimoto, and N. Kawatsuki, *Chem. Asian J.*, **9**,

3188-3195 (2014)
17) M. Kondo, K. Okuomoto, S. Miura, T. Nakanishi, J. Nishida, T. Kawase, and N. Kawatsuki, *Chem. Lett.*, **46**, 1188-1190 (2017)
18) M. Kondo, T. Yamoto, S. Miura, M. Hasimoto, C. Kitamura, and N. Kawatsuki, *Chem. Asian J.* in press
19) Y. Sagara and T. Kato, *Angew. Chem. Int. Ed.* **50**, 9128-9132 (2011)
20) M. Kondo, T. Nakanishi, T. Matsushita, N. Kawatsuki, *Macromol. Chem. Phys.*, **218**, 1600321 (2017)

第4章　ポリドーパミンからなるバイオミメティック構造色材料

桑折道済*

1　はじめに

構造色は，サブミクロンサイズの微細な規則構造に光が当たった際，光の干渉，回折，散乱といった物理的現象により発現する構造由来の発色である。微細構造が壊れない限り色褪せがないことから，光エネルギーの無駄のない発色ともいえる。構造色は，色素色にはない独特の光沢感や質感があるため，構造色を利用した製品開発も盛んに検討されている。実用化例は必ずしも多くはないが，これまでに構造色を示す繊維やフィルムなどが実用化されている。光機能性材料の設計にあたり，自然界での生物の優れた機能から発想し材料開発を行う，バイオミメティック的な観点からの材料設計は有用な手法である。本稿では，孔雀の羽毛の発色がメラニン顆粒の形成する微細構造由来の構造色であることから創発した，ポリドーパミンからなる人工メラニン粒子を基盤とする構造色材料の作製とその特徴を紹介する。

2　ポリドーパミンとは

ムラサキイガイ（ムール貝）は海水中で岩肌に接着することに加え，金属やガラスなどの無機材料や樹脂材料など基材の材質を問わずに接着する性質があることから，生物学者を中心に接着性の解明に向けた多くの研究がなされてきた。その結果，接着性タンパク質である足糸に豊富に含まれるアミノ酸，3,4-ジヒドロオキシフェニルアラニン（ドーパ）のカテコール基が接着に強く関与することが知られている。ポリドーパミンは，ムラサキイガイが産生する足糸を模倣して作製された高分子である[1]。ドーパの誘導体であるドーパミンの自己酸化重合により得られるポリドーパミンは，簡便な操作で様々な材料表面に被覆可能で，かつ二次修飾も容易である。このため，我々[2]を含む多くの研究で，ポリドーパミンは表面改質剤として利用されている[3]。

3　メラニン模倣体としてのポリドーパミン

メラニンは，アミノ酸の一種であるドーパの重合物で，動植物や原生動物などにおいて普遍的に形成される黒褐色の色素である。紫外線から皮膚を守る働きがあり，ヒトの髪の毛の黒の成分

*　Michinari Kohri　千葉大学　大学院工学研究院　准教授

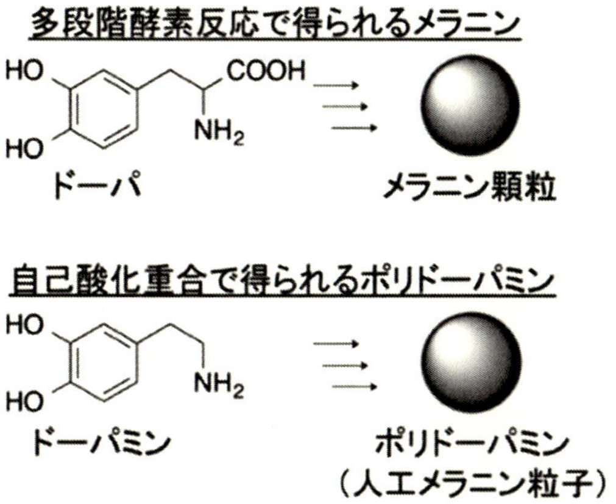

多段階酵素反応で得られるメラニン

HO / HO / COOH / NH_2

ドーパ　→　メラニン顆粒

自己酸化重合で得られるポリドーパミン

HO / HO / NH_2

ドーパミン　→　ポリドーパミン（人工メラニン粒子）

図1　メラニンとポリドーパミンの化学構造

としても知られている。紫外線吸収剤としての役割に加えて，自然界ではしばしばメラニンが構造色の発現において重要な役割を担っている。鮮やかな青色のモルフォ蝶の色は，階層的な棚構造由来の構造色で，棚構造の下層にはメラニン顆粒からなる層がある[4]。玉虫の体色は，メラニン顆粒を含む層と含まない層が20層ほど交互に積み重なった，多層膜由来の構造色である[5]。一般に，構造発色がおこるサブミクロンサイズの微細構造体に光があたると，散乱光によってヒトの目には白く見える。上述のモルフォ蝶や玉虫では，層内のメラニン顆粒が選択反射に寄与しない散乱光を適度に吸収することで，構造発色が際立っている。メラニンそのものが構造発色の源となっているのが，孔雀の羽毛の発色である[6,7]。孔雀の羽毛内部では柱状型メラニン顆粒が規則構造を構築するとともに散乱光を適切に吸収し，鮮やかな構造発色を実現している。微細構造構築と光吸収層としての二役をこなしているメラニンを模倣した材料開発が可能となれば，新たな構造色材料の作製が期待される。

生体内でメラニンは，ドーパを前駆体とした多段階酵素反応によって生成するため，微細構造制御を伴う人工合成は困難である。一方，上述のように，ドーパの誘導体であるドーパミンは塩基性溶液中で自己酸化重合し，容易にポリドーパミンが得られる[1]。つまり，ポリドーパミンは構成組成が天然のメラニンとほぼ同じであり，容易に調製可能なメラニン模倣体と捉えることができる（図1）。

4　人工メラニン粒子の作製と構造発色

4.1　ポリドーパミン粒子

系を塩基性に保った水/メタノール混合溶媒中でドーパミンを重合すると，粒子径がほぼ均一なポリドーパミン粒子を得ることができる[8]。合成条件により，構造色の発現が可能なサブミクロンサイズで単分散な粒子が得られる。ポリドーパミンを素材とする人工メラニン粒子は黒色の

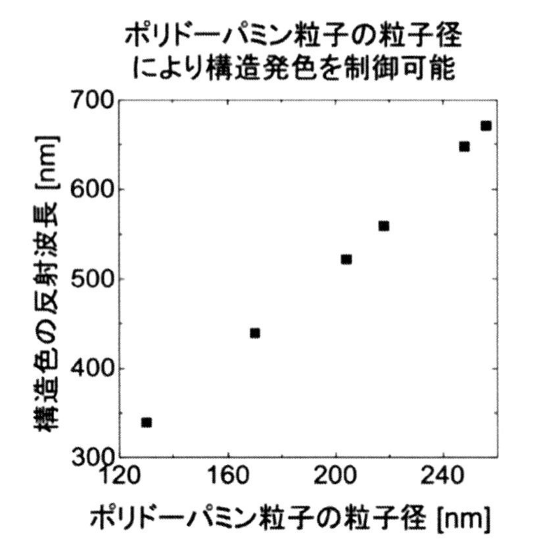

図２　ポリドーパミン粒子の粒子径と構造発色の反射波長の関係

粉体で，水分散体中での粒子濃度が1％程度だと光を吸収し黒色となる。一方，粒子濃度を約50％まで濃縮し粒子配列を促すと鮮やかな構造色が発現する。使用するポリドーパミン粒子の粒子径を選択することで，粒子径に依存した選択反射波長が可変で，様々な色の構造発色が可能である（図2）。本系は，メラニンとほぼ同様の組成の黒色材料であるポリドーパミン粒子を用いて構造発色を実現した初の例である[8]。ポリドーパミン粒子表面への磁性界面活性剤の被覆[9]や，リビング重合によるヘアリー粒子の構築による表面改質[10]により，分散特性を制御することができる。

4.2　ポリドーパミンをシェル層とするコア-シェル粒子

光機能性材料としての利用にあたり，視認性の高い構造発色の実現は重要な課題である。しかし，粒子をポリドーパミンのみで作製した人工メラニン粒子は，黒色度が高いため光吸収能が高く，インクとして利用する際に重要な固体状態での構造発色が暗色になった。鳥類の羽毛における構造色では，階層構造により光吸収能が調整され，視認性の高い構造色が得られている例がいくつか知られている。例えば，アヒルの羽毛のメラニン顆粒は一定間隔で配列[11]しており，七面鳥の羽毛では中空状メラニン[12]が構成素材である。そこで黒色度と光吸収能の調整のため，単分散なポリスチレン粒子をコア材として，ポリドーパミンを被覆したコア-シェル型の人工メラニン粒子を作製した（図3）[13]。ポリスチレンコア粒子のみで固体ペレットを作製すると，遊色効果を示す白色の構造色ペレットが得られる。一方，階層型のコア-シェル型粒子からは，視認性が高くはっきりとした色の構造色ペレットが得られた。図4に，ポリスチレン粒子ならびにコア-シェル型粒子から作製した固体ペレットの反射率測定の結果を示す。ポリスチレン粒子で作製したペレットでは，構造色に起因するピークの反射率が高いものの，散乱に起因するバックグラウ

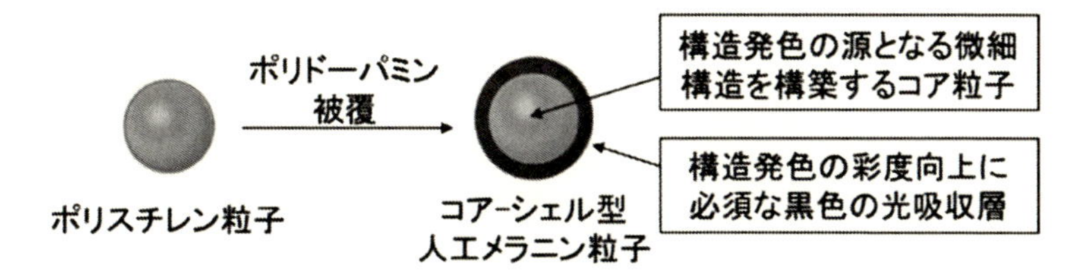

図3　コア-シェル型の人工メラニン粒子の設計指針

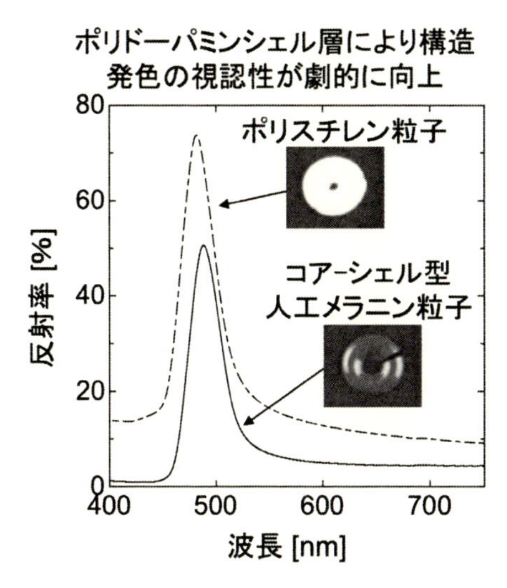

図4　人工メラニン粒子の集積で発現する構造色の特徴

ンドが可視光全域にわたって高く，ヒトの目には白色に見える（図4：点線）。一方，コア-シェル型の人工メラニン粒子で調製した固体ペレットは，ポリドーパミン層が散乱光を適度に吸収しバックグラウンドが全域にわたって減少した（図4：実線）。構造色の反射率も減少するものの，ヒトの目に対する視認性は劇的に向上した。コア粒子の粒子径とポリドーパミンシェル層の厚みを制御することで，現行のディスプレイに用いられている色をほぼすべて発現可能である[13]。

4.3　構造色の角度依存性

メラニン顆粒の規則的な配列で発色している孔雀の羽毛の発色は，見る角度によって構造色の色相が変化する虹色構造色である[6,7]。一方，ノドムラサキカザリドリの羽毛は，見る角度に依存しない青色の単色構造色である[14]。これは，羽毛内部で形成されているメラニン顆粒と色素からなるアモルファス構造に起因する。アモルファス構造では長距離秩序性はないが，短距離での秩序性はあり波長選択的反射により単色構造色が発現する。構造色の角度依存性の人工制御は，用途に応じた応用展開に向けて重要な課題である[15]。興味深いことに，コア-シェル型の人工メラニン粒子を集積したペレットは，ポリドーパミンシェル層が5 nm 以下と薄いときは虹色構造

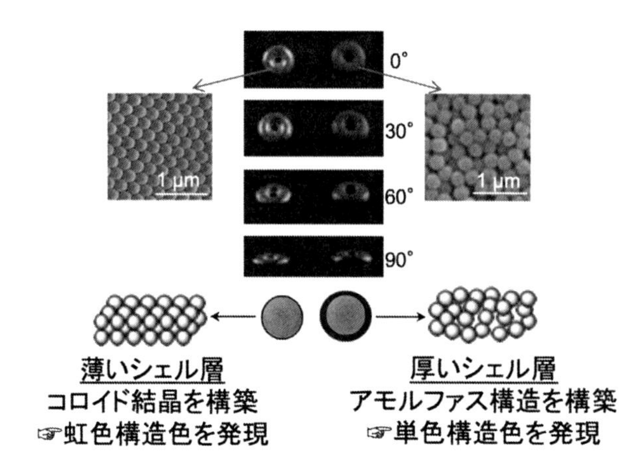

図5　構造発色の角度依存性と材料表面の微細構造

色が発現する。一方，シェル層が10 nm 以上と厚いときは単色構造色を示す（図5）。走査型電子顕微鏡でペレット表面の粒子配列を観察すると，シェル層が薄いときは粒子配列が規則的なコロイド結晶構造が，シェル層が厚いときは粒子配列が乱れたアモルファス構造が形成されていることがわかる。これには，粒子表面の平滑性が大きく影響している。本系では，コア-シェル型の人工メラニン粒子の合成条件によって，構造色の角度依存性を容易に制御可能である[13)]。

4. 4　中間構造色の発現

粒子の粒子径に応じて選択的反射波長が異なる。このため通常は，使用する粒子の粒子径を選択することで構造色の色彩調整が行われているが，各種応用展開に向けて，出来るだけ少ない種類の粒子を用いて多彩な構造発色を実現する手法開発は重要である。異なる粒子径のコア-シェル型人工メラニン粒子を混合してペレット材料を形成すると，混合比に応じて中間構造色が発現する（図6）。粒子混合により粒子配列の規則性が低下するため反射率は低下するものの，混合のみでの色彩調整が可能である[16)]。

4. 5　インクとしての応用展開

人工メラニン粒子を構造色インクとして利用するにあたり，構造発色を観察する際の背景色は重要である。通常，構造色の観察では，視認性の向上のため黒背景を使用することが多い。一方，人工メラニン粒子は自身が光吸収能を有するため，通常の紙などの白背景を利用しても視認性の高い構造発色を得ることができる[17)]。この特徴はインクとして利用する上で有用である。また，人工メラニン粒子は高いζ電位（-50 mV 程度）を示し，水媒体中によく分散する[13)]。この特徴により，人工メラニン粒子の水分散体をインクとして用いたインクジェット法による構造色印字（図7）[18)]や，膜乳化法やマイクロ流路を用いた粒子内包エマルションを基盤とする球状ならびに繊維状構造発色体の作製[19)]が可能である。

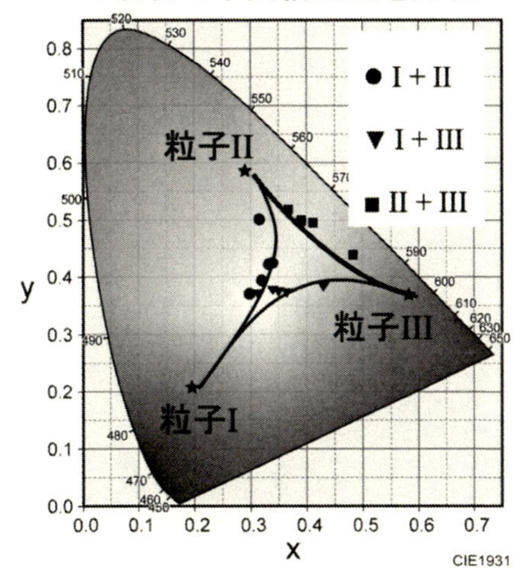

図6　粒子混合で得られる中間構造色の XY 色度図

人工メラニン粒子の粒子径: 274 nm(緑)

千葉大学

211 nm(青)　　292 nm(赤)

図7　人工メラニン粒子のインクジェット塗布で発現する構造色

5　おわりに

孔雀の羽毛の構造発色において重要なメラニン顆粒を模倣して作製した人工メラニン粒子は，光の反射と吸収を制御することにより，鮮やかで視認性の高い構造色を生み出すことができる。ポリドーパミンを素材とした人工メラニン粒子は，微細構造の制御も含め容易に合成可能な材料である。最近では，メラニン前駆体としてドーパミンに加えて，ドーパやノルエピネフリンを用いることも可能となり，より多彩な構造発色が実現している[20]。ポリドーパミンは，生体内に存在するメラニンを成分・構造ともに模倣した材料であることから生体適合性も高いと考えられ，多様な分野での応用展開が期待される[21]。

文　　献

1) H. Lee, *et al.*, *Science*, **318**, 426 (2007)
2) M. Kohri and A. Kawamura, Polymer science：research advances, practical applications and educational aspects (Eds. A. Mendez-Vilas and A. Solano-Martin), Formatex Research Center, pp. 159-168 (2016)［本総説は WEB にて無料で閲覧可能］
3) Y. Liu, *et al.*, *Chem. Rev.*, **114**, 5057 (2014)
4) S. Kinoshita, *et al.*, *Forma*, **17**, 103 (2002)
5) S. Yoshioka, *et al.*, *J. Phys. Soc. Jpn.*, **81**, 054801 (2012)
6) S. Yoshioka, *et al.*, *Forma*, **17**, 169 (2002)
7) J. Zi, *et al.*, *Proc. Natl. Acad. Sci. USA*, 12576 (2003)
8) M. Kohri, *et al.*, *J. Mater. Chem. C*, **3**, 720 (2015)
9) A. Kawamura, M. Kohri, *et al.*, *Trans. Mat. Res. Soc. Jpn.*, **41**, 301 (2016)
10) M. Kohri, *et al.*, *Photonics*, **5**, 36 (2018)
11) C. M. Eliason *et al.*, *J. R. Soc. Interface*, **9**, 2279 (2012)
12) C. M. Eliason, *et al.*, *Proc. Biol. Sci.*, **280**, 20131505 (2013)
13) A. Kawamura, M. Kohri, *et al.*, *Sci. Rep.*, **6**, 33984 (2016)
14) R. O. Prum, *et al.*, *Nature*, **396**, 28 (1998)
15) Y. Takeoka, *J. Mater. Chem.*, **22**, 23299 (2012)
16) A. Kawamura, M. Kohri, *et al.*, *Langmuir*, **33**, 3824 (2017)
17) M. Kohri, *et al.*, *Colloids Surf. A*, **539**, 564 (2017)
18) M. Kohri and A. Kawamura, US patent 5/246, 029
19) M. Kohri, *et al.*, *ACS Appl. Mater. Interfaces*, **10**, 7640 (2018)
20) T. Iwasaki, M. Kohri, *et al.*, *Langmuir*, **34**, 11814 (2018)
21) M. Kohri, *Accounts of Materials & Surface Research*, **2**, 72 (2017)［本総説は WEB にて無料で閲覧可能，構造発色のカラー画像はこちらを参照されたい］

第１章　光分解性架橋剤を用いる剥離性粘着剤

舘　秀樹[*1]，陶山寛志[*2]

1　はじめに

近年のリサイクルや環境に対する社会的な意識の高まりを背景に，使用後の製品を容易に解体できる易解体性材料へ大きな注目が集まっている。易解体性材料は，使用後に光や熱などの外部刺激を与えることで速やかに解体が可能となるため，資源の有効利用，リサイクル，軽量化（プラスチック–金属などの異種接合材料の解体）に非常に有効な手段である。

図１に易解体性材料の概念を示す。横軸は時間軸を示しており，縦軸は接着強度を示している。通常の使用時には一定の接着強度を有するが，使用後（容易に解体したい場合）は外部から刺激を与えることによって速やかに接着強度が低下し，被着体から容易に解体（または，破壊，剥離）が可能となる。このように接着と解体が自在に制御可能であることが大きな特徴である。

このような易解体性材料の設計思想においては，解体性と初期物性を両立させることが最も重要である。さらに，使用中に解体することが無いように長期的な保存安定性（ポットライフ）を担保することも非常に重要であり，その設計は非常に困難である。易解体性材料の開発の歴史はまだ浅く，近年，解体性を有する材料の報告例が増えてきているものの未だ少なく，実用に近い

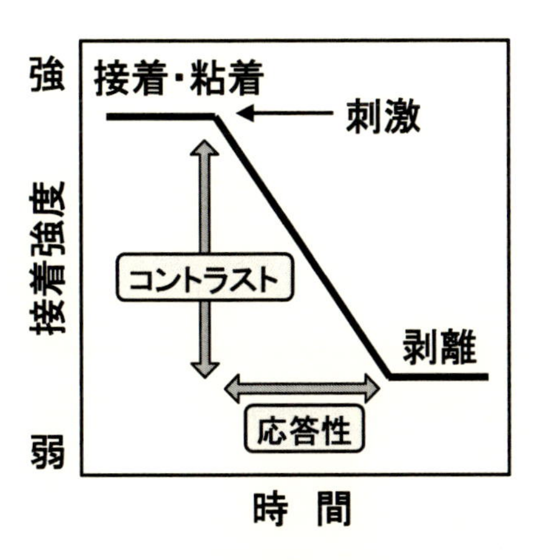

図１　易解体性材料

＊１　Hideki Tachi　（地独）大阪産業技術研究所　和泉センター　高分子機能材料研究部　有機高分子材料研究室　研究室長

＊２　Kanji Suyama　大阪府立大学　高等教育推進機構　准教授

技術は十分には確立されていない。

実用化されている易解体性材料として，マイクロカプセルなどの熱発泡膨張を利用した剥離粘・接着剤[1~4]やガス発生により自己剥離する粘着テープ[5,6]などが代表例であり，これは界面制御による解体性を付与した粘・接着剤である。他にも膨張黒鉛による熱膨張[7]やマイクロ波[8]を用いた解体性接着剤が報告されている。一方，化学反応を利用した易解体性材料も報告例が増えてきており，架橋反応を利用した易解体性材料[9~12]，化学反応や光分解反応を利用した分解型の易解体性材料[13~20]，リワーク型樹脂[21,22]などが報告されている。最近では通電により剥離可能な粘・接着剤[23~27]や超音波照射により剥離可能な粘着剤[28]などが報告されており，特徴を持ったものが多く非常に興味深い。

2　光分解性架橋剤とその性能

解架橋や分解反応は，樹脂の劇的な物理的および化学的変化を引き起こすことが可能である。そのため，機械的および熱的に優れた性質を有する架橋樹脂の架橋後に何らかの方法で分解できる架橋剤は，機能性材料の構成要素として非常に魅力的である。また，このような架橋剤は架橋高分子のリサイクルの観点からも有用である。特に光照射による解架橋が可能になると，加熱分解と比較して基材にダメージを与えず時間的空間的な分解が容易に可能となる。

光分解性架橋剤は，1つの分子中に架橋および分解部位を併せ持つ新しいタイプの架橋剤である[16~18]。図2に3種類の光分解性架橋剤およびトルクセノントリオキシムの構造を，図3にその合成方法を示す。2官能〔DBzM：1,4-diacetylbenzene 1,4-bis(*O*-methacryloyl)dioxime〕および3官能〔TBzM：1,3,5-triacetylbenzene 1,3,5-tris(*O*-methacryloyl)trioxime〕タイプの光分解性架橋剤に加え，最近ではトルクセノン骨格を有し近紫外光で感光可能な光分解性架橋剤〔TruxM：truxenone tris(*O*-methacryloyl)trioxime〕が報告されている[19,20]。これらの光分解性架橋剤は，架橋剤，光開始剤，光分解性ユニットとしての利用が可能である。

これらの光分解性架橋剤は，中心にベンゼン環やトルクセノン骨格を有しており，中心から光分解性の*O*-アシルオキシム部位を介してメタクリル基を連結した構造となっている。メタクリル基はラジカル開始剤を用いることにより，容易にアクリルポリマーの形成が可能である。光分解性の*O*-アシルオキシムは，光照射によりカルボニル部位の切断が起こり，ラジカル生成，脱炭酸を経て分解が進行する（図4）。重合部位にメタクリル基を用いることで，カルボニル部位の切断の際に生じるラジカル（主鎖ラジカルとイミニルラジカル）同士の再結合を抑え，優先的に切断が進行する。ここでアクリル基を用いるとポリマーの生成は可能であるが，ラジカル再結合により光分解の効率が低くなることがわかっている[29,30]。なお，光分解性架橋剤の合成は，対応する原料をオキシム化した後，酸クロリドまたはイソシアネートによってアクリル二重結合を付加させて簡便に合成することができる。

図5に，光分解性架橋剤のUVスペクトル（1.0×10^{-5} M，DBzM，TBzM：アセトニトリル，

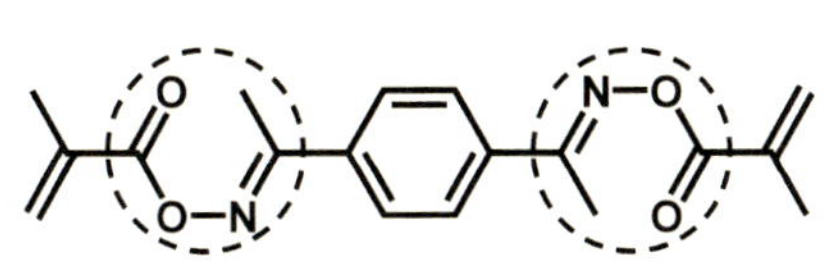

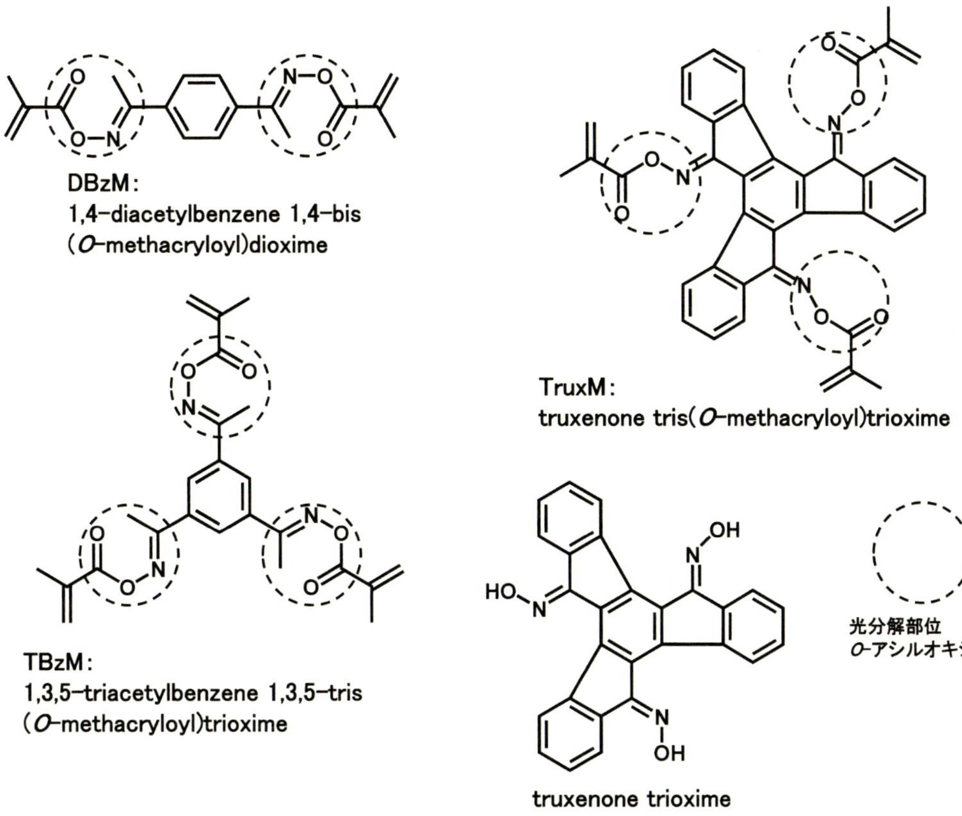

DBzM:
1,4-diacetylbenzene 1,4-bis
(*O*-methacryloyl)dioxime

TruxM:
truxenone tris(*O*-methacryloyl)trioxime

TBzM:
1,3,5-triacetylbenzene 1,3,5-tris
(*O*-methacryloyl)trioxime

truxenone trioxime

光分解部位
O-アシルオキシム

図２　光分解性架橋剤の構造

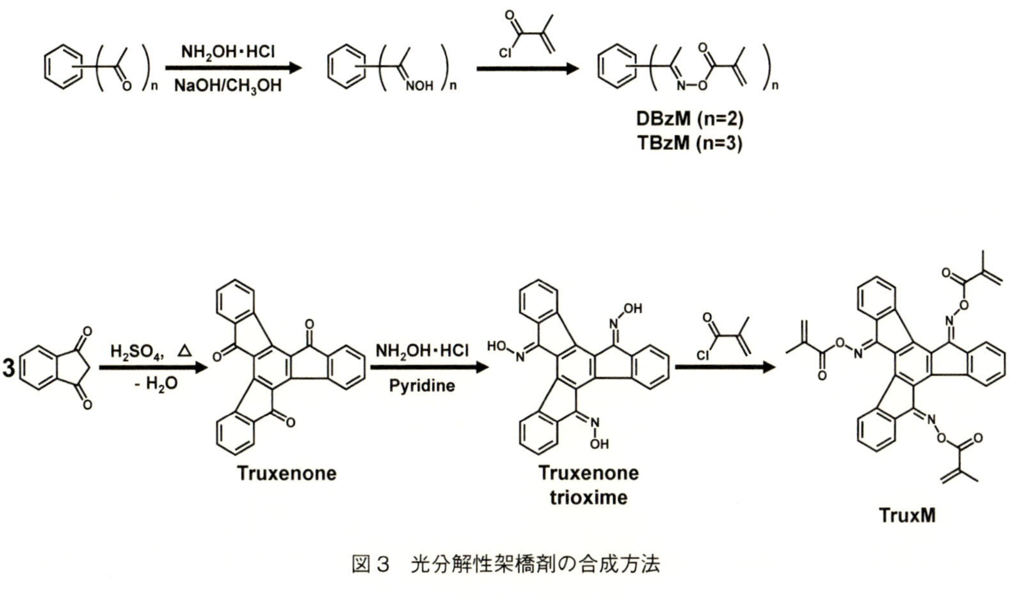

$NH_2OH \cdot HCl$
$NaOH/CH_3OH$

DBzM (n=2)
TBzM (n=3)

H_2SO_4, △
$-H_2O$

Truxenone

$NH_2OH \cdot HCl$
Pyridine

Truxenone
trioxime

TruxM

図３　光分解性架橋剤の合成方法

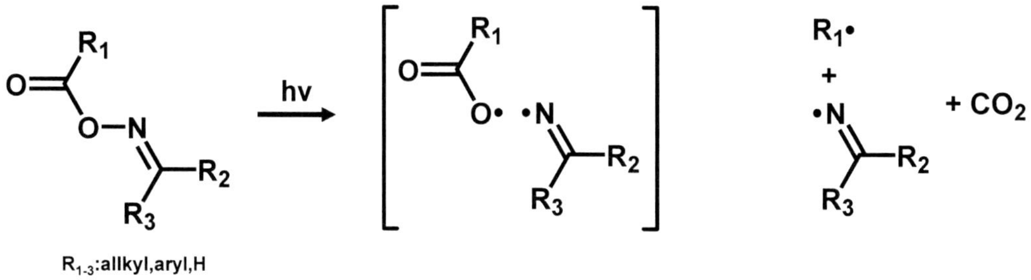

$R_{1\text{-}3}$:allkyl,aryl,H

図4　*O*-アシルオキシム型光分解性架橋剤の光反応メカニズム

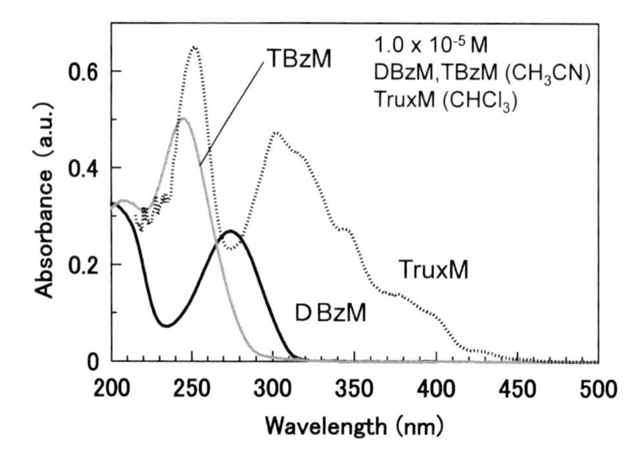

図5　光分解性架橋剤の UV スペクトル

TruxM：クロロホルム）を示す。DBzM は 270 nm 付近に，TBzM は 250 nm 付近に吸収極大を有しており，光照射により速やかに分解する。また，TBzM は 320 nm 付近に極大吸収を有するとともに，吸収のすそが 450 nm 付近まで伸びていることがわかる。いずれの光分解性架橋剤も熱分解温度は 200℃以上であり，熱的に非常に安定である。DBzM や TBzM については，光照射に伴う UV や IR スペクトルの変化から 254 nm 光照射により *O*-アシルオキシム部位の光分解が容易に起こることが確認されている。TruxM についても Hg-Xe ランプを用いた光照射によって同様の光分解が可能である[19,20]。

3　光分解性架橋剤の剥離性粘着剤への応用

光分解性架橋剤を粘着剤に組み込むことで，光剥離可能な粘着剤を容易に作製することができる[18]。アクリル酸ブチル（BA）と DBzM または TBzM をラジカル重合し，2 種類の粘着剤ポリマー［p(BA-DBzM)，p(BA-TBzM)］を得た。極少量の光分解性架橋剤をアクリルモノマーと重合するだけで，強い凝集力を持った粘着剤ポリマーを作製することができる。得られたポリマーの分子量は，いずれも数平均分子量が約 10 万～70 万，重量平均分子量が約 30 万～300 万程度であった。PET フィルム上に粘着シートを作製し，高圧水銀灯を用いて全波長光を照射後，180 度剥離試験を実施した。得られた剥離強度変化を図 6 に示す。

架橋剤を含む p(BA-DBzM)，p(BA-TBzM) の粘着剤は，初期粘着強度が 4～6 N/20 mm と比較的大きく，また，光照射に伴い剥離強度が激減し初期剥離強度の約 1/5 まで低下させることができた。一方，架橋剤を含まない BA のホモポリマー（pBA）は，凝集力が低いため初期粘着強度が低く光照射を行っても剥離強度の減少はほとんど見られない。光照射後の破壊モードは，いずれの粘着剤についても概ね界面破壊である。

また，光分解性架橋剤は，増感剤として 2-isopropylthioxanthene-9-one(ITX) を用いることで 365 nm 光照射による増感光分解させることができる[18]。チオキサントン類を用いた *O*-アシルオキシムの増感光分解は詳細に検討されており[31～33]，エネルギー移動によって効率よく光分解が進行する。ITX を極少量加えた粘着剤の 365 nm 光照射に伴う動的粘弾性挙動の変化を図 7 に示す。光分解性架橋剤を含む p(BA-DBzM) および p(BA-TBzM) は，光照射と同時に，弾性成分である貯蔵弾性率（G'），粘性成分である損失弾性率（G"）および複素粘度 $|\eta^*|$ の速やかな減少が確認された。pBA や増感剤を加えていない系では，光分解挙動を確認することができなかった。このことから増感剤を用いた 365 nm 光照射によって，導入された光分解性架橋剤の速やかな分解が起こり，粘着剤の凝集力が低下することで剥離強度が大きく低下し，大きな物性変化につながることがわかった。

このように，架橋部位と分解部位を併せ持つ光分解性架橋剤を粘着剤に導入することにより，光剥離性の粘着剤を容易に作製することができた。光分解性架橋剤は，剥離などの粘着性に大き

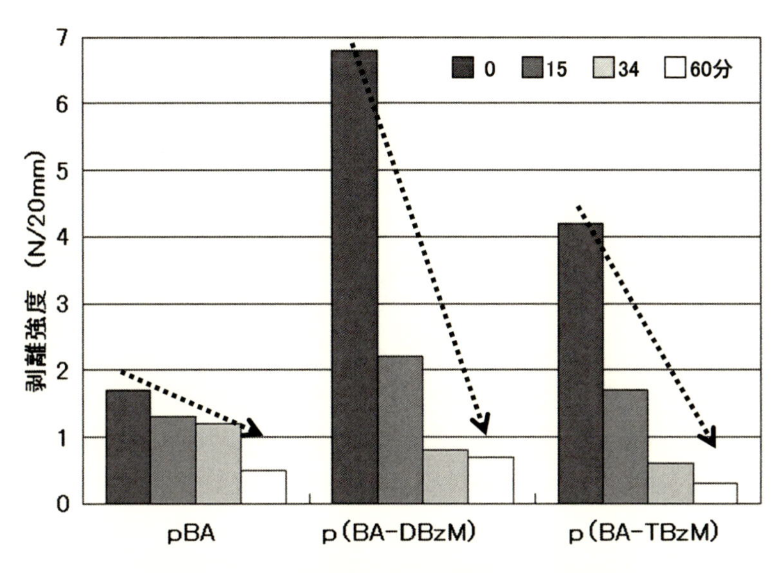

図 6　光分解性架橋剤を用いた粘着剤の光剥離挙動
（光照射：高圧水銀灯）

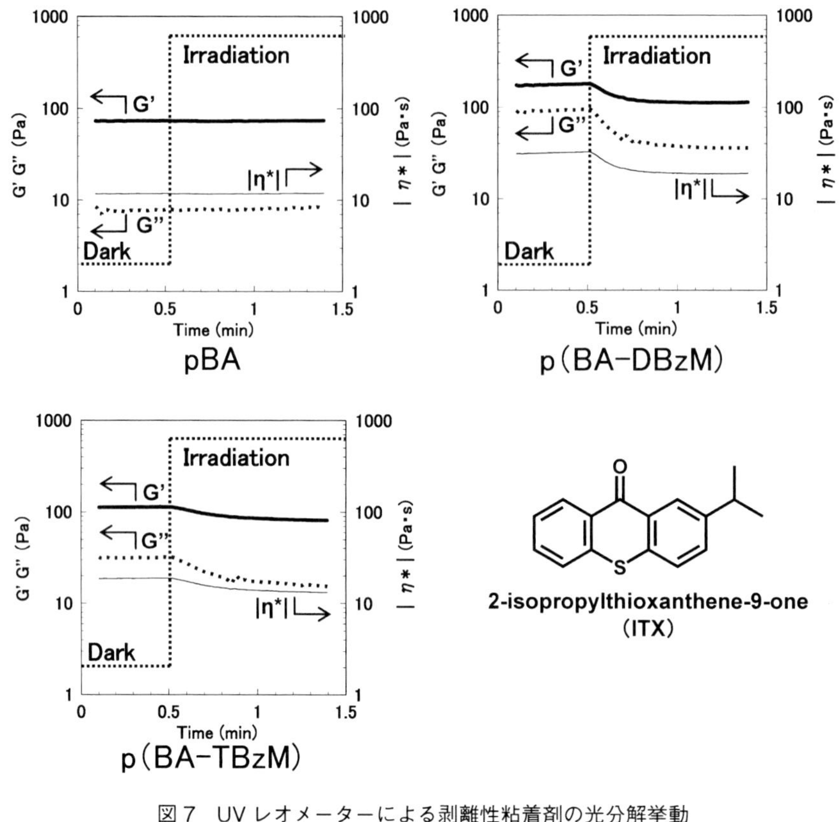

図7 UV レオメーターによる剥離性粘着剤の光分解挙動
貯蔵弾性率：G', 損失弾性率：G'', 複素粘度：| η* |
ITX：0.1 wt%添加
周波数：1 Hz 温度：25℃ 光源：365 nm（LED）
条件：測定開始30秒後より光照射

な影響を与えるだけでなく劇的な物性変化を引き起こすことが可能であり，解体性粘着剤の構成要素として極めて有用である。

4 光分解性架橋剤を用いた様々な応用

ほかにも光分解性架橋剤を用いることで様々な光機能性材料としての応用が可能である。

例えば，重合と分解の制御が可能な機能性光重合開始剤[34]として用いることができる。BA に TBzM と ITX を少量加え 365 nm 光照射を行うと，光照射初期では BA の光重合が優先的に進行し BA と TBzM の架橋ネットワークが形成される。その後，光照射を続けると，一転して *O*-アシルオキシムの光分解が支配的に進行し，架橋ネットワークの弾性率の低下だけでなく有機溶媒への可溶分の向上および分子量の低下が確認された。このように光分解性架橋剤を用いて光重合することで，光重合による架橋ネットワーク形成とその光分解の制御が可能であり，光分解性の付与が可能な光重合開始剤としても興味深い結果が得られている。

また，TruxMやトルクセノントリオキシムを用いることで光分解性のゲルやウレタンを作製することができる[19,20]。TruxMとアクリル酸を懸濁重合して作製した光機能性アクリル酸ゲルを水で十分に膨潤させ，Hg-Xe光を照射すると，著しく流動性が高まることがわかっている。さらに，TruxMの前駆体であるトルクセノントリオキシムを用いてグリコールやジイソシアネートと反応させ作製した光分解性ウレタンは，365 nm光照射によって弾性率が低下することが確認されている。

ポリマーや粘着剤中へ導入された光分解性架橋剤の光分解は図８のように想定されている。光照射に伴い，ポリマー中に導入された光分解性架橋剤の*O*-アシルオキシム部位の選択的な光分解が起こり，架橋点が減少することで大きな物性変化を引き起こすことが可能となる。

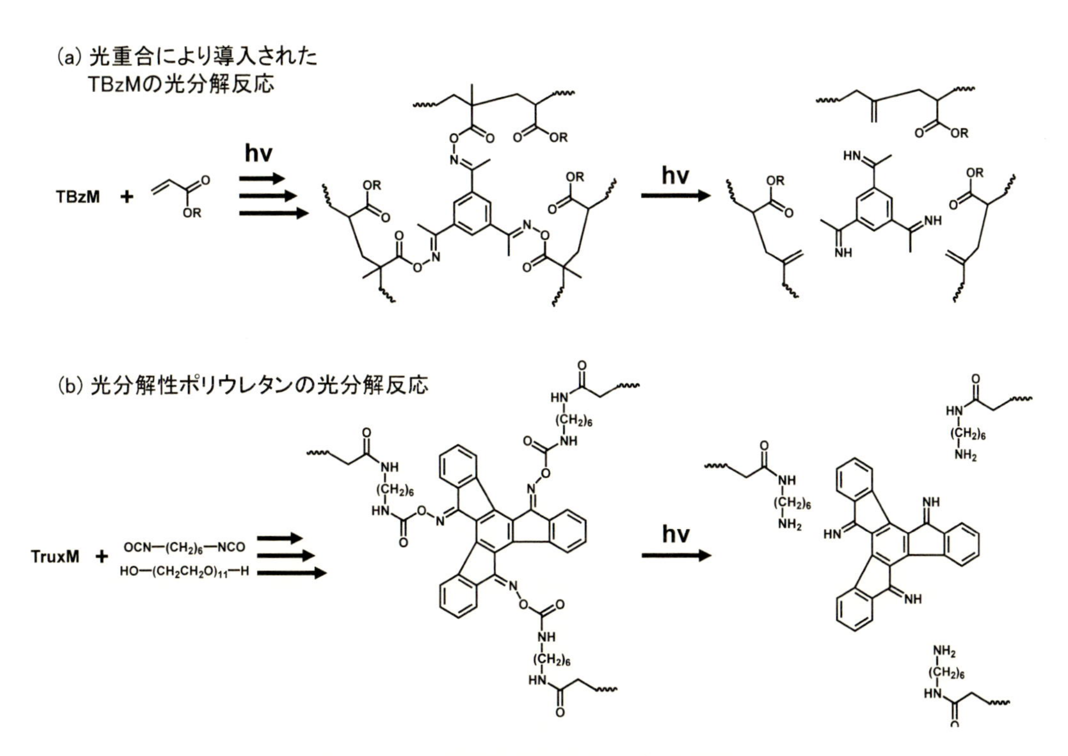

図８　光分解性架橋剤の重合および光分解反応

5　おわりに

光分解性架橋剤の特徴と光剥離性粘着剤への応用について述べてきた。光分解性架橋剤は，架橋部位であるアクリル二重結合と分解性の *O*-アシルオキシム部位を一つの分子内に有する新しい光機能性材料である。とくに，高分子や樹脂に組み込むことで光分解性を簡単に付与することが可能であり，著しい物性変化を引き起こすことが可能となる。2 および 3 官能タイプがあり用途に合わせて使いわけることができる。また，トルクセノンを光吸収部位として有する近紫外光分解型の新しい光分解性架橋剤についても紹介した。イソシアネートと組み合わせることで，光分解性を付与したウレタンを容易に作製することが可能である。光分解性架橋剤を用いた光剥離性粘着剤は，光照射によって剥離強度を大きく低下させることが可能である。

光分解性架橋剤は，架橋と光分解を制御することが可能であり，様々な機能性材料として利用可能である。光剥離性粘着剤のみならず一般的な UV 塗料・硬化樹脂やレジストへも応用が可能である。選択的に光分解を引き起こすことができるため，3D プリンタ用の機能性材料としての展開も考えられる。今後は，分解性能の向上と様々な機能性材料への展開が期待される。

文　　献

1)　佐藤千明, 日本接着学会誌, **44** (4), 136 (2008)
2)　佐藤千明, 日本ゴム協会誌, **81** (9), 364 (2008)
3)　佐藤千明, 強化プラスチックス, **54** (9), 409 (2008)
4)　特許 3594853　加熱剥離型粘着シート
5)　特許 4084676　半導体チップの製造方法
6)　特許 4268411　半導体チップの製造方法及びダイシング用粘着テープ
7)　岸肇ほか, 日本接着学会誌, **42** (9), 356 (2006)
8)　特開 2017-214558　マイクロ波解体性接着組成物, 接着物, 及びその解体方法
9)　K. Ebe *et al.*, *J. Appl. Polym. Sci.*, **90**, 436 (2003)
10)　N. Moszner *et al.*, *Polym. Chem.*, **8**, 414 (2017)
11)　N. Moszner *et al.*, *Macromolecules*, **51**, 660 (2018)
12)　K. Arimitsu *et al.*, *J. Polym. Sci., Part A：Polym. Chem.*, **56**, 237 (2018)
13)　N. Kihara *et al.*, *J. Polym. Sci., Part A：Polym. Chem.*, **45**, 963 (2007)
14)　E. Sato *et al.*, *ACS Appl. Mater. Interfaces*, **2**, 2594 (2010)
15)　A. Matsumoto *et al.*, *Macromolecules*, **39**, 9112 (2006)
16)　K. Suyama and H. Tachi, *J. Photopolym. Sci. Technol.*, **28**, 45 (2015)
17)　K. Suyama and H. Tachi, *RSC Adv.*, **5**, 31506 (2015)
18)　K. Suyama and H. Tachi, *Prog. Org. Coat.*, **100**, 94 (2016)

19) K. Suyama and H. Tachi, *J. Photopolym. Sci. Technol.*, **30**, 247 (2017)
20) K. Suyama and H. Tachi, *J. Photopolym. Sci. Technol.*, **31**, 517 (2018)
21) H. Okamura *et al.*, *Chem. Mater.*, **20** (5), 1971 (2008)
22) H. Okamura *et al.*, *J. Mater. Chem.*, **19** (24), 4085 (2009)
23) 大江学，コンバーテック，**36** (6), 93 (2008)
24) 大江学，月刊エコインダストリー，**11** (1), 47 (2006)
25) 特許5296446　電気剥離性粘着剤組成物，電気剥離性粘着製品及びその剥離方法
26) 特許5210078　電気剥離性粘着剤組成物，電気剥離性粘着製品及びその剥離方法
27) 特許5503926　電気剥離性粘着製品及びその剥離方法
28) H. Tachi and K. Suyama, *J. Photopolym. Sci. Technol.*, **30**, 253 (2017)
29) M. Tsunooka *et al.*, *Makromol. Chem. Rapid Commun.*, **9**, 519 (1988)
30) K. Suyama and M. Tsunooka, *Polym. Degrad. Stabil.*, **45**, 409 (1994)
31) M. Shirai *et al.*, *React. Funct. Polym.*, **66**, 1189 (2006)
32) X. Allonas *et al.*, *J. Photochem. Photobiol. A：Chem.*, **151**, 27 (2002)
33) J. Lalevee *et al.*, *J. Polym. Sci. A：Polym. Chem.*, **48**, 910 (2010)
34) H. Tachi and K. Suyama, *J. Photopolym. Sci. Technol.*, **29**, 139 (2016)

第2章　光チオールエン反応による有機無機ハイブリッド材料

松川公洋*

1　はじめに

有機無機ハイブリッド材料は無機物を有機ポリマー中にナノ分散することで，それぞれ単独では達し得ない新しい特性の発現が可能な機能性材料として期待されている。また，柔軟性や成形性に優れた有機ポリマーに，耐熱性，硬度，光学特性などに優れた無機物をハイブリッド化する事で，物性のトレードオフを解消できる材料設計の可能性と実用材料への展開が注目されている。有機無機ハイブリッドの一般的な製造法として，金属アルコキシドのゾル-ゲル法で調製されたゾル中に，有機ポリマーを分散したナノ構造体として形成されている。これらのナノ分散には有機ポリマーとゾルとの間で共有結合，水素結合，配位結合，π-π 相互作用，イオン性相互作用，疎水性相互作用などの相互作用が不可欠であり，様々な有機無機ハイブリッドが開発されている[1~3]。最近では，無機ナノ構造体を元素ブロックとした有機無機ハイブリッドの構築について報告されており[4]，合成手法と機能発現は多岐に渡っている。

シルセスキオキサン，$(R\text{-}SiO_{1.5})_n$，を用いた有機無機ハイブリッドには，ゲル化に伴う硬化収縮が少ない，ゾルゲル反応で生じるアルコールなどの副生成物がない，硬化反応の時間が短いなどの特長がある。また，有機基の選択で，様々な反応性シルセスキオキサンを容易に合成することができる。シルセスキオキサンには，立方体，5角柱，6角柱などの多面体かご構造，あるいはラダー構造などのような整った構造体があるが，我々は実用面とコストを考慮したランダム型を用いて検討している。例えば，我々は，エポキシ基やアクリル基を有する反応性ランダム型シルセスキオキサンと各種モノマーとの架橋反応を報告している[5,6]。これらは，すでにゾル-ゲル反応が完結したシルセスキオキサンを使うことで，有機反応のみで有機無機ハイブリッドを作製できる。さらに，チオール基含有ランダム型シルセスキオキサンを利用することで，チオールエン反応による有機無機ハイブリッドへの展開が可能である。具体的には，チオール基を含有したランダム型シルセスキオキサンと多官能オレフィンの混合物に光を照射して架橋・硬化させることで，有機無機ハイブリッドの簡便な合成が期待できる。

有機無機ハイブリッドは，無機成分がナノメートルサイズで分散しているので，透明な機能性光学材料の開発に秀でている。それらを用いた透明なハードコート，ガスバリア膜や屈折率調整膜としての活用事例がある。特に，高屈折率材料の開発においては，芳香環，フッ素以外のハロ

---

*　Kimihiro Matsukawa　京都工芸繊維大学　新素材イノベーションラボ　特任教授

ゲン，イオウ元素，チタニアやジルコニアなどの導入することで作製できる。本稿では，光チオールエン反応によるイオウを含んだ高屈折率有機無機ハイブリッドの合成と特性について，最近の研究成果を紹介する。

2　光チオールエン反応

高屈折率材料の作製には，有機ポリマーにイオウ元素を導入する方法があり，イオウを有機物に組み込む簡便な反応として光チオールエン反応が知られている[7,8]。

光チオールエン反応とは，チオール基の炭素-炭素二重結合（エン）への光照射下で進行する付加反応であり（図1），化学選択性や官能基許容性が高くかつ副反応を生じにくいことからクリック反応の一つとされている。その反応機構は図2のように推定されている。チオール基への紫外光照射によってチイルラジカルが発生するが，光ラジカル開始剤を添加しなくても，この反応は進行する。よって，光ラジカル開始剤の分解物の混入がないため，最終的な硬化膜には黄変が見られないことは大きなメリットである。チイルラジカルの二重結合への付加で生じた炭素ラジカルは，チオールから水素を引き抜いて付加反応は完結し，同時に新たなチイルラジカルを生じることで，付加反応は繰り返される。また，炭素ラジカルが，酸素の影響でパーオキシラジカルに変性しても，チオールからの水素引き抜きにより，チイルラジカルが生じるために，付加反応が停止することなく再び進行する。即ち，光チオールエン反応には，光ラジカル重合に見られるような酸素障害が発生しない特徴があり，光ラジカル硬化反応における大きな問題が解決できていることは，最も注目すべき点である。さらに，アクリレートモノマーのラジカル重合での硬化収縮が大きいため，多官能アクリレートを光硬化コーティングした場合，カールやクラックが生じることがあるが，光チオールエン反応は付加反応であるため，硬化収縮が少なく，生成したチオエーテル化合物は柔軟性に富んでいるため，カールを生じ難い。多官能チオール化合物とオレフィン化合物との反応で生成する架橋体は柔軟で，靭性の付与も可能であり，イオウを含んでいるので，透明でかつ屈折率が大きい，という利点がある。これらの特徴を生かして，フォトリソグラフィナノインプリントに適用している報告例がある[9,10]。ここでは，光チオールエン反応を用いた柔軟性に富んだ有機無機ハイブリッド材料の作製について述べる。

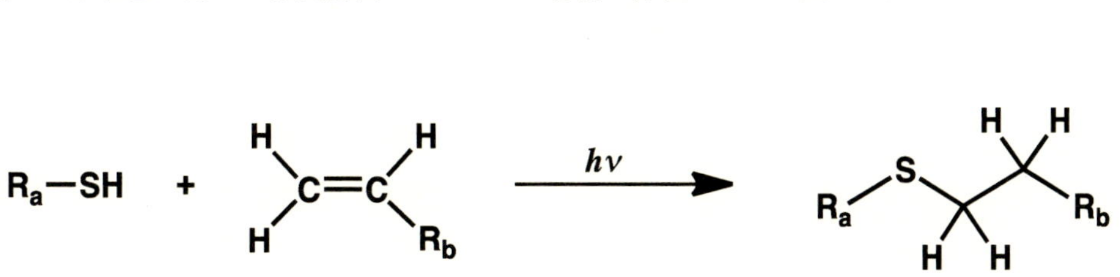

図1　光チオールエン反応

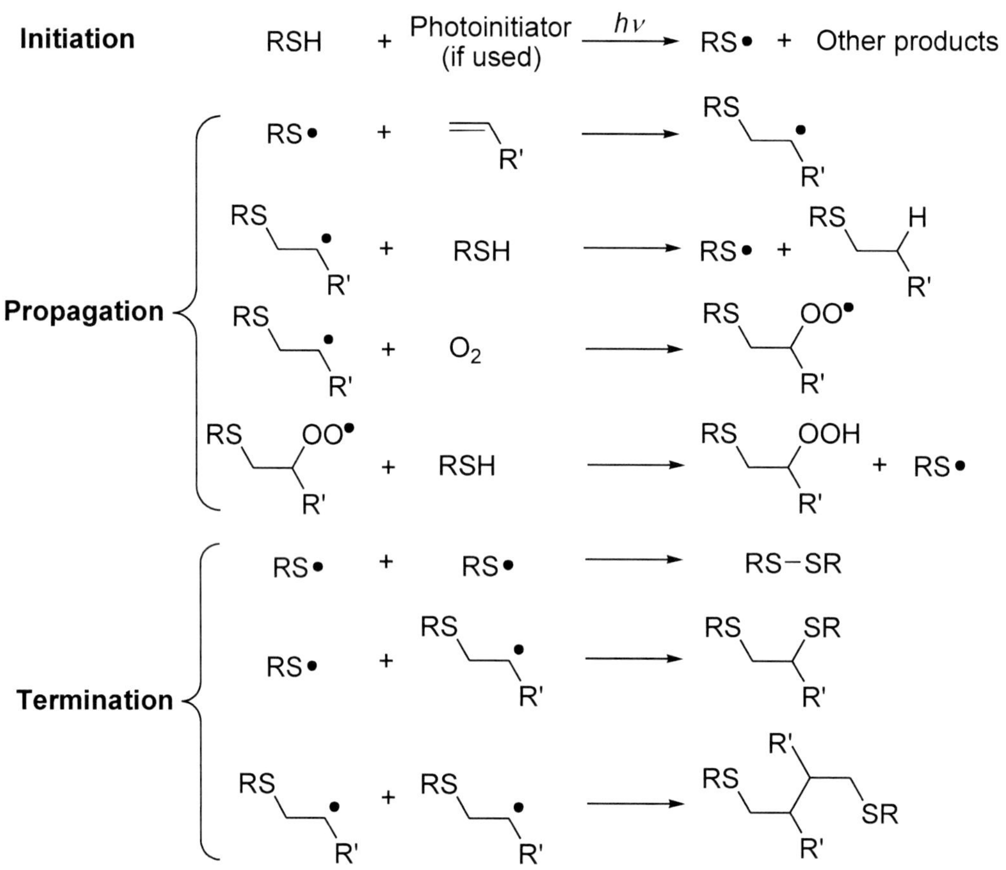

図２　チオールエン反応の反応機構

3　チオールエン/ゾルゲル同時反応による有機無機ハイブリッド

多官能チオール化合物とビニルシランカップリング剤の光チオールエン反応と同時にアルコキシシリル基によるゾルゲル反応を行い，チオールエン/ゾルゲル同時反応で有機無機ハイブリッドの作製を検討した[10〜13]。ビニルシランカップリング剤としてビニルトリメトキシシランを用いて，多官能チオール，トリメチロールプロパントリス（3-メルカプトプロピオネート）（TMMP）と混合し，これに紫外光を照射することで，チオールエン反応は効率的に進行した。しかし，ゾルゲル反応（アルコキシシリル基の加水分解・縮合）との反応速度に差があるため，均一で安定な架橋薄膜を得ることが困難であった。そこで，ビニルシランカップリング剤として，より加水分解性が高いビニルトリアセトキシシラン（VTAS）を用いた。少量の光酸発生剤を添加することで，発生した酸でVTASが空気中の水分と円滑に加水分解を起こし，効率的にゾルゲル反応が進行することを見出だした（図3）。3官能チオールであるTMMPとのチオールエン反応には3倍モルのVTASが必要で，この加水分解で9倍モルの酢酸が発生するので，それらがゾルゲ

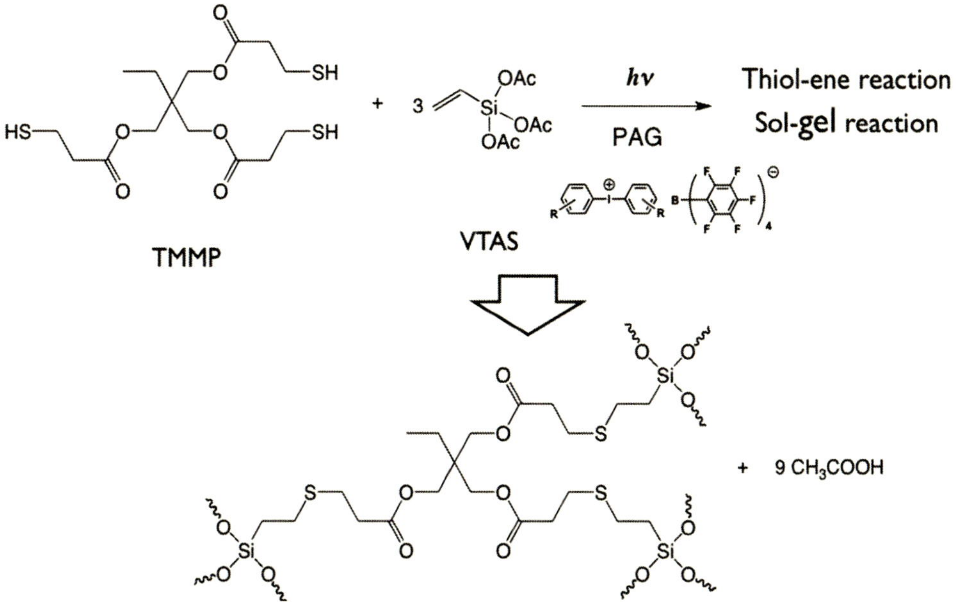

図3　チオールエン反応/ゾルゲル同時反応による光架橋

表1　チオールエン反応/ゾルゲル系有機無機ハイブリッドの特性

多官能チオール	TEOS (wt%)	鉛筆硬度 PET上	鉛筆硬度 ガラス上	屈折率	マンドレル屈曲性 (mm)
TMMP	0	2H	5H	1.540	2
TMMP	17	3H	6H	1.539	2
DPMP	0	2H	5H	1.553	2
TEMPIC	0	2H	4H	1.558	2

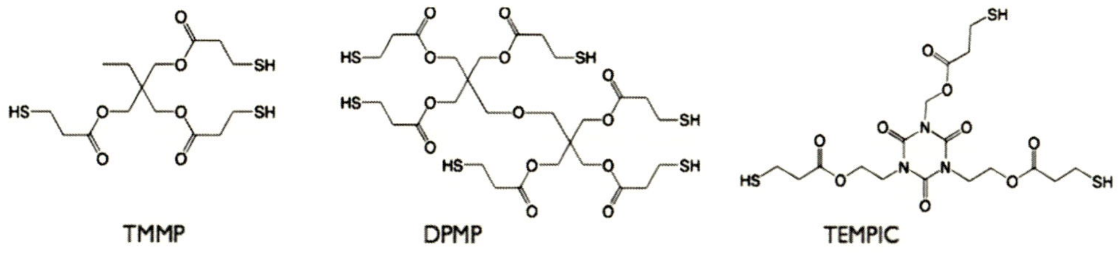

ル反応を促進することが示唆される。この光チオールエン反応とゾルゲル反応の2元架橋反応による有機無機ハイブリッドは共有結合で形成されており，ポスト加熱で酢酸を除去することができ，透明で無臭の薄膜を作製できた。

これらの有機無機ハイブリッドは，表1のとおり，PETフィルム上の塗膜で2H程度，ガラス基板上では4H～5Hの鉛筆硬さのハードコートが作製できた。この薄膜の屈折率は約1.55で，

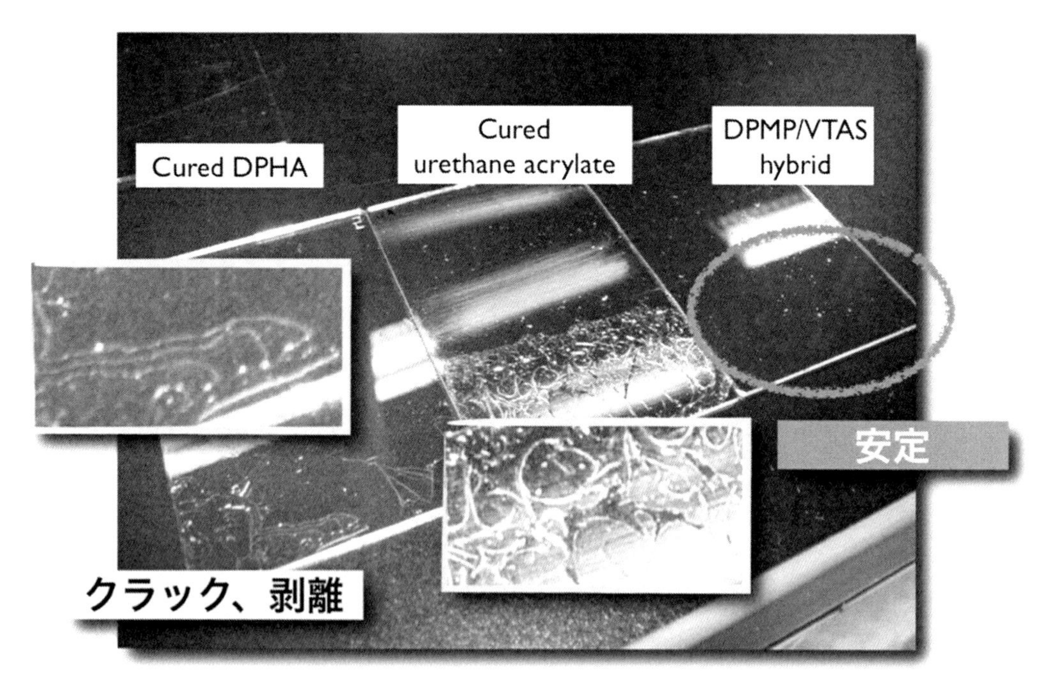

図4　耐溶剤性の比較
ガラス上に成膜，エタノールに5分浸漬後，15分乾燥後の状態

比較的高い屈折率はイオウによる効果である。TMMPとのチオールエン有機無機ハイブリッド膜のアッベ数は59.9という大きな値で，色分散の少ないコーティングが可能であることもわかった。芳香族を全く含んでいないことが，高アッベ数に寄与していると考えられる。また，マンドレル屈曲試験の結果，屈曲性に優れていることが分かった。同時に，繰り返し折り曲げにも高い耐久性を示すことも確認した。

チオールエン有機無機ハイブリッド膜と多官能アクリレート（DPHA），ウレタンアクリレートの光架橋コーティング膜との耐溶剤性の比較を図4に示した。これらをガラス基板上に塗布し，エタノールに5分浸漬，15分乾燥後の塗膜状態を観察したもので，多官能アクリレート，ウレタンアクリレートではクラックや剥離が観察されるのに対し，チオールエン有機無機ハイブリッドは非常に安定で，全く変化がなかった。アクリレート硬化物は硬化収縮が大きいため，塗膜にはソルベントクラックが生じたものと考えられ，これに対し，チオールエン反応による有機無機ハイブリッドは，内部応力が少なく，クラックのない耐久性に優れた安定な塗膜であり，フレキシブルなハードコートへの展開が期待される。

4　チオール基含有シルセスキオキサンによる有機無機ハイブリッド

チオール基含有シルセスキオキサンは，メルカプトプロピルトリメトキシシラン（MPTMS）

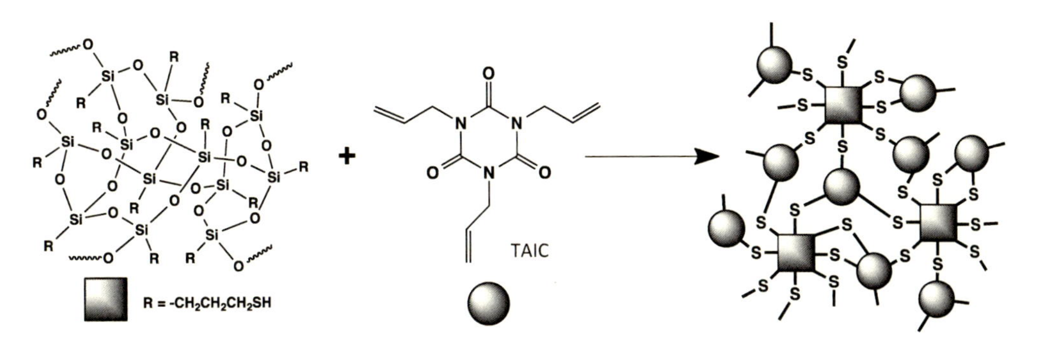

図５　チオール基含有ポリシルセスキオキサン/TAICのチオールエン反応による有機無機ハイブリッド

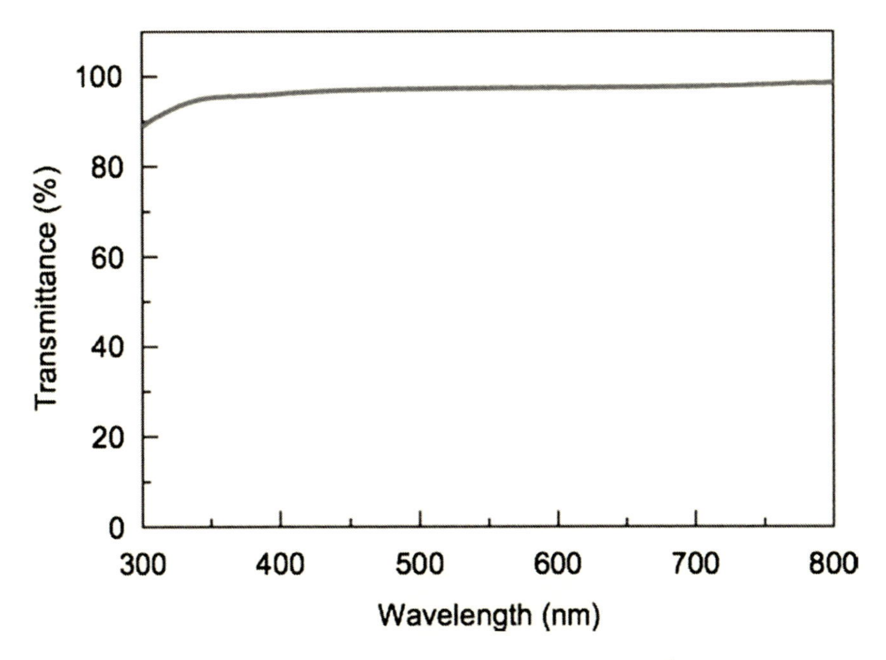

図６　チオール基含有ポリシルセスキオキサン/TAICハイブリッド膜の紫外可視吸光スペクトル

を加水分解，縮合することで得られ，ゾル-ゲル反応の反応条件を制御することで，ゲル化を起こさずに，分子量950～1,000程度のランダム型シルセスキオキサンを合成できた。このチオール基含有シルセスキオキサンとトリアリルイソシヌレート（TAIC）等の多官能オレフィンとの混合物に，紫外光を照射し，光チオールエン反応で高透明，高屈折率，高耐熱性，低収縮率な光架橋有機無機ハイブリッドを生成した（図５）[14,15]。チオールエン反応の進行は，ラマンスペクトルでのS-HとアリルC=Cのピーク減少から確認した。図６に示す紫外可視吸収スペクトルより，光架橋有機無機ハイブリッド膜（30 μm 厚）は，可視光領域で95％以上の高い透明性を有していることが分かった。これらの組成物の無溶剤粘性液体をガラス板に垂らしたものを光硬化させることでレンズ形状を容易に作ることができた。これらのハイブリッド膜の屈折率とアッベ数は，それぞれ1.56，46であり，比較的高い値を示しており，光学材料としての応用展開が期待できる。また，硬化収縮を評価するため，PETフィルムにコーティングしたDPHA（ジペンタエリスリトールヘキサアクリレート）の光ラジカル重合物との比較をしたところ，DPHAの光硬化膜では，大きな硬化収縮によるカールが生じたのに対し，チオール基含有シルセスキオキサンとTAICから作製したハイブリッド膜では，ほとんどカールが発生せず，小さい硬化収縮を示した。さらに，コーティング膜は柔軟性に優れ，折り曲げに対する耐久性が高いことも確認した。これらの特性は，チオールエン反応による架橋に由来するものであり，非常に興味深い。300℃以上の熱分解温度を示していることから，耐熱性に優れていることも大きな特長である。

この有機無機ハイブリッド材料の応用として，屈折率が同じ値（1.56）のE-ガラス布に含浸して，透明なガラスコンポジット基板の作製を検討した。これらは，非常にフレキシブルで割れ難く，線膨張係数は15 ppmであった。光線透過率は91.5％，ヘーズ2.0％以下という光学特性を示しており，ガラス代替基板としての応用が期待される。さらに，これらのチオールエンハイブリッド材料は，光硬化性接着剤，シール剤，封止剤への応用展開も考えられる。

ここで開発した有機無機ハイブリッド材料の特徴は，高い柔軟性を有していることであり，フレキシブルなコーティング材料として有用である。より柔軟性を付与することで自己修復性の発現が期待できる。そこで，多官能チオールをさらに添加することで，高い弾性が発現し，凹みキズが復元する自己修復性を示すことを確認した[16]。この3元架橋ハイブリッドの推定構造を図7に示すように，硬いシルセスキオキサンが柔らかいスルフィドで結合していると考えられる。有機無機ハイブリッド薄膜表面に金属針で付けた傷が，10分程度の間に，自然に回復する挙動をレーザー顕微鏡で観察し，その一例を図8に示した。これらのハイブリッド薄膜において，ポリシルセスキオキサンが表面偏析することも確認しており，低摩擦表面を持った自己修復性膜の開発に繋がることも見出してしている。

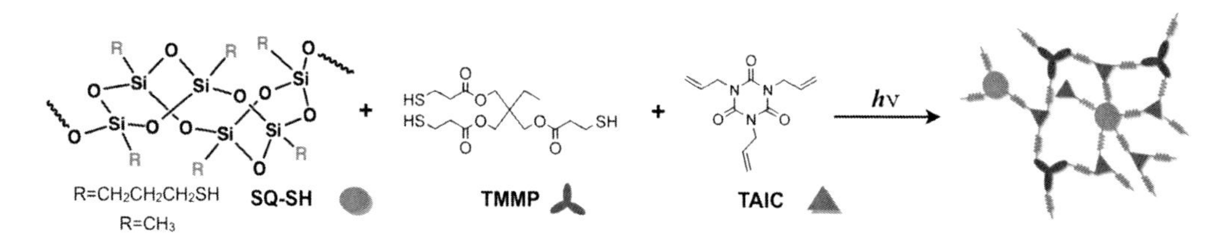

図7　チオール基含有ポリシルセスキオキサンより作製した3元型架橋ハイブリッドの推定構造

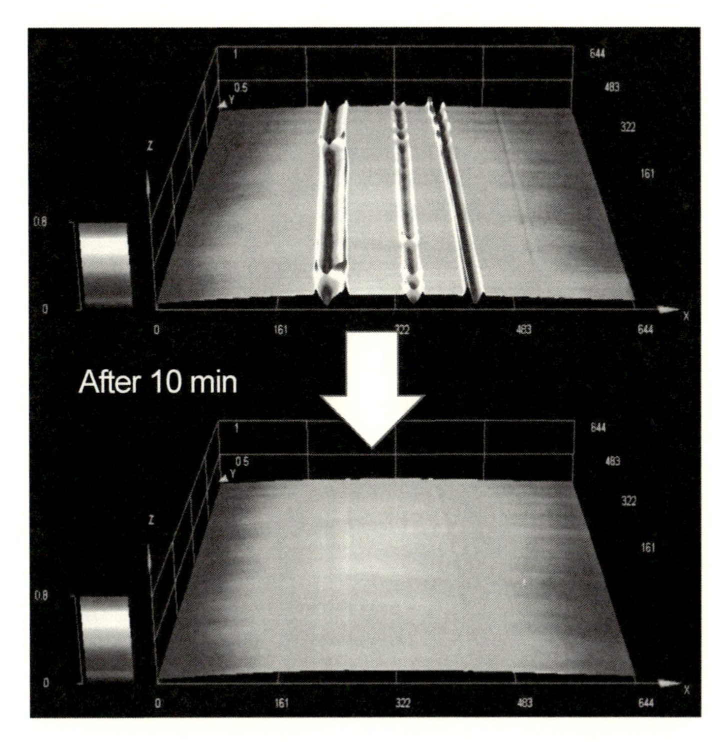

図8　チオール基含有ポリシルセスキオキサンより作製したハイブリッド薄膜の自己修復挙動

5　おわりに

屈折率を制御した薄膜は，特に，スマートフォン，タブレットPC等のディスプレイを含んだ情報端末に不可欠な材料である。反射防止膜やITOとの屈折率マッチング層は，デバイスの視認性の向上に大きく寄与するので，特に重要で，今後も需要が見込まれる。

高屈折率の発現には，イオウ元素，芳香環，金属酸化物の導入が必要であり，本稿ではイオウを用いた有機無機ハイブリッド化について述べた。チオールエン反応/ゾルゲル同時反応で生成できる有機無機ハイブリッドは，イオウに由来する高屈折率を有しつつ，ハードコート性と屈曲性の相反する特性を示した。チオールエン反応による光架橋性ポリマーは，柔軟性に富んでいるため，クラックのない安定な塗膜を形成できる興味深いハイブリッド材料を供した。チオール基を含んだシルセスキオキサンとのチオールエン反応架橋体は，高屈折率と靭性のある有機無機ハイブリッドを作製できた。これらの柔軟で高屈折率の有機無機ハイブリッド材料を駆使して，新たな光学材料開発に展開されることを期待する。

文　　献

1) Y. Chujo, *Polym. Mater. Encyclopedia*, **6**. 4793 (1996)
2) 作花済夫, "ゾル-ゲル法の応用", アグネ承風社 (1997)
3) 中條善樹　監修, "有機-無機ナノハイブリッド材料の新展開", シーエムシー出版 (2009)
4) Y. Chujo and K. Tanaka, *Bull. Chem. Soc. Jpn.*, **88**, 623 (2015)
5) K. Matsukawa, Y. Matsuura, A. Nakamura, N. Nishioka, T. Motokawa, and H. Murase, *J. Photopolym. Sci. Tech.*, **19**, 89 (2006)
6) K. Matsukawa, Y. Matsuura, A. Nakamura, N. Nishioka, H. Murase, and S. Kawasaki, *J. Photopolym. Sci. Tech.*, **20**, 307 (2007)
7) C. E. Hoyle, T. Y. Lee, and T. Roper, *J. Polym. Sci., Part A：Polym. Chem.*, **42**, 5301 (2004)
8) C. E. Hoyle and C. N. Bowman, *Angew. Chem. Int. Ed.*, **49**, 1540 (2010)
9) L. M. Campos, I. Meinel, R. G. Guino, M. Schierhorn, N. Gupta, G. D. Stucky, and C. J. Hawker, *Adv. Mat.*, **20**, 3728 (2008)
10) V. S. Khire, Y. Yi, N. A. Clark, and C. N. Bowman, *Adv. Mat.*, **20**, 3308 (2008)
11) 長川敬一, 川崎徳明, 苅田和紗, 松川公洋, PCT/JP2010/053197, W010/103944
12) K. Matsukawa and S. Watase, *RadTech Asia 2011 Proceedings*, 336 (2011)
13) 松川公洋, ネットワークポリマー, **35**, 124 (2014)
14) 福田　猛, 松川公洋, 合田秀樹, 第14回ポリマー材料フォーラム講演要旨集, p. 60 (2005)
15) K. Matsukawa, T. Fukuda, S. Watase, and H. Goda, *J. Photopolym. Sci. Tech.*, **23**, 115 (2010)
16) K. Matsukawa, K. Nishio, I. Urano, D. Tohmori, K. Mitamura, S. Watase, *RadTech Asia 2016 Proceedings*, G4-10 (2016)

第3章　光塩基発生剤の開発とUV硬化への応用

有光晃二*

1　はじめに

液状樹脂を光で硬化させるUV硬化技術は塗料，インキ，接着剤，エレクトロニクス関連部材，自動車関連部材の製造などに利用され，現代産業に欠くことのできない技術となっている。UV硬化はそのメカニズムからラジカルUV硬化，カチオンUV硬化，およびアニオンUV硬化に分類することができる[1)]。それぞれの硬化機構における長所と短所を表1にまとめた。現在はラジカルUV硬化が主流であるが，酸素阻害や硬化後の大きな体積収縮，密着性の悪さが問題となっている。また，カチオンUV硬化ではこれらの問題は軽減するものの，強酸による金属基板の腐食や空気中の湿気による硬化挙動の変動が深刻な問題となる。一方，アニオンUV硬化はラジカル系およびカチオン系の短所のほとんどを改善する潜在能力があるにもかかわらず，感度が低すぎるため実用には耐え難いと考えられていた。その原因を一言で言うと，実用に耐え得る高感度な光塩基発生剤がなかったためである。そこで最近，筆者らは弱塩基から強塩基までの様々な塩基を高効率で発生する新規な光塩基発生剤を開発したので紹介したい[2,3)]。さらに，それらのUV硬化への応用についても言及する。

2　新規光塩基発生剤の構造と特性

2.1　第一級アミン，第二級アミン発生系

先駆的なの光塩基発生剤を図1に示す。化合物**1**[4)]および**2**[5)]は光照射により脂肪族アミンを発生する。脂肪族第一級および第二級アミンは，たとえばアルコキシシランの加水分解重縮合（ゾル・ゲル反応）の触媒としては有効であるが，エポキシ化合物とは逐次的な付加反応が起こるのみで連鎖的な重合反応は起こらない。したがって，脂肪族第一級，第二級アミンはエポキシ基を

表1　各UV硬化機構の特長

	長所	短所
ラジカルUV硬化	重合速度**大**，材料が**安価**	酸素阻害**あり**，体積収縮**大**，密着性**悪**
カチオンUV硬化	酸素阻害**なし**，体積収縮**小**，密着性**良**	金属基板の腐食**あり**，湿度の影響**大**
アニオンUV硬化	酸素阻害**なし**，体積収縮**小**，密着性**良**，金属基板の腐食**なし**	低感度

*　Koji Arimitsu　東京理科大学　理工学部　先端化学科　教授

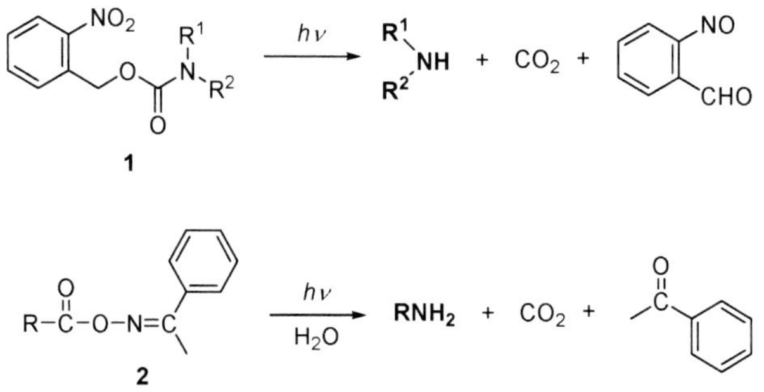

図1　従来の光塩基発生剤

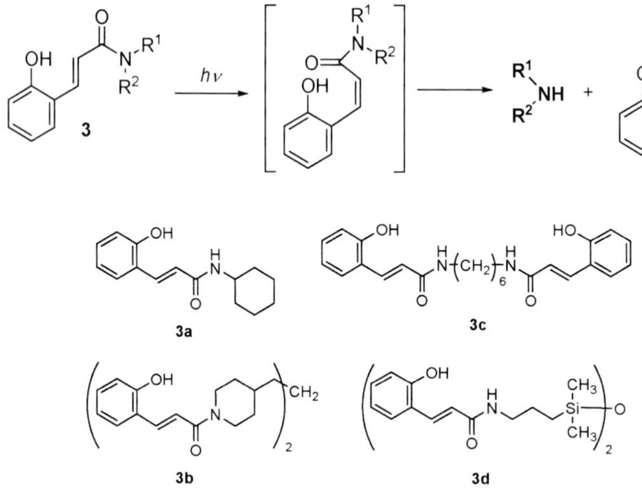

図2　光環化型塩基発生剤

もつポリマーあるいはオリゴマーの架橋反応に利用されることが多い。脂肪族アミンを発生するタイプのこれらの光塩基発生剤は，いずれも光照射によるアミン発生と同時に二酸化炭素を発生するものがほとんどであった。これらの光塩基発生剤を膜厚 1 μm 前後の密閉しない薄膜中で用いる場合には，ガスの発生はほとんど問題にならないが，厚さ数十 μm 以上の厚膜中や接着剤，および封止材等に用いる場合には問題となる。そこで，筆者らは二酸化炭素を発生しない光塩基発生剤として光環化型塩基発生剤 **3** を提案している（図 2）[6]。これらのクマル酸誘導体の熱分解温度は 200〜241℃と高く，高温の加熱を要する光パターニング材料への応用にも適している。実際に，光塩基発生剤 **3a**〜**3d** を塩基反応性の液状樹脂に添加し，UV 硬化特性を評価したところ，気泡が発生することなく樹脂を硬化させることができた。光塩基発生剤 **3** のフォトポリマーへの応用は筆者等が初めて提案したものであるが，筆者らが学会発表[6a]した後，**3** の感光特性に対する置換基効果が検討された[7]。

2.2 第三級アミン，有機超塩基発生系

光塩基発生剤を様々な塩基触媒反応に利用しその用途を拡大するためには，第一級アミンや第二級アミンよりも強い塩基（第三級アミンや超塩基）を発生させる必要がある。先駆的な例として，Dietlikerらはアミジン超塩基DBNを還元体とし，光照射によりDBNを発生する化合物**4**を報告している（図3）[8]。化合物**4**そのものが第三級アミン程度の塩基性を有しており光塩基発生剤とは呼べないが，光照射によってさらに塩基性の強い超塩基DBNを生成する点は興味深い。

筆者らは，カルボン酸塩**5**[9]，**6**[10]，および**7**[11]が光照射により高効率（量子収率$\Phi = 0.6 \sim 0.7$）で遊離の塩基を発生することを初めて見出した（図4）。これらの新規な光塩基発生剤**5**，**6**，お

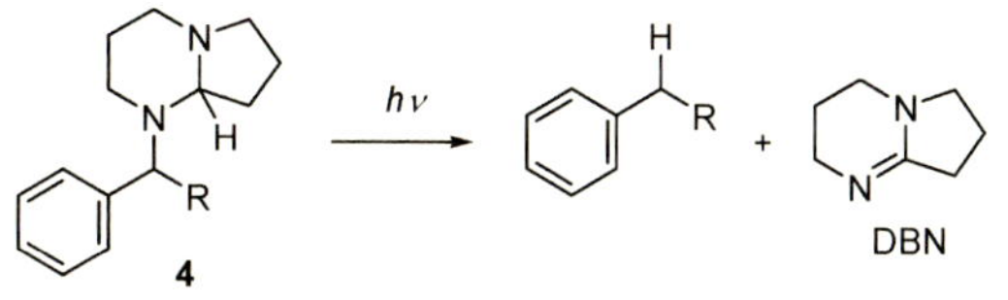

図3　光による塩基強度の増大

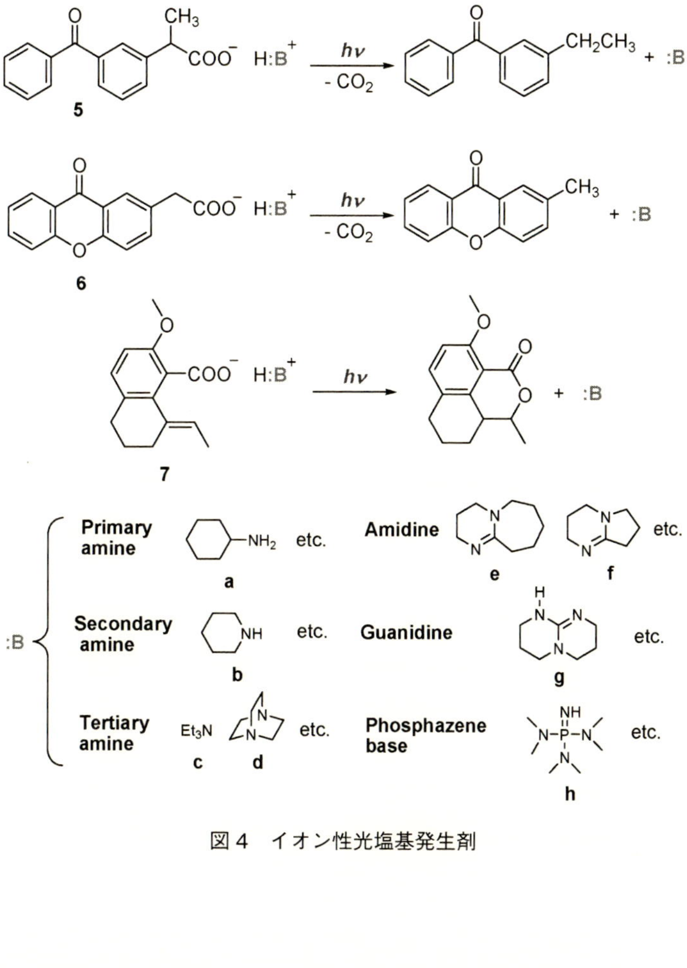

図4　イオン性光塩基発生剤

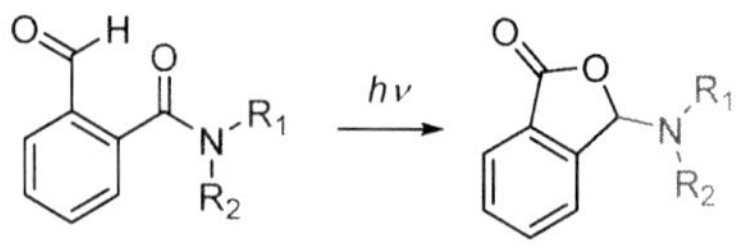

図５　分子内環化反応を用いた光塩基発生剤

よび**7**を用いれば脂肪族アミンのような弱塩基から，アミジン，グアニジン，ホスファゼン塩基などの強塩基を光化学的に自在に高効率で発生させることができる。また，**5**，**6**では光による塩基発生とともに二酸化炭素が発生するが，**7**ではガスの発生は伴わないので密閉系でのアニオンUV硬化に有効である。また，アオウトガスの発生を伴わない光強塩基発生剤の他の例として，有機強塩基であるグアニジンを発生するSunらのテトラフェニルボレートがある[12]。量子収率は$\Phi_{254}=0.18$と報告されており，高効率とは言えないが非常に興味深い。

これらの光塩基発生剤**5**，**6**，**7**は高感度で有機強塩基を発生する点は非常に優れている。しかし，実用的には，樹脂に対する溶解性が低いこと，エポキシ樹脂に混合して一液で保存した場合のポットライフが短いことなどが課題である。後者はカルボン酸塩そのものがエポキシ樹脂の硬化剤になり得ることに起因する。そこで，これらの問題を解決するために，筆者らは分子内光環化反応により塩基性を発現するアミド化合物**8**を新たに開発した（図5）[13]。化合物**8**は高効率（$\Phi_{254}=0.4$）で光環化を引き起こして塩基となるため，副生成物はなく樹脂に対する溶解性も良好である。

3　光塩基発生剤の応用例

3.1　エポキシ樹脂のアニオンUV硬化

エポキシモノマー**EX-614B**とチオールモノマー**PE-1**からなる反応性樹脂に光塩基発生剤**6g**を添加して塗膜を作製し（図6），波長365 nmの光を所定量照射すると塗膜は室温で直ちに硬化し，鉛筆硬度3 H～5 Hを示した（図7）[10c]。一方，弱塩基であるシクロヘキシルアミンを発生する**6a**を用いると塗膜の硬化は見られなかった。このことから，室温でエポキシ樹脂のアニオンUV硬化を実現するには，高効率で強塩基を発生する光塩基発生剤の利用が不可欠であることが示された。同様な塗膜をOHPシート上に作製し，365 nm光を照射したところ，透明かつ体積収縮がほとんど見られない硬化膜が得られた（図8）。ラジカルUV硬化で作製した硬化膜の体積収縮が著しいのに対し，本硬化系は体積収縮が少なく極めて優れていることが理解できる。光塩基発生剤**5**，**7**を用いた系でも同様な結果が得られた。

3.2　光誘起レドックス開始重合

近年，光が届かない影部のUV硬化が大きな課題の一つとなっている。解決策の一つにフロン

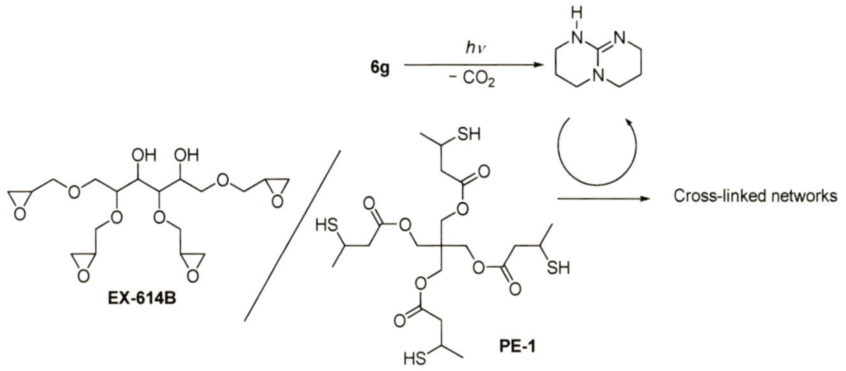

図6　高感度アニオンUV硬化システム

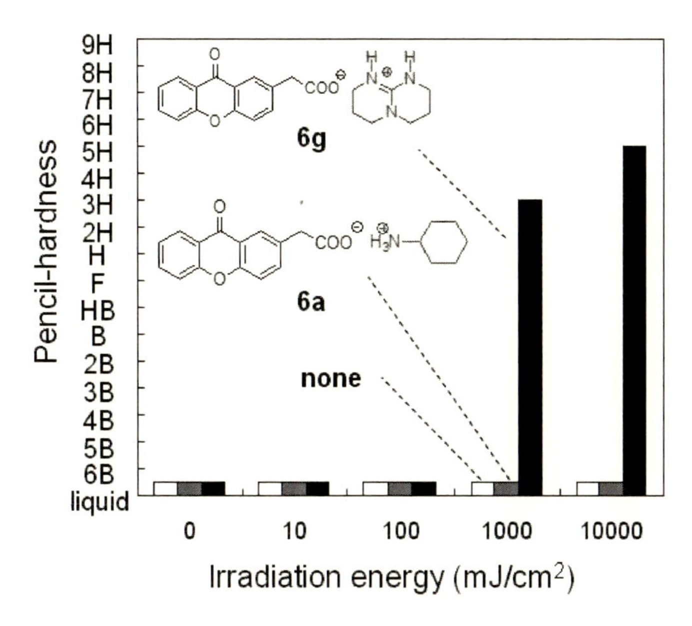

図7　EX-614B/PE-1/6g（または6a）からなる塗膜に365 nm光を照射しときの硬化挙動

タル重合系の活用が考えられるが，重合熱を利用するため熱伝導性の高い環境では機能せず，熱に弱い基材と組み合わせて用いることができない。したがって，低温で影部のUV硬化が可能な系が求められている。そこで，当グループでは，光誘起レドックス開始系に着目した（図9）[14]。PETAに対して光塩基発生剤6g’を1 mol%，BPOを2 mol%添加したACMO溶液を調製し，マイクロチューブに溶液深さ3 cmとなるように入れ，上方から365 nm光を照射した。その結果，365 nm光照射後1時間ではゲル化は見られなかったが，3時間以内に加速度的にゲル化が進行し，最終的なゲル分率は83%に達した。このとき重合熱の発生はみられなかった。また，PETA/ACMO混合液に光塩基発生剤6g’またはBPOのみを加えた系では，前述のような樹脂全体の硬化は見られなかった。重合熱に頼らない影部のUV硬化法として極めて有効である。

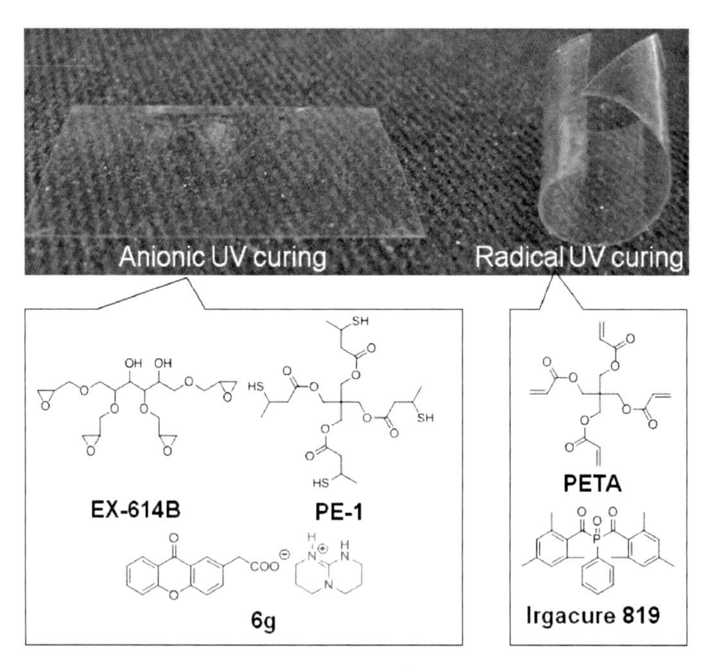

図８　アニオン UV 硬化膜とラジカル UV 硬化膜の比較

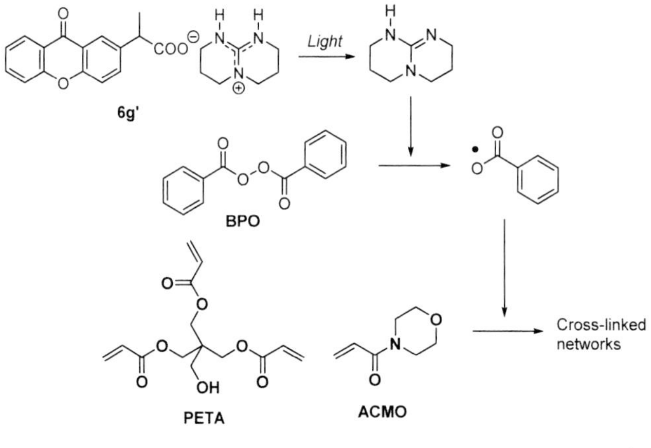

図９　光塩基発生剤 6g と BPO を用いた光誘起レドックス開始重合系

3.3　アクリラートの光アニオン重合

シアノアクリラートのアニオン重合には，塩基として第三級アミンが必要である。第一級アミンや第二級アミンでは，効率的なアニオン重合は実現しない。さらに，光アニオン重合を行うために第三級アミンを発生する光塩基発生剤としてイオン型を用いれば，モノマーと混合した一液での保存安定性が極めて低く，非イオン構造のものを用いる必要がある。これらの条件を満たす非イオン型の光塩基発生剤 8 を用いれば，シアノアクリラートの光アニオン重合が可能となる

(図10)[15]。

光塩基発生剤**8**を含むシアノアクリラート溶液を縦1 cm，横2 cmの石英基板上にドロップキャストし，その4分の3を遮光した状態でUV光照射後，25℃の恒温槽にて15時間遮光静置したところ，露光部のみならず，未露光部もすべて重合し固体となった（図11）。この固体を分析したところ，露光部では，膜厚：0.8 mm，Mw：8.49×10^4，$Mw/Mn=1.05$，未露光部では，膜厚：0.4 mm，Mw：7.58×10^4，$Mw/Mn=1.16$の高分子固体膜が生成していた。さらに，露光部，未露光部ともにモノマー転化率は99%以上であった。一方，あらかじめ露光しなかった液膜は15時間静置後も液体のままであった。以上のことから，光照射により**8**から生成した第三級アミンをトリガーとするシアノアクリラートのリビング的なアニオン重合が進行し，影部にまで及んだことがわかった。すなわち，高効率で第三級アミンを発生する光塩基発生剤を用いれば，シアノアクリラートのアニオン重合が光で制御でき，かつ影部のUV硬化が可能であることが示された。

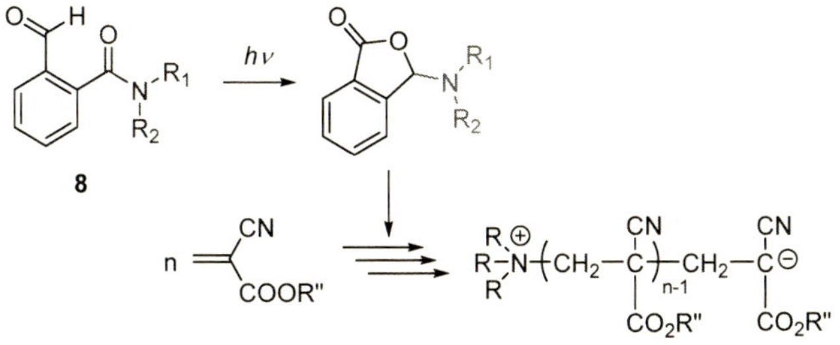

図10　光塩基発生剤**8**を用いたシアノアクリラートの光アニオン重合

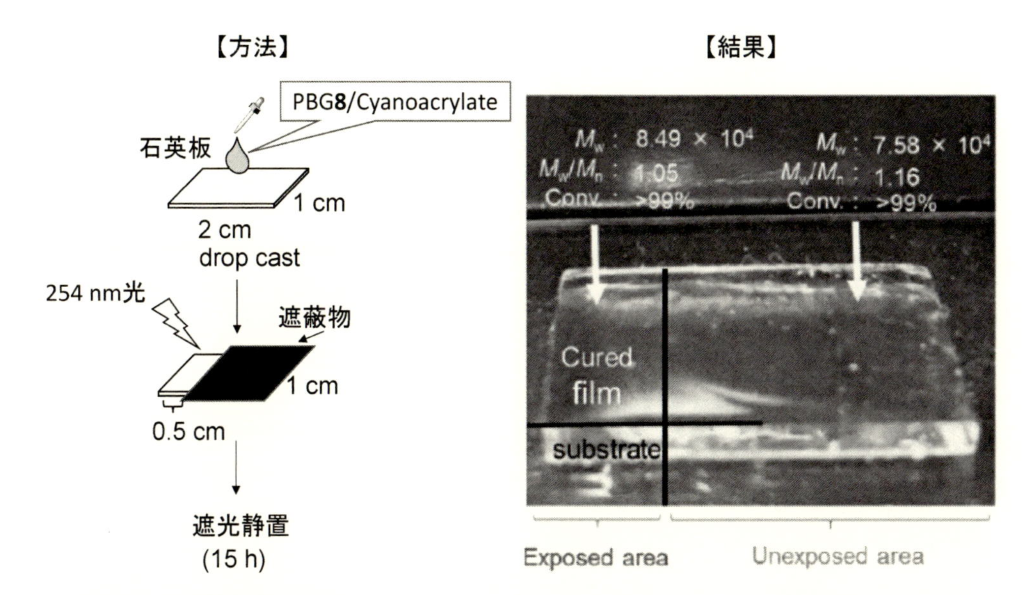

図11　光塩基発生剤**8**を用いたシアノアクリラート膜の光をトリガーとする影部アニオン重合

4　おわりに

脂肪族第一級アミン/第二級アミンから第三級アミン/有機超塩基に至るまで種々の塩基が光化学的に高効率で発生可能となってきた。本稿で紹介した光塩基発生剤の一部は富士フィルム和光純薬株式会社，東京化成工業株式会社から販売されており，手軽に高感度な光塩基発生剤が入手できる状況になった。極めて大きな進歩である。塩基により触媒される化学反応は，エポキシ樹脂の架橋や重合，ゾル・ゲル反応，アクリラートのアニオン重合，過酸化物と組み合わせたレドックス開始ラジカル重合など多岐にわたるため，光塩基発生剤をキーマテリアルとする様々な光反応性材料への応用展開が可能である。今後の発展に期待したい。

文　　献

1）有光晃二監修，UV・EB 硬化技術の最新応用展開，シーエムシー出版（2014）
2）有光晃二，有機合成化学協会誌，**70**，508 (2012)
3）有光晃二，古谷昌大，「光塩基発生剤」，UV・EB 硬化技術の最新応用展開（有光晃二 監修），シーエムシー出版，50 (2014)
4）J. F. Cameron, J. M. J. Fréchet, *J. Am. Chem. Soc.* **113**, 4303 (1991)
5）M. Shirai, M. Tsunooka, *Prog. Polym. Sci.* **21**, 1 (1996)
6）a)K. Arimitsu, Y. Takemori, T. Gunji, Y. Abe, *Polymer Preprints, Japan* **56**, 4263 (2007)；b)K. Arimitsu, Y. Takemori, A. Nakajima, A. Oguri, M. Furutani, T. Gunji, Y. Abe, *J. Polym. Sci. A：Polym. Chem.* **53**, 1174 (2015)；c)K. Arimitsu, A. Oguri, M. Furutani, *Mater. Lett.* **140**, 92 (2015)
7）M. Katayama, S. Fukuda, K. Sakayori, *Proc. RadTech Asia 2011*, 212 (2011)
8）K. Dietliker, K. Misteli, K. Studer, C. Lordelot, A. Carroy, T. Jung, J. Benkhoff, E. Sitzmann, Proc. RADTEC UV&EB Technical Conference 2008, p10 (CD-ROM) (2008)
9）a)K. Arimitsu, A. Kushima, H. Numoto, T. Gunji, Y. Abe, K. Ichimura, *Polymer Preprints, Japan* **54**, 1357 (2005)；b)K. Arimitsu, A. Kushima, R. Endo, *J. Photopolym. Sci. Technol.* **22**, 663 (2009)；c)K. Arimitsu, R. Endo, *J. Photopolym. Sci. Technol.* **23**, 135 (2010)
10）a)K. Arimitsu, R. Endo, *Polymer Preprints, Japan* **59**, 5349 (2010)；b)K. Arimitsu, *Proc. RadTech Asia 2011*, 210 (2011)；c)K. Arimitsu, R. Endo, *Chem. Mater.*, **25**, 4461 (2013)
11）a)T. Ida, K. Arimitsu, *Polymer Preprints, Japan* **60** (1), 1173 (2011)；T. Ida, K. Arimitsu, *Polymer Preprints, Japan* **60** (2), 4006 (2011)
12）X. Sun, J. P. Gao, Z. Y. Wang, *J. Am. Chem. Soc.* **130**, 8130 (2008)
13）K. Ohbora, M. Furutani, K. Arimitsu, *Polymer Preprints, Japan* **65** (2), 2N12 (2016)

14) K. Nakamoto, M. Furutani, K. Arimitsu, A. Nakasuga, *Polymer Preprints, Japan* **66** (1), 2K15 (2017)
15) Y. Nakamoto, K. Oomura, K. Koike, M. Furutani, K. Arimitsu, *Polymer Preprints, Japan* **67** (1), 1D23 (2018)

第4章　深紫外線を用いる光硬化樹脂

岡村晴之*

1　はじめに

光硬化樹脂は，その速乾性，溶剤レスといった特徴を活かして塗料，インク，接着剤等幅広く用いられており，さらに現在では強度，耐熱性，力学的性質などの高機能化の研究が活発に行われている。一方，光硬化によく用いられる紫外領域の光源として，近年ではエネルギー効率に優れるLED光源が普及し始めており，従来の高圧水銀ランプからの代替のみならず，LEDの特徴を活かした応用に対しても注目が集まっている。本研究において，新規LED光源として注目されている深紫外LED光源に着目した。深紫外LED光源はセンサーやLED封止剤に関する報告例[1~3]があるのみであり，光硬化樹脂作製への取り組みは筆者らの報告[4,5]のみである。従来の光源である高圧水銀灯により作製された光硬化樹脂と同等以上，もしくはそれと異なる新たな機能を有する光硬化樹脂が作製できる可能性を有しており，また，新たな光硬化系として未開拓の波長域の利用可能性を見出し，それを利用した応用開発の基礎が構築されることが期待される。

光硬化樹脂は多様なタイプがあるものの，本研究においては，多量に用いられているアクリル樹脂およびエポキシ樹脂を検討した。光硬化樹脂において，感光性に影響するのは樹脂構造，感光剤とその濃度，雰囲気，光硬化樹脂の厚さである。このうち，感光剤とその濃度，雰囲気，光硬化樹脂の厚さによる影響を調べた。感光性は多官能モノマー中におけるC=C結合あるいはエ

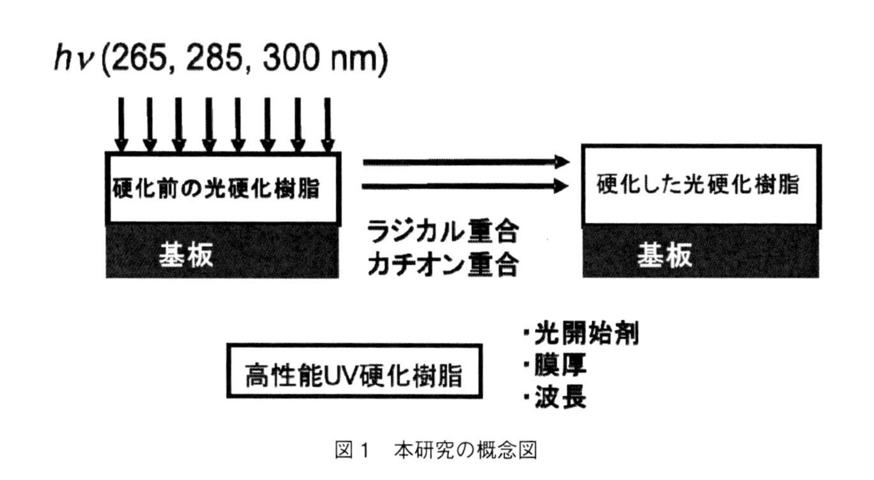

図1　本研究の概念図

*　Haruyuki Okamura　大阪府立大学　大学院工学研究科　物質・化学系専攻
応用化学分野　准教授

ポキシ基の反応率で評価した。本研究の概念図を図1に示す。

2　深紫外LEDを用いたラジカル系光硬化樹脂の作製

用いた試薬の構造式を図2に示す。光ラジカル開始剤として**1**～**6**を用いた。**2**[6]は既報に従って合成し，用いた。ベース樹脂として，6官能アクリレートである**7**を使用した。光ラジカル開始剤のUV吸収スペクトルを図3(a)に示す。

ラジカル開始剤とベース樹脂を所定量混合し，サンプル溶液を作製した。シリコン板上に塗布し，スピンコート後80℃で1分間加熱を行うことで所定膜厚の薄膜を作製した。必要に応じてフッ化カルシウム板でカバーした。

日機装製深紫外LED光源（SMDシリーズ：265，285，300 nm）を光源として用いた。2行12列のLEDアレイを3 cm×10 cmの長方形上に配置した。光強度は265，285，300 nmでそれぞれ0.28，0.74，0.70 mW/cm^{2}であった。

ベース樹脂の光反応性の評価を光示差走査熱計（島津製作所　Photo-DSCシステム）により行った。サンプル（1～10 mg）を直径5 mmのアルミニウムパンにセットした。光源として，キセノンランプ（朝日分光製MAX-301（300 W））（254，285，300，または365 nmフィルタ使用）あるいは高圧水銀灯（浜松ホトニクス製Lightningcure LC8）をフィルター無しで使用した。**7**の反応率は，アクリルの反応熱20.6 kcal/mol[7]を用いて算出した。光源のパワースペクトルを図4に示す。

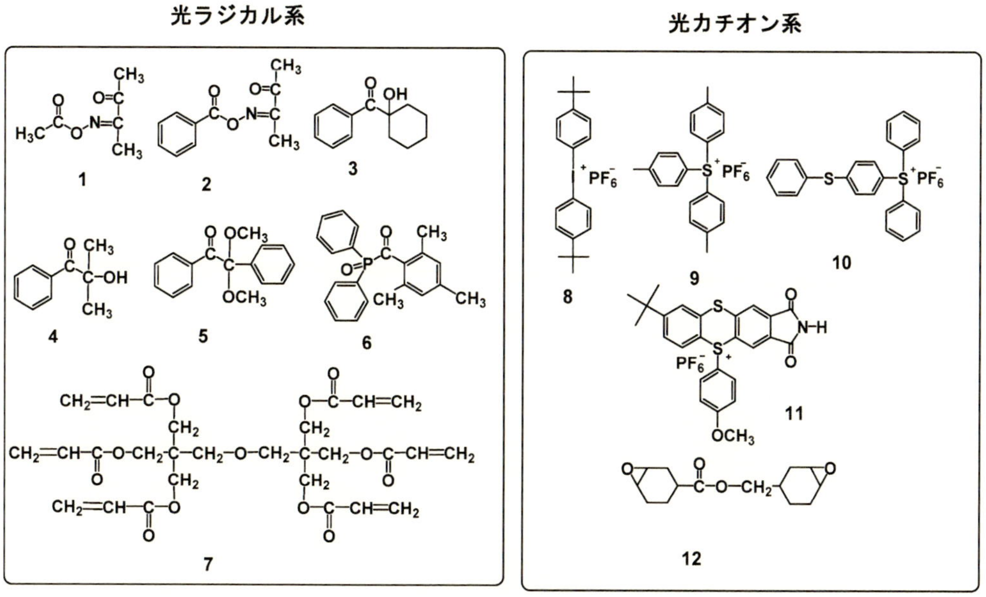

光ラジカル系　　光カチオン系

図2　用いた試薬の構造式

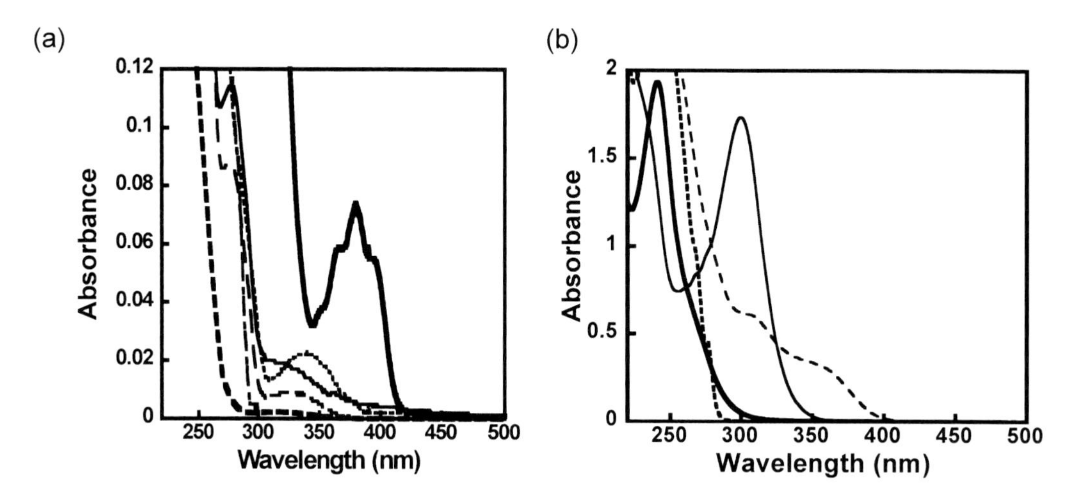

図3　用いた開始剤のアセトニトリル溶液（1.0 x 10^{-4} M）の UV 吸収スペクトル
(a) 1（太線），2（一点破線），3（破線），4（実線），5（点線），6（太線）。(b) 8（太線），9（点線），10（実線），11（破線）。
フォトポリマー学会からの転載許可をうけて文献4および文献5より転載した。

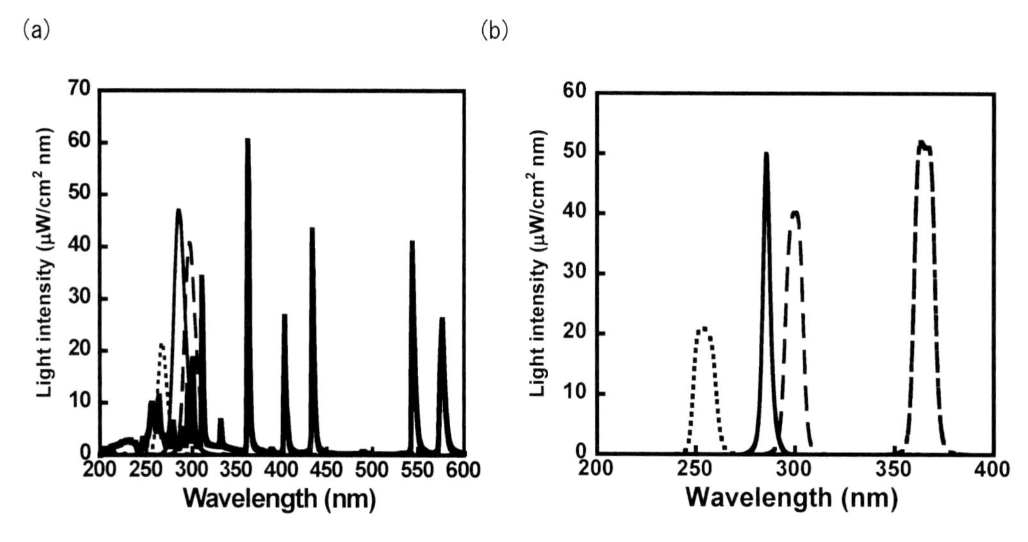

図4　用いた光源のパワースペクトル
(a) 光硬化膜作成に用いた光源。265 nm 光用（青線），285 nm 光用（点線），300 nm 光用（実線）深紫外LED 光源。高圧水銀灯（太線）。(b) 光示差走査熱量測定に用いた光源。すべてキセノンランプからフィルターを用いて取り出した。265 nm 光（点線），285 nm 光（実線），300 nm 光（破線），365 nm 光（一点破線）。
フォトポリマー学会からの転載許可をうけて文献4より転載した。

深紫外LED 光源により薄膜の光硬化を行った。0.5 μm から 13 μm の薄膜について検討した。アクリル部位の反応率は FT-IR スペクトル中の 1635 cm^{-1} におけるピークの減少量から算出した。空気中，285 nm 光照射時における膜厚 0.7 μm の **7/3**（1：0.005，wt/wt）ブレンドフィルムにおいて，20分間の光照射により20%のピーク減少が観測された。照射量の増加と共に反応率は比例的に増加した。また，雰囲気の影響が見られなかった。つまり，285 nm光照射が薄膜の光硬化における酸素阻害を効果的に軽減していることが示唆された。

265 nm光照射時を除き，すべて光は深部まで届いている。反応率とモル吸光係数との相関は見られなかった。265 nm光照射時において，**2**が最も効果的な光開始剤であった。285 nm光照射時において，**3** > **2** > **5** > **6**≒**1** > **4**であった。300 nm光照射時において，**4**，**5**，**6**が効果的であった。265 nm光，285 nm光および300 nm光照射は365 nm光照射あるいは全波長光照射より勝った。深紫外LED光源が空気中での薄膜硬化に有効であることが分かった。

光示差走査熱量測定ではサンプルの膜厚は200–800 μmとした。この膜厚では，265 nm光，285 nm光照射時では光はサンプルの底には届かず，300 nm光照射時では一部の開始剤において光はサンプルの底には届かないことに注意する必要がある。本測定において，重合率は照射光量に比例しない。自己加速硬化の影響である。

3 μm以下の薄膜において雰囲気の影響が観測されないことから，285 nm光光源は有用であることが判明した。

3　深紫外LEDを用いたカチオン系光硬化樹脂の作製

用いた試薬の構造式を図2に示す。光酸発生剤として**8**～**11**[8]を用いた。ベース樹脂として，2官能エポキシである**12**を使用した。光酸発生剤のUV吸収スペクトルを図3(b)に示す。

ベース樹脂**12**と光酸発生剤**8**～**11**を所定量混合し，サンプル溶液を作製した。シリコン板上に塗布し，スピンコートすることにより膜厚13 μmの膜を作製した。

光示差走査熱計を用いると重合速度や最終重合率などの情報が得られる。発熱量は重合速度に相当し，その積分が重合率となる。なお，1 molのエポキシが重合したときに発生する重合熱(94.5 kcal/mol)[9]を用いて発熱量から重合率を計算した。

本系において，200 μmの膜厚に相当するサンプルを光硬化することに相当する。光カチオン硬化系は，光照射により生じたカチオン種を活性種として反応するが，この活性種は光ラジカル硬化系で起こる生成ラジカルの再結合による失活過程がないため，活性種の生成後，光が届かず活性種濃度の低いサンプルの下部へと重合ながら移動することが可能である。つまり，光カチオン硬化系は光ラジカル系に比べて膜厚の影響を受けにくい。

本系は光酸発生剤を0.5 wt%含んでおり，光酸発生剤の濃度は10^{-2} Mオーダーである。また，膜厚が200 μmであることから，使用する光酸発生剤のモル吸光係数が5000を超える場合，サンプル底部の吸光度は1以上となり，サンプル底部に光が届かないことになる。

この考察を踏まえ，**8**～**11**の光重合におよぼす影響をさらに検討した。254 nm光照射において，光重合速度は**9** > **10** > **11** > **8**となった。この波長においては，モル吸光度と反応性の相関は見られなかった。254 nm光に対しては吸収が大きく，どのサンプルも底部まで光が届いていないためだと考えた。また，8 の反応性の低さはすべての波長に対しても共通であり，これは本系におけるヨードニウム塩のスルホニウム塩に対する反応性の低さが原因と考えた。285 nm 光照射において，10 > 9 > 11 > 8 となった。本系において，9 は吸収が小さく，サンプルの底部まで光が届いている。9 と 10 はスルホニウム塩の骨格を有しており，光吸収の度合いが反応性を決めていると考えた。11 の反応性の低さは，骨格にあるイミド部位の塩基性によるものと考えた。300 nm 光照射において，10 > 11 > 9=8 となった。本系において，8 と 9 は吸収が小さすぎて反応しなかったと考えた。本波長において，10 の優れた反応性は 10 の大きな吸収に起因していると考えた。365 nm 光照射において，11 > 10 > 9=8 となった。本波長において，11 の優れた反応性は 11 の大きな吸収に起因していると考えた。高圧水銀灯照射において，10 > 11 > 9 > 8 となった。本系において，365 nm 光が 30% 含まれているため，365 nm 光に対する反応性も影響する。本波長において，10 の優れた反応性はすべての波長に対する 10 の大きな吸収に起因していると考えた。また，10 の反応性について，照射強度の観点から考察すると光強度を規格化し，最大発熱量で見積もったところ，高圧水銀灯 > 300 nm 光 > 365 nm 光 > 285 nm 光 > 254 nm 光となった。300 nm 光に対する 10 の優れた反応性は 10 の大きな吸収に起因していると考えた。

赤外分光計を用いると重合率の情報が得られる。測定波長の赤外線がサンプルを透過する必要があることから，測定できるサンプルの膜厚は 30 μm 以下に制限される。また，測定精度の問題から，サンプルの膜厚は 0.20 μm 以上必要である。970 cm^{-1} のエポキシに起因するピークの減少量から重合率を計算した。

次に，光示差走査熱計を用いた光重合で最も良い結果を示した 10 において，光照射量と重合率の関係を，265 nm 光，285 nm 光，300 nm 光，365 nm 光および高圧水銀灯照射により検討した。サンプルの膜厚は 13 μm であり，すべての波長において光はサンプルの底面まで届いている。光反応性は 300 nm 光 > 285 nm 光 > 高圧水銀灯 = 254 nm 光 > 365 nm 光となった。光示差走査熱量計での測定においては，高圧水銀灯 > 300 nm 光 > 365 nm 光 > 285 nm 光 > 254 nm 光であり，結果は大きく異なった。特に，300 nm 光照射および 285 nm 光照射の高圧水銀灯に対する優位性が確認できた。この優位性が生じた原因は，薄膜での照射における 365 nm 光照射下での反応性の低さが原因である。この原因として，365 nm 光照射下において，10 の光分解量子収率が低く，光照射により比較的少量の活性種が生じると考えられる。その少量の活性種は，空気中の水分により失活を受ける。厚膜の場合，薄膜の場合と比較して空気中の水分の影響を受けにくいため，活性種の失活が最小限に抑えられたためであると考えた。

すべての波長において，10 の重合速度が大きく，これは 10 の高い光酸生成量子収率を反映していると考えた。薄膜において，すべての開始剤が高圧水銀灯照射時の重合速度を上回った。理由として，サンプルは薄膜においてすべて透明であるため，厚膜では利用できない 300 nm 以下の光を使用することができるのに対し，高圧水銀灯の輝線スペクトルにおいて，30% 含まれている 365 nm 光を代表とし，光重合に効果的に関与しない波長の光が多数含まれているためであると考えた。

反応速度は膜厚の影響を強く受けた。反応速度は3 μm が最も大きかった。1 μm 硬化時の反応性低下は空気中の水分による重合阻害の影響，13 μm や 200 μm 硬化時の反応性低下は光の透過率減少によるものと考えた。**9** は反応性の膜厚に対する影響が少なかった。**8** および **10** は反応性の膜厚に対する影響が大きかった。反応性は **9≒10>8** であった。

光硬化には光透過率が重要だと考えた。光透過率を計算することにより，100 μm 以下での使用が望ましいことが分かった。

4　おわりに

深紫外 LED を用いたラジカル系光硬化樹脂の作製を検討した。光開始剤 **2** が 265 nm 光用 LED に対する優れた光開始剤であることが判明した。光開始剤 **2** と光開始剤 **4** は 285 nm 用 LED に対して効果的であった。光開始剤 **4**，光開始剤 **5** あるいは光開始剤 **6** は 300 nm 光用 LED に対する優れた光開始剤であることが判明した。深紫外 LED を用いたラジカル系光硬化樹脂の作製において，酸素阻害の影響を軽減でき，数ミクロンの薄膜を効率よく作製することができた。

深紫外 LED を用いたカチオン系光硬化樹脂の作製において，光酸発生剤 **10** と深紫外 LED の組み合わせで高感度光硬化系の構築が可能であった。薄膜では **10 > 11 > 9 > 8**，厚膜では **10 > 9 > 11 > 8** の順に効果的であった。

（本稿は著者の既報告（ラドテック研究会ニュースレター，**107**，2-6（2017））を再編集したものである。）

文　　献

1）Y. Aoyagi *et al.*, *J. Environ. Prot.*, **3**, 695 (2012)
2）S. Sharma *et al.*, *Anal. Chem.*, **87**, 1381 (2015)
3）J.-y. Bae *et al.*, *ACS Appl. Mater. Interfaces*, **7**, 1035 (2015)
4）H. Okamura *et al.*, *J. Photopolym. Sci. Technol.*, **29**, 99 (2016)
5）H. Okamura, *et al.*, *J. Photopolym. Sci. Technol.*, **30**, 405 (2017)
6）S. I. Hong *et al.*, *J. Polym. Sci. Polym. Chem. Ed.*, **12**, 2553 (1974)
7）K. S. Anseth *et al.*, *Macromolecules*, **27**, 650 (1994)
8）H. Okamura *et al.*, *J. Photopolym. Sci. Technol.*, **22**, 583 (2009)
9）B. Golaz *et al.*, *Polymer*, **53**, 2038 (2012)

第5章　光重合による3Dゲルプリンター

齊藤　梓[*1]，川上　勝[*2]，古川英光[*3]

1　はじめに―3Dプリンターについて―

3Dプリンターとは，三次元形状データの通りに材料を積み重ねて造形する装置である。使用する材料の種類，積層方法によって，様々な造形方法に分類される。光硬化樹脂に光を照射することで立体造形を行う方法は，光造形（Stereolithography，SLA）法と言われている。光造形法は，3Dプリンターの中で最初に発明された造形方法で，日本人の小玉秀男によって発明された[1)]。小玉は，新聞の版下を作成する技術を使い，光硬化性樹脂にマスクを変えながら紫外線を露光する過程を繰り返すことで，3D-CADで設計したデータを基にして光造形立体模型を作ることを思いつき，1980年に特許出願したが，事業化には至らなかった。同時期に特許出願したCharles W. Hull[2)]は，1986年に最初の3Dプリンター企業である3D Systems社を設立し，3Dプリンター事業を立ち上げた。その後，主要な特許の期限が切れ3Dプリンターの低価格化が進み，Chris Andersonの“MAKERS”[3)]という著書がベストセラーとなり，3Dプリンターがブームとなった。光造形3Dプリンターについては，2011年にMITの学生らが立ち上げたベンチャー企業Formlabs社が，低価格で使いやすいデスクトップ型の光造形3Dプリンターを開発し，代表的なメーカーになっている。

3Dプリンターは，主に製造業において試作に用いられることが多い。近年では医療，先端研究など数多くの分野で活用されている。技術に関する主要特許の期限が続々と切れてきたことで，装置は安価になり，高品質な材料が安価で入手可能になったため，教育現場や家庭への普及が進んでいる。工学系の大学の研究室においても，実験装置に用いる「テストパーツ」や「治具」の作製に3Dプリンターは頻繁に活用されている。光造形の3Dプリンターは，精密な造形が可能なため，一般にはホビーやジュエリーの用途でも活用されている。歯科医療分野では，患者一人一人の歯の形状に合わせたサージカルガイドやワックスパターンの作製に使われている。

本稿では，ゲルという溶媒を多く含んだ柔軟なものを材料とする3Dプリンターについて開発の現状を述べる。

＊1　Azusa Saito　山形大学大学院　理工学研究科　博士研究員
＊2　Masaru Kawakami　山形大学大学院　有機材料システム研究推進本部　准教授
＊3　Hidemitsu Furukawa　山形大学大学院　理工学研究科　教授

2 3Dゲルプリンター

ゲルとは，液体を含む柔軟で大変形可能な網目構造である。多量の溶媒を吸収した膨潤ゲルは固体と液体の中間の物質形態であり，その化学組成や種々の要因によって，液体に近い状態から固体に近い状態までを示す。また，網目分子と溶媒の種類により，環境応答性，生体適合性，物質透過性など様々な機能を付加することができる材料である。典型的な合成ゲルは低強度であるため，産業への応用が限られていたが，2000年以降，多くの高強度ゲルが開発されている。例えば，龔剣萍（Gong, J. P.）らは，一度重合されたゲルに別の種類のモノマーを染み込ませもう一度重合させることで，2種類の網目構造を持つゲル（ダブルネットワークゲル；DNゲル）を提案した。DNゲルは，生体軟骨を凌ぐ数十MPaの圧縮破断強度を示す[4]。このような高強度ゲルが開発されたことで，ゲル材料として期待が高まった。生体親和性が高いことを活かして，人工血管や人工軟骨などの生体代替物としての応用が期待される。これを実現させるためには，人それぞれの体に合わせてゲルを成形する必要がある。

高強度ゲルが開発されてから10年以上経つが，まだゲル製品があまり見られないのは，ゲルの精密加工が確立していないことに一因があると考えられる。ゲルは，高含水率，高柔軟性という従来の材料とはかけ離れた物性を持つため，従来の切削加工，注型加工を適用することは難しい。この問題を解決するために，筆者らは3Dゲルプリンター（Soft and Wet Industrial Materials-Easy Realizer, SWIM-ER）を開発した[5]。図1にSWIM-ERの外観を，図2に造形プロセスを示す。SWIM-ERはバスタブ方式の光造形法でゲルの三次元造形を可能にした。プレ

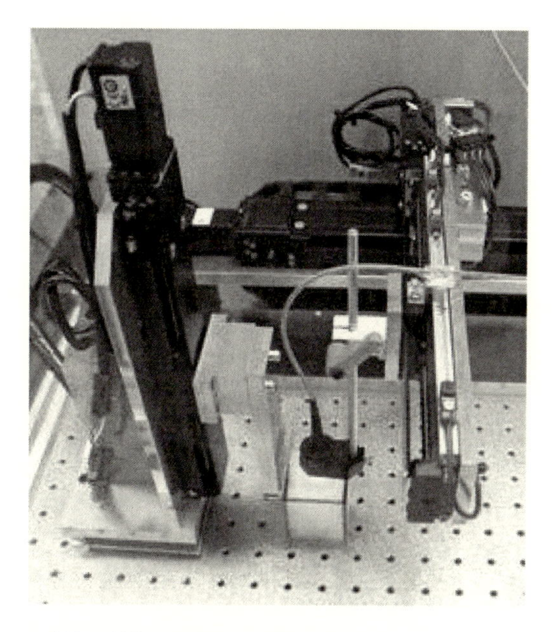

図1　3DゲルプリンターSWIM-ERの外観（左），造形エリア部分（右）

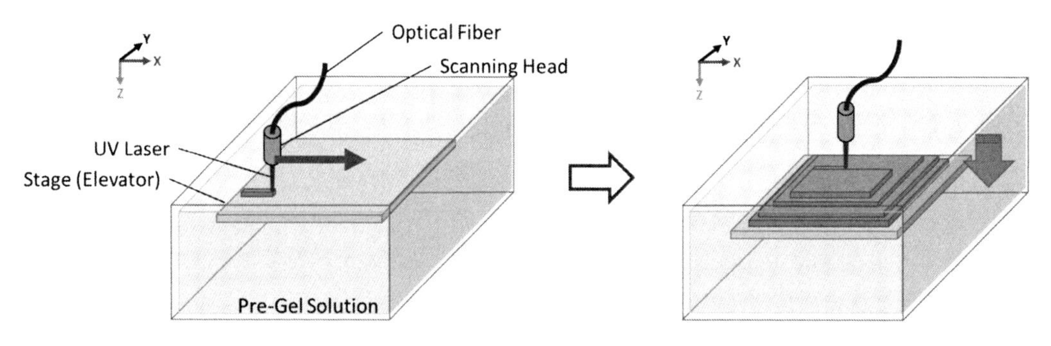

図２　3D ゲルプリンターSWIM-ER によるゲルの造形プロセス

ゲル溶液を入れた容器（バスタブ）内に造形ステージを浸し，造形ステージ上のプレゲル溶液に光ファイバを用いて UV 光を局所的に照射することで，UV 光照射部分のみをゲル化させる。光ファイバを XY 方向に走査させてステージ上にモデルの最下層をゲル化させる。その後，ステージを Z 方向に沈めると，周辺のプレゲル溶液がゲル化した部分の上に流れ込む。再度，光ファイバを XY 方向に走査させ第二層をゲル化させる。このプロセスを繰り返すことで三次元造形を行う。バスタブ方式の利点は，プレゲル溶液の浮力で造形されたゲルを支えることができるという点で，柔軟なゲル材料を造形しても自重で崩れてしまうことを防ぐことができる。

SWIM-ER での造形に適した高強度ゲル材料として，DN ゲルの合成の利便性を向上させた微粒子調整ダブルネットワークゲル（Particle double network gel，P-DN ゲル）が開発された[6]。P-DN ゲルは，1st ゲルを合成後，乾燥させ，すりつぶし粒子状にしたものを 2nd ゲルのプレゲル溶液に混ぜ合わせたものである。プレゲル溶液に一度の UV 照射でゲル化させることができるため，SWIM-ER による造形が可能である。

3D ゲルプリンターは，特に医療分野での活躍が期待される。現在，医師は患者の臓器を CT や MRI で得られた 2 次元画像やそれらから作られた 3DCG を頼りに手術の計画を立てている。しかし，患者の臓器の形，血管の走行，腫瘍の位置や大きさが再現された臓器の模型（臓器モデル）があると，医師は模型を使って事前に手術の予行練習をすることができ，手術の成功率向上が期待される。臓器モデルの材料にゲルを用いることで，人体に近い柔らかさを持つ，高透明で内部を見ることができる，主成分が水であるため材料コストが低いという利点が考えられる。また，詳細は後述するが，材料に照射される光量を調整することで，ゲルの硬さを調整して造形することができる。これを応用すると部分的に硬さの異なるゲルを造形することができ，実際の触感に近いしこりや瘤を含む臓器モデルが可能になるかもしれない。リアルな触感を持つ様々な症状のモデルをより低コストで作製できるようになれば，医学生や看護学生の触診トレーニングに使用されることが予想される。ものに触ることは，見聞きすることとは違った経験を得ることができ，乳がんやリウマチなどの硬さは，進行度によっても異なり，実際に触れる経験がないと知識と結びつけることが難しいので，その硬さを再現するモデルは必要とされている。

3　3Dゲルプリンターでの造形に適したゲル材料

3Dプリンターの開発において，中空構造の造形は一つの大きな課題である。バスタブ方式の光造形法の場合，UV光が造形したい部分を突き抜けて中空構造を塗りつぶしてしまうという問題がある。この問題について，装置側の対策として，UV光を焦点がプレゲル溶液の液面付近になるようにレンズで集光している。材料側の対策としては，プレゲル溶液に日本化薬株式会社製Kayaphor AS150やケミプロ化成株式会社製KEMISORB11SなどのUV吸収剤を添加し，光がプレゲル溶液の深部まで届かないようにしている。重合開始剤としてα-ketoglutaric acid（α-keto）を使用する場合は，α-ketoとKayaphor AS150は反応して黄変化してしまうが，KEMISORB11Sを添加すると図3に示すような透明度の高いゲルの中空構造を含んだ造形ができることが分かっている[7)]。

バスタブ方式の光造形において，材料（プレゲル溶液）の粘度が造形精度に影響する[8)]。図2にゲルの造形プロセスを示した通り，この造形方法ではXY平面に1層造形する毎にステージをZ方向に下げてプレゲル溶液が造形物の上に流れ込んだ後に次の層を造形するため，プレゲル溶液の粘度が高すぎると液面が平らになるまで時間がかかるという問題が生じる。P-DNゲルの2ndゲルに対する1stゲルの割合を増やすほどゲルの引張強度は上昇するが，同時にプレゲル溶液の粘度も上昇してしまう。3D造形可能なゲル材料の開発には，溶液粘度を考慮することが重要である。具体的には，一辺が20 mmの立方体を造形するときにプレゲル溶液の粘度は約280 mPa・s以下だと造形しやすい。ゲル材料の研究としてこれまでは重合後のゲルの強度や機能性について様々な検討がなされてきたが，ゲルを成形加工することを考慮した材料開発においては，プレゲル溶液の物性も重要になることが予想される。

図3　3Dゲルプリンターで造形した中空構造を含むゲル

4 3D ゲルプリンターで作ったゲルの物性

3D プリンターで作ったものを使用する際に，その強度特性を理解しておきたい。一般に 3D プリンターで作ったものは，積み重ねる方向（積層方向）の引張強度が弱いことが指摘されている。ここでは，最も安価で造形が容易な方式である熱溶解積層法（FDM 法：Fused Deposition Modeling）で造形した ABS と光造形法で造形したゲルの積層方向と強度の関係について述べる[9)]。FDM 法とは，フィラメントと呼ばれる細長い線状に加工された熱可塑性樹脂を材料として使用し，これを加熱，溶融した樹脂を直径サブミリメートルのノズル先から吐出しながら積層する方式である。図 4 に示すように，造形物の積層に垂直な方向とダンベル型試験片の長手方向の角度を引張角度 0 度と定義し，引張角度が 0 度，30 度，45 度，60 度，90 度になるように造形した。FDM 法で造形された ABS について，引張試験を行った結果，引張角度が 0 度のとき積層線に沿わず破断した（図 5(a)）のに対して，30 度，45 度，60 度，90 度の場合，積層線に沿って剥離破壊が起きた（図 5(b)）。FDM 法の場合，積層間は単に一部分が融着しただけで十分に接着していないことが原因で，引張角度が大きくなると積層線に沿って破断すると考えられる。このため，FDM 法での造形では，造形物を使用するときに力がかかる部分が積層線に沿わないように，造形の向きを決めなければならない。一方，ゲルの場合は，どの引張角度で引張試験を行った場合も積層線に沿って破断していないことが分かった（図 5(c)(d)）。ゲルの 3D 造形の場合，UV 光による光重合は強固な化学結合であり，かつ隣接する層間では，UV 光の照射域が一部重なり，造形中に 2 度以上重ねて照射される部分ができることで層間の結合が強固になるため，層間剥離が生じなかったと考えられる。このため，ゲルを 3D 造形する場合，造形物の強度に関して，造形の向きを考慮する必要はあまりない。

ゲルの 3D 造形において，造形物の強度に影響する造形パラメータは何だろうか。光造形法は，

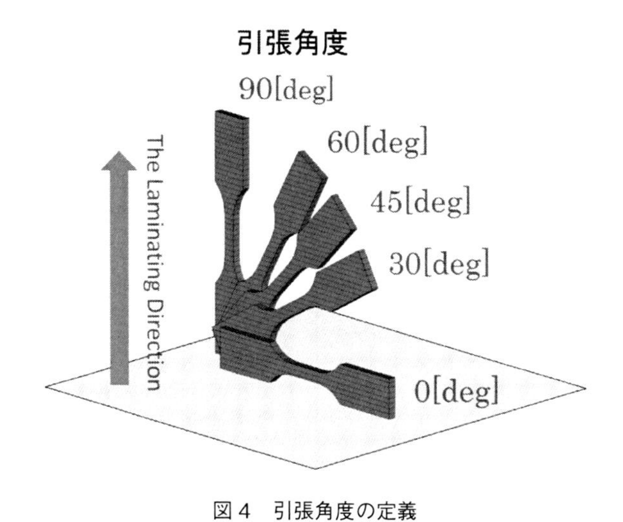

図 4　引張角度の定義

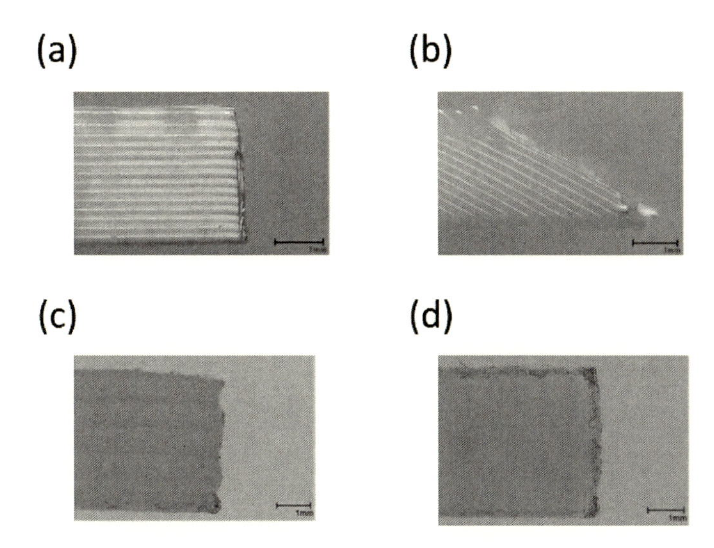

図5　破断したサンプル
(a)ABS 0度 (b)ABS 30度 (c)ゲル 0度 (d)ゲル 30度，
スケールバーは1 mm（文献9）より転載）

光重合によって材料を固めるので，材料に照射される光の総量の影響は大きい。材料に照射される積算光量 W は次式のように表すことができる。

$$W = \frac{In}{vD}$$

ここで，I はUV光の強度，D はUV光のスポット径，v は光源の走査速度，n は1層における光源の走査回数である。UV光の強度を100 mW，スポット径を1.0 mm，走査回数を1回として，走査速度を0.50 mm sec^{-1}，1.0 mm sec^{-1}，2.0 mm sec^{-1} とすると，積算光量はそれぞれ200 mJ mm^{-2}，100 mJ mm^{-2}，50 mJ mm^{-2} となる。それぞれの条件で板状のゲルを造形し，圧縮試験を行った。圧縮弾性率はそれぞれ373 kPa，219 kPa，85.8 kPaとなり，積算光量が小さいと造形されたゲルは柔らかくなった。これは，積算光量が小さいと光重合反応が十分に進まず，架橋密度が低い網目構造を持つ柔らかいゲルになったためと考えられる[10]。このことを利用し，硬くしたい部分の走査速度を遅く設定することで，部分的に硬さの異なるゲルを造形することが可能になる。

積算光量が一定になるように様々な条件で造形されたサンプルは同じ硬さを示すだろうか。UV強度100 mW，スポット径0.36 mm，光源の走査速度1.0 mm sec^{-1}，走査回数1回を基準として，走査速度と走査回数を N 倍した条件で板状のゲルを造形した。N は1，2，4，6，8，10，14，20，40，60，80，100の場合で試験した。どの N でも積算光量 W は278 mJ mm^{-2} となる。それぞれの条件で造形したゲルの最大圧縮応力，圧縮弾性率を図6に示す。N が大きくなるにつ

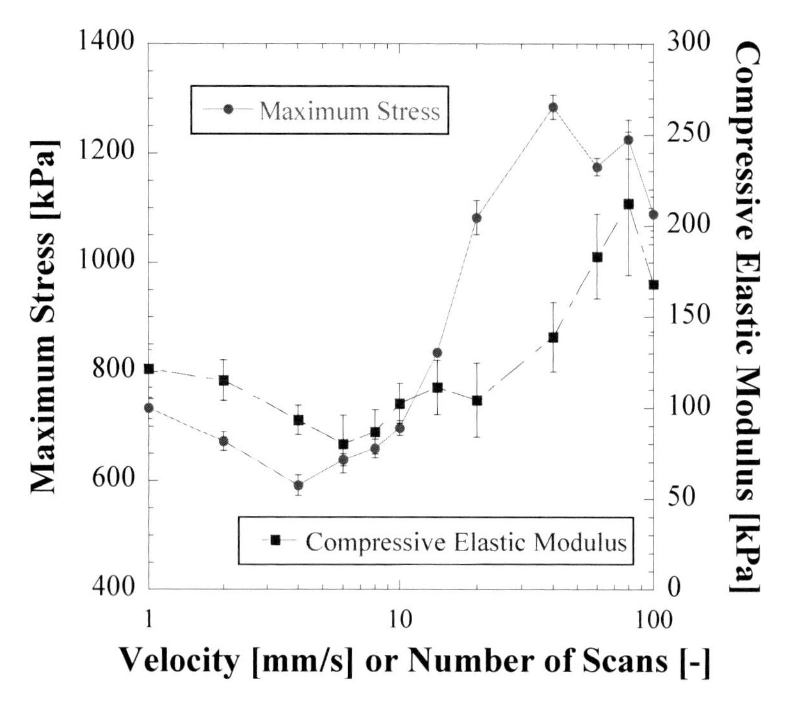

図６　光源の走査速度，スキャン回数と最大応力，ヤング率の関係
（文献 10）より転載）

れて，最大圧縮応力も圧縮弾性率も上昇し，積算光量が一定であっても圧縮強度は UV 光の走査回数に依存した。ゲル化反応時間について考えると，3D ゲルプリンターは UV 光によるラジカル重合であり，UV 照射を止めた後も成長ラジカルが重合系中の他の化学種と反応しその活性を失う停止反応が起こるまで続く。ここで，UV 照射を止めた後から停止反応が起こるまでの時間を t_r とすると，UV 光の走査回数 n(n>1) 回で造形されたゲルは，走査回数 1 回で造形されたゲルよりも t_r×(n-1) だけゲル化反応時間が長いことが分かる。このため，走査回数が多い方が，反応が進み，高架橋密度の強いゲルが作られると考えられる。また，造形されたゲルの網目構造について考えると，1 回の UV 照射で作られたゲルの網目構造は時間経過とともに形成され，連続的に成長すると考えられる（図 7(a))。一方，n(n>1) 回の UV 照射で作れたゲルの場合，短時間の UV 照射を n 回繰り返されるため，1 回に作られる網目構造は小さいが，複数回 UV 照射されることで既に作られている網目の中に未反応モノマーが入り込み，小さな網目構造内に繰り返し小さな網目構造が形成され，複雑に絡み合った網目構造の高強度なゲルが作られたと考えられる（図 7(b))。積算光量が一定の場合でも，走査回数，走査速度によってゲルの硬さが異なるという結果から，造形されたゲルの硬さと造形条件のパラメータの関係が単純ではないことが分かる。自由に硬さのデザインができるようにするためには，材料，造形プロセスについて調査し，造形物の硬さと材料組成や造形パラメータの関係を明らかにする必要がある。

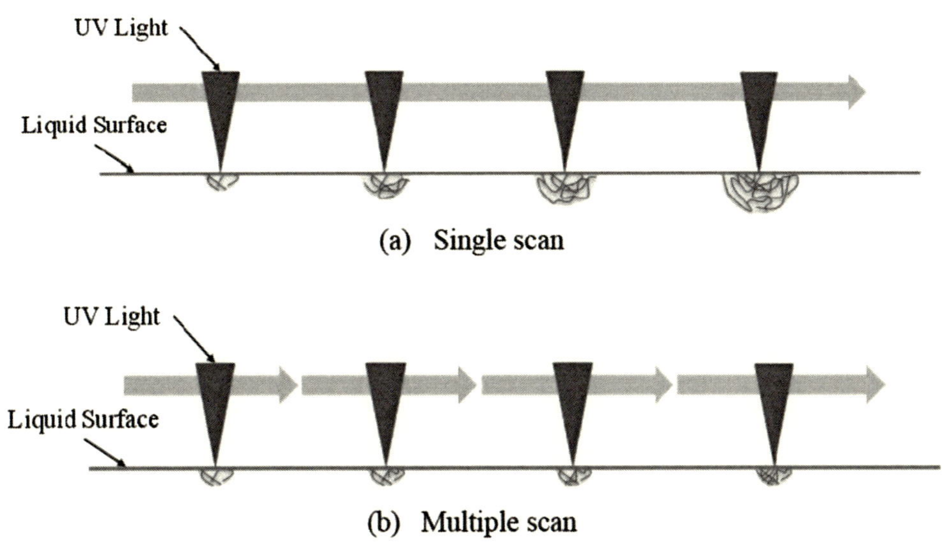

図7　ゲル網目構造の形成プロセス
（文献10）より転載）

5　機能性ゲルの造形

ゲル材料は，これまでに高透明性や保湿性を使ってソフトコンタクトレンズなどに広く用いられているが，最近では，電気を通すゲルや外部刺激に応答するゲルなど様々な機能性ゲルが多数開発されている。これらの機能性ゲルの3D造形が可能になれば，新しい応用の可能性が広がるだろう。

筆者らは3D造形が可能な導電性のチオールイオンゲル（T-IG）を最近報告した[11)]。T-IGの機械的性質，導電性は，イオン液体の含有率，末端架橋剤の官能基，モノマーの鎖長に大きく依存することが分かっている。また，T-IGは熱安定性が優れていることも分かった。3D造形可能な導電性微細構造は，MEMS，マイクロ流体力学，センサーの分野での応用が期待される。

ジメチルアクリルアミド，ステアリルアクリレート，ラウリルアクリレートの共重合体をベースにしたゲルは，熱応答性の形状記憶ゲル（Shape Memory Gel，SMG）であることが知られている[12)]。筆者らはSMGの3D造形についても報告した[13)]。SMGは，70℃程度では柔らかいため伸ばしたり，ねじったりして変形させることができ，変形させたまま20℃程度にするとその形のままゲルが硬くなり，その後，また70℃程度まで加熱すると合成された時の形に戻るという性質を持っている。このような熱による形状記憶性は，ステアリルアクリレート，ラウリルアクリレートという結晶性のモノマーを含んでいるため見られる。SMGは，ソフトロボティクスの分野での応用が期待される。また，ここで用いられた組成のSMGは，水中や様々な有機溶媒中で高い透明性を示し，眼内レンズとしても使用可能な屈折率を示すため，光学分野や医学分野でも応用が期待される[14]。

6 まとめ

本稿では，筆者らが開発している3Dゲルプリンター SWIM-ERに関する開発の現状と想定している応用分野について述べた。他の材料に見られないゲルの興味深い性質を実用化するために，事業化・産業化を見据えた研究を進めたい。本稿で述べた3Dゲルプリンターの開発状況は，山形大学工学部ソフト＆ウェットマスター工学研究室の学生，スタッフの皆様との研究成果である。本研究の一部は，科学研究費補助金（基盤研究(A) 17H01224など），文科省-JST革新的イノベーション創出プログラム（COI STREAM），経産省地域オープンイノベーション促進事業，内閣府戦略的イノベーション創造プログラム（SIP-NEDO革新的設計生産技術），JST産学共創プラットフォーム共同研究推進プログラム（OPERA）などの助成で行われた。ここに感謝の意を表する。

文　献

1) 小玉秀男，特許出願（昭55-48210）「立体図形作成装置」
2) Charles W. Hull, *U. S. Patent 4*, **575**, 330 (1984)
3) Chris Anderson, "Makers : The New Industrial Revolution", Crown Business, (2012)
4) Gong, J. P., *et al.*, *Advanced Materials*, Vol.15, No.14, pp.1155-1158 (2003)
5) H. Muroi *et al.*, *Journal of Solid Mechanics and Materials Engineering*, Vol.7, No.2, pp.163-168 (2013)
6) Saito, J. *et al.*, *Journal of Polymer Chemistry*, Vol.2, No.3, pp.575-580 (2011)
7) 田勢泰士ほか，日本機械学会論文集，Vol.83 No.849 (2017) DOI : 10.1299/transjsme. 17-00003
8) 田勢泰士ほか，日本機械学会論文集，Vol.84 No.858 (2018) DOI : 10.1299/transjsme. 17-00459
9) 太田崇文ほか，日本機械学会論文集，Vol.83, No.850 (2017) DOI : 10.1299/transjsme. 16-00567
10) T. Ota *et al.*, *Mechanical Engineering Journal*, Vol.5, No.1 (2018) DOI : 10.1299/mej. 17-0053
11) K. Ahmed *et al.*, *Macromolecular Chemistry and Physics*, Vol.219, Issue 24 (2018)
12) Y. Osada and A. Matsuda, *Nature*, **376**, 219 (1995)
13) MD N. I. Shiblee *et al.*, *Soft Matter*, **14**, 7808-7817 (2018)
14) T. Yokoo, *et al.*, *e-J. Surf. Sci. Nanotechnol.*, **10**, 243-247 (2012)

第6章　ナノインプリントリソグラフィにおける光機能材料

中川　勝*

1　はじめに

ナノインプリント技術とは，表面に微細な凹パターンを有するモールドを被成形体に押し当て成形し，得られた成形体のマスクを介したエッチングにより，下地基板材料の表面に所望のパターンを転写する技術である。成形法は2つに大別され，熱方式で熱可塑性高分子等を被成形体とする熱ナノインプリント法と，紫外線照射方式で光硬化性液体を用いる光ナノインプリント法がある。レジスト材料の成形工程（有機画像形成工程）までをナノインプリント（nanoimprinting）と呼び，その後のエッチングを含む工程をナノインプリントリソグラフィ（nanoimprint lithography）と呼んでいる。

1977年に日本電信電話公社の近藤・藤森が電子通信学会で報告した3 μm サイズでの「モールドマスク法による微細加工について」が本微細加工法の起源とされている[1]。1990年代にフォトリソグラフィに代わる線幅50 nm未満の量産加工法が模索されている中，1995年に当時ミネソタ大学のChouらによって「nanoimprint lithography」の概念が提唱され[2]，現在のものづくり基盤技術として普及する契機となった。現在では，一桁ナノサイズ～サブ波長サイズ～サブミクロンサイズ～マイクロメートルサイズと，広い守備範囲の微細加工サイズが特徴となっている。これまでに，LED用GaN結晶，ワイヤーグリッド偏光子，ウエハーレンズ，プラズモン回折格子，サブ波長光学素子，無反射膜等の光学デバイスや，バイオミメティックス材料，細胞3次元培養床，バイオセンサー，マイクロ流路などのバイオデバイス，太陽電池集電フィルム，セパレーター等のエネルギーデバイス，磁気記録媒体，多層配線基板，ロール・ツー・ロールフレキシブルエレクトロニクスデバイス，半導体のロジックやメモリなどの電子デバイスへの応用が検討されている。フラシュメモリへの実用化は，特に，日本がリードしており，300 mmウエハが毎時80枚程度生産できるキヤノン製ナノインプリント装置が東芝メモリに導入され，コンタクトホールの適応において量産試験が進められている[3]。

2　光ナノインプリント法における光機能材料

本稿では，紙面の都合上，筆者らが取り組んでいる光ナノインプリントリソグラフィ（UV-

＊　Masaru Nakagawa　東北大学　多元物質科学研究所　光機能材料化学研究分野　教授

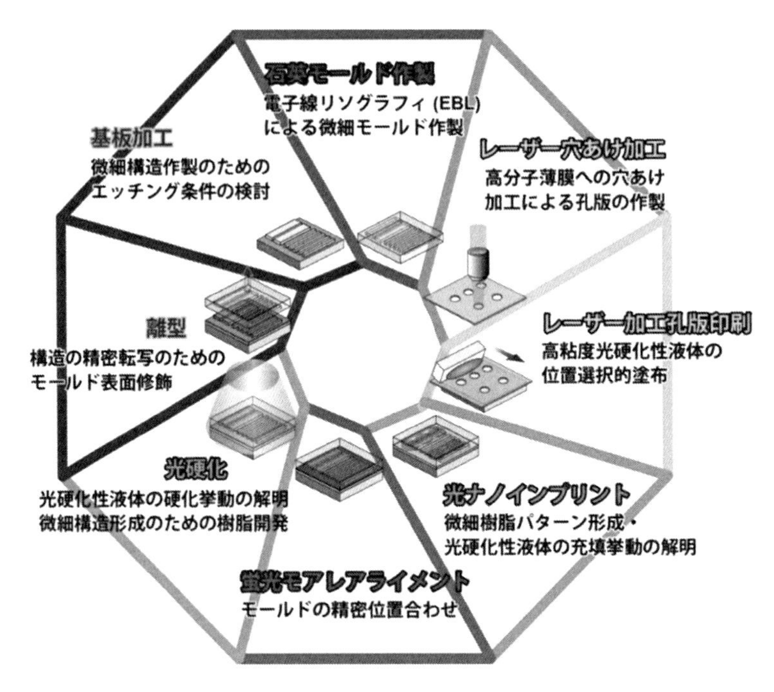

図1 光ナノインプリントリソグラフィにおける各工程の一例（print-and-imprint 法）

NIL）を主に具体として示し，図1に示した①モールド作製→②光硬化性液体の基板への配置→③モールド空隙への光硬化性液体の充填→④モールドと基板の位置合わせ→⑤光硬化→⑥離型→⑦ドライエッチングの一連の工程において，各工程で重要な役割を果たす光機能材料を概説する。最後に，半導体分野で2020年代に開発目標[4]となっている一桁ナノサイズでの造形に関する研究を紹介する。

2.1 ポジ型レジスト材料によるモールド作製

光ナノインプリント法によるレジスト成形には，紫外線透過性，温度に対する寸法安定性，機械的強度，成熟した微細加工プロセスの観点から，溶融シリカ製のモールドが用いられる。ナノインプリント技術のコミュニティでは，石英モールドと呼んでいる。シリカモールドは，概してモールド表面の凹部が占める面積がモールド全面の面積より小さいことと，エッチング後に剥離が容易なことから，ポジ型レジスト材料が主に使用される。一桁ナノサイズからのパターン形成は電子線リソグラフィにより行い，ポジ型電子線レジスト材料が使用される。昨年，Elionixから150 keVの描画機で線幅3 nm台のレジストパターンの形成が報告されている。サブ波長サイズ（約300 nm）からのパターン形成にはレーザー描画によるマスクレスフォトリソグラフィが用いられる。昨年，Hildebergから線幅250 nm程度の高速描画が報告されている。上述の電子線描画やレーザー描画では，高解像度化と高感度化による高速化の両立したレジスト材料が渇望されている。

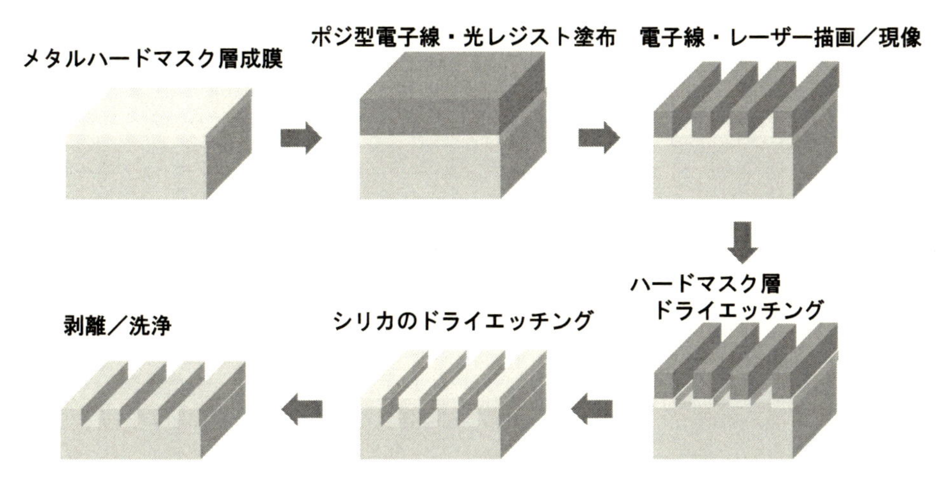

図2　ポジ型レジスト材料を用いたシリカモールドの作製プロセス

図2に示すようにレジストマスクを介して，フッ化炭素系ガスを用いた反応性イオンエッチングによりシリカを掘るため，アスペクト比が高い，凹形状をモールド表面に施すにはクロム等のハードマスクを配置したシリカ基板が用いられる。モールドの作製コストが各デバイス単価に反映されるため，ナノインプリント法により複製したシリカモールドが用いられる方法も登場している。シリカモールド原版から複製してできる光硬化樹脂や熱可塑性・熱硬化性高分子のレプリカモールドを使用することもできる。筆者らは，シリカナノ粒子を光硬化性液体に配合して有機-無機ハイブリッド化を行い，ポリイミド並みのヤング率を示すハイブリッドモールドを開発している[5,6]。また，最近，電子線リソグラフィにより，孔径7 nm，深さ20 nmのホール構造を持つシリカモールドの作製に成功している[7]。

2.2　レーザー加工孔版による光硬化性液体の基板への配置

光ナノインプリント法で基板上の全体に均一な形状と密度のレジストパターンを成形するためには，膜厚が均一な光硬化性液体のスピン塗布膜を被成形体とすることができる。一方，モールド表面の凹部の形状や密度が同一面内で異なる場合に，均一な膜厚のスピン塗布膜を使用すると，被成形体の物質移動に局所的な制限が生じ，成形体であるレジストの残膜の厚さが不均一化する。ここでいう，残膜とは，モールドの凹部以外の場所で成形されたレジストパターンの凹部の底面と基板面との間に残存するレジスト膜を意味する。ドライエッチングによる基板表面の加工には，この残膜の厚さができるだけ薄く，かつ，パターン領域全体にわたって同一の膜厚である必要がある。同一の残膜厚により，モールド形状を忠実に反映した基板の表面加工が可能となる。モールドに存在する凹パターンの面内密度に応じて位置選択的に光硬化性液体の液滴を基板上に配置することで残膜厚を均一化することができる。光硬化性液体の液滴の位置選択定な基板上への配置には，0.005-0.02 Pa·s程度の低粘度液体に適したインクジェット法[8,9]と0.1 Pa·s以上の高粘度液体が扱えるレーザー加工孔版印刷法[10~14]の2つの方法がある（図3）。量産化検討が進められているキヤノンの装置では，数pL（ピコリットル）の体積の液滴で配置するために，インクジェット法が採用されている。低粘度の光硬化性液体を使用するため，モールド空隙への液体の充填が速いのが特徴で，生産速度が重要な因子となる半導体デバイスの作製に適している。一方で，適用可能な液体の粘度範囲が狭く，使用できる重合性モノマーの選択に制限が生じる。使用する光硬化性液体には，インクジェットによる吐出性能，低揮発性，高速充填性，低い硬化収縮率，優れた離型性と繰返し再現性等が特性として求められる。

インクジェット法では取扱いが困難な高粘度の光硬化性液体を採用できる，レーザー加工孔版印刷法を筆者らは考案した[15]。光硬化性液体を構成する重合性モノマー，光重合開始剤，内添離型剤の分子の選択の範囲を広げることができる。機械的・化学的特性に優れるポリイミドフィルムのパルスレーザー穴あけ加工により作製したレーザー加工孔版を使用することが特徴である。レーザー加工孔版の使用により，従来のシルクスクリーンやステンレスメッシュを支持基体としていた孔版で起こる印刷欠陥の発生を防ぐことができる。インクジェット法を大幅に下回る体積である数十fL（フェムトリットル）以上の液滴を数十マイクロメートル程度の間隔で基板上に液滴配置できる[12]。一例を挙げると，12.5 μm厚のポリイミドフィルムに，波長532 nm，パルス幅12.5 psのピコ秒パルスレーザーを照射することで，孔径約10 μmの貫通孔がアブレーションにより形成される。この加工孔から粘度13 Pa·sの光硬化性液体を約0.1 pLの体積で基板上に配置できる[12]。ステージ走査により所望の位置に貫通孔を形成させたレーザー加工孔版が使用できる。レーザー加工孔版の表面処理を施すことで，適用できる光硬化性液体の範囲が約0.1 Pa·sまで低粘度化でき，実施例で270 Pa·sまで実績があり，適用粘度範囲が広範囲なことも特徴である[11,14]。高粘度の光硬化性液体には，蒸気圧が低く，分子量が大きなモノマーを使用できるため，印刷した液滴の形状が数時間にわたり変化しないことも確認している[10]。ウエハサイズの枚葉式やロール・ツー・ロール式の成形プロセスにも適応できる光硬化性液体の配置技術として展開しうるであろう。

レーザー加工孔版印刷による光硬化性液体の塗布プロセスを組込んだ光ナノインプリント法を

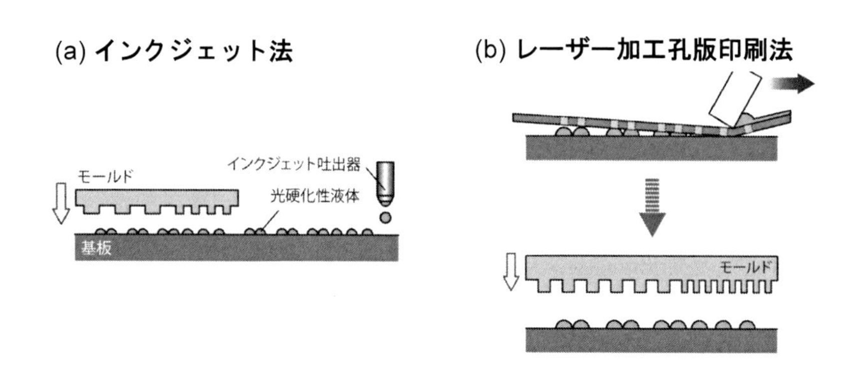

図3　インクジェット法とレーザー加工孔版印刷法による光硬化性液体の液滴の基板上への配置

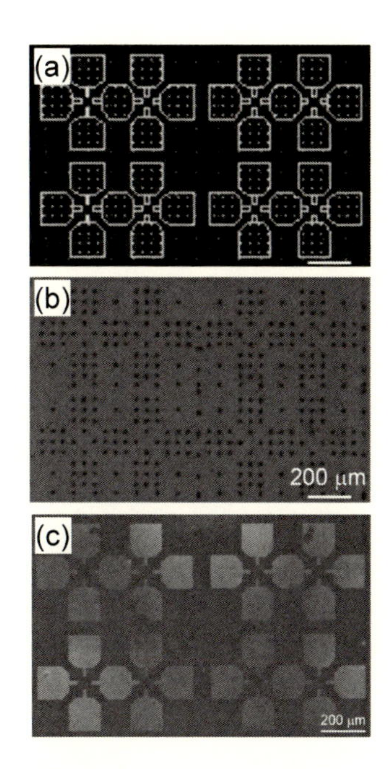

図4　(a)Print-and-imprint 法で使用するレーザー加工により作製したポリイミド孔版の写真，(b)レーザー加工孔版印刷で金属薄膜基板上に配置された粘度 11 Pa·s の光硬化性液体の液滴の写真，(c) Ar イオンミリングにより作製したマイクロ金電極の写真

「print-and-imprint 法」と名付けた（図1）。具体的な一例として，マイクロ金電極の作製を説明する。シリカモールドには，光硬化性液体の充填液量が大きな 100 μm 角の電極パット用凹部と充填液量が少ない数 10 μm 線幅のリード線用凹部が存在する。このシリカモールドをフォトリソグラフィで作製するためのクロムフォトマスクの設計図が図4(a)である。成形レジストパターンの残膜厚が 25 nm となるようにレーザー加工孔版印刷により金の薄膜基板上に配置した光硬化性液体の液滴の光学顕微鏡写真が図4(b)である。離型剤処理したシリカモールドを押し付けて光ナノインプリント法でレジストパターンを成形した結果，ほぼ均一な残膜が形成されていることが，蛍光顕微鏡観察から解析されている。

Ar イオンミリングによりレジスト凹部の金薄膜をエッチングすることでマイクロ金電極［図4(c)］の作製が可能となったことが示されている[12]。現在，線幅 10 μm のリード線から線幅 20 nm の対向ナノギャップ電極の作製の検討を進めている。4桁のサイズ範囲にわたるナノ・マイクロ電極構造の print-and-imprint 法による作製に挑戦している。

2.3　光硬化性液体によるモールド空隙の充填

レジスト成形体の形状をできるだけ忠実に基板表面に転写する基板のエッチング工程（リソグラフィ工程）には，レジスト成形体の残膜厚をできるだけ薄く，かつ，パターン密度に依存しないで均一にする必要がある。このためには，使用する光硬化性液体の液量を最小限にとどめる工夫が必要になる。光硬化性液体の液量を低下させていくと，モールド空隙に存在した気体が基板とモールドの間に捕捉され，液体が未充填状態のバブル欠陥を生じる問題が起こる。廣島らは，光硬化性液体のスピン塗布膜の光ナノインプリント成形時に起こるバブル欠陥を防ぐ方法として，易凝縮性ガス雰囲気下での成形法を実証している[16,17]。本成形法では，常温で約 1.5 気圧の圧力がかかると気体から体積が著しく小さくなる液体に凝縮するペンタフルオロプロパン（PFP）が使用される。大気雰囲気下に比べ PFP 雰囲気下では，バブル欠陥発生の防止だけでなく，光硬化性液体の粘度低下，モールド凹部への高速充填，離型力低下の効果が確認されている[17]。筆者らは，繰返し離型時のモールド表面の分子レベルでの汚染抑制の効果が PFP 雰囲気での成形にはあることを示した[18]。一方で，用いる光硬化性液体に依っては，硬化収縮率の増大や成形樹脂パターンの線幅粗さの劣化が副作用として生じる。この副作用は，PFP ガスが成形プロセスの際に光硬化性液体に吸収されることに起因していた[19]。

筆者らは，PFP ガスの吸収量の小さな重合性モノマーを探索した結果，Hansen の溶解度パラメータの値が 18～22 $(\mathrm{J\ cm^{-3}})^{1/2}$ の範囲にある有機化合物が非常に多くの PFP ガスを吸収することを見出した[19]。PFP ガスをほとんど吸収しない重合性モノマーとして，26 $(\mathrm{J\ cm^{-3}})^{1/2}$ の値を示す，glycerol 1,3-diglycerolatediacrylate（GDD）を選定した。GDD は，0.05 g $\mathrm{mol^{-1}}$ の飽

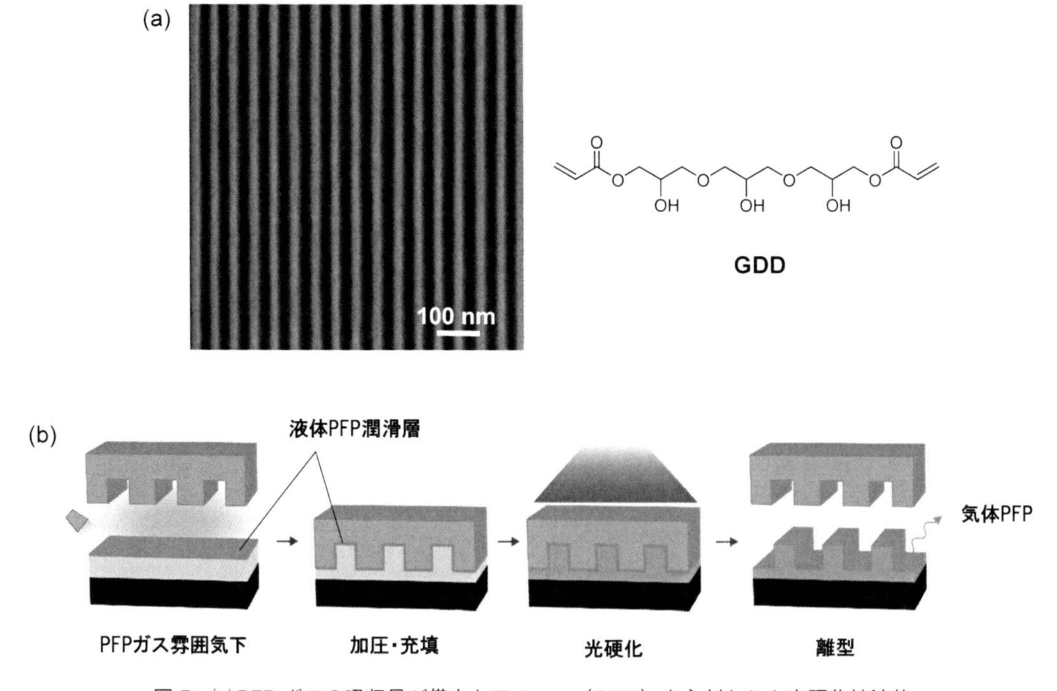

図 5 (a) PFP ガスの吸収量が僅少なモノマー（GDD）を主剤とした光硬化性液体を用いて作製した硬化樹脂成形体（線幅 22 nm）の測長走査型電子顕微鏡像，(b) PFP 雰囲気下で起こる液体潤滑層形成に基づく新しい離型メカニズムの模式図

和 PFP モル溶解量，12.8 Pa·s の高い粘度を示すモノマーである。主剤 GDD からなる光硬化性液体 NL-SK1 を離型剤修飾したシリカモールドで成形すると，形状特性に優れた LER（3σ）= 1.2 nm を示す，線幅：スペース＝1：1 の線幅 22 nm の成形体が作製できた[20]［図 5(a)］。水晶振動子マイクロバランスによる計測から，GDD 薄膜は PFP ガスをほとんど吸収することなく，PFP 雰囲気下のスピン塗布膜の表面に厚さ約 4 nm に相当する PFP 分子吸着層が形成されていることがわかった。また，離型剤を修飾しないシリカモールドでも 100 回程度の連続成形が可能であることが確認され，PFP の吸着層がナノスケールの潤滑液体層として機能する新たな離型メカニズム［図 5(b)］が実証された[20]。2016 年のモントリオール議定書により，先進国では 2020 年までにここで紹介した PFP 等の代替フロンガスの撤廃が決定した。規制のない *trans*-1,3,3,3-tetrafluoropropene（TFP）の代替ガスを用いた光ナノインプリントプロセスも実証されている[21]。

2. 4　蛍光性液体によるモールドと基板の位置合わせ

モールドに使用する溶融シリカは，可視光領域で約 1.5 の屈折率を示す。この屈折率は，被成形体の光硬化性液体の屈折率とほぼ等しい。そのため，モールド凹部が光硬化性液体で充填された in-liquid 状態では，光学顕微鏡観察下でモールド凹部は消失して，基板とモールドの位置合わせ（アライメント）が困難となる。これまで，この問題を解決すべく，高屈折率 SiN_x 膜や遮光性金属膜の光学機能膜を製膜したモールドを用いる方法が提案されている。しかし，光学機能膜の成膜やリソグラフィ工程がさらに必要になり，モールドコスト高の問題を生じる。筆者らは，光学機能膜の不要な溶融シリカモールドを用いるために，可視光の蛍光を呈する液体（蛍光性液体）の使用を特徴とする蛍光アライメント法の研究を進めている[22,23]。図 6 に示すように，レーザー加工孔版印刷により基板上に蛍光性液体の液滴を配置し，モールドを押し当てるとモールド凹部に液体が充填される。この状態では，反射光を用いた光学顕微鏡観察では，屈折率のマッチングによりアライメントマークが消失する。一方，蛍光顕微鏡観察では，基板側とモールド側の凹部に充填された液体部分が，局所的に膜厚が厚いために高輝度の像として検出できる。モールドと基板の凸部同士が対向した残膜に相当する部分の蛍光強度から，残膜厚をモニターすることも可能である。このように，モールドと基板の凹部からの蛍光像を用いてアライメントする方法を蛍光アライメントと称している。

遮光性の金属薄膜パターンを周期的に配置し，異なる周期 p_1 と p_2 のパターンを対向させて重ね合わせた場合，一つの点光源から 2 枚の遮光スリットを通過するので積のモアレ縞が生じる。一方，蛍光液体を用いた場合，異なる位置から発光する光が干渉するので，和のモアレ縞が生じることがわかった[23]。このような蛍光アライメントに使用する紫外線硬化性蛍光液体には，蛍光励起光で光重合が進行しないこと，蛍光強度が高いこと，紫外線硬化性を有すること，離型性に優れること，硬化成形体においても発光強度が維持できることなどの特性が求められる[24,25]。粒径 7 nm まで ISO クラス 1 相当のクリーンエア雰囲気で精密ステージと蛍光アライメント機能を

(a)

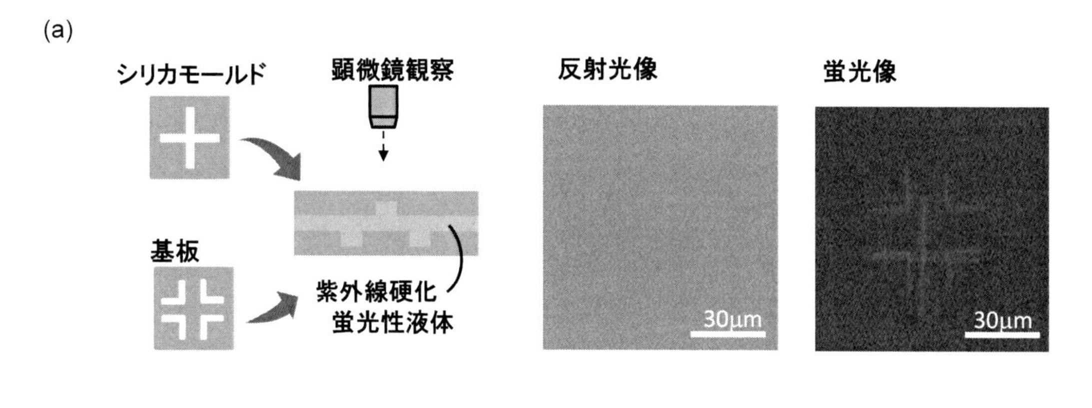

(b)

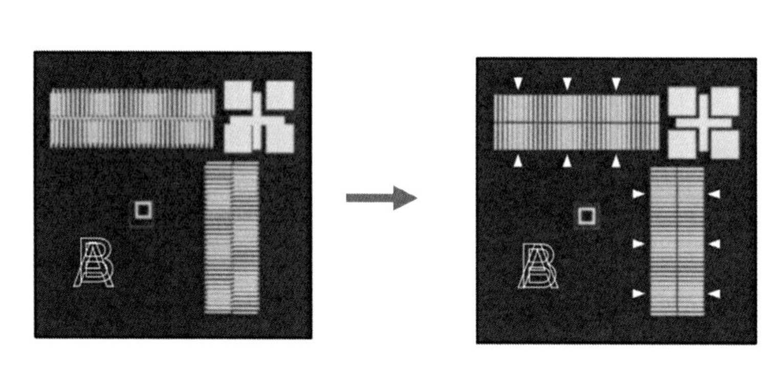

図6 (a)基板とシリカモールドの間に充填された光硬化性液体を反射型光学顕微鏡と蛍光顕微鏡で観察した画像の模式図と(b)和の蛍光モアレの模式図

搭載した光ナノインプリント装置（FANIL：Fluorescence Alignment equipped Nano Imprint Lithography 用装置）の開発を進めており，アライメント精度の改善と重ね合わせ精度の計測を行っている。

2.5 蛍光レジストの離型

光重合開始剤，主剤モノマー，蛍光色素からなる紫外線硬化性蛍光液体を被成形体とすることで，光ナノインプリント成形で得られた硬化樹脂パターンの蛍光顕微鏡観察により，未充填欠陥，引き剥がれ欠陥，パーティクル欠陥，残膜厚の均一性に関する成形体の評価が行える。一方，観察対象物をモールドにすることで，モールド表面の分子レベルでの汚染を追跡することができる。ここでは，光ナノインプリント成形における連続離型の観点から開発した材料（成形雰囲気，離型剤，モノマー）の選択について述べる。液体状態の被成形体を紫外線硬化性蛍光液体と呼び，固体状態の成形体を蛍光レジストと呼ぶ。

成形雰囲気：大気雰囲気下にある基板上に配置した光ラジカル重合型の光硬化性液体の液膜は，酸素阻害により重合が進行しにくい。一方，大気雰囲気下においても，基板とモールドに挟まれた液膜は液体内の微量の溶存酸素のみが存在する状態であるので，ラジカル重合による硬化が進行する。そのため，大気雰囲気下で光ナノインプリント成形が行われることもある。大気と易凝縮性ガスPFPとの成形雰囲気の違いが，離型剤修飾シリカモールドの表面の汚染状態に与える影響が調べられている[26]。離型剤にダイキン製Optool DSXを用い，同じモールドで192回連続成形し，モールド表面から検出される蛍光強度を調べた。PFP雰囲気では約2の蛍光強度が検出されたのに対し，大気雰囲気では約600の蛍光強度が検出され，300倍高い蛍光強度が検出された（図7)。すなわち，大気下での成形の方が，離型後にモールド表面に紫外線硬化性液体の成分が多く吸着していることが明らかになった。特に，大気下での成形では，かみ込んだバブルの形状に沿って大量の未硬化の液体がモールドに繰り返し付着している現象が明らかとなった。PFP雰囲気下での成形の方が，離型によるモールドの汚染が低く，安定した離型が行えることが見出されている。

離型剤：シリカモールドに表面処理を施す3種類の離型剤Optool-DSX, Optool-AES-4E, FAS13（tridecafluoro-1,1,2,2-tetrahydrooctyltrimethoxysilane）を用いて，モールド表面の汚染が比較されている[26]。蛍光観察視野約700 μm角において，Optool-DSXはモールド面の場所ごとに大きな蛍光強度の差を示すのに対し，FAS13はモールド面全体において一定の蛍光強度を示した。このことから離型剤FAS13の方がモールド凹部のパターン形状に依存しないモールド表面の汚染状態にあることがわかる。Optool-AES-4Eでは，24回の離型で蛍光強度は前者の100倍程度となり，連続成形が困難となった。離型剤修飾シリカ表面の水の静的接触角は，Optool-DSXで108°，Optool-AES-4Eで109°，FAS13で106°を示し，ほぼ同様の表面エネルギーで，付着力は大きく変わらないと思われる。しかし，Optool-AES-4Eは，未硬化の液体成分の吸着から硬化樹脂成分の堆積が連続離型時にモールド表面で起こり，硬化樹脂の堆積により繰返し成形が困難となったことがわかった。このようにモールド表面エネルギーの観点だけでは，モールド表面の汚染は関係づけが難しく，蛍光顕微鏡によりモールド表面の汚染を追跡することで適した離型剤を選定することが可能である。モールド表面の分子レベルの汚染が少なく，繰返し離型においても汚染の程度が安定している状態が離型に必要なことがわかる。

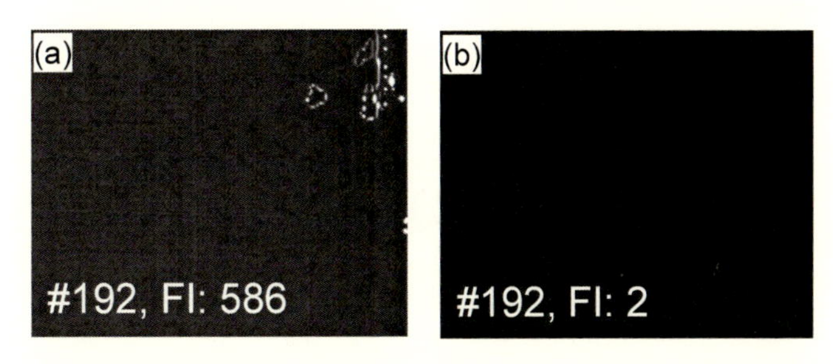

図7　(a)大気雰囲気と(b)PFP雰囲気で紫外線硬化性蛍光液体を各192回成形した後のシリカモールド表面の蛍光顕微鏡像

モノマー：2つの重合性基を有する図8の6種類のモノマーを比較して，モールド表面の汚染とモノマーの化学構造の関係が議論されている[18]。モノマーの化学構造の違いとして，重合性基がメタクリロイル基かアクリロイル基であるか，モノマーに芳香族骨格が含まれているか否か，モノマーに水酸基が含まれているか否かの違いに着目している。離型剤FAS13修飾シリカモールドでは，脂肪族含有モノマーより芳香族含有モノマーの方がモールドから検出される蛍光強度が小さい。芳香族含有モノマーにおいては，水酸基を有するモノマーの方が小さな蛍光強度を示す。また，重合性基がメタクリロイル基であるモノマーの方が小さな蛍光強度を示す。これらから，モールド表面の汚染が小さいモノマーは，芳香族含有モノマーで，水酸基とメタクリロイル基を有するモノマーであることが示されている。一方，離型エネルギーを同様に調べると，上述のジメタクリレートモノマーが小さな値を示すが，同様に水酸基がない脂肪族のジメタクリレートモノマーも小さな離型エネルギーを示した。後者はモールド表面の汚染が多いことから，離型層と硬化樹脂の界面で離型時に破断が起きているのではなく，硬化樹脂の最表層で破断が起きていることがわかった。このように，蛍光顕微鏡観察によるモールド表面の分子レベルでの汚染状態と離型エネルギーを共に評価することで，離型に適したモノマーの選択が行える。連続成形時の硬化樹脂の堆積が，離型不良をもたらす因子であることが筆者らの研究で明白となった。

本稿では，紙面の構成上，光硬化性液体に内添する離型促進剤分子については触れていない。硬化成形体の離型は，モールド表面への離型剤層の形成，光硬化性液体への離型促進分子の内添により離型を改善することができる。詳しくは成書を参考に願いたい[27]。

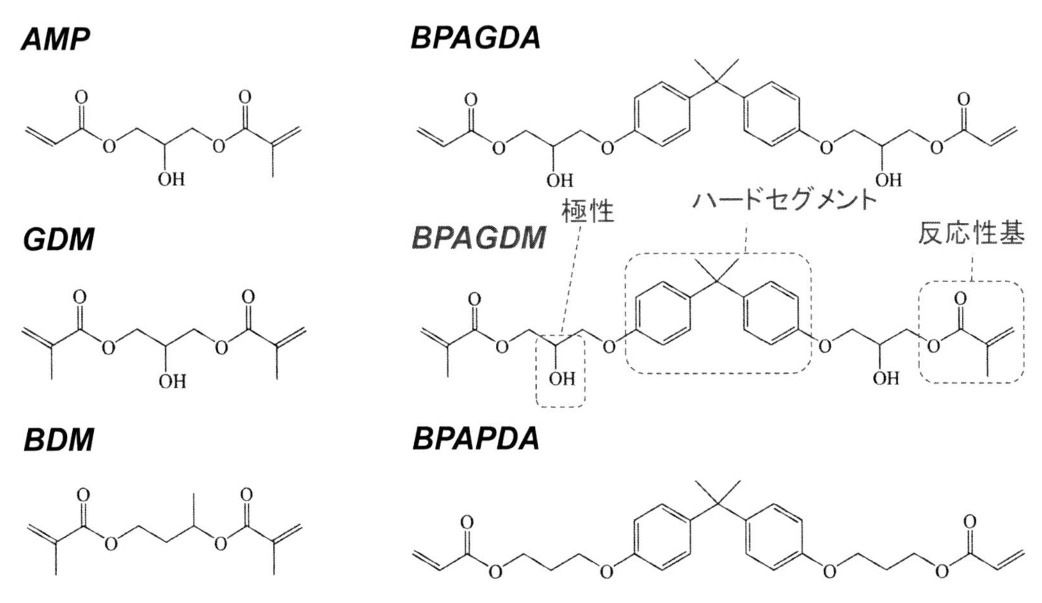

図8　光硬化性液体に用いた各モノマーの化学構造式

2.6　ネガ型・有機-無機ハイブリッド型レジスト材料によるドライエッチング

光硬化したレジスト成形体の残膜部は，酸素反応性エッチングにより除く[28]。レジスト成形体のマスクを介した下地の貴金属薄膜のエッチング加工には Ar イオンミリングを用いることができる[13,29]。下地のシリカやシリコン等の加工には，CHF_3, C_3F_8 等のフッ化炭素のガスを用いた反応性イオンエッチングを用いることができる[7,15]。光ナノインプリントリソグラフィに使用する成形レジスト材料においても，大西パラメータや ring パラメータに基づき，酸素反応性イオンエッチングや Ar イオンミリングの耐性の改善（エッチング速度の低下）を設計することができる。筆者らは，平行平板の電極間の距離を広げて，酸素プラズマの密度を低下させた，酸素反応性イオンエッチング装置を自作し，芳香族ビスフェノール A 骨格を含有するモノマーからなる光硬化性液体から作製した線幅 45 nm で線幅：スペース幅＝1：1 のレジスト成形体において，レジスト凸部のテーパー角をほぼ垂直に維持した状態で残膜を除去できるネガ型レジスト材料 NL-KK1 を開発した[28]。また，先に述べたポリイミドのレーザー加工孔版を用いた孔版印刷に適した粘度 11 Pa·s を示す NL-SS1 を開発し，金の線幅 50 nm の 2 分割リング共振器配列体の作製にも成功している[13]。

上述の 2 分割リング共振器配列体は，可視光領域で負の屈折率を示す光学メタマテリアル材料になる可能性が理論計算から予測されている[30]。筆者らは，理論計算の設計どおりのナノ構造を実現するためのレジスト材料とプロセスの開発を進めている。金薄膜上に成形したレジストパターンに Ar イオンミリングを施すと，金の線幅の減少に対して分割リングのギャップ幅が著しく増大する現象が起こる[13]。イオン衝突によるエッチング時に，レジスト成形体の端部で局所的に温度があがり，有機物レジストの熱分解が起こっているのではないかと想像している。

そこで成形したネガ型レジスト材料を有機-無機ハイブリッド化して，レジストの形状をエッチング後も維持できなかと考えた。図 9 に示したヒドロキシ基を有するモノマー**1** とヒドロキシ基を持たないモノマー**2** を主剤とした光硬化薄膜に，反応性無機前駆体のトリメチルアルミニウム $Al(CH_3)_3$ と酸化剤の H_2O を用いた sequential vapor infiltration（SVI）法を施し，硬化薄膜の中に無機成分であるアルミナがどのように形成されたかを走査型透過電子顕微鏡-エネルギー分散 X 線分光分析（STEM-EDS）により検討した[31]。図 9(a)にモノマー1 の薄膜，図 9(b)にモノマー**2** の硬化薄膜のそれぞれの膜断面で観察された Al の元素マッピング像の模式図を示す。ルイス酸の $Al(CH_3)_3$ と容易に化学反応するヒドロキシ基を有するモノマー**1** の薄膜では，薄膜の内部に比べて，表面近傍と基板界面近傍でより多くの Al 元素が検出されている。一方，ヒドロキシ基のないモノマー**2** では逆に，薄膜内部に比べて表面近傍と基板界面近傍で Al 元素の検出が少ない。筆者らは，薄膜内での高分子の自由体積の違いに起因しているのではないかと考えている。モノマー**1** の薄膜では，$Al(CH_3)_3$ が OH 基との化学反応により固定化される。より自由体積の大きい薄膜表面近傍と基板界面近傍でより多くの Al 元素が検出されたのであろう。一方，モノマー**2** の薄膜では，カルボニル基が物理吸着サイトとして働く。より自由体積が大きな表面近傍と基板界面近傍で多くの $Al(CH_3)_3$ が物理吸着するが，間欠曝露時の脱着も速いため，

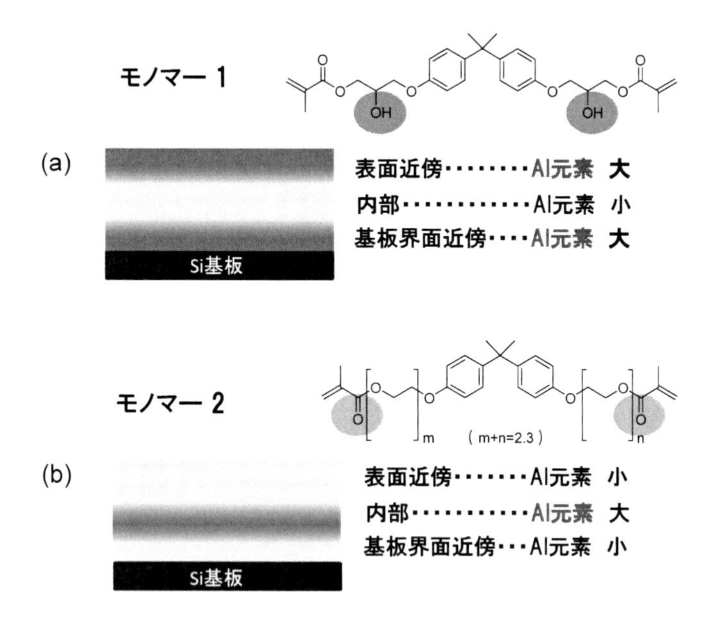

図９ (a)ヒドロキシ基含有モノマー1と(b)ヒドロキシ基フリーモノマー2から作製した光硬化薄膜にSVI法でアルミナをドープした状態にある薄膜断面をSTEM-EDSにより元素Alでマッピングした時のイメージ図

表面近傍と基板界面近傍のAl元素の検出量が少なくなるのであろう。このように，膜厚50 nm程度の硬化薄膜においても，表面近傍，内部，基板界面近傍の3つの異なる高分子層の存在が伺える。このような3層構造は，ポジ型電子線レジストであるポリメタクリル酸メチル（PMMA）の薄膜でも観察されている[32]。高分子薄膜の状態を考慮した有機-無機ハイブリッド化や膜厚方向での高分子の密度分布を考慮したレジスト材料設計が必要なことを示唆している。また，SVI法による有機-無機ハイブリッド化は，薄膜内部での自由体積（密度）分布を可視化する手法になる可能性を秘めている[33]。20 nm未満のサイズの金属や半導体のナノ構造を理論設計どおりに忠実に作製するレジスト材料やプロセスの開発は，ますます重要となるであろう。

3 一桁ナノ造形を目指した成形材料の開発

ナノインプリント技術は，原子レベルの転写精度で，モールドの形状を被成形体に転写することができる[34]。そのため，一桁ナノサイズでの造形手法として有力な候補となっている。2000年代に一桁ナノサイズのレジスト材料の成形が原理検証され，2010年代に入って，Heイオンビームリソグラフィや原子層堆積法を駆使して，一桁ナノサイズのレジスト成形とシリコンへの構造転写が検討されるに至っている[35,36]。半導体分野では2020年代には線幅7 nmでのナノ加工技術が必要とされており[4]，一桁ナノ造形の重要性が高まっている。

著者らは，炭素被覆した陽極酸化アルミナ（AAO）の平均孔径20 nm程度の細孔構造を凹モー

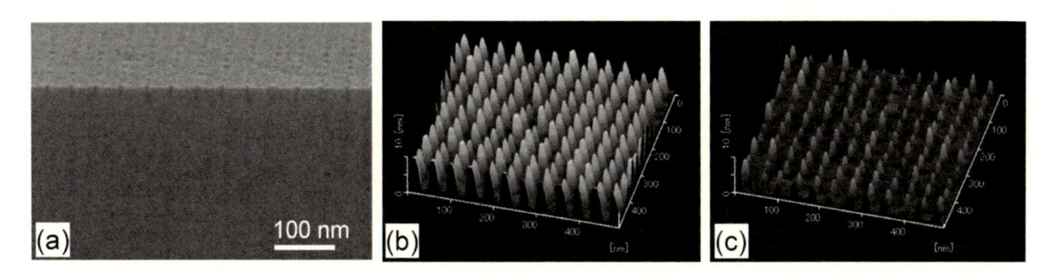

図10　(a)孔径7 nm，深さ20 nmのホール構造を持つシリカモールド断面の走査型電子顕微鏡像，(b, c) 離型剤FAS3-Clで修飾したシリカモールドで作製した硬化樹脂の成形体の原子間力顕微鏡像，(b)ヒドロキシ基フリーのジアクリレートモノマー（AC10）を主剤とした場合，(c)2つのヒドロキシ基を有するジアクリレーとモノマー（70PA）を主剤とした場合
ヒドロキシ基含有モノマーでは，成形体が作製できないことがわかる。

ルドに用いて光硬化性液体の成形を行い，モノマーの化学構造に依存した細孔径への充填挙動を報告している[37]。20 nm近傍でモールド界面に支配されるモノマーの充填挙動の違いが存在することが示された。モノマーの充填挙動の違いの発現因子を理解するために，シリカ表面間のナノギャップ中での重合性モノマーの粘度増加を表面力・共振ずり測定で計測する研究を進めている[38]。脂肪族骨格のジアクリレートモノマーでは，2つの未修飾シリカ面の表面間距離が6 nm以下で分子性液体の粘度の増加が始まることが示されている。シリカ表面をフルオロアルキル鎖含有の離型分子層（FAS3-Cl，FAS13）で修飾すると，未修飾のシリカ表面に比べて近距離までこの分子性液体の粘度増加が抑制されることがわかった。この分子性液体とFAS3-Clの離型分子層を用いて，直径7 nm，深さ20 nmのシリカモールドによる硬化樹脂の成形にも成功している（図10）。基板表面に修飾する反応性密着分子層間での分子性液体の粘度の増加挙動に違い[39]や水酸基を有する重合性モノマーの粘度の増加挙動や成形性の違い[40]に関しても研究が進んでいる。

4　おわりに

ナノインプリント成形では，モールド-光硬化性液体や，光硬化性液体-基板との界面が存在するため，分子レベルでの両界面の理解が，極限の微細加工に不可欠になる。すなわち，モールド凹部のサイズが小さくなるにつれて，光硬化性液体を構成する分子の動きが制限されうる。また，表面-液体分子の界面での相互作用や分子の偏在を深慮する必要が生まれ，極微空間での液体分子の束縛が光硬化樹脂の成形に影響を及ぼす可能性がある。例えば，一辺が5 nmである125 nm^3の立方体に占められる分子数は大凡1000個であり，光重合開始剤1%であれば，10個の光重合開始剤分子が存在し，光重合開始の量子収率が0.1であれば1個の光重合開始剤しか反応しない状態にあり，各成形される立方体で量子化する現象も起こりうる。故に，高い量子収率の光重合開始剤が必要になるであろう。このようなナノ空間中での分子性液体自体の物性変化や表面との相互作用をも理解するための学理構築が必要になるであろう。

モールド材のシリカをはじめとする固体表面が作り出すナノギャップ中での分子性液体の粘度増加は，光ナノインプリントによる一桁ナノ造形で今後多くの課題を生むと予見している。分子性液体の粘度増加は，局所的な液体の流動性の低下をもたらし，パターンサイズに依存したモールド凹部への充填挙動の違いを生じるであろう。残膜厚が薄くなるようにモールドと基板間の距離を小さくすれば，流動性低下に基づくアライメント時の応力が増大し，モールドの水平方向への動きが制限されることも起こりうる。また，分子性液体がモールド凹部に充填されている場合でも，分子性液体の粘度が増加した領域とバルク粘度を維持している領域が面内に共存すると，重合度に違いが生じて，光重合による硬化成形体の物性も大きく異なり，引き剥がれ欠陥の発生が顕著化する恐れがある。学術界における基礎研究だけでなく，産業界における実機での成形性評価との連携・協働は不可欠で，一桁ナノパターンを観察する技術や欠陥検査の技術の進展も不可欠である。学術界と産業界が協働することで「極限ナノ造形」[41]への道筋が見えてくることを期待したい。

文　献

1） 近藤衛，藤森進，電気通信学会，CPM76-125, 29 (1977)
2） S. Y. Chou, *et al.*, *Appl. Phys. Lett.*, **67**, 3114 (1995)
3） T. Higashiki, SPIE Advanced Lithography 2017 (14 March 2017), SPIE Newsroom [DOI : 10.1117/2.3201703.14]
4） International Roadmap for Devices and Systems 2017 Edition (IRDS 2017), Executive Summary, https : //irds.ieee.org/images/files/pdf/2017/2017IRDS_ES.pdf
5） 中川勝ほか，特許第 5879086 号
6） C. M. Yun, M. Nakagawa, *et al.*, *Jpn. J. Appl. Phys.*, **51**, 06FJ04 (2012)
7） S. Ito, M. Nakagawa, *et al.*, *Jpn. J. Appl. Phys.*, **56**, 06GL01 (2017)
8） S. Singhal, *et al.*, *Proc. SPIE*, **8324**, 832434 (2012)
9） S. Singhal, *et al.*, *Microelectron. Eng.*, **164**, 139 (2016)
10） A. Tanabe, M. Nakagawa, *et al.*, *Jpn. J. Appl. Phys.*, **55**, 06GM01 (2016)
11） T. Uehara, M. Nakagawa, *et al.*, *J. Vac. Sci. Technol. B.*, **34**, 06K404 (2016)
12） T. Nakamura, M. Nakagawa, *et al.*, *J. Vac. Sci. Technol. B.*, **35**, 06G301 (2017)
13） T. Uehara, M. Nakagawa, *et al.*, *Bull. Chem. Soc. Jpn.*, **91**, 178 (2018)
14） T. Nakamura, M. Nakagawa, *et al.*, submitted
15） 永瀬和郎，中川勝ほか，特許第 6005698 号
16） H. Hiroshima, *et al.*, *Jpn. J. Appl. Phys.*, **46**, 6391 (2007)
17） S. Matsui, M. Nakagawa, *et al.*, *Microelectron. Eng.*, **133**, 134 (2015)

18) M. Nakagawa, *et al.*, *Langmuir*, **31**, 4188 (2015)
19) S. Kaneko, M. Nakagawa, *et al.*, *Jpn. J. Appl. Phys.*, **51**, 06FJ05 (2012)
20) M. Nakagawa, *et al.*, *Bull. Chem. Soc. Jpn.*, **89**, 786 (2016)
21) K. Suzuki, *et al.*, *Appl. Phys. Lett.*, **109**, 143102 (2016)
22) 松原信也, 中川勝ほか, 特開 2016-143875
23) E. Kikuchi, M. Nakagawa, *et al.*, *J. Vac. Sci. Technol. B*, **35**, 06G303 (2017)
24) K. Kobayashi, M. Nakagawa, *et al.*, *Jpn. J. Appl. Phys.*, **49**, 06GL07 (2010)
25) K. Ochiai, M. Nakagawa, *et al.*, *Jpn. J. Appl. Phys.*, **57**, 06HG02 (2018)
26) K. Kobayashi, M. Nakagawa, *et al.*, *Jpn. J. Appl. Phys.*, **50**, 06GK02 (2011)
27) 中川勝（担当：第7章 離型技術）, ナノインプリント技術（松井真二, 平井義彦 編著）, 電子情報通信学会, (2014)
28) T. Uehara, M. Nakagawa, *et al.*, *J. Photopolym. Sci. and Technol.*, **29**, 201 (2016)
29) T. Uehara, M. Nakagawa, *et al.*, *Chem. Lett.*, **42**, 1475 (2013)
30) A. Ishikawa, *et al.*, *Phys. Rev. Lett.*, **95**, 237401 (2005)
31) M. Nakagawa, *et al.*, *J. Vac. Sci. Technol. B*, **36**, 06JF02 (2018)
32) Y. Ozaki, M. Nakagawa, *et al.*, *Jpn. J. Appl. Phys.*, **57**, 06HG01 (2018)
33) 中川勝, 高分子, **68**, 24 (2019)
34) G. Tan, M. Nakagawa, *et al.*, *Appl. Phys. Express*, **7**, 055202 (2014)
35) W. D. Li, *et al.*, *J. Vac. Sci. Technol. B*, **30**, 06F304 (2012)
36) S. Dhuey, *et al.*, *Nanotechnology*, **24**, 105303 (2013)
37) M. Nakagawa, *et al.*, *ACS Appl. Mater. Interfaces*, **8**, 30628 (2016)
38) S. Ito, M. Nakagawa, *et al.*, *ACS Appl. Mater. Interfaces*, **9**, 6591 (2017)
39) S. Ito, M. Nakagawa, *et al.*, in preparation
40) S. Ito, M. Nakagawa, *et al.*, *Langmuir*, **34**, 9366 (2018)
41) 応用物理学会　極限ナノ造形・構造物性研究会　ホームページ, http：//singlenano.org/

光機能性有機・高分子材料における新たな息吹

2019年4月15日　第1刷発行

監　修　市村國宏　(T1111)
発行者　辻　賢司
発行所　株式会社シーエムシー出版
東京都千代田区神田錦町1－17－1
電話 03(3293)7066
大阪市中央区内平野町1－3－12
電話 06(4794)8234
http://www.cmcbooks.co.jp/
編集担当　吉倉広志／古川みどり／山本悠之介

〔印刷　倉敷印刷株式会社〕

ISBN978-4-7813-1414-3 C3043 ¥80000E